目标定位跟踪方法与实践

石章松　刘志坤　吴中红　编著

電子工業出版社
Publishing House of Electronics Industry
北京·BEIJING

内 容 简 介

本书系统、全面地介绍了目标定位跟踪领域的研究成果，主要内容包括估计理论和滤波方法、目标定位方法、目标跟踪基本方法、基于纯方位的水下目标被动定位跟踪方法、基于多传感器数据融合的目标跟踪。此外，还给出了一些目标定位跟踪方法应用的案例。

本书可作为高等院校火力指挥与控制工程、指挥自动化专业本科生或研究生的教材或参考书，还可供从事信息工程、雷达工程、电子对抗、声呐工程、军事指挥等专业的科研人员和工程技术人员参考。

图书在版编目（CIP）数据

目标定位跟踪方法与实践 / 石章松，刘志坤，吴中红编著. —北京：电子工业出版社，2019.9
ISBN 978-7-121-37279-7

Ⅰ. ①目… Ⅱ. ①石… ②刘… ③吴… Ⅲ. ①目标跟踪 Ⅳ. ①TN953

中国版本图书馆 CIP 数据核字（2019）第 174104 号

策划编辑：张正梅
责任编辑：张正梅　　特约编辑：刘炯等
印　　刷：北京捷迅佳彩印刷有限公司
装　　订：北京捷迅佳彩印刷有限公司
出版发行：电子工业出版社
　　　　　北京市海淀区万寿路 173 信箱　邮编：100036
开　　本：720×1000　1/16　印张：20　字数：403 千字
版　　次：2019 年 9 月第 1 版
印　　次：2024 年 1 月第 6 次印刷
定　　价：128.00 元

凡所购买电子工业出版社图书有缺损问题，请向购买书店调换。若书店售缺，请与本社发行部联系，联系及邮购电话：（010）88254888，88258888。

质量投诉请发邮件至 zlts@phei.com.cn，盗版侵权举报请发邮件至 dbqq@phei.com.cn。

本书咨询联系方式：（010）88254757。

前　　言

目标的位置和运动状态是战场指挥员十分关注的信息，也是形成战场一致态势、进而做出正确决策的前提。本书是作者在密切跟踪该领域技术研究成果的基础上总结而成的，较为全面、系统地介绍了目标跟踪及数据融合理论与最新研究成果，以期为读者进一步学习、研究和应用打下基础。

全书共分 7 章，具体内容包括：第一章绪论，介绍了目标定位与跟踪的目的、意义、基本概念和发展历史，以便读者对问题概况有所了解。第二章介绍了估计理论和滤波方法，这是目标定位跟踪的本质问题，也是后续学习理论基础。第三章围绕目标定位问题，介绍了单站、多站、有源、无源定位方法，并对定位误差的度量进行了分析。第四章介绍了目标跟踪基本方法，对目标跟踪的主要环节分别进行阐述。第五章分析了基于纯方位的水下目标被动定位跟踪问题，介绍相关跟踪算法以及平台的航路机动优化方法。第六章围绕目标跟踪中的多传感器数据融合理论，介绍了多传感器数据融合的基本概念、功能模型和结构模型，实现基于多传感器信息融合目标跟踪。第七章结合课题研究介绍了一些目标定位跟踪算法的应用。

本书主要根据作者近年来的教学和科研成果，经过进一步的组织和加工而完成。同时，也参考了国内外诸多专家学者的论文和专著，在此谨向他们一并致谢。

本书由石章松教授主编并统稿，刘志坤讲师、吴中红讲师参与编写。博士生张丕旭、王成飞、李锐、肖胜、罗浩对本书编写也做了大量的贡献。

作者从事该领域研究多年，深感需要一本全面、系统地介绍目标定位跟踪的指导性书籍，以满足本科生、研究生等不同层次的教学需求，同时也可为相关工程技术人员提供参考。希望本书的出版能为达成这一目的尽一份绵薄之力。作者特别感谢电子工业出版社张正梅编辑为本书出版所做的大量细致工作。

由于本书涉及内容十分广泛，加之作者水平有限，时间仓促，书中难免存在一些疏漏和错误之处，恳请读者斧正。

作　者

2019 年 5 月

前 言

目　录

第一章　绪　　论

1.1　引言

克劳塞维茨在《战争论》中写道：战争是不确定性的王国，战争所依据的四分之三的因素或多或少被不确定性的迷雾包围着……指挥官必须在这样的环境中工作。千百年来，军队的作战行动都是要减少战争的迷雾，获取关于战场尽量多的有用信息。从指挥员的角度，他想知道的关于目标直接的信息无外乎四个方面：有没有？是什么？在哪里？怎么动？具体来说，即战场上有没有指挥员感兴趣的目标？目标是什么属性、什么类型？目标当前在什么位置上？目标如何运动？

前两个问题涉及目标检测和识别的相关知识，而后两个问题，则是目标定位和跟踪所要回答的内容，也是本书着重阐述的内容。

如果把视角从宏观的战场上具体到火控、指控系统，众所周知，它们是武器系统和作战系统的核心，是武器威力的倍增器，而目标定位与跟踪是火控、指控系统中极为重要的处理模块。

在火控系统中，它的总体任务是根据作战指挥命令，利用可获取的各种战场信息、数据，对目标进行探测、定位与跟踪，解算目标运动要素，实时提供控制武器发射所需参数，控制武器准确地对目标实施有效打击或拦截。因此，为了保证较好地完成火控任务，对目标实施连续定位、跟踪，准确求解目标运动要素是现代火控系统应具备的重要功能之一，也是解算武器射击控制诸元的基础。理论和实践检验表明，目标定位跟踪的效果极大地影响着火控系统的反应时间、射击精度等战技指标，同火控系统的作战效能有密切联系。目标跟踪功能模块已成为现代火控系统功能中的基本功能配置，在海军各型舰艇火控系统中均得到体现。

在指控系统中，目标定位跟踪是其航迹处理的重要内容之一。现代指控系统中的多目标航迹管理中，目标定位跟踪处理的结果对指挥员形成清晰、统一的战场态势具有重要意义。

综上所述，目标定位与跟踪是依据最佳估计原理，采用数字滤波的计算方法，对传感器接收到的量测进行处理，估计目标运动要素的数据处理过程。量测是指被噪声污染的有关目标状态的传感器观测信息，包括斜距离、方位角、高低角以及时差、多普勒频率及其他信息。目标运动要素一般指目标状态、航向、舷角等参数。目标状态主要是指目标的运动分量（如位置、速度、加速度等）。

严格地说，定位和跟踪是两个有所区别的概念。定位，是指某一特定时刻的位置参数信息，它在时空中对应的是一个个离散的点迹。而跟踪，是将这些离散的点迹按照一定规则串联起来，得到目标的连续运动轨迹，同时获得目标的运动状态信息。由于它们之间密切的关系，通常，也把目标定位与跟踪简称为目标跟踪。

目标跟踪是现代火控、指控系统中不可缺少的处理模块之一，在系统中属于数据处理环节，如图 1.1 所示。一个典型的目标跟踪系统由传感器单元、信号处理单元、数据处理单元以及显示、决策和控制单元组成。在这里，传感器泛指各种探测雷达、光电设备、声呐传感器等探测器材，信号处理单元完成传感器底层信号的处理，数据处理单元根据底层信号处理输出的参数（包括角度、距离、时差等）实现目标状态估计、计算传感器波束控制指令，其核心技术之一就是目标跟踪技术，即依据最佳估计原理，实现目标跟踪处理的理论和方法。

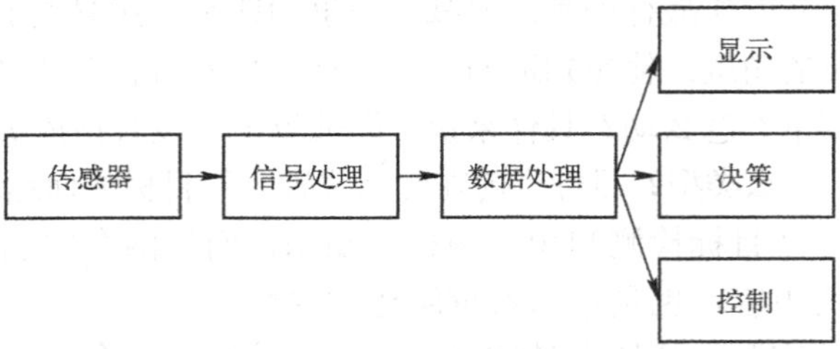

图 1.1　典型目标跟踪系统的结构示意图

本书将系统地介绍目标定位跟踪涉及的基本理论和方法，为了便于阐述，以海军舰艇最常见的适用于主动雷达的目标定位跟踪方法为主，同时，适当兼顾电子侦察设备、水下声呐传感器构成的目标定位跟踪系统。不同传感器涉及的定位跟踪方法和原理有所区别，但也有其相通之处，请读者留意。

下面介绍目标跟踪的基本概念、研究历史和发展概况以及本书的内容组织。

1.2　基本概念

根据目标跟踪的定义，目标跟踪的本质是一个混合系统的状态估计问题，即利用传感器的离散量观测来估计目标的连续状态，滤去随机噪声和求解目标运动要素。

在目标跟踪系统中，根据传感器和跟踪处理目标的数量关系，可将目标跟踪问题分为三类：

（1）单传感器单目标跟踪（Single Sensor Single Target Tracking, SST），即单部传感器对单个目标的跟踪处理。

（2）单传感器多目标跟踪（Single Sensor Single Multiple Targets Tracking, SMT），即单部传感器对多个目标的跟踪处理。

（3）多传感器多目标跟踪（Multiple Sensors Multiple Targets Tracking, MSMTT），即多部传感器实现多个目标的跟踪处理。

这三类目标跟踪问题中，单传感器单目标跟踪和单传感器多目标跟踪理论和方法是基础。而多传感器多目标跟踪就是利用多传感器的联合探测来实现多目标融合跟踪，它是多传感器信息融合中的热点问题。

单目标跟踪涉及目标坐标系的选择、观测数据预处理、目标运动模型建模、机动检测与机动辨识、滤波与预测等主要步骤，如图 1.2 所示。与单目标跟踪相比，多目标跟踪还需要考虑数据互联、跟踪门规则、跟踪起始和跟踪终止等内容，如图 1.3 所示。

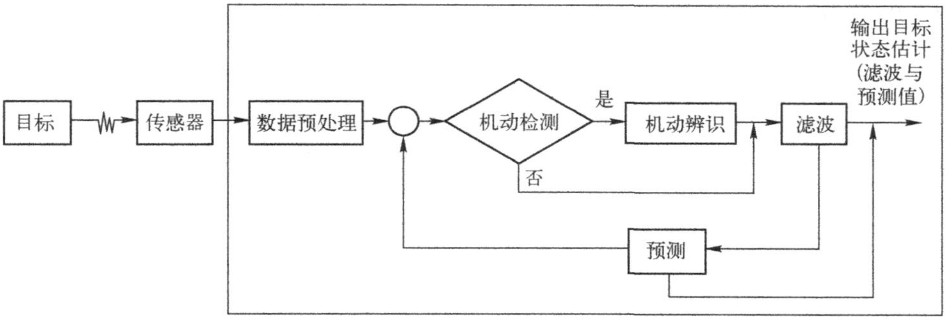

图 1.2　单目标跟踪处理示意图

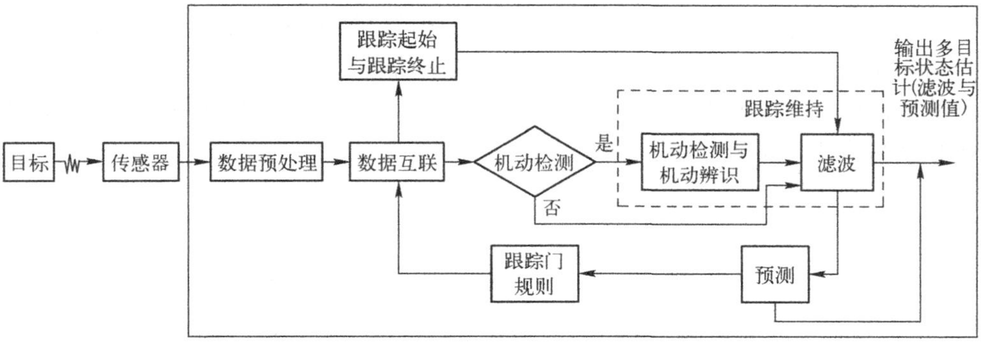

图 1.3　多目标跟踪处理示意图

在以上单、多目标跟踪数据处理中，滤波和预测都是不可获取的核心处理环节，其主要目的是从观测数据中滤掉随机干扰（噪声），估计当前和未来时刻目标的运动状态，包括位置、速度和加速度等。例如，把观测到的目标坐标位置中的随机误差尽可能降低，把比较“平滑”的坐标变化情况显示出来，并根据目标坐标的变化规律确定目标运动参数。这就是火控系统求解计算射击诸元之前首先需要解决的重要问题。

跟踪处理机输入的目标不同时刻坐标是由雷达、声呐或光学仪器等传感器测得的，测量过程中不可避免地会带来“随机误差”。随机误差的特点是相对实际准确值呈正负快速变化，且与目标运动引起的坐标变化相比是很快的。图 1.4 为坐标 X 分量的情况。对 X 分量微分后，可得 X 分量的速度；对速度微分后可得相应的加速度。在用微分求取目标运动参数时，由于随机误差是快变化信号，其变化率很大。因此，经过微分后会给求得的目标运动参数带来很大的误差，甚至可能达到严重歪曲的地步。因此，在求取目标运动参数时要设法“滤”去随机误差。引入滤波计算就是要减小这种随机误差对求取目标运动参数的影响，而保留目标运动引起的真实坐标变化值（称为有用信号）。所以在求取目标运动参数时滤波是必不可少的。

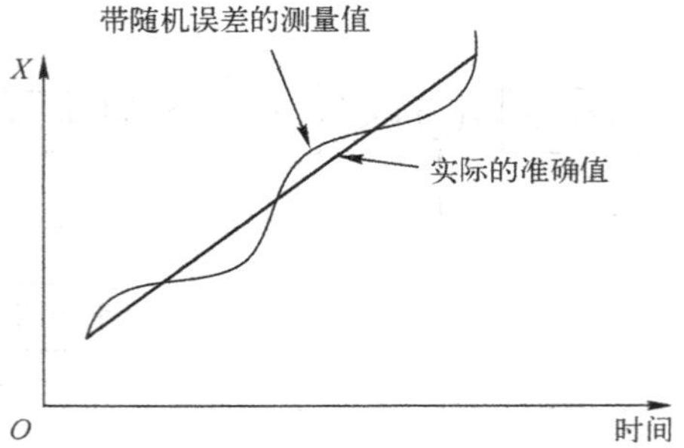

图 1.4　X 分量

在滤波问题里，所依据的观测数据是有限的。根据这些观测数据，不可能完全消除随机误差，一般只能依据一定的准则来估计目标的运动状态，一般称为状态的最优估计。根据所估计目标状态对应的时间点，该最优估计可分为平滑、滤波和预测估计，如图 1.5 所示。

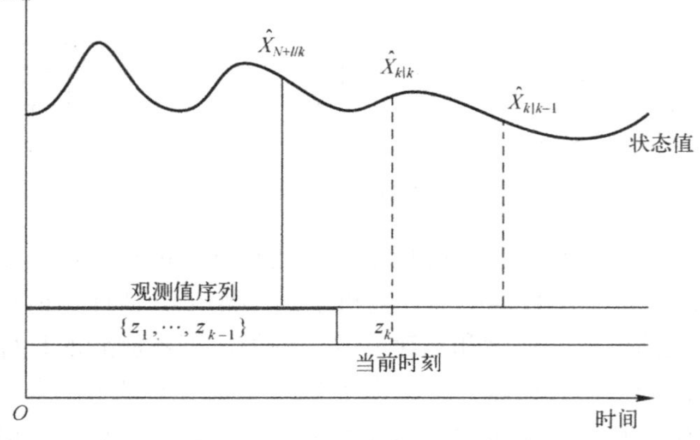

图 1.5　平滑、滤波和预测关系示意图

（1）滤波。根据过去的所有测量数据 $\{Z_1,\cdots,Z_{k-1}\}$，包括当前时刻 k 的测量值 Z_k，估计出当前时刻 k 的状态值 $\hat{X}_{k|k}$。

（2）预测。根据过去的所有测量数据 $\{Z_1,\cdots,Z_{k-1}\}$，包括当前时刻 k 的测量值 Z_k，估计出未来时刻 $k+l(l>0)$ 的状态值 $\hat{X}_{k+l|k}$。

（3）平滑。根据所有或一段测量数据 $\{Z_{N+1},\cdots,Z_{N+k}\}$，估计出过去某一时刻 $N+l(l<k)$ 的状态值 $\hat{X}_{N+l/k}$。

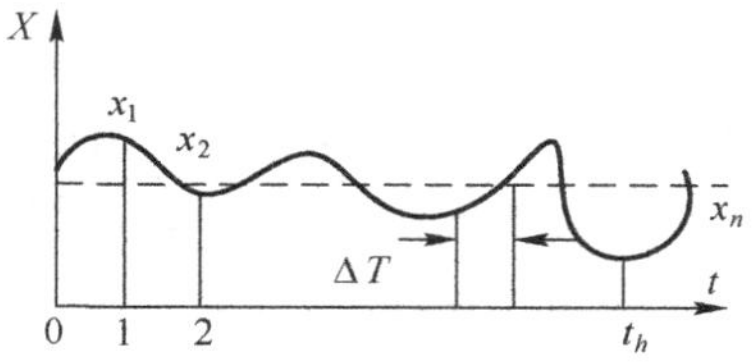

图 1.6　算术平均法滤波示意图

为了理解滤波计算的原理，下面以算术平均法为例加以说明。图 1.6 是 X 分量的一系列带有随机误差的输入量。在观测时间 t_h 内输入 n 个点，记为 $x_1, x_2, \ldots, x_n$。采样间隔为 ΔT，则第 n 点时刻的滤波值为：

$$\begin{aligned}\hat{x}_{n|n} &= (x_1 + x_2 + \cdots + x_n)/n \\ &= \frac{1}{n}(x_1' + \Delta_1) + \frac{1}{n}(x_2' + \Delta_2) + \cdots + \frac{1}{n}(x_n' + \Delta_n) \\ &= x + \frac{1}{n}\sum_{i=1}^{n}\Delta_i\end{aligned} \qquad (1.2.1)$$

式中：$x_1', x_2', \ldots, x_n'$ 为有用信号，这里假设它们都是相等的常数，且用 x 表示。$\Delta_1, \ldots, \Delta_n$ 为各采样点的随机误差。

经过如上处理后，显然能滤去部分随机误差。这种滤波的实质就是在所有输入采样中抽取相同的比例作为输出。在实际应用的滤波计算中，为了尽可能地“滤”去随机误差，保留有用信号，并能及时地反映输入的目标运动参数的变化。往往不采用简单的算术平均法，而是对不同的点采用不同的加权系数。

因此，围绕目标跟踪问题，在后续章节中将系统地介绍实现单目标跟踪、多目标跟踪的理论及其应用情况。下面介绍目标跟踪问题的研究历史和发展概况，这对我们深入理解该问题的复杂性是非常有帮助的。

1.3　研究历史和发展概况

最早的目标跟踪数据处理方法要追溯到 19 世纪初德国数学家高斯（Gauss）提出的最小二乘法。1795 年高斯首次运用最小二乘法预测神谷星轨道，开创了用数学方法处理观测和实验数据的科学领域。这种方法经后人不断修改和完善，现在已经具有适于实时运算的形式。现代滤波理论则是建立在概率论和随机过程理论基础上的。20 世纪 40 年代初，第一代火控雷达的诞生开始了单目标跟踪雷达数据处理发展史，当时采用的是波门式距离跟踪和圆锥扫描式角度跟踪，而在这个时期，美国学者维纳（Wiener）等人提出的维纳滤波开辟了现代滤波理论的研究领域。维纳滤波提出后就被应用于通信、雷达和控制等各个领域，并取得了巨大成功。

20 世纪 60 年代以后，随着数字技术和估计理论的发展，出现了数字跟踪系统。在理论研究方面，卡尔曼（Kalman）等人将状态变量分析方法引入滤波理论中，得到了最小均方误差估计问题的时域解。卡尔曼滤波理论突破了维纳滤波的局限性，它可用于非平稳和多变量的场合，而且卡尔曼滤波具有递推结构，因此特别适用于计算机解算。由于这些原因，卡尔曼滤波已成为数据处理的主要技术。

70 年代初，辛格等人又提出了一系列机动目标跟踪方法。70 年代中期，皮尔森和柴田实等人成功地将卡尔曼滤波技术应用到机载雷达跟踪系统。

无论是主动传感器、被动传感器或侦察传感器，其对目标的跟踪大都经历了确定性参数求解、最小二乘法及其变体、维纳滤波及其推广、卡尔曼滤波及其推广、非线性滤波的应用等几个发展阶段。

（1）确定性参数求解：是早期目标回波数较小时常采用的一种方法。

（2）最小二乘法：是在得不到准确的量测及动态系统误差统计特性情况下的一种数据处理方法。

（3）维纳滤波：是线性时常系统中常用的一种数据处理方法，其统计模型是有理谱密度模型，而且是对过去的全部观测数据进行批处理，计算量很大。

（4）卡尔曼滤波：推广了维纳滤波的成果，它与维纳滤波均采用最小均方误差准则，但它与维纳滤波又是两种截然不同的方法。卡尔曼滤波可用于线性时变系统，其统计模型是状态方程和量测方程，卡尔曼滤波方程是一组递推计算公式，适用于数字计算机计算，计算量小，实时性好。

（5）非线性滤波：被动传感器的发展打破了系统为线性的约束，促进了适用于非线性系统的滤波方法的产生和发展。

随着现代战争中战场上目标密度和批次的增加，单目标跟踪已满足不了要求。因此，人们在改进单目标跟踪雷达的同时开始了多目标跟踪技术的研究。复杂环境下的多目标跟踪和数据互联问题是目标跟踪领域最复杂、最难处理的问题。

多目标跟踪的基本概念是由学者维克斯（Wax）于 1955 年在《应用物理》杂志的一篇文章中提出的。随后 1964 年斯特尔（Sittler）在 IEEE 上发表了一篇名为《监视理论中的最优数据互联问题》的论文，成为多目标跟踪先导性的工作。但那时卡尔曼滤波尚未普遍应用，他采用的是一种航迹分裂法。20 世纪 70 年代初开始出现虚警存在情况下，利用卡尔曼滤波方法系统地对多目标跟踪进行雷达数据处理技术研究的文章和报告。辛格（Singer）提出的最近邻法是解决数据互联的最简单的方法，但这种方法在杂波环境下正确相关率较低。在此期间，巴-沙龙（Bar-Shalom）起到了举足轻重的作用，他于 1975 年提出了特别适用于杂波环境下对目标进行跟踪的概率数据互联算法。此后，雷达数据处理技术开始由单部雷达向多部雷达转变，进一步又由多部雷达向多传感器（多传感器指一个系统包括多种同类或不同类的传感器，如雷达、声呐、红外等）转变。为此，从 20 世纪 70 年代起，一个新兴的学科——多传感器信息融合（Multi-sensor Information Fusion，MSIF）便迅速地发展起来，并在现代 C^3I 系统、各种武器平台上以及许多民事领域得到了广泛的应用。

在滤波理论发展的二百多年历史中，高斯、维纳、卡尔曼等人做出了重大的贡献，他们奠定了目标跟踪数据处理的理论基础。此后，国外发表和出版的雷达数据处理及信息融合方面比较经典的专著包括：1985 年法里纳（Farina）的《雷达数据处理》、1986 年布莱克曼（Blackman）的《多目标跟踪及其在雷达中的应用》、1988 年巴-沙龙的《跟踪和数据互联》、1990 年林纳斯（Llinas）与沃茨（Waltz）的《多传感器数据融合》、1992 年霍尔（Hall）的《多传感器数据融合中的数学技术》、1995 年巴-沙龙的《多目标多传感器跟踪原理与技术》等。

国内对雷达数据处理问题的研究是从 20 世纪 70 年代末 80 年代初开始的，但在随后的几年中研究的人较少，有关的参考文献也很少。直到 80 年代末 90 年代初有关这个问题的研究才逐渐多起来，出现了一大批理论研究成果。与此同时，也有几部有关信息融合和涉及雷达数据处理方面的学术专著和译著出版。有代表性的专著有：董志荣、申兰的《综合指挥系统情报中心的主要算法——多目标密集环境下的航迹处理方法》，周宏仁、敬忠良、王培德的《机动目标跟踪》，敬忠良的《神经网络跟踪理论及应用》，康耀红的《数据融合理论及应用》，刘同明、夏祖勋、解洪成的《数据融合技术及其应用》，董志荣的《舰艇指控系统的理论基础》，孙仲康、周一宇、何黎星的《单多基地有源无源定位技术》，何友、王国宏、陆大金、彭应宁的《多传感器信息融合及应用》，权太范的《信息融合神经网络——模糊推理理论及应用》等。有代表性的译著有：赵宗贵等人的《多传感器数据融合》和《数据融合方法概论》、张兰秀等人的《跟踪和数据互联》与《水下信号和数据处理》等。

总之，随着科学技术发展和学科交叉融合，特别是在军事装备发展的牵引下，目标跟踪理论还在深入发展，相关研究成果还在不断丰富之中。

1.4 内容组织

经过几十年的发展，基本的目标跟踪理论和方法已经成熟。随着各种先进探测设备陆续投入使用，目标跟踪技术已由单传感器的目标跟踪向多传感器多目标跟踪方向发展。本书以单传感器目标跟踪理论为主，系统地阐述了目标跟踪的基本原理和方法，除第一章外，全书其他部分的内容组织如下。

第二章，估计理论和滤波方法。本章是定位跟踪方法学习的数学基础。在估计理论中，首先介绍了一些和跟踪问题密切相关的结论和公式。接着，详细介绍了几种基本的估计方法。而后，讨论了跟踪数据处理中常用的滤波方法，包括递推最小二乘滤波和卡尔曼滤波等线性系统下的基本滤波方法，并对它们的特点、性能及应用中应注意的一些问题进行了分析。在此基础上，将问题延伸到非线性系统下，介绍了非线性滤波方法。

第三章，目标定位方法。本章的内容主要阐述了目标空间几何定位相关问题。从坐标系及坐标变换方法出发，详细描述了定位误差的度量和分析方法。而后，介绍了单站和多站、有源和无源定位方法。不管是对单站目标跟踪，还是多站多目标跟踪，定位获得结果是跟踪系统的输入。

第四章，目标跟踪基本方法。本章围绕目标跟踪这一主题，首先介绍跟踪坐标系的选择，通过分析不同坐标系下的目标运动模型和量测模型，指出坐标选择对目标跟踪的影响；接着，对目标跟踪的主要环节进行介绍，包括数据预处理、跟踪起始、数据关联、常用的运动模型和传感器量测模型，在此基础上，介绍不同模型下的跟踪滤波方法和机动目标跟踪方法。最后，介绍了航迹质量管理的相关内容。

第五章，基于纯方位的水下目标被动定位跟踪方法。本章在前面 3 章学习的基础上，针对水下目标被动定位跟踪问题，介绍了纯方位目标跟踪问题的由来，以及常用的纯方位跟踪方法。

第六章，基于多传感器数据融合的目标跟踪。本章围绕目标跟踪中的多传感器数据融合理论及其应用，介绍了多传感器数据融合的基本概念、功能模型和结构模型，阐述了时空配准问题的解决方法。针对状态融合问题，重点介绍了航迹关联和融合方法。

第七章，目标定位跟踪方法应用。这一章主要结合相关课题，介绍了一些目标定位跟踪方法在实际中的应用。旨在为读者灵活运用理论方法解决实际问题提供一些参考。

从以上组织结构可以看出，不管是单传感器目标跟踪，还是多传感器目标融合跟踪，第二章估计理论基础和滤波方法都是其处理的基础，第三章目标定位则是目标跟踪处理的数据输入，即目标定位获取了目标跟踪系统所需的点迹。第四章、第五章则是有关单传感器目标跟踪、水下被动目标跟踪的系统阐述，第六章是目标跟踪发展的前沿和趋势，第七章是应用分析。相关内容深度覆盖了本科生、研究生所应掌握的知识。因此，可以根据不同授课对象，选修不同的章节。

思考题

1．目标跟踪属于雷达数据处理中的哪个层次？其含义是指什么？

2．根据目标和传感器的处理数量对应关系，目标跟踪问题可分为哪三类？
3．试用框图的方式，描述单目标跟踪基本原理。
4．分别简述单、多目标跟踪原理中的几个关键环节。
5．怎样理解目标跟踪其本质是一个状态估计问题。
6．根据所估计对象对应的时间点，估计问题可以分为哪几类？

第二章　估计理论和滤波方法

2.1　概述

在火力控制系统中，为了使测量器材测量并跟踪目标（自动跟踪问题），为了通过火力控制计算机的解算控制我舰艇机动（导航问题）、控制发射装置定位和控制武器某种性能参数的装订（武器射击问题），以期到达命中目标之目的，都必须对目标运动参数和目标未来位置进行估计。然而，受各种环境噪声、人为干扰以及传感器自身制造工艺的限制，传感器获取的目标信息不可避免地带有测量误差。测量误差可分为两类，即系统误差和随机误差，系统误差具有的重复性、可测性、单向性等特点，可以通过标校的方法消除。随机误差则相对复杂，较难处理。一方面，就单次测量而言，随机误差具有偶然性；另一方面，当多次测量时它又表现出一定的统计规律。因此，需要在概率和统计的意义上，通过数学处理确定最符合真值的估计。

根据目标估计所处的时间点，可以把估计问题分为三类。

（1）滤波：根据过去的所有测量数据和当前时刻的测量，估计出当前时刻的状态值。

（2）预测：根据过去的所有测量数据和当前时刻的测量，估计出未来时刻的状态值。

（3）平滑：根据所有或一段测量数据，估计出过去某一时刻的状态值。

显然，在目标跟踪问题中，我们更关心目标当前时刻的状态（滤波）和未来时刻的状态（预测）。本章将就估计问题的数学基础和跟踪问题中常用的滤波方法进行介绍。

2.2　估计理论

2.2.1　问题描述

所谓估计问题，就是从带有随机干扰的观测数据中，观测提取出有用信息。例如，传感器的测量模型可以写作：

$$Z(t) = Y(t) + V(t) \tag{2.2.1}$$

式中：$Z(t)$ 表示观通导航器材测量的量或测量的函数；$Y(t)$ 表示有用信号，一般是目标位置、速度、加速度或目标状态的函数；$V(t)$ 表示观通导航器材的测量误差。

如果要从 $Z(t)$ 中把 $Y(t)$ 分离出来，进而得到目标位置、速度、加速度或目标状态等待定参数。这就是一个典型的估计问题。在数学上，估计问题的描述如下：

假设被估计量是一个 n 维向量 $\boldsymbol{X}(t)$，而 m 维向量 $\boldsymbol{Z}(t)$ 是其观测输出向量，并且存在如下关系：

$$\boldsymbol{Z}(t) = \boldsymbol{h}[\boldsymbol{X}(t), \boldsymbol{V}(t), t] \tag{2.2.2}$$

式中：$\boldsymbol{h}(\cdot)$ 是状态向量 $\boldsymbol{X}(t)$、$\boldsymbol{V}(t)$ 和时间 m 维已知向量函数，由观测方法确定；$\boldsymbol{X}(t)$ 是 n 维状态向量；$\boldsymbol{V}(t)$ 是 m 维观测误差向量。

所谓估计问题就是在时间区间 $[t_0, t]$ 内对 $\boldsymbol{X}(t)$ 进行观测，得到观测数据序列 $\boldsymbol{Z} = \{\boldsymbol{Z}(\tau) : t_0 \leqslant \tau \leqslant t\}$，要求根据一定准则，构造基于观测数据 $\boldsymbol{Z}$ 的函数 $\hat{\boldsymbol{X}}(\boldsymbol{Z})$ 的问题，并且称 $\hat{\boldsymbol{X}}(\boldsymbol{Z})$ 是 $\boldsymbol{X}(t)$ 的估计量。

根据被估计量的变化与否，估计问题大致分为两类：状态估计和参数估计。状态和参数的基本差别在于状态是随时间变化的，而参数是保持不变或变化非常缓慢的。也就是说，状态估计是动态估计，而参数估计一般是静态估计。但是动态估计与静态估计是有联系的，将静态估计方法和动态随机过程或序列的内部规律结合起来，就可以得到动态估计方法。

构建的估计量并不唯一。它根据估计准则的不同而不同。一般有如下估计准则：最小均方估计（或最小方差估计）、极大验后估计、极大似然估计、线性最小均方估计和最小二乘估计等，由此形成了不同的估计方法。如何评价这些不同方法的估计值？可以用估计值的统计特性来衡量。

2.2.2 估计值的统计特性

估计值的统计特性可以看作是对根据估计准则构建出估计量的基本要求，主要包括无偏性、一致性和最优性。

1．无偏性

估计值依赖于观测结果，因此取几组新的观测值，估计值就要改变。因为估计量的本身是随机变量，所以也有均值与方差，显然，对重复测量所希望的状态是估计值应集中在真值附近，即

$$E(X - \hat{X}) = 0 \tag{2.2.3}$$

无偏性是用来衡量估计值是否围绕真值波动的，它是估计值的一个重要统计特性。

2．一致性

所谓估计值的一致性是指：如果根据无穷多的输入、输出信息（$N \to \infty$），

所得到的估计 $\hat{X}(\infty)$ 无限趋近于真值 X，则称 $\hat{X}(\infty)$ 是 X 的一致估计。如果估计值具有一致性，说明当样本无限增大时，它将以概率 1 收敛于真值。

定义 2-1：如果采用误差

$$\Delta X = \hat{X} - X \tag{2.2.4}$$

的平方的统计平均值的大小作为性能指标，则一致性可以定义为：如果

$$\lim_{N\to\infty} E\{[\hat{X}(N) - X]^{\mathrm{T}}[\hat{X}(N) - X]\} = 0 \tag{2.2.5}$$

或

$$\lim_{N\to\infty} \mathrm{tr}E\{[\hat{X}(N) - X][\hat{X}(N) - X]^{\mathrm{T}}\} = 0 \tag{2.2.6}$$

定义 2-2：当观测数目增加时，我们希望估计量的密度函数在待估计参量附近越来越变成峰值（方差减少），用数学式来表示为

$$\lim_{n\to\infty} P\{|X - \hat{X}| \geqslant \varepsilon\} = 0 \tag{2.2.7}$$

式中：$\varepsilon > 0, \hat{X}$ 表示由 n 个样本得到的 X 估计值。凡是满足式（2.2.7）的估计量就称为一致估计量。

3．有效性

我们希望所用的估计量 $\hat{X}$ 是所有估计量中方差最小的，也就是说平均估计误差最小。如果还有别的估计量 $\bar{X}$，那么一定有

$$E((\hat{X} - X)^2) \leqslant E((\bar{X} - X)^2) \tag{2.2.8}$$

满足式（2.2.8）的估计量称为 X 的有效估计量。

4．Cramer-Rao 下界

在参数估计理论中，克拉美-罗（Cramer-Rao）下界是统计数学中最重要的定理之一，它给出了一个估计量能达到的最好结果，这个定理的意义在于，如果要估计某个参数，并已决定利用某种估计方法，该方法构建的估计量已经达到了克拉美-罗下界，那么就没有必要去寻求其他估计方法构建的估计量了。

克拉美-罗定理 如果以 X 为参量的似然函数 $L(Z\mid X)$ 估计量 $\hat{X}$ 的数学期望为 $E\hat{X} = \varphi(X)$，那么 $\hat{X}$ 的方差为

$$\mathrm{Var}(\hat{X}) \geqslant \frac{(\partial\varphi(X)/\partial X)^2}{E[\partial \ln L(Z\mid X)/\partial X]^2} \tag{2.2.9}$$

特别是当 $\hat{X}$ 是无偏估计时，$E\hat{X} = X$，则上式简化为

$$\mathrm{Var}(\hat{X}) \geqslant \frac{1}{E[\partial \ln L(Z\mid X)/\partial X]^2} \tag{2.2.10}$$

以上两式的右边称为克拉美-罗下界，它指出了估计量所能达到的最好精度。

证明：似然函数也是概率密度函数，所以

$$\int L(Z \mid X) \mathrm{d}Z = 1 \tag{2.2.11}$$

把它看作 $L(Z \mid X)$ 的函数，两边对 X 求微商，得到

$$\int \frac{\partial L(Z \mid X)}{\partial X} \mathrm{d}Z = \int \frac{\partial \ln L(Z \mid X)}{\partial X} L(Z \mid X) \mathrm{d}Z = 0 \tag{2.2.12}$$

亦即

$$E\left\{\frac{\partial \ln L(Z \mid X)}{\partial X}\right\} = 0 \tag{2.2.13}$$

因为数学期望是相对于变量 Z 的，所以对 X 的任意函数 $\varphi(X)$ ，有

$$E\left\{\varphi(X) \frac{\partial \ln L(Z \mid X)}{\partial X}\right\} = 0 \tag{2.2.14}$$

由假定

$$E\hat{X} = \int \hat{X} L(Z \mid X) \mathrm{d}Z = \varphi(X) \tag{2.2.15}$$

对 X 求微商得到

$$\int \hat{X} \frac{\partial \ln L(Z \mid X)}{\partial X} L(Z \mid X) \mathrm{d}Z = \frac{\partial \varphi(X)}{\partial X} \tag{2.2.16}$$

因为 $\varphi(X) \dfrac{\partial \ln L(Z \mid X)}{\partial X}$ 的数学期望为零，所以有

$$\int \{\hat{X} - \varphi(X)\} \frac{\partial \ln L(Z \mid X)}{\partial X} L(Z \mid X) \mathrm{d}Z = \frac{\partial \varphi(X)}{\partial X} \tag{2.2.17}$$

利用许瓦茨不等式，有

$$\int \{\hat{X} - \varphi(X)\}^2 L(Z \mid X) \left\{\frac{\partial \ln L(Z \mid X)}{\partial X}\right\}^2 L(Z \mid X) \mathrm{d}Z \geqslant \left\{\frac{\partial \varphi(X)}{\partial X}\right\}^2 \tag{2.2.18}$$

于是得到

$$\mathrm{Var}\{\hat{X}\} \geqslant \frac{\left\{\dfrac{\partial \varphi(X)}{\partial X}\right\}^2}{E\left\{\dfrac{\partial \ln L(Z \mid X)}{\partial X}\right\}^2} \tag{2.2.19}$$

如果我们利用

$$E[\partial \ln L(Z \mid X) / \partial X]^2 = -E[\partial^2 \ln L(Z \mid X) / \partial^2 X] \tag{2.2.20}$$

则有

$$\mathrm{Var}(\hat{X}) \geqslant -\frac{(\partial \varphi(X) / \partial X)^2}{E[\partial^2 \ln L(Z \mid X) / \partial^2 X]} \tag{2.2.21}$$

对于无偏估计，则有

$$\mathrm{Var}(\hat{X}) \geqslant -\frac{1}{E[\partial^2 \ln L(Z \mid X)/\partial^2 X]} \tag{2.2.22}$$

2.2.3 最小均方估计

令 $\hat{\boldsymbol{X}} = \hat{\boldsymbol{X}}(\boldsymbol{Z})$ 为依据量测 $\boldsymbol{Z}$ 对 $\boldsymbol{X}$ 所求得的某种估计，称为估计量，它是一个与 X 同维数的向量函数，其自变量为向量 $\boldsymbol{Z}$ 。记这个估计的误差为

$$\tilde{\boldsymbol{X}} = \boldsymbol{X} - \hat{\boldsymbol{X}} \tag{2.2.23}$$

误差 $\tilde{\boldsymbol{X}}$ 是一个与 $\boldsymbol{X}$ 同维数的随机向量；由于各种随机因素的影响，在同样的测量条件下，每次所得的估计误差不可能都相同。所以要衡量一个估计量的优劣，应当研究这个估计误差的整个统计规律。显然，误差 $\tilde{\boldsymbol{X}}$ 越小越好。按照统计规律为：用同样的估计方法，不管对 $\boldsymbol{X}$ 重复多少次测量，由每次测量所得的估计误差，大部分应当密集在零附近，那么可以认为这一估计方法是好的。根据数学知识，估计误差 $\tilde{\boldsymbol{X}}$ 的二阶原点矩 $\boldsymbol{E}(\tilde{\boldsymbol{X}}\tilde{\boldsymbol{X}}^{\mathrm{T}})$（称为均方误差阵）正是表示误差分布在零附近密集的程度。

最小均方估计正是追求使估计的均方误差阵达到最小，因此这种估计方法也被称为最小方差估计。在这种意义下的最优估计问题可以描述如下：

已知被估计量 x，其先验概率密度函数为 $P_1(x)$，观测量 Z 的概率密度函数为 $P_2(z)$, X、Z 的联合概率密度为 $P(x,z)$，在上述已知条件下，构建一估计量 $\hat{X}(Z)$，使得估计误差 $\tilde{X}$ 的均方差极小。用数学式表达即：

$$J = \min_{\hat{x}(z)} E(\tilde{x}\tilde{x}^{\mathrm{T}}) = \min_{\hat{x}(z)} E\left(x - \hat{x}(z)\right)\left(x - \hat{x}(z)\right)^{\mathrm{T}} \tag{2.2.24}$$

这是求极值问题，按照均值的定义，在已知上述概率密度分布的条件下，根据贝叶斯公式，可以求出目标函数的极值解。下面给出详细求解过程：

由贝叶斯公式有

$$P(x,z) = p(x \mid z)p_2(z) = p(z \mid x)p_1(x) \tag{2.2.25}$$

因此，对于某一估计量 $\hat{x}(z)$，其均方误差矩阵 $\boldsymbol{E}(\tilde{\boldsymbol{X}}\tilde{\boldsymbol{X}}^{\mathrm{T}})$ 可以表示为

$$\begin{aligned} \boldsymbol{E}(\tilde{\boldsymbol{X}}\tilde{\boldsymbol{X}}^{\mathrm{T}}) &= E(x - \hat{x}(z))(x - \hat{x}(z))^{\mathrm{T}} \\ &= \int_{-\infty}^{+\infty}\int_{-\infty}^{+\infty} (x - \hat{x}(z))(x - \hat{x}(z))^{\mathrm{T}} p(x,z)\mathrm{d}x\mathrm{d}z \\ &= \int_{-\infty}^{+\infty}\left\{\int_{-\infty}^{+\infty} (x - \hat{x}(z))(x - \hat{x}(z))^{\mathrm{T}} p(x \mid z)\mathrm{d}x\right\}p_z(z)\mathrm{d}z \end{aligned} \tag{2.2.26}$$

式（2.2.26）对任何估计量 $\hat{x}(z)$ 都成立。目标是选一个估计量 $\hat{x}_{MV}(z)$，使得式（2.2.26）达到极小。注意到式（2.2.26）所表示的是一个非负对称矩阵。因此，所谓“$\hat{x}_{MV}(z)$ 使式（2.2.26）达到极小”就是意味着，如果把 $\hat{x}_{MV}(z)$ 换成 z 的另外任何一个向量函数时，式（2.2.26）所表示的对称阵一定会增大。由式（2.2.26）

中最后的式子容易看出，只需对 $\hat{x}(z)$ 求下式的极小即可：

$$\int_{-\infty}^{+\infty}(x-\hat{x}(z))(x-\hat{x}(z))^{\mathrm{T}}p(x\mid z)\mathrm{d}x \tag{2.2.27}$$

下面我们来证明，使式（2.2.14）达到极小的 $\hat{x}(z)$，就是在给定条件 $Z=z$ 时，X 的条件均值，即

$$\hat{x}_{MV}(z)=E(X\mid Z) \tag{2.2.28}$$

证明：

设 $\hat{x}(z)$ 是 z 的任一向量函数，则从式（2.2.4）出发，可以推出如下的关系式：

$$\begin{aligned}
&\int_{-\infty}^{+\infty}(x-\hat{x}(z))(x-\hat{x}(z))^{\mathrm{T}}p(x\mid z)\mathrm{d}x\\
&=\int_{-\infty}^{+\infty}[x-E(X\mid Z)+E(X\mid Z)-\hat{x}(z)][x-E(X\mid Z)+E(X\mid Z)-\hat{x}(z)]^{\mathrm{T}}p(x\mid z)\mathrm{d}x\\
&=\int_{-\infty}^{+\infty}[x-E(X\mid Z)][x-E(X\mid Z)]^{\mathrm{T}}p(x\mid z)\mathrm{d}x+[E(X\mid Z)-\hat{x}(z)][E(X\mid Z)-\hat{x}(z)]^{\mathrm{T}}\int_{-\infty}^{+\infty}p(x\mid z)\mathrm{d}x+\\
&[E(X\mid Z)-\hat{x}(z)]\int_{-\infty}^{+\infty}[x-E(X\mid Z)]^{\mathrm{T}}p(x\mid z)\mathrm{d}x+\int_{-\infty}^{+\infty}[x-E(X\mid Z)]p(x\mid z)\mathrm{d}x\cdot[\mathrm{E}(X\mid Z)-\hat{x}(z)]^{\mathrm{T}}
\end{aligned} \tag{2.2.29}$$

因为

$$\int_{-\infty}^{+\infty}p(x\mid z)\mathrm{d}x=1 \tag{2.2.30}$$

$$\begin{aligned}
&\int_{-\infty}^{+\infty}[x-E(X\mid Z)]p(x\mid z)\mathrm{d}x=\int_{-\infty}^{+\infty}xp(x\mid z)\mathrm{d}x-E(X\mid Z)\int_{-\infty}^{+\infty}p(x\mid z)\mathrm{d}x\\
&=E(X\mid Z)-E(X\mid Z)=0
\end{aligned} \tag{2.2.31}$$

所以式（2.2.29）化简为

$$\begin{aligned}
&\int_{-\infty}^{+\infty}(x-\hat{x}(z))(x-\hat{x}(z))^{\mathrm{T}}p(x\mid z)\mathrm{d}x\\
&=\int_{-\infty}^{+\infty}[x-E(X\mid Z)+E(X\mid Z)-\hat{x}(z)][x-E(X\mid Z)+E(X\mid Z)-\hat{x}(z)]^{\mathrm{T}}p(x\mid z)\mathrm{d}x\\
&=\int_{-\infty}^{+\infty}[x-E(X\mid Z)][x-E(X\mid Z)]^{\mathrm{T}}p(x\mid z)\mathrm{d}x+[E(X\mid Z)-\hat{x}(z)][E(X\mid Z)-\hat{x}(z)]^{\mathrm{T}}
\end{aligned} \tag{2.2.32}$$

由于 $[E(X\mid Z)-\hat{x}(z)][E(X\mid Z)-\hat{x}(z)]^{\mathrm{T}}$ 总是一个非负定阵，所以式（2.2.32）得到如下的不等式：

$$\int_{-\infty}^{+\infty}(x-\hat{x}(z))(x-\hat{x}(z))^{\mathrm{T}}p(x\mid z)\mathrm{d}x\geqslant\int_{-\infty}^{+\infty}[x-E(X\mid Z)][x-E(X\mid Z)]^{\mathrm{T}}p(x\mid z)\mathrm{d}x \tag{2.2.33}$$

且式（2.2.33）取等号的充分必要条件是 $\hat{x}(z)=E(X\mid Z)$。式（2.2.28）得证。

从上述推导过程可知：对于任意两个随机变量 x 和 z，无论它们之间的函数关系是否已知，只要已知其各自的概率分布密度函数 $P_1(x)$ 和 $P_2(z)$ 及联合概率密

度函数 $P(x,z)$，在最小方差估计的准则下，所构建的估计量就是其条件均值（或期望）。这一结论具有重要意义，也称这种估计方法为最优估计。即在方差最小意义下，对任意随机被估计量的最优估计是其条件均值 $E(X|Z)$。

1．无偏性证明

由式（2.2.15）可得

$$
\begin{aligned}
E\hat{x}_{MV}(z) &= \int_{-\infty}^{+\infty} E(X|Z)p_2(z)\mathrm{d}z = \int_{-\infty}^{+\infty}\left[\int_{-\infty}^{+\infty} xP(x|z)\mathrm{d}x\right]p_2(z)\mathrm{d}z \\
&= \int_{-\infty}^{+\infty} x\left[\int_{-\infty}^{+\infty} P(x|z)p_2(z)\mathrm{d}z\right]\mathrm{d}x \\
&= \int_{-\infty}^{+\infty} x\left[\int_{-\infty}^{+\infty} P(x,z)\mathrm{d}z\right]\mathrm{d}x = \int_{-\infty}^{+\infty} xP_1(x)\mathrm{d}x = E(x)
\end{aligned}
\tag{2.2.34}
$$

即估计量 $\hat{x}_{MV}(z)$ 的均值等于被估计量 x 的均值。因此，最小均方估计是无偏估计。

2．最小方差阵

由式（2.2.26）和式（2.2.28）知道

$$
\begin{aligned}
&E(X-\hat{X}_{MV}(Z))(X-\hat{X}_{MV}(Z))^{\mathrm{T}} = \mathrm{Var}(X-\hat{X}_{MV}(Z)) \\
&= \int_{-\infty}^{+\infty}\left[\int (X-\hat{X}_{MV}(Z))(X-\hat{X}_{MV}(Z))^{\mathrm{T}}P(X|Z)\mathrm{d}X\right]P_2(Z)\mathrm{d}Z \\
&= \int_{-\infty}^{+\infty} Var(X|Z)P_2(Z)\mathrm{d}Z
\end{aligned}
\tag{2.2.35}
$$

由于式（2.2.28）成立，有时又称 $\hat{x}_{MV}$ 为 X 的条件均值估计。

最小均方估计是一种最优估计，但过于理想化，因为通常是很难获得条件均值 $E(X|Z)$ 的。如前所述，需要知道两个随机变量 x 和 z 的先验概率分布 $P_1(x)$ 和 $P_2(z)$ 以及联合概率分布函数 $P(x,z)$，这在实际情况中难以满足。

下面介绍两种对已知条件有所放宽的估计方法，即极大验后估计和极大似然估计。

2.2.4 极大验后估计和极大似然估计

最小均方估计是以均方差阵达到极小作为最优准则的。假设调整最优准则，比如把验后概率极大或者似然概率极大作为最优准则，就会得到新的最优估计方法。在学习这些方法之前，先回顾验后概率和似然概率的概念。

如果被估计量 X 是随机量，其对应的观测量为 Z（也称实验结果），其验后概率为 X 的条件概率，记为 $P(X|Z)$。相应地，其似然概率为观测量 Z 的条件概率 $P(Z|X)$。

所谓最大验后估计就是以验后概率 $P(X|Z)$ 极大为准则，而最大似然估计则是以似然概率 $P(Z|X)$ 极大为准则。分别记作 $\hat{x}_{MA}(z)$ 和 $\hat{x}_{ML}(z)$，简写为 $\hat{x}_{MA}$ 和 $\hat{x}_{ML}$。

下面推导估计量 $\hat{x}_{MA}$ 和 $\hat{x}_{ML}$ 的表达式。

对于极大验后估计，其极值函数为

$$J = \max_{\hat{X}} P\left(X|Z\right) \tag{2.2.36}$$

$\hat{x}_{MA}(Z)$ 的值是已知试验结果（量测结果）$Z = z$ 的条件下，使 X 的条件概率密度（验后概率密度）$P(X \mid Z)$ 达到极大的那个 X 的值。这在直观上也很清楚，因为能使一个概率密度达到极大的那个值，就是其相应的随机变量的最大可能值，即随机变量落在这个可能值的小邻域内的概率大于落在其他任何值的同样邻域内的概率。

由于对数函数是单调增加函数，所以 $\ln P(X \mid Z)$ 与 $\ln P(Z \mid X)$ 在相同的 X 值能达到极大，极值函数可以调整为

$$J = \max_{\hat{X}} \ln P\left(X|Z\right) \tag{2.2.37}$$

故由微分知道，$\hat{x}_{MA}$ 应满足下列方程

$$\left.\frac{\partial \ln P(X \mid Z)}{\partial X}\right|_{X=\hat{X}_{MA}(Z)} = 0 \tag{2.2.38}$$

方程 $\frac{\partial \ln P(X \mid Z)}{\partial X} = 0$ 称为验后方程。解此方程即可得到极大验后估计 $\hat{x}_{MA}$。

与之类似，极大似然估计 $\hat{X}_{ML}(Z)$ 的值是使条件概率密度 $P(Z \mid X)$（也叫似然函数）取得极大的那个 X 的值。同上论述，$\hat{X}_{ML}(Z)$ 应满足方程

$$\left.\frac{\partial \ln P(Z \mid X)}{\partial X}\right|_{X=\hat{X}_{ML}(Z)} = 0 \tag{2.2.39}$$

方程 $\frac{\partial \ln P(\mathrm{Z} \mid \mathrm{X})}{\partial X} = 0$ 称为似然方程。解此方程即可得到极大似然估计 $\hat{X}_{ML}(Z)$。

下面来考查极大验后估计与极大似然估计的关系。由贝叶斯公式，验后概率密度和似然函数之间的关系为：

$$P(X \mid Z) = \frac{P(Z \mid X) P_1(X)}{P_2(Z)} \tag{2.2.40}$$

两边取对数，然后对 X 求微商（注意 $P_2(Z)$ 与 X 无关），置其为零，即得 $\hat{x}_{MA}$ 应满足的方程：

$$\left[\frac{\partial \ln P(Z \mid X)}{\partial X} + \frac{\partial \ln P_1(X)}{\partial X}\right]_{X=\hat{X}_{MA}(Z)} = 0 \tag{2.2.41}$$

假定关于随机向量 X 没有任何验前知识，也就是说，在未观测之前，只能认为 X 取任何值的概率都相等。这时可以把 X 的验前概率密度 $P_1(X)$ 近似地看作方差阵趋于无穷的正态分布密度：

$$P_1(X)=\frac{1}{(2\pi)^{\frac{n}{2}}|P|^{\frac{1}{2}}}\mathrm{e}^{-\frac{1}{2}(X-\mu)^{\mathrm{T}}P^{-1}(X-\mu)} \qquad (2.2.42)$$

式中：$P\to\infty I$，$P^{-1}\to 0$。于是有

$$\ln P_1(X)=-\ln[(2\pi)^{\frac{n}{2}}|P|^{\frac{1}{2}}]-\frac{1}{2}(X-\mu)^{\mathrm{T}}P^{-1}(X-\mu) \qquad (2.2.43)$$

所以

$$\frac{\partial}{\partial X}\ln P_1(X)=-P^{-1}(X-\mu) \qquad (2.2.44)$$

所以当 $P^{-1}\to 0$ 时，$\frac{\partial}{\partial X}\ln P_1(X)=0$。因此由式（2.2.41）知道，在这一特殊情形下，极大验后估计应满足的方程变为

$$\left[\frac{\partial \ln P(Z|X)}{\partial X}\right]_{X=\hat{X}_{MA}(Z)}=0 \qquad (2.2.45)$$

与式（2.2.38）比较，可见在 X 没有验前知识的情况下，极大验后估计与极大似然估计是相同的。在一般情形下，由于极大验后估计考虑了关于 X 的验前信息，所以极大验后估计可以改善极大似然估计。但是在应用中，有时采用极大似然估计。这是因为计算似然函数比计算验后概率密度来得简单，而且要定出一个合理的 X 的验前分布，往往是很困难的。

2.2.5　线性最小均方估计

之前的三种估计方法，最小方差估计需要知道两个随机变量 x 和 z 的先验概率分布 $P_1(x)$ 和 $P_2(z)$ 以及联合概率分布函数 $P(x,z)$；极大验后估计需要知道 $P(X|Z)$；极大似然估计需要知道 $P(Z|X)$，这些前提条件，在实际情况中往往难以满足，在计算求解过程中难以实现。本节我们放松对概率密度知识的要求，只要求知道量测和被估计量的一、二阶矩，即 $E(Z)$、$E(X)$、$\mathrm{Var}(Z)$、$\mathrm{Var}(X)$、$\mathrm{Cov}(X,Z)$。在这种情形下求估计量时，就需要对估计量的函数形式加以限制，才能得到有用的结果。我们限定所求的估计量必是量测的线性函数，而不像前节所考虑的估计量可以是量测的任意函数，这时只能以估计的均方误差达到极小作为最优准则，因为其他的最优准则都牵涉概率密度。这样得出的估计称为线性最小方差估计，或最优线性估计，并用 $\hat{X}_L(Z)$ 或 $\hat{X}_L$ 来记它。

所谓线性估计，就是限定估计量是量测 Z 的线性函数，即指如下形式的估计量：

$$\hat{X}(Z)=\boldsymbol{a}+\boldsymbol{B}Z \qquad (2.2.46)$$

式中：$\boldsymbol{a}$ 是与被估计量同维数的非随机向量；$\boldsymbol{B}$ 是其行数等于被估计量 X 的维数、列数等于量测 Z 的维数的非随机矩阵。对于这种估计，它的均方误差阵为

$$E(X-\hat{X}(Z))(X-\hat{X}(Z))^{\mathrm{T}}=E(X-\boldsymbol{a}-\boldsymbol{B}Z)(X-\boldsymbol{a}-\boldsymbol{B}Z)^{\mathrm{T}} \qquad (2.2.47)$$

上式对任意的线性估计式（2.2.46）都是成立的，因此其极值目标函数为

$$J=\min_{a,B}E(X-\hat{X}(Z))(X-\hat{X}(Z))^{\mathrm{T}}=\min_{a,B}E(X-\boldsymbol{a}-\boldsymbol{B}Z)(X-\boldsymbol{a}-\boldsymbol{B}Z)^{\mathrm{T}} \qquad (2.2.48)$$

向量$\boldsymbol{a}$和矩阵$\boldsymbol{B}$使式（2.2.48）达到极小，并把这样选取的$\boldsymbol{a}$、$\boldsymbol{B}$记a_L、B_L，于是估计量

$$\hat{X}_L=a_L+B_LZ \qquad (2.2.49)$$

就是X的线性最小方差估计。为了求a_L、B_L，令

$$b=\boldsymbol{a}-E(X)+\boldsymbol{B}\cdot E(Z) \qquad (2.2.50)$$

则式（2.2.46）可改写成

$$\begin{aligned}
&E(X-\hat{X}(Z))(X-\hat{X}(Z))^{\mathrm{T}}=E\{[X-E(X)]-b-B[Z-E(Z)]\}\{[X-E(X)]-b-B[Z-E(Z)]\}^{\mathrm{T}}\\
&=E[X-E(X)][X-E(X)]^{\mathrm{T}}+B\cdot E[Z-E(Z)][Z-E(Z)]^{\mathrm{T}}\cdot B^{\mathrm{T}}+bb^{\mathrm{T}}\\
&-E[X-E(X)][Z-E(Z)]^{\mathrm{T}}B^{\mathrm{T}}-B\cdot E[Z-E(Z)][X-E(X)]^{\mathrm{T}}-bE[Z-E(Z)]^{\mathrm{T}}-bE[X-E(X)]^{\mathrm{T}}\\
&-E[Z-E(Z)]b^{\mathrm{T}}-E[X-E(X)]b^{\mathrm{T}}\\
&=E[X-E(X)][X-E(X)]^{\mathrm{T}}+B\cdot E[Z-E(Z)][Z-E(Z)]^{\mathrm{T}}\cdot B^{\mathrm{T}}+bb^{\mathrm{T}}\\
&-E[X-E(X)][Z-E(Z)]^{\mathrm{T}}B^{\mathrm{T}}-B\cdot E[Z-E(Z)][X-E(X)]^{\mathrm{T}}\\
&=\mathrm{Var}(X)+bb^{\mathrm{T}}+B\mathrm{Var}(Z)B^{\mathrm{T}}-\mathrm{Cov}(X,Z)B^{\mathrm{T}}-B\mathrm{Cov}(Z,X)\\
&=bb^{\mathrm{T}}+[B-\mathrm{Cov}(X,Z)\mathrm{Var}(Z)^{-1}]\cdot\mathrm{Var}(Z)\cdot[B-\mathrm{Cov}(X,Z)\mathrm{Var}(Z)^{-1}]^{\mathrm{T}}\\
&+[\mathrm{Var(X)}-\mathrm{Cov}(X,Z)\mathrm{Var}(Z)^{-1}\mathrm{Cov}(Z,X)]
\end{aligned}$$

（2.2.51）

注意到式（2.2.51）中右边的头两项都是非负定矩阵，而第三项与b、B无关；显然，为了使式（2.2.51）达到极小，唯一的解就是选取b、B，使右边的头两项变成零矩阵，即

$$b_L=0 \qquad (2.2.52)$$

$$B_L=\mathrm{Cov}(X,Z)(\mathrm{Var}(Z))^{-1} \qquad (2.2.53)$$

将式（2.2.52）、式（2.2.53）代入式（2.2.50）得

$$a_L=E(X)-\mathrm{Cov}(X,Z)(\mathrm{Var}(Z))^{-1}E(Z) \qquad (2.2.54)$$

再将式（2.2.53）、式（2.2.54）代入式（2.2.49），即得线性最小方差估计：

$$\begin{aligned}\hat{X}_L&=E(X)-\mathrm{Cov}(X,Z)\mathrm{Var(Z)}^{-1}E(Z)+\mathrm{Cov}(X,Z)\mathrm{Var(Z)}^{-1}Z\\&=E(X)+\mathrm{Cov}(X,Z)\mathrm{Var(Z)}^{-1}[Z-E(Z)]\end{aligned} \qquad (2.2.55)$$

由式（2.2.51）还可求得此估计的均方误差阵为

$$\boldsymbol{E}(X-\hat{X}_L)(X-\hat{X}_L)^{\mathrm{T}}=\mathrm{Var}(X)-\mathrm{Cov}(X,Z)\mathrm{Var}(Z)^{-1}\mathrm{Cov}(Z,X) \qquad (2.2.56)$$

这里所用的求式（2.2.48）的极小值的方法，称为配平方法。

下面讨论估计值 $\hat{X}_L$ 的性质。

首先，由式（2.2.55）得

$$E\hat{X}_L = E(X) + \mathrm{Cov}(X,Z)\mathrm{Var}(Z)^{-1}[E(Z) - E(Z)] = E(X) \quad (2.2.57)$$

所以 $\hat{X}_L$ 是 X 的无偏估计。这时，估计误差 $\tilde{\boldsymbol{X}} = X - \hat{X}_L$ 的均值为零向量，所以均方误差就是估计误差的方差，因此今后也把均方误差阵 $\boldsymbol{E}(X - \hat{X}_L)(X - \hat{X}_L)^{\mathrm{T}}$ 称为误差的方差阵。其次，仍由式（2.2.55）知，估计误差可以表示成

$$X - \hat{X}_L = (X - E(X)) - \mathrm{Cov}(X,Z)\mathrm{Var}(Z)^{-1}[Z - E(Z)] \quad (2.2.58)$$

由此推得

$$\begin{aligned} & E(X - \hat{X}_L)Z^{\mathrm{T}} = E(X - \hat{X}_L)(Z - E(Z))^{\mathrm{T}} \\ & = E\{(X - E(X)) - \mathrm{Cov}(X,Z)\mathrm{Var}(Z)^{-1}[Z - E(Z)]\}(Z - E(Z))^{\mathrm{T}} \\ & = \mathrm{Cov}(X,Z) - \mathrm{Cov}(X,Z)\mathrm{Var}(Z)^{-1}\mathrm{Var}(Z) = 0 \end{aligned} \quad (2.2.59)$$

从式（2.2.59）知道，随机向量 $\boldsymbol{X} - \hat{\boldsymbol{X}}_L$ 是不相关的。借助于几何的语言，我们把不相关性视为正交性，于是可以把式（2.2.59）的性质称为 $X - \hat{X}_L$ 与 Z 垂直（正交）。X 与 Z 本来不正交，但从 X 减去一个由 Z 线性函数构成的随机向量 $\hat{\boldsymbol{X}}_L$ 后，即与 Z 正交。因此可以说，$\hat{X}_L$ 是 X 在 Z 上（或由 Z 的分量所张成的线性空间上）的投影。从几何的观点把线性最小方差估计看作被估计量在量测向量（空间）上的投影，这在滤波理论中是很有用的。

现在，如果设被估计的向量 $\boldsymbol{X}$ 和量测向量 $\boldsymbol{Z}$ 有联合正态概率密度，那么我们知道，在给定 $\boldsymbol{Z} = z$ 的条件下，$\boldsymbol{X}$ 的条件均值和条件方差为：

$$E(\boldsymbol{X} \mid \boldsymbol{Z}) = E(\boldsymbol{X}) + \mathrm{Cov}(\boldsymbol{X},\boldsymbol{Z})\mathrm{Var}(\boldsymbol{Z})^{-1}[\boldsymbol{Z} - E(\boldsymbol{Z})] \quad (2.2.60)$$

$$\mathrm{Var}(\boldsymbol{X} \mid \boldsymbol{Z}) = \mathrm{Var}(\boldsymbol{X}) - \mathrm{Cov}(\boldsymbol{X},\boldsymbol{Z})\mathrm{Var}(\boldsymbol{Z})^{-1}\mathrm{Cov}(\boldsymbol{Z},\boldsymbol{X}) \quad (2.2.61)$$

对于 $\boldsymbol{X}$ 的最小方程估计 $\hat{X}_{MV}$，有

$$\hat{X}_{MV} = E(\boldsymbol{X} \mid \boldsymbol{Z}) \quad (2.2.62)$$

把这些等式与式（2.2.55）、式（2.2.56）比较，可以得到一个很重要的结论：对于被估计量 X 与量测 Z 为联合正态分布的情形，X 的最小方差估计等于它的线性最小方差估计，即 $\hat{X}_{MV} = \hat{X}_L$；而其误差方差阵即 X 在 Z 给定的条件下的条件方差阵。也可以说，X 在 Z 给定的条件下的条件均值等于 X 在 Z 上的投影。需要强调的是，这个结论只是在正态假设下才成立，在一般情形下则不成立。

2.2.6 最小二乘估计和加权最小二乘估计

线性最小均方估计把必须知道各随机向量的概率分布这一要求加以放松，而只假定知道它们的一阶及二阶矩。如果再进一步放松关于统计性质的要求，不假

设任何统计性，则在线性量测的条件下，仍然可以用一个古老的办法来求 X 的估计，这就是高斯所提出的最小二乘估计。

高斯使用的最小二乘法发表于 1809 年他的著作《天体运动论》中，而法国科学家勒让德于 1806 年独立发现“最小二乘法”，但因不为世人所知而默默无闻。两人曾为谁最早创立最小二乘法原理而发生争执。现在，人们通常将最小二乘估计法归功于高斯，但最小二乘估计法是由勒让德首先发表的。

1．线性最小二乘估计

为了估计未知标量 x，我们对它进行 k 次线性测量 $h_j x$（$j=1,2,\cdots,k$），其中 h_j 是已知标量。由于测量有误差，所以实际测量的值为：

$$z_j = h_j x + v_j \quad (j=1,2,\cdots,k) \tag{2.2.63}$$

这里 v_j 表示第 j 次量测得误差。最小二乘准则，就是希望所求的估计 $\hat{x}$ 与其相应的估计值 $h_j\hat{x}$ 之间的误差的平方和达到极小。记这个误差平方和为

$$J(\hat{x}) = \sum_{i=1}^{k}(z_i - h_i\hat{x})^2 \tag{2.2.64}$$

使 $J(\hat{x})$ 达到极小的那个 $\hat{x}$ 的值就称为 x 的最小二乘估计，记作 $\hat{x}_{LS}(z)$ 或 $\hat{x}_{LS}$。如果令

$$\boldsymbol{Z} = \begin{pmatrix} z_1 \\ \vdots \\ z_k \end{pmatrix}, \quad \boldsymbol{H} = \begin{pmatrix} h_1 \\ \vdots \\ h_k \end{pmatrix}, \quad \boldsymbol{V} = \begin{pmatrix} v_1 \\ \vdots \\ v_k \end{pmatrix} \tag{2.2.65}$$

则可以把式（2.2.47）和式（2.2.48）分别表示为更简单的形式：

$$\boldsymbol{Z} = \boldsymbol{H}x + \boldsymbol{V} \tag{2.2.66}$$

$$\min_{\hat{x}} J(\hat{x}) = \min_{\hat{x}} (Z - \boldsymbol{H}\hat{x})^{\mathrm{T}}(\boldsymbol{Z} - \boldsymbol{H}\hat{x}) \tag{2.2.67}$$

求 $J(\hat{x})$ 的极小值，采用微分法。由矩阵微分公式，有

$$\frac{\partial}{\partial \hat{X}} J(\hat{x}) = -2\boldsymbol{H}^{\mathrm{T}}\boldsymbol{Z} + 2\boldsymbol{H}^{\mathrm{T}}\boldsymbol{H}\hat{x} \tag{2.2.68}$$

令其等于零，即解得

$$\hat{x}_{LS} = \left(\boldsymbol{H}^{\mathrm{T}}\boldsymbol{H}\right)^{-1}\boldsymbol{H}^{\mathrm{T}}\boldsymbol{Z} \tag{2.2.69}$$

可见最小二乘估计是一种线性估计。

2．加权最小二乘估计

设量测向量 $\boldsymbol{Z}$ 与被估计向量 $\boldsymbol{X}$ 之间有如下的线性关系

$$\boldsymbol{Z} = \boldsymbol{HX} + \boldsymbol{V} \tag{2.2.70}$$

式中：$\boldsymbol{H}$ 是一个行数等于量测维数、列数等于被估计量维数的已知矩阵，$\boldsymbol{V}$

是量测误差向量。我们把上面引进的准则稍加推广，一般可考虑极小化二次型

$$J_W(\hat{X}) = (\boldsymbol{Z} - \boldsymbol{H}\hat{\boldsymbol{X}})^{\mathrm{T}} \boldsymbol{W} (\boldsymbol{Z} - \boldsymbol{H}\hat{\boldsymbol{X}}) \tag{2.2.71}$$

式中：$\boldsymbol{W}$ 是一个适当选取的对称正定的加权阵。如果取 $\boldsymbol{W} = \boldsymbol{I}$，那么 $J_W(\hat{X})$ 就变成原来的误差平方和 $J(\hat{X})$。使 $J_W(\hat{\boldsymbol{X}})$ 达到极小的那个 $\hat{X}$，称为 $\boldsymbol{X}$ 的加权最小二乘估计，仍记作 $\hat{X}_{LS}(z)$ 或 $\hat{X}_{LS}$。

同样采用微分法求 $J_W(\hat{X})$ 的极小值。由矩阵微分公式，容易算出

$$\frac{\partial}{\partial \hat{X}} J_W(\hat{X}) = -2\boldsymbol{H}^{\mathrm{T}} \boldsymbol{W} (\boldsymbol{Z} - \boldsymbol{H}\hat{X}) \tag{2.2.72}$$

令其等于零，即解得

$$\hat{X}_{LS} = (\boldsymbol{H}^{\mathrm{T}} \boldsymbol{W} \boldsymbol{H})^{-1} \boldsymbol{H}^{\mathrm{T}} \boldsymbol{W} \boldsymbol{Z} \tag{2.2.73}$$

可见加权最小二乘估计也是一种线性估计。

3．性质及证明

当系统测量噪声 V 的均值为 0，方差为 R 时，有以下性质。

性质 2-1：最小二乘估计即无偏估计。

$$\begin{aligned} \boldsymbol{X} - \hat{X}_{LS} &= \boldsymbol{X} - \left(\boldsymbol{H}^{\mathrm{T}}\boldsymbol{H}\right)^{-1} \boldsymbol{H}^{\mathrm{T}}\boldsymbol{Z} = \left(\boldsymbol{H}^{\mathrm{T}}\boldsymbol{H}\right)^{-1} \left(\boldsymbol{H}^{\mathrm{T}}\boldsymbol{H}\right)\boldsymbol{X} - \left(\boldsymbol{H}^{\mathrm{T}}\boldsymbol{H}\right)^{-1} \boldsymbol{H}^{\mathrm{T}}\boldsymbol{Z} \\ &= (\boldsymbol{H}^{\mathrm{T}}\boldsymbol{H})^{-1} \boldsymbol{H}^{\mathrm{T}} \left(\boldsymbol{H}\boldsymbol{X} - \boldsymbol{Z}\right) = -\left(\boldsymbol{H}^{\mathrm{T}}\boldsymbol{H}\right)^{-1} \boldsymbol{H}^{\mathrm{T}}\boldsymbol{V} \end{aligned} \tag{2.2.74}$$

因此

$$E\left(\boldsymbol{X} - \hat{X}_{LS}\right) = -\left(\boldsymbol{H}^{\mathrm{T}}\boldsymbol{H}\right)^{-1} \boldsymbol{H}^{\mathrm{T}} E\left(\boldsymbol{V}\right) = 0 \tag{2.2.75}$$

则 $\hat{X}_{LS}$ 是无偏估计。

类似地，可以证明加权最小二乘估计值 $\hat{X}_{LS}$ 也是无偏估计。

性质 2-2：最小二乘估记的方差为：

$$\mathrm{Var}\left(\hat{X}_{LS}\right) = E\left(\boldsymbol{X} - \hat{X}_{LS}\right)\left(\boldsymbol{X} - \hat{X}_{LS}\right)^{\mathrm{T}} = \left(\boldsymbol{H}^{\mathrm{T}}\boldsymbol{H}\right)^{-1} \boldsymbol{H}^{\mathrm{T}}\boldsymbol{R}\boldsymbol{H}\left(\boldsymbol{H}^{\mathrm{T}}\boldsymbol{H}\right)^{-1} \tag{2.2.76}$$

加权最小二乘估计的方差为：

$$\begin{aligned} \mathrm{Var}(\hat{X}_{LS}) &= E(\boldsymbol{X} - \hat{X}_{LS})(\boldsymbol{X} - \hat{X}_{LS})^{\mathrm{T}} = (\boldsymbol{H}^{\mathrm{T}}\boldsymbol{W}\boldsymbol{H})^{-1} \boldsymbol{H}^{\mathrm{T}}\boldsymbol{W} \cdot E(\boldsymbol{V}\boldsymbol{V}^{\mathrm{T}}) \cdot \boldsymbol{W}\boldsymbol{H}(\boldsymbol{H}^{\mathrm{T}}\boldsymbol{W}\boldsymbol{H})^{-1} \\ &= (\boldsymbol{H}^{\mathrm{T}}\boldsymbol{W}\boldsymbol{H})^{-1} \boldsymbol{H}^{\mathrm{T}}\boldsymbol{W} \cdot \boldsymbol{R} \cdot \boldsymbol{W}\boldsymbol{H}(\boldsymbol{H}^{\mathrm{T}}\boldsymbol{W}\boldsymbol{H})^{-1} \end{aligned} \tag{2.2.77}$$

如果选取加权阵 $\boldsymbol{W} = \boldsymbol{R}^{-1}$，则式（2.3.37）和式（2.3.40）分别变为

$$\hat{X}_{LS} = (\boldsymbol{H}^{\mathrm{T}}\boldsymbol{R}^{-1}\boldsymbol{H})^{-1} \boldsymbol{H}^{\mathrm{T}}\boldsymbol{R}^{-1}\boldsymbol{Z} \tag{2.2.78}$$

$$\mathrm{Var}(\hat{X}_{LS}) = E(\boldsymbol{X} - \hat{X}_{LS})(\boldsymbol{X} - \hat{X}_{LS})^{\mathrm{T}} = (\boldsymbol{H}^{\mathrm{T}}\boldsymbol{R}^{-1}\boldsymbol{H})^{-1} \tag{2.2.79}$$

可以证明，$\boldsymbol{W} = \boldsymbol{R}^{-1}$ 是使误差方差阵式（2.2.77）达到极小的加权阵。这就是

说，如果我们对量测误差已经获得一些统计知识，即 $E(\boldsymbol{V})=0$，$E(\boldsymbol{V}\boldsymbol{V}^{\mathrm{T}})=\boldsymbol{R}$，则采用最小二乘估计时，加权阵 $\boldsymbol{W}$ 取 $\boldsymbol{R}^{-1}$ 所得的估计误差的方差阵最小。由于这个事实，有时特别把加权阵 $\boldsymbol{W}$ 取 $\boldsymbol{R}^{-1}$ 的加权最小二乘估计式（2.2.78），称为马尔可夫估计。

2.3 滤波方法

在概述章节，我们按照时间点把估计问题分为滤波、外推和平滑三类，在离散时间系统（如目标跟踪系统）中，可以更清晰地表示出来。

设已知 j 和 j 为以前时刻的量测值，$\boldsymbol{X}(k\,|\,j)$ 为对 k 时刻状态 $\boldsymbol{X}(k)$ 做出的某种估计，则有

（1）当 $k=j$ 时，称为滤波问题，称 $\boldsymbol{X}(k\,|\,k)$ 为 $\boldsymbol{X}(k)$ 的最优滤波估计量；

（2）当 $k>j$ 时，称为预测问题，称 $\boldsymbol{X}(k\,|\,k)$ 为 $\boldsymbol{X}(k)$ 的最优预测估计量；

（3）当 $k<j$ 时，称为平滑问题，称 $\boldsymbol{X}(k\,|\,k)$ 为 $\boldsymbol{X}(k)$ 的最优平滑估计量。

可见，滤波和预测是目标跟踪问题的核心环节。所谓滤波问题，就是要在测量噪声存在的环境下，通过测量结果估计目标当前的状态向量，通常是利用上周期外推所得的本周期目标的可能位置，结合本周期实时测量到的目标坐标，按一定的算法实现估计的。这种算法即为滤波算法，为了保障实时性和快速性，通常采用递推算法形式。预测也叫外推，它是根据已有的目标运动数据预测下一周期目标可能状态的算法。显然，实际上由于各种不确定性未知因素，实现理想的外推并非易事。

为了解决目标跟踪中的滤波外推问题，下面详细介绍离散时间系统的滤波方法，包括线性递推最小二乘滤波、线性卡尔曼滤波、常增益滤波（$\alpha-\beta$ 和 $\alpha-\beta-\gamma$ 滤波）、非线性滤波等。这些方法是目标跟踪中的基本方法，是设计其他滤波方法的基础。

2.3.1 线性系统的概念

在之前所讨论的统计估计问题的模型，可以认为是一种“静态”的模型。即通过量测 Z 所估计的随机向量 $\boldsymbol{X}$ 是不依赖于时间 t 的。但是在很多实际问题中，被估计的 $\boldsymbol{X}$，一方面仍是随机向量，另一方面它随时间不断变化，例如一个飞行体的状态（位置、速度等），就是随时间 t 变化的随机向量 $\boldsymbol{X}(t)$，或者说，是一个随机向量过程。我们把 $\boldsymbol{X}(t)$ 称为动态系统在 t 时刻的状态。如果我们感兴趣的只是在某些离散时刻（抽样时刻）$t_0<t_1<\cdots<t_k<\cdots$ 的状态，量测也只是在这些时刻进行，那么状态和量测就分别构成两个随机序列 $\{X(t_k)\}$ 和 $\{Z(t_k)\}$。所谓离散时间系统的滤波，就是要求基于量测序列，对状态序列做出

尽可能好的估计。

一个动态系统的状态变化，是遵循一定的物理规律的，因而不同时刻对状态的量测也是互相联系的。这些规律或联系，在对状态估计时，显然应当充分加以利用。状态随时间变化的规律，对于连续线性系统，通常是用一个具有随机初始状态的向量微分方程来描述，称为动态方程（也称系统方程、状态方程）。进一步还可以假定，这个方程受到某种随机扰动的影响（如大气湍流对飞机飞行轨迹的干扰等），这种扰动统称为动态噪声（也称系统噪声、状态噪声）。量测变量与状态变量之间，可一般地假定有某种函数依赖关系，同时还存在着随机量测误差，这种误差称为量测噪声。于是，如果用 $\boldsymbol{X}(t)$ ，$\boldsymbol{Z}(t)$ 分别表示 n 维状态变量和 m 维量测变量，则动态方程和量测方程一般可表示成如下的形式：

$$\begin{cases}\dfrac{\mathrm{d}\boldsymbol{X}(t)}{\mathrm{d}t}=\boldsymbol{f}(\boldsymbol{X}(t),\boldsymbol{W}(t),t) \quad (t \geqslant t_0)\\ \boldsymbol{Z}(t)=\boldsymbol{h}(\boldsymbol{X}(t),\boldsymbol{V}(t),t)\end{cases} \tag{2.3.1}$$

式中：f 和 h 分别为已知的 n 维和 m 向量函数；$\boldsymbol{W}(t)$ 和 $\boldsymbol{V}(t)$ 分别为 r 维随机动态噪声和 s 维随机量测噪声，而初始状态 $\boldsymbol{X}(t_0)=X_0$ 是一个有确定概率分布的 n 维随机向量。特别地，如果式（2.3.1）中的两个方程对 $\boldsymbol{X}(t)$ 、$\boldsymbol{W}(t)$ 和 $\boldsymbol{V}(t)$ 都是线性的，即有

$$\begin{cases}\dfrac{\mathrm{d}\boldsymbol{X}(t)}{\mathrm{d}t}=\boldsymbol{F}(t)\boldsymbol{X}(t)+\boldsymbol{G}(t)\boldsymbol{W}(t) \quad (t \geqslant t_0)\\ \boldsymbol{Z}(t)=\boldsymbol{H}(t)\boldsymbol{X}(t)+\boldsymbol{V}(t)\end{cases} \tag{2.3.2}$$

式中：$\boldsymbol{F}(t)$ 、$\boldsymbol{H}(t)$ 和 $\boldsymbol{G}(t)$ 分别为已知的、随时间 t 连续变化的 $n\times n$ 、$m\times n$ 和 $n\times r$ 矩阵，把式（2.3.2）所描述的动态系统和量测系统称为线性系统。有不少的物理过程可以用线性方程来近似地描述，所以它是简单而常用的系统。

对于离散时间系统，随时间变化的状态满足的动态方程，一般可表示成随机初始状态，并带有随机扰动的差分方程（递推方程），通常可由连续时间系统的动态微分方程经过离散化得到。我们特别讨论一下线性系统（2.3.2）的离散化问题。为了把式（2.3.2）中的动态方程离散化，要用到线性常微分方程的一般理论。设 $\boldsymbol{\Phi}(t,t_0)$ 是下列 n 阶方阵微分方程的解：

$$\frac{\mathrm{d}\boldsymbol{\Phi}(t,\tau)}{\mathrm{d}t}=F(t)\boldsymbol{\Phi}(t,\tau) \quad (t \geqslant \tau) \tag{2.3.3}$$

$$\boldsymbol{\Phi}(t,t)=I \tag{2.3.4}$$

由常微分方程解的存在唯一性定理知道，这样的 $\boldsymbol{\Phi}(t,\tau)$ 是存在而且唯一的，它具有下面的性质：

$$\boldsymbol{\Phi}(t,\tau)\boldsymbol{\Phi}(\tau,t_0)=\boldsymbol{\Phi}(t,t_0) \quad (t \geqslant \tau \geqslant t_0) \tag{2.3.5}$$

$$\boldsymbol{\Phi}(t,\tau)^{-1}=\boldsymbol{\Phi}(\tau,t) \tag{2.3.6}$$

矩阵$\boldsymbol{\Phi}(t,\tau)$称为状态转移矩阵。容易验证，线性系统（2.3.2）在t时刻的状态$X(t)$，可用状态转移矩阵$\boldsymbol{\Phi}(t,\tau)$与初始状态$X(t_0)=X_0$，表示如下：

$$X(t)=\boldsymbol{\Phi}(t,t_0)X(t_0)+\int_{t_0}^{t}\boldsymbol{\Phi}(t,\tau)G(\tau)W(\tau)\mathrm{d}\tau \tag{2.3.7a}$$

现在考虑在离散抽样时刻$t_0<t_1<\cdots<t_k<\cdots$诸状态$X(t_k)$之间的变化规律。由式（2.3.7a）可得

$$X(t_k)=\boldsymbol{\Phi}(t_k,t_{k-1})X(t_{k-1})+\int_{t_{k-1}}^{t_k}\boldsymbol{\Phi}(t_k,\tau)G(\tau)W(\tau)\mathrm{d}\tau \tag{2.3.7b}$$

令

$$X_k=X(t_k),\boldsymbol{\Phi}_{k,k-1}=\boldsymbol{\Phi}(t_k,t_{k-1}) \tag{2.3.8}$$

$$W_{k-1}=\int_{t_{k-1}}^{t_k}\boldsymbol{\Phi}(t_k,\tau)G(\tau)W(\tau)\mathrm{d}\tau \tag{2.3.9}$$

由此，即得离散时间的线性动态方程

$$X_k=\boldsymbol{\Phi}_{k,k-1}X_{k-1}+W_{k-1}\quad(k\geqslant 1) \tag{2.3.10}$$

这是一个以$X_0=X(t_0)$为初始状态的线性差分方程（递推方程），其中，$\boldsymbol{\Phi}_{k,k-1}$是$n$阶可逆阵，称为第$k-1$时刻到第$k$时刻的状态（一步）转移阵；$\{W_k\}$是$n$维随机序列，称为动态噪声。同样，令$\boldsymbol{Z}_K=Z(t_k)$，$\boldsymbol{H}_K=H(t_k)$，$\boldsymbol{V}_K=V(t_k)$，则由式（2.3.2）中连续时间的线性量测方程，可直接导出离散时间的线性量测方程

$$\boldsymbol{Z}_k=\boldsymbol{H}_kX_k+\boldsymbol{V}_k \tag{2.3.11}$$

式中：$\boldsymbol{H}_k$是$m\times n$矩阵，称为第k时刻的量测阵；$\{V_k\}$是m维随机序列，称为量测噪声。式（2.3.10）和式（2.3.11）一起，就描述了离散时间的线性系统。

下面举例说明：卫星在空间飞行的过程中，由于受到大气阻力的影响，要产生阻力加速度，而阻力加速度的主要影响是改变卫星沿轨道切线方向的运动，使卫星产生轨道偏差，不能按照预定轨道（标称轨道）飞行。为了对卫星的实际飞行轨道进行修正，需要通过设在地球各地的卫星观测站得到卫星瞬时位置的量测值，然后经过适当的数学处理，尽可能精确地求出和预测卫星飞行轨道的偏差。我们考虑这个问题的简化情况。设在t时刻大气阻力引起的卫星沿轨道切线方向的角位置偏差为$x^{(1)}(t)$，角速度偏差为$x^{(2)}(t)$，随机阻力角加速度为$w(t)$，则易知它们之间的相互关系，可以用如下的微分方程组来描述：

$$\frac{\mathrm{d}x^{(1)}(t)}{\mathrm{d}t}=x^{(2)}(t) \tag{2.3.12}$$

$$\frac{\mathrm{d}x^{(2)}(t)}{\mathrm{d}t}=w(t) \tag{2.3.13}$$

令$\boldsymbol{X}(t)=\begin{pmatrix}x^{(1)}(t)\\x^{(2)}(t)\end{pmatrix},\boldsymbol{F}(t)=\begin{pmatrix}0&1\\0&0\end{pmatrix}$，$\boldsymbol{G}(t)=\begin{pmatrix}0\\1\end{pmatrix}$，则上面的方程组可表示成

$$\frac{dX(t)}{dt} = \boldsymbol{F}(t)\boldsymbol{X}(t) + \boldsymbol{G}(t)\boldsymbol{W}(t) \tag{2.3.14}$$

这是一个连续时间系统的线性动态方程，容易求出它的状态转移矩阵 $\boldsymbol{\Phi}(t,\tau)$ 为

$$\boldsymbol{\Phi}(t,\tau) = \begin{pmatrix} 1 & t-\tau \\ 0 & 1 \end{pmatrix} \tag{2.3.15}$$

于是对于离散抽样时刻 $\{t_k\}$，动态方程为

$$X_k = \boldsymbol{\Phi}_{k,k-1}\boldsymbol{X}_{k-1} + \boldsymbol{W}_{k-1} \tag{2.3.16}$$

其中，$\boldsymbol{X}_k = X(t_k)$，$\boldsymbol{\Phi}_{k,k-1} = \begin{pmatrix} 1 & t_k - t_{k-1} \\ 0 & 1 \end{pmatrix}$，$\boldsymbol{W}_{k-1} = \begin{pmatrix} \int_{t_{k-1}}^{t_k} (t_k-\tau)W(\tau)d\tau \\ \int_{t_{k-1}}^{t_k} W(\tau)d\tau \end{pmatrix}$，而动态噪声 $\{W_k\}$ 的统计性质由大气扰动的统计规律所确定。如果量测量是角位置偏差，则测量方程为

$$\boldsymbol{Z}_k = \boldsymbol{H}_k\boldsymbol{X}_k + \boldsymbol{V}_k \tag{2.3.17}$$

式中：$\boldsymbol{Z}_k = Z(t_k)$，$\boldsymbol{H}_k = (1 \quad 0)$，而量测噪声 $\{V_k\}$ 的统计特性由量测方式的误差统计规律所确定。

在解决一般的滤波问题时，我们总是假定初始状态 X_0，动态噪声 $\{W_k\}$ 和量测噪声 $\{V_k\}$ 的统计性质（它们的联合概率分布或其一阶、二阶矩）是已知的。考虑到实际情况，我们常常将线性动态方程（2.3.10）一般化为如下形式

$$\boldsymbol{X}_k = \boldsymbol{\Phi}_{k,k-1}\boldsymbol{X}_{k-1} + \boldsymbol{B}_{k-1}\boldsymbol{U}_{k-1} + \boldsymbol{\Gamma}_{k-1}\boldsymbol{W}_{k-1} \tag{2.3.18}$$

式中：$\{U_k\}$ 为非随机的 s 维向量序列（通常看作动态系统的系统输入项或控制项等）；$\{W_k\}$ 为均值为零的 r 维随机动态噪声；$\{B_k\}$ 和 $\{\Gamma_k\}$ 分别为 $n\times s$ 和 $n\times r$ 矩阵系数序列。关于 $\{W_k\}$ 的统计特性，最简单和最基本的类型是假定它为零均值的正态白噪声或白噪声序列，即

$$E(W_k) = 0，\quad E(W_k W_j^{\mathrm{T}}) = Q_k\delta_{kj} \tag{2.3.19}$$

如果我们进一步令

$$\boldsymbol{\Phi}_{kk} = \boldsymbol{I}，\quad \boldsymbol{\Phi}_{kj} = \boldsymbol{\Phi}_{k,k-1}\boldsymbol{\Phi}_{k-1,k-2}\cdots\boldsymbol{\Phi}_{j+1,j}, k>j，\quad \boldsymbol{\Phi}_{kj} = \boldsymbol{\Phi}_{jk}^{-1} \tag{2.3.20}$$

则从式（2.3.18）出发，对于 $k>j$，容易推出 $\boldsymbol{X}_k$ 与 $\boldsymbol{X}_j$ 之间的如下关系：

$$\begin{aligned} \boldsymbol{X}_k &= \boldsymbol{\Phi}_{k,k-1}(\boldsymbol{\Phi}_{k-1,k-2}\boldsymbol{X}_{k-2} + \boldsymbol{B}_{k-2}\boldsymbol{U}_{k-2} + \boldsymbol{\Gamma}_{k-2}\boldsymbol{W}_{k-2}) + \boldsymbol{B}_{k-1}\boldsymbol{U}_{k-1} + \boldsymbol{\Gamma}_{k-1}\boldsymbol{W}_{k-1} \\ &= \boldsymbol{\Phi}_{k,k-2}\boldsymbol{X}_{k-2} + (\boldsymbol{\Phi}_{k,k-1}\boldsymbol{B}_{k-2}\boldsymbol{U}_{k-2} + \boldsymbol{B}_{k-1}\boldsymbol{U}_{k-1}) + (\boldsymbol{\Phi}_{k,k-1}\boldsymbol{\Gamma}_{k-2}\boldsymbol{W}_{k-2} + \boldsymbol{\Gamma}_{k-1}\boldsymbol{W}_{k-1}) \\ &= \cdots = \boldsymbol{\Phi}_{kj}\boldsymbol{X}_j + \sum_{l=j+1}^{k}\boldsymbol{\Phi}_{k,l}\boldsymbol{B}_{l-1}\boldsymbol{U}_{l-1} + \sum_{l=j+1}^{k}\boldsymbol{\Phi}_{k,l}\boldsymbol{\Gamma}_{l-1}\boldsymbol{W}_{l-1}, k>j \end{aligned} \tag{2.3.21}$$

两边左乘 $\boldsymbol{\Phi}_{jk}$ 再移项，可得

$$\boldsymbol{X}_j = \boldsymbol{\Phi}_{jk}\boldsymbol{X}_k - \sum_{l=j+1}^{k}\boldsymbol{\Phi}_{jl}\boldsymbol{B}_{l-1}\boldsymbol{U}_{l-1} - \sum_{l=j+1}^{k}\boldsymbol{\Phi}_{jl}\boldsymbol{\Gamma}_{l-1}\boldsymbol{W}_{l-1}, k > j \tag{2.3.22}$$

特别是在式（2.3.21）中，取 $j=0$ 时，则有

$$\boldsymbol{X}_k = \boldsymbol{\Phi}_{k0}\boldsymbol{X}_0 + \sum_{l=1}^{k}\boldsymbol{\Phi}_{k,l}\boldsymbol{B}_{l-1}\boldsymbol{U}_{l-1} + \sum_{l=1}^{k}\boldsymbol{\Phi}_{k,l}\boldsymbol{\Gamma}_{l-1}\boldsymbol{W}_{l-1}, k > 0 \tag{2.3.23}$$

这是 $\boldsymbol{X}_k$ 由初始状态、系统输入和动态噪声表达的非递推关系式，也就是动态方程（2.3.18）的解。

类似地，线性量测方程（2.3.17）也可一般化为

$$\boldsymbol{Z}_k = \boldsymbol{H}_k\boldsymbol{X}_k + \boldsymbol{Y}_k + \boldsymbol{V}_k \tag{2.3.24}$$

式中：$\{\boldsymbol{Y}_k\}$ 为非随机的 $\boldsymbol{m}$ 维向量序列（通常看作量测的系统误差项等）；$\{\boldsymbol{V}_k\}$ 为均值为零的 $\boldsymbol{m}$ 维随机量测噪声。同样地，关于 $\{\boldsymbol{V}_k\}$ 的统计特性，最简单和最基本的类型是假定它为零均值的正态白噪声或白噪声序列，即

$$E(\boldsymbol{V}_k)=0,\quad E(\boldsymbol{V}_k\boldsymbol{V}_j^{\mathrm{T}}) = \boldsymbol{R}_k\boldsymbol{\delta}_{kj} \tag{2.3.25}$$

如果式（2.3.18）中的 $\boldsymbol{\Phi}_{k,k-1}=\boldsymbol{\Phi}$，$\boldsymbol{B}_{k-1}=\boldsymbol{B}$，$\boldsymbol{\Gamma}_{k-1}=\boldsymbol{\Gamma}$，以及 $\{\boldsymbol{W}_k\}$ 为平稳随机序列（在白噪声情形下等价于 $\boldsymbol{Q}_k=\boldsymbol{Q}$），则式（2.3.18）所描述的线性动态系统称为定常的；同样，如果式（2.3.24）中的 $\boldsymbol{H}_k=\boldsymbol{H}$，以及 $\{\boldsymbol{V}_k\}$ 为平稳随机序列（在白噪声情形下等价于 $\boldsymbol{R}_k=\boldsymbol{R}$），则式（2.3.24）所描述的线性量测系统称为定常的，统称为定常线性系统。

2.3.2 状态方程和观测方程

1. 状态方程

一个系统或过程的特性，可以用一些参量表示出来。这样的参量中的一组最小的集合，称为状态变量。例如，一个目标的运动状态，可以用其坐标、速度、加速度等表示出来。在 X 方向的坐标、速度、加速度分别用 x_1、x_2、x_3 表示时，则

$$X = \begin{bmatrix} x_1 & x_2 & x_3 \end{bmatrix}^{\mathrm{T}} \tag{2.3.26}$$

就是一组状态变量，也称为状态变量。

用来表示一个动态系统状态变化规律的方程，一般可用时间 t 的一阶向量微分方程来描述。目标的各种典型运动变化规律就是通过采用坐标 x_1、速度 x_2、加速度 x_3 等参量表示的动态方程来描述的。

以目标做等加速直线运动为例，目标坐标 $x(t)$ 的变化规律可用二次项多项式表示，即

$$x(t) = a_0 + a_1 t + \frac{1}{2} \cdot a_2 t^2 \tag{2.3.27}$$

目标速度、加速度的变化规律分别为

$$\dot{x}(t) = a_1 + a_2 t \tag{2.3.28}$$

$$\ddot{x}(t) = a_2 \tag{2.3.29}$$

初始状态 $t = t_0 = 0$ 时

$$\begin{cases} x(t_0) = a_0 \\ \dot{x}(t_0) = a_1 \\ \ddot{x}(t_0) = a_2 \end{cases} \tag{2.3.30}$$

于是，可以用 t_0 时刻的状态值，即

$$\begin{cases} x(t_1) = x(t_0) + \dot{x}(t_0)\Delta t + \frac{1}{2}\ddot{x}(t_0)\Delta t^2 \\ \dot{x}(t_1) = \dot{x}(t_0) + \ddot{x}(t_0)\Delta t \\ \ddot{x}(t_1) = \ddot{x}(t_0) \end{cases} \tag{2.3.31}$$

式中：$\Delta t = t_1 - t_0 = t_2 - t_1 = \cdots = t_k - t_{k-1}$。

同理，可以导出由 t_{k-1} 时刻的状态计算 t_k 时刻状态值的一般式。为了简明起见，以后采用以下符号表示：

$$\begin{cases} x_{k-1} = x(t_{k-1}) \\ \dot{x}_{k-1} = \dot{x}(t_{k-1}) \\ \ddot{x}_{k-1} = \ddot{x}(t_{k-1}) \end{cases} \tag{2.3.32}$$

用矩阵表示一般状态方程，则为

$$\begin{pmatrix} x_k \\ \dot{x}_k \\ \ddot{x}_k \end{pmatrix} = \begin{pmatrix} 1 & \Delta t & \frac{1}{2}\Delta t^2 \\ 0 & 1 & \Delta t \\ 0 & 0 & 1 \end{pmatrix} \begin{pmatrix} x_{k-1} \\ \dot{x}_{k-1} \\ \ddot{x}_{k-1} \end{pmatrix} \tag{2.3.33}$$

或

$$\boldsymbol{X}_k = \boldsymbol{\Phi}(k, k-1)\boldsymbol{X}_{k-1} \tag{2.3.34}$$

式中：$\boldsymbol{\Phi}(k, k-1) = \begin{pmatrix} 1 & \Delta t & \frac{1}{2}\Delta t^2 \\ 0 & 1 & \Delta t \\ 0 & 0 & 1 \end{pmatrix}$，称为状态转移矩阵，转移矩阵代表目标的运动规律，不同的目标运动将有不同的转移矩阵。

在真实的目标运动中，任何一个运动系统难免受到某种随机干扰，或者由于

方程描述物理现实不够全面、不够准确，而使状态并不完全按照方程变化。这时，就需要对状态方程进行适当修正。通常的处理方法是在上述的状态方程中，引入系统噪声 W_k 来进行补偿。即系统的状态方程写成：

$$\boldsymbol{X}_k = \boldsymbol{\Phi}(k,k-1)\boldsymbol{X}_{k-1} + \boldsymbol{\Gamma}_{k-1}\boldsymbol{W}_{k-1} \tag{2.3.35}$$

式中：$\boldsymbol{X}_k$ 表示时刻 t_k 的系统状态值，都是 n 维向量；$\boldsymbol{\Phi}(k,k-1)$ 是 $n \times n$ 的系统状态转移矩阵；$\boldsymbol{\Gamma}_{k-1}$ 表示 $n \times r$ 的系统噪声系数矩阵；$\boldsymbol{W}_{k-1}$ 表示 r 维向量，表示时刻 t_{k-1} 的系统噪声。

系统噪声 W_k 包括了外界干扰，如气流不稳对飞机的影响、目标的有意机动以及描述方程的不完善等。

最后，对状态方程的物理意义简述如下：状态方程也称为动态方程或系统模型，它是线性离散系统的状态差分方程，它描述了物理系统本身的运动规律。对于一个动态系统，根据它的状态方程就可以导出它的未来状态。实际系统模型不可能与真实的完全一致，为了表示这种欠缺，增加系统噪声项。系统噪声项中一般包括目标的有意机动或无意机动、环境噪声（气流、风、浪等干扰）等。此外，也包括系统方程在描述物理真实机理方面存在的其他欠缺。这样，一般的系统方程就由确定性部分和随机部分组成。有了系统方程，如在 t_{k-1} 时刻，根据已知状态 x_{k-1} 和系统噪声 w_{k-1}，则 t_k 时刻的系统状态 X_k 就可以表示为 $\boldsymbol{\Phi}(k,k-1)\boldsymbol{X}_{k-1}$ 和 $\boldsymbol{\Gamma}_{k-1}\boldsymbol{W}_{k-1}$ 线性组合。

2．测量方程

测量方程用来表示测量值与状态值之间的关系。

测量方程也称为测量模型。对于一个动态系统，它的各个状态不一定都观测到，如目标位置坐标可以直接观测到，而目标速度、加速度常常不能直接测量出来。可以观测到的量，一般是含有噪声的，而且不一定就是系统状态，常是状态变量的线性组合，即 $H_k X_k$。比如测量到的球坐标斜距离 D、高低角 ε 和方位角 β，而状态采用直角坐标 x、 y 和 z，它们之间必须通过转换。

测量方程的矩阵表示如下：

$$\boldsymbol{Z}_k = \boldsymbol{H}_k\boldsymbol{X}_k + \boldsymbol{V}_k \tag{2.3.36}$$

式中：$\boldsymbol{Z}_k$ 表示 k 时刻测量的 m 维向量；$\boldsymbol{H}_k$ 表示 $m \times n$ 转换矩阵；$\boldsymbol{V}_k$ 表示 k 时刻测量的 m 维测量误差向量。

例如，目标做匀速直线运动，而观测仪器只能观测目标的坐标 x_k，在没有测量误差的情况下，有

$$\boldsymbol{Z}_k = \boldsymbol{H}_k\boldsymbol{X}_k = \begin{bmatrix}1 & 0 & 0\end{bmatrix}\begin{bmatrix}x_k \\ \dot{x}_k \\ \ddot{x}_k\end{bmatrix} \tag{2.3.37}$$

这是因为此时观测值是 $Z_k = x_k$，而速度和加速度都没有观测到。

2.3.3 两点外推滤波

两点外推也称为线性外推，是一种最简单的滤波和外推方法。它的基本思想是：将当前提取到的点迹作为目标当前坐标，利用当前及前一时刻目标的两个点迹数据，确定目标的速度，并依此外推下一点，进行相关处理。

两点外推的滤波方程为：

$$\begin{cases} \hat{x}(k\mid k) = s(k) \\ \hat{\dot{x}}(k\mid k) = [s(k) - s(k-1)]/T \\ \hat{X}(k+1\mid k) = \varPhi \hat{X}(k\mid k) \end{cases} \tag{2.3.38}$$

以上三个式子分别为位置滤波、速度滤波和外推公式，其中：

$s(k)$——k 时刻位置的测量值；

$\hat{x}(k\mid k)$——k 时刻的位置滤波值；

$\hat{\dot{x}}(k\mid k)$——k 时刻速度滤波值；

$\hat{X}(k+1\mid k)$——k 时刻外推至 k+1 时刻状态向量的外推值。

对于匀速直线运动的目标，由于 $\hat{\dot{x}}(k\mid k)$=$\hat{\dot{x}}(k+1\mid k+1)$，$\hat{x}(k+1\mid k) = \hat{x}(k\mid k) + \hat{\dot{x}}(k\mid k)\cdot T$，故上式可改写为如下形式：

$$\begin{cases} \hat{x}(k+1\mid k) = 2s(k) - s(k-1) \\ \hat{\dot{x}}(k+1\mid k) = \hat{\dot{x}}(k\mid k) \end{cases} \tag{2.3.39}$$

以上过程可以具体描述如下：假定目标做匀速直线运动，已知第一点坐标 (x_1, y_1) 和第二点坐标 (x_2, y_2)，要求外推第三点，如图 2.1 所示。

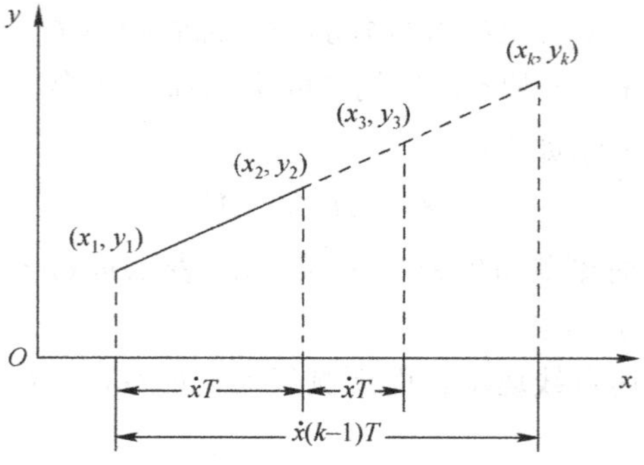

图 2.1　等速直线运动的两点外推

目标运动方程可写为：

$$x_k = x_1 + \dot{x}(k-1)T \tag{2.3.40}$$

令 k=2，即 $x_k = x_2$，则：

$$\dot{x} = \frac{x_2 - x_1}{T} \tag{2.3.41}$$

以上两式结合后可得到一般的外推公式：

$$x_k = x_1 + (k-1)(x_2 - x_1) \tag{2.3.42}$$

令 k=3，可得外推第三点的外推公式：

$$x_3 = 2x_2 - x_1 \tag{2.3.43}$$

以上两式就是由第 1、2 点数据求出任一点和第 3 点的外推公式。因为都是只根据两点数据向前外推另一点的数据，故称为“两点外推”。

当 x_1、x_2 在测量中存在误差，且各自的均方根误差各为 σ_{x1}、σ_{x2}，由式 $x_3 = 2x_2 - x_1$ 求 x_3 对 x_1、x_2 的偏导，可得因 σ_{x1}、σ_{x2} 导致外推 x_3 的误差分别为：

$$\begin{cases} \sigma_{x_3|x_1} = -\sigma_{x1} \\ \sigma_{x_3|x_2} = 2\sigma_{x2} \end{cases} \tag{2.3.44}$$

外推总误差的均方值为：

$$\sigma_{x_3}^2 = \sigma_{x_1}^2 + 4\sigma_{x_2}^2 \tag{2.3.45}$$

如 $\sigma_{x_1} = \sigma_{x_2} = \sigma_x$，则：

$$\sigma_{x_3}^2 = 5\sigma_x^2 \tag{2.3.46}$$

可见，一步外推所带来的外推均方误差将增加为原误差的 5 倍。

两点外推中坐标滤波只与当前点迹有关，速度滤波及外推则仅由 k−1 及 k 时刻提取的点迹坐标决定，与 k−1 以前的点迹毫无关系。因此，这种方法实际上没有记忆作用，其精度只与当前及前一时刻点迹数据的精度有关，并且对机动和非机动目标均能产生同样好或同样坏的估计效果。这是一种精度最低的滤波方法，但这种方法对状态噪声和测量噪声的统计特性毫无要求，计算极为简单。

2.3.4 线性递推最小二乘滤波

2.2.6 节介绍的线性最小二乘估计要根据测量数据的累加值来计算，因而又被称为累加格式最小二乘法。这种估计方法在计算过程中需要存储每一次的观测数据，随着 k 的增大，对计算装置的存储量要求提高，计算的实时性逐渐变差。为了避免这一缺点，产生了递推格式的最小二乘滤波法。为了理解线性递推滤波的概念，有必要先介绍一个简单的线性递推滤波器。

1．线性递推滤波

设有一常数标量 x，我们根据 k 次观测所得的测量值 $z_i(i=1,2,\cdots,k)$ 来估计这一未知标量。根据最小二乘估计原理，首先建立极小化目标函数，即 n 次误差的平方和

$$e(x)=\sum_{i=1}^{k}(z_i-x)^2 \tag{2.3.47}$$

能使 $e(x)$ 取极小的估计值 $\hat{x}$ 就是未知量 x 的最小二乘估计，经计算

$$\hat{x}_k=\frac{1}{k}\sum_{i=1}^{k}z_i \tag{2.3.48}$$

即常数变量的最小二乘估计是测量值的算术平均。

当 $k+1$ 时刻得到一个新的测量值 z_{k+1} 时，应得到新的估计

$$\hat{x}_{k+1}=\frac{1}{k+1}\sum_{i=1}^{k+1}z_i \tag{2.3.49}$$

式（2.3.48）和式（2.3.49）都是累加格式的最小二乘滤波。通过数学变换，就可以变成递推格式的最小二乘滤波。

式（2.3.49）可化为用先前估值 $\hat{x}_k$ 和新测量值 z_{k+1} 表示的形式，即

$$\hat{x}_{k+1}=\frac{k}{k+1}\left[\frac{1}{k}\sum_{i=1}^{k}z_i\right]+\frac{1}{k+1}z_{k+1}=\frac{k}{k+1}\hat{x}_k+\frac{1}{k+1}z_{k+1} \tag{2.3.50}$$

上式表明，新的最小二乘估计，等于前一时刻估值与测量值的线性组合。

对比式（2.3.49）和式（2.3.50）可以看出，采用后式计算 $\hat{x}_{k+1}$ 就不需要存储过去的测量值，只用一个新测量值和前一时刻的估计值线性组合就够了。这是因为所有以前的信息都包含在前次估值中了。式（2.3.50）所表示的就是一种线性递推滤波器。

式（2.3.50）还可以改写成另一种递推形式：

$$\hat{x}_{k+1}=\hat{x}_k+\frac{1}{k+1}[z_{k+1}-\hat{x}_k] \tag{2.3.51}$$

以后遇到的递推滤波器都是这种格式，因此，了解此式各项的意义很重要。

（1）新息。上式右端括弧项表示新的测量值 z_{k+1} 与根据以前各次测量值而定的估值 $\hat{x}_k$ 之差，亦称为残差或误差。这里面包含了新的信息，所以也称为新息。

（2）增益。$\dfrac{1}{k+1}$ 是一个加权系数，也称为增益。它的大小表示我们对新息的重视程度。原来的估值 $\hat{x}_k$ 在有新的测量值 z_{k+1} 后应做一定的校正，那么校正多少才合适呢？这里的加权是按最小二乘的原则确定的。当 k 增大时，加权变小，即新的测量值对新的估值影响变小，这是合乎情理的。

以上就是递推格式最小二乘滤波，只不过是最简单的，也即 x 是固定不变的标量的情况。然而，在大多数的应用场合中，未知估计量都是向量，有必要介绍向量形式的递推最小二乘滤波公式。

2．算法公式推导

累加格式的最小二乘估计的缺点是要求每一时刻都要计算 $n\times n$ 矩阵 $\boldsymbol{H}^{\mathrm{T}}\boldsymbol{H}$ 的

逆矩阵，引起较大计算负担。从计算实时应用角度来看，要求估计值 $\hat{X}$ 的递推算法避免求逆矩阵。下面应用矩阵求逆定理导出线性递推最小二乘算法。

设 n 次观测后，基于观测序列 $\boldsymbol{Z}^n=\{z_1,\cdots,z_n\}^{\mathrm{T}}$ 的线性最小二乘估计为：

$$\hat{\boldsymbol{X}}_n=[\boldsymbol{H}_n^{\mathrm{T}}\boldsymbol{H}_n]^{-1}\boldsymbol{H}_n^{\mathrm{T}}\boldsymbol{Z}_n \tag{2.3.52}$$

定义 $n\times n$ 矩阵 $\boldsymbol{P}_n$ 为：

$$\boldsymbol{P}_n=[\boldsymbol{H}_n^{\mathrm{T}}\boldsymbol{H}_n]^{-1} \tag{2.3.53}$$

同理，在 n+1 次观测后，基于观测序列 $\boldsymbol{Z}_{n+1}=\{z_1,\cdots,z_n,z_{n+1}\}^{\mathrm{T}}$ 的线性最小二乘估计为：

$$\hat{\boldsymbol{X}}_{n+1}=[\boldsymbol{H}_{n+1}^{\mathrm{T}}\boldsymbol{H}_{n+1}]^{-1}\boldsymbol{H}_{n+1}^{\mathrm{T}}\boldsymbol{Z}_{n+1} \tag{2.3.54}$$

$$\boldsymbol{P}_{n+1}=[\boldsymbol{H}_{n+1}^{\mathrm{T}}\boldsymbol{H}_{n+1}]^{-1} \tag{2.3.55}$$

由于存在关系 $\boldsymbol{H}_{n+1}=\begin{bmatrix}\boldsymbol{H}_n\\ \boldsymbol{h}_{n+1}\end{bmatrix}$，$\boldsymbol{Z}_{n+1}=\begin{bmatrix}\boldsymbol{Z}_n\\ z_{n+1}\end{bmatrix}$，所以

$$[\boldsymbol{H}_{n+1}^{\mathrm{T}}\boldsymbol{H}_{n+1}]=\begin{bmatrix}\boldsymbol{H}_n^{\mathrm{T}} & \boldsymbol{h}_{n+1}^{\mathrm{T}}\end{bmatrix}\begin{bmatrix}\boldsymbol{H}_n\\ \boldsymbol{h}_{n+1}\end{bmatrix}=\boldsymbol{H}_n^{\mathrm{T}}\boldsymbol{H}_n+\boldsymbol{h}_{n+1}^{\mathrm{T}}\boldsymbol{h}_{n+1}=\boldsymbol{P}_n^{-1}+\boldsymbol{h}_{n+1}^{\mathrm{T}}\boldsymbol{h}_{n+1} \tag{2.3.56}$$

则有

$$\boldsymbol{P}_{n+1}=[\boldsymbol{H}_{n+1}^{\mathrm{T}}\boldsymbol{H}_{n+1}]^{-1}=[\boldsymbol{P}_n^{-1}+\boldsymbol{h}_{n+1}^{\mathrm{T}}\boldsymbol{h}_{n+1}]^{-1} \tag{2.3.57}$$

根据矩阵求逆公式：

$$(\boldsymbol{A}+\boldsymbol{B}\boldsymbol{C}^{\mathrm{T}})^{-1}=\boldsymbol{A}^{-1}-\boldsymbol{A}^{-1}\boldsymbol{B}(\boldsymbol{I}+\boldsymbol{C}^{\mathrm{T}}\boldsymbol{A}^{-1}\boldsymbol{B})^{-1}\boldsymbol{C}^{\mathrm{T}}\boldsymbol{A}^{-1} \tag{2.3.58}$$

取 $\boldsymbol{A}=\boldsymbol{P}_n^{-1}$，$\boldsymbol{B}=\boldsymbol{h}_{n+1}^{\mathrm{T}}$，$\boldsymbol{C}^{\mathrm{T}}=\boldsymbol{h}_{n+1}$，有

$$\boldsymbol{P}_{n+1}=[\boldsymbol{P}_n^{-1}+\boldsymbol{h}_{n+1}^{\mathrm{T}}\boldsymbol{h}_{n+1}]^{-1}=\boldsymbol{P}_n-\boldsymbol{P}_n\boldsymbol{h}_{n+1}^{\mathrm{T}}[I+\boldsymbol{h}_{n+1}\boldsymbol{P}_n\boldsymbol{h}_{n+1}^{\mathrm{T}}]^{-1}\boldsymbol{h}_{n+1}\boldsymbol{P}_n \tag{2.3.59}$$

令

$$\boldsymbol{K}_{n+1}=\boldsymbol{P}_n\boldsymbol{h}_{n+1}^{\mathrm{T}}[\boldsymbol{I}+\boldsymbol{h}_{n+1}\boldsymbol{P}_n\boldsymbol{h}_{n+1}^{\mathrm{T}}]^{-1} \tag{2.3.60}$$

则

$$\boldsymbol{P}_{n+1}=\boldsymbol{P}_n-\boldsymbol{P}_n\boldsymbol{h}_{n+1}^{\mathrm{T}}[\boldsymbol{I}+\boldsymbol{h}_{n+1}\boldsymbol{P}_n\boldsymbol{h}_{n+1}^{\mathrm{T}}]^{-1}\boldsymbol{h}_{n+1}\boldsymbol{P}_n=\boldsymbol{P}_n-\boldsymbol{K}_{n+1}\boldsymbol{h}_{n+1}\boldsymbol{P}_n=[\boldsymbol{I}-\boldsymbol{K}_{n+1}\boldsymbol{h}_{n+1}]\boldsymbol{P}_n \tag{2.3.61}$$

因此，根据下式

$$\begin{aligned}\hat{\boldsymbol{X}}_{n+1}&=[\boldsymbol{H}_{n+1}^{\mathrm{T}}\boldsymbol{H}_{n+1}]^{-1}\boldsymbol{H}_{n+1}^{\mathrm{T}}\boldsymbol{Z}_{n+1}=\boldsymbol{P}_{n+1}\boldsymbol{H}_{n+1}^{\mathrm{T}}\boldsymbol{Z}_{n+1}=\boldsymbol{P}_{n+1}\begin{bmatrix}\boldsymbol{H}_n^{\mathrm{T}} & \boldsymbol{h}_{n+1}^{\mathrm{T}}\end{bmatrix}\begin{bmatrix}\boldsymbol{Z}_n\\ z_{n+1}\end{bmatrix}\\
&=\boldsymbol{P}_{n+1}[\boldsymbol{H}_n^{\mathrm{T}}\boldsymbol{Z}_n+\boldsymbol{h}_{n+1}^{\mathrm{T}}z_{n+1}]=[\boldsymbol{I}-\boldsymbol{K}_{n+1}\boldsymbol{h}_{n+1}]\boldsymbol{P}_n[\boldsymbol{H}_n^{\mathrm{T}}Z_n+\boldsymbol{h}_{n+1}^{\mathrm{T}}z_{n+1}]\\
&=[\boldsymbol{I}-\boldsymbol{K}_{n+1}\boldsymbol{h}_{n+1}]\hat{\boldsymbol{X}}_n+\boldsymbol{P}_n\boldsymbol{h}_{n+1}^{\mathrm{T}}z_{n+1}-\boldsymbol{K}_{n+1}\boldsymbol{h}_{n+1}\boldsymbol{P}_n\boldsymbol{h}_{n+1}^{\mathrm{T}}z_{n+1}\\
&=[\boldsymbol{I}-\boldsymbol{K}_{n+1}\boldsymbol{h}_{n+1}]\hat{\boldsymbol{X}}_n+\boldsymbol{P}_n\boldsymbol{h}_{n+1}^{\mathrm{T}}[\boldsymbol{I}+\boldsymbol{h}_{n+1}\boldsymbol{P}_n\boldsymbol{h}_{n+1}^{\mathrm{T}}]^{-1}[\boldsymbol{I}+\boldsymbol{h}_{n+1}\boldsymbol{P}_n\boldsymbol{h}_{n+1}^{\mathrm{T}}]z_{n+1}-\boldsymbol{K}_{n+1}\boldsymbol{h}_{n+1}\boldsymbol{P}_n\boldsymbol{h}_{n+1}^{\mathrm{T}}z_{n+1}\\
&=[\boldsymbol{I}-\boldsymbol{K}_{n+1}\boldsymbol{h}_{n+1}]\hat{\boldsymbol{X}}_n+\boldsymbol{K}_{n+1}z_{n+1}\end{aligned} \tag{2.3.62}$$

可以得到 $\hat{\boldsymbol{X}}_{n+1}$ 的递推计算式

$$\hat{\boldsymbol{X}}_{n+1}=\hat{\boldsymbol{X}}_n+\boldsymbol{K}_{n+1}[z_{n+1}-\boldsymbol{h}_{n+1}\hat{\boldsymbol{X}}_n] \tag{2.3.63}$$

线性最小二乘估计协方差为

$$\mathrm{Var}\{\hat{\boldsymbol{X}}_{n+1}\}=[\boldsymbol{H}_{n+1}^{\mathrm{T}}\boldsymbol{H}_{n+1}]^{-1}\boldsymbol{H}_{n+1}^{\mathrm{T}}\boldsymbol{R}_{n+1}\boldsymbol{H}_{n+1}[\boldsymbol{H}_{n+1}^{\mathrm{T}}\boldsymbol{H}_{n+1}]^{-1} \tag{2.3.64}$$

假设每次观测噪声的协方差均相等，记为 r，有 $\boldsymbol{R}_{n+1}=\begin{bmatrix} r_1 & & \\ & \ddots & \\ & & r_{n+1}\end{bmatrix}=$ $\mathrm{diag}\{r_i\}=\mathrm{diag}(r)$， $\mathrm{diag}(\cdot)$ 表示对角矩阵。

所以

$$\mathrm{Var}\{\hat{\boldsymbol{X}}_{n+1}\}=[\boldsymbol{H}_{n+1}^{\mathrm{T}}\boldsymbol{H}_{n+1}]^{-1}\boldsymbol{H}_{n+1}^{\mathrm{T}}\boldsymbol{R}_n\boldsymbol{H}_{n+1}[\boldsymbol{H}_{n+1}^{\mathrm{T}}\boldsymbol{H}_{n+1}]^{-1}=r[\boldsymbol{H}_{n+1}^{\mathrm{T}}\boldsymbol{H}_{n+1}]^{-1}=r\cdot\boldsymbol{P}_{n+1} \tag{2.3.65}$$

综上各式，递推最小二乘滤波算法为：

$$K_{n+1}=P_nh_{n+1}^{\mathrm{T}}[I+h_{n+1}P_nh_{n+1}^{\mathrm{T}}]^{-1} \tag{2.3.66}$$

$$P_{n+1}=P_n-P_nh_{n+1}^{\mathrm{T}}[I+h_{n+1}P_nh_{n+1}^{\mathrm{T}}]^{-1}h_{n+1}P_n=P_n-K_{n+1}h_{n+1}P_n=[I-K_{n+1}h_{n+1}]P_n \tag{2.3.67}$$

$$\hat{X}_{n+1}=\hat{X}_n+K_{n+1}[z_{n+1}-h_{n+1}\hat{X}_n] \tag{2.3.68}$$

当先验统计特性一无所知时，一般采用最小二乘滤波。如果仅掌握测量误差的统计特性，可以采用最优加权阵为观测误差协方差矩阵的逆（$\boldsymbol{W}=\boldsymbol{R}^{-1}(k)$）的最小二乘估计（也称马尔可夫估计）。而在目前的雷达等跟踪系统中，探测跟踪设备的探测统计特性一般是可以事先统计得到的，因此，在跟踪系统中采用最优加权的最小二乘滤波方法是非常普遍的。递推形式的最优加权最小二乘估计的计算流程如图 2.2 所示。

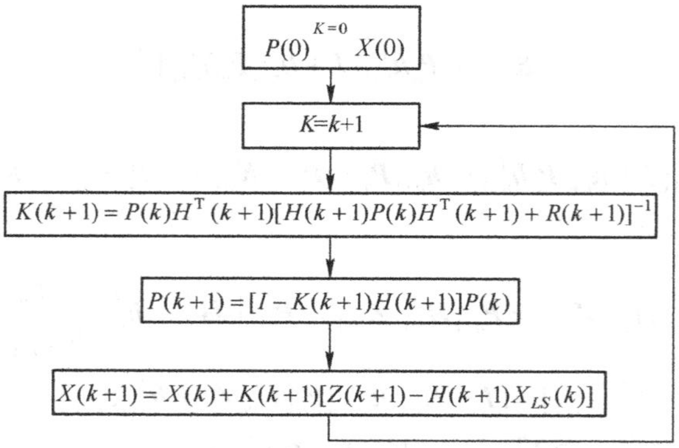

图 2.2　递推最小二乘估计计算流程

从上述推导过程可以看出：

（1）最小二乘滤波算法适用于参数估计，即估计量是固定的，不随时间变化的量。

（2）最小二乘滤波算法直接利用量测信息来估计未知参数，而没有利用该参数的历史先验信息。

实际上，有一类系统其未知参数是随时间发生变化的，称为状态，状态的变化刻画了其历史的运动规律或变化规律，典型的例子是对运动目标的跟踪系统。如何对此类系统的运动状态进行估计呢？下面学习该类估计方法——线性卡尔曼滤波算法。

2.3.5 线性卡尔曼滤波

卡尔曼滤波算法是一种以无偏最小方差为最优准则，并采用递推算法的线性滤波方法。目前已广泛应用于各种跟踪测量系统、导航系统、航天以及工业控制系统中。卡尔曼滤波技术在对机动目标的跟踪中优点尤为突出。由于卡尔曼滤波对计算工具的要求较高，其应用曾受到一定的限制。不过，随着计算机技术的飞速发展，卡尔曼滤波已在实际应用中更加受到人们的青睐。

1．算法设计思想

卡尔曼滤波器的设计思想有下列特点：

1）最优估计准则——无偏最小方差估计

如图 2.3 所示，图中实线表示目标的实际航迹，虚线表示目标航迹的估计值。图 2.3（a）估计航迹较长时间偏于实际航迹的一侧，称为有偏；图 2.3（b）估计航迹虽未较长时间偏于实际航迹的一侧，但在两侧摆动剧烈，此种摆动以“方差”表示，意即此种估计虽然是无偏的，但方差很大；图 2.3（c）所示的是无偏和方差最小，称为无偏最小方差估计。卡尔曼滤波就是采用这种最优估计准则。这种准则可表示为：

无偏：$E[x(k)-\hat{x}(k)]=0$

最小方差：$E[(x(k)-\hat{x}(k))(x(k)-\hat{x}(k))^{\mathrm{T}}]\to \min$

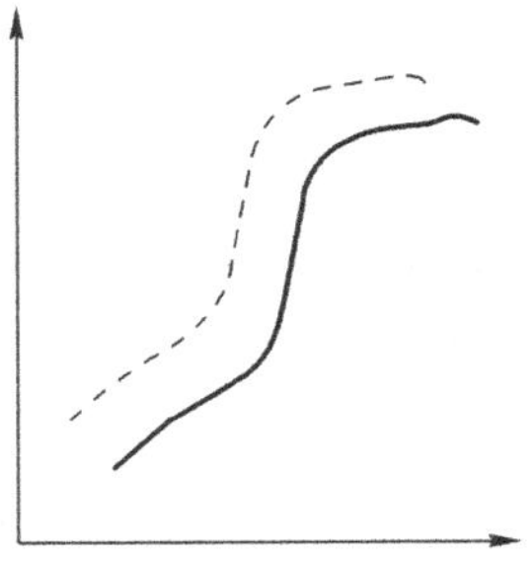
(a) 有偏估计

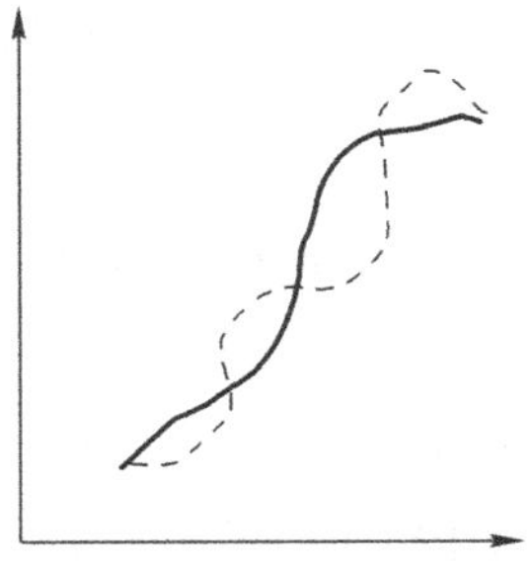
(b) 无偏，较大方差估计

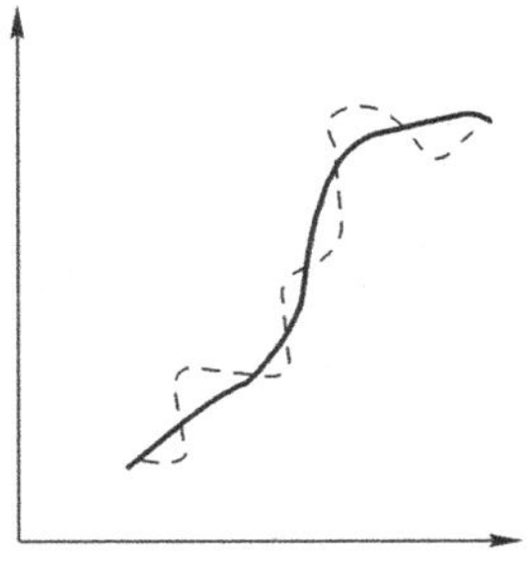
(c) 无偏，最小方差估计

图 2.3　目标跟踪中的航迹估计类型

2）线性递推滤波

卡尔曼滤波采用线性递推滤波，即当第 $k+1$ 个采样测量值 z_{k+1} 获得后，把它和前一个采样的估值 $\hat{x}_k$ 作某种线性组合，得出第 k+1 个采样的滤波估值 $\hat{x}_{k+1}$，即：

$$\hat{x}_{k+1} = D_k\hat{x}_k + K_{k+1}z_{k+1} + E_k u_k \tag{2.3.69}$$

式中：$\hat{x}_k$ 是 t_k 时刻状态矢量的估值；z_{k+1} 是 t_{k+1} 时刻接收到的测量矢量；u_k 是已知的 t_k 时刻输入量。

3）考虑状态方程及观测方程

与最小二乘滤波只考虑观测方程不同，线性卡尔曼滤波还考虑了系统状态方程的影响。如我们之前所述，状态方程描述了系统内部状态的变化规律。因此，卡尔曼滤波的值不仅依赖于观测数据，还和被估计量的变化规律有关，显然，如果这一规律描述是准确的，则估计值会比仅依赖观测数据所得到的估计值更可靠。同时，将状态方程纳入滤波算法，使得卡尔曼滤波算法能够实现变化状态估计。

2．前提条件

1）状态噪声假定

在实际系统中，系统噪声 W_k 是随机过程，一般假设服从均值为零、方差为 $\boldsymbol{Q}_k$ 的白噪声随机过程。其统计特性如下：

$$E(W_k) = 0 \tag{2.3.70}$$

$$E(W_k W_j^{\mathrm{T}}) = \begin{cases} \boldsymbol{Q}_k \ (k = j) \\ 0 \ (k \neq j) \end{cases} \tag{2.3.71}$$

式中：$\boldsymbol{Q}_k$ 表示 $r \times r$ 系统噪声方差阵。

2）观测噪声假定

一般地，在卡尔曼滤波中，假定观测噪声是以零均值、方差为 R_k 的白噪声，其统计特性为：

$$E(V_k) = 0 \tag{2.3.72}$$

$$E(V_k V_j^{\mathrm{T}}) = \begin{cases} \boldsymbol{R}_k \ (k = j) \\ 0 \ (k \neq j) \end{cases} \tag{2.3.73}$$

式中：量测误差方差矩阵 $\boldsymbol{R}_k$ 已知。

3）初始状态假定

状态噪声序列 $\{W_k\}$、量测噪声序列 $\{V_k\}$ 和初始状态 X_0 互不相关，即对任意 k 和 j 有

$$\begin{cases} E\{W_k V_j^{\mathrm{T}}\} = 0 \\ E\{[X_0 - E(X_0)]W_k^{\mathrm{T}}\} = 0 \\ E\{[X_0 - E(X_0)]V_k^{\mathrm{T}}\} = 0 \end{cases} \tag{2.3.74}$$

3．离散卡尔曼公式系的推导

1）计算状态估值

离散的线性递推滤波的原始方程为：

系统方程：

$$X_k = \Phi(k,k-1)X_{k-1} + \Gamma_{k-1}W_{k-1} \tag{2.3.75}$$

观测方程：

$$Z_k = H_k X_k + V_k \tag{2.3.76}$$

这两个方程，一个描述被估计量本身的物理特性；另一个表示观测系统与被估计量间的关系。现在，假设我们已知 t_{k-1} 时刻的状态估值为 $\hat{X}_{k-1|k-1}$。根据状态方程，我们可以在没有传来新的测量值时，先把 $\hat{X}_{k-1|k-1}$ 外推一步，即一步预测，得 $\hat{X}_{k|k-1}$。当传来新的测量值时，再利用这一新息把原来只靠状态方程本身外推得出的 $\hat{X}_{k|k-1}$ 修正一下，成为 $\hat{X}_{k|k}$，这就是卡尔曼滤波的简要过程。这里定义以下符号：

$\hat{X}_{k|k-1}$ 表示验前估计值，即预测值，它是在 t_{k-1} 时刻，只根据系统状态转移矩阵外推得到的，没有经过测量检验的估计值；

$\hat{X}_{k|k}$ 表示验后估计值，即滤波值，它是在 $\hat{x}_{k|k-1}$ 基础上，用新测量值检验后作适当修正后的估计值；

X_k 表示 t_k 时刻的状态真值，我们不能直接得到，只能依靠估计得到。

设我们已知 $k-1$ 步，即 t_{k-1} 时刻的状态估计值 $\hat{X}_{k-1|k-1}$，在线性递推滤波器中，我们可以设递推滤波的一般形式是

$$\hat{X}_{k|k} = \boldsymbol{K}'_k \hat{X}_{k|k-1} + \boldsymbol{K}_k Z_k \tag{2.3.77}$$

式中：$\boldsymbol{K}'_k$、$\boldsymbol{K}_k$ 是待定的时变加权矩阵。

将式（2.3.76）代入此式，则有

$$\hat{X}_{k|k} = \boldsymbol{K}'_k \hat{X}_{k|k-1} + \boldsymbol{K}_k [H_k X_k + V_k] \tag{2.3.78}$$

令

$$\begin{cases} \hat{X}_{k|k} = X_k + \Delta\hat{X}_{k|k} \\ \hat{X}_{k|k-1} = X_k + \Delta\hat{X}_{k|k-1} \end{cases} \tag{2.3.79}$$

代入式（2.3.77），得

$$X_k + \Delta\hat{X}_{k|k} = \boldsymbol{K}'_k [X_k + \Delta\hat{X}_{k|k-1}] + \boldsymbol{K}_k [H_k X_k + V_k] \tag{2.3.80}$$

或

$$\Delta\hat{X}_{k|k} = [\boldsymbol{K}'_k + \boldsymbol{K}_k H_k - I]X_k + \boldsymbol{K}'_k \Delta\hat{X}_{k|k-1} + \boldsymbol{K}_k V_k \tag{2.3.81}$$

两边取数学期望，因 $E(V_k) = 0$，则有

$$E\Delta\hat{X}_{k|k} = [\boldsymbol{K}'_k + \boldsymbol{K}_k H_k - I]E(X_k) + \boldsymbol{K}'_k \cdot E(\Delta\hat{X}_{k|k-1}) + \boldsymbol{K}_k E(V_k) \tag{2.3.82}$$

设在 t_{k-1} 时刻的状态预测估计值是无偏估计，即 $E(\Delta\hat{X}_{k|k-1})=0$；如果同样要求在 t_k 时刻的状态估计值是无偏估计，则只有当 $\boldsymbol{K}_k'=\boldsymbol{I}-\boldsymbol{K}_k H_k$ 时，$E(\Delta\hat{X}_{k|k})=0$。

因此，我们令 $\boldsymbol{K}_k'=\boldsymbol{I}-\boldsymbol{K}_k H_k$（这是无偏估计的必要条件），把 $\boldsymbol{K}_k'=\boldsymbol{I}-\boldsymbol{K}_k H_k$ 代入式（2.3.77）则得无偏估计

$$\hat{X}_{k|k}=[I-\boldsymbol{K}_k H_k]\hat{X}_{k|k-1}+\boldsymbol{K}_k Z_k \tag{2.3.83}$$

或

$$\hat{X}_{k|k}=\hat{X}_{k|k-1}+\boldsymbol{K}_k[Z_k-H_k\hat{X}_{k|k-1}] \tag{2.3.84}$$

这就是线性递推滤波计算式，它是从无偏估计条件得出的，也是量测的线性组合。当然，还有 $\boldsymbol{K}_k$ 需要确定。

2）计算误差协方差

（1）验前误差协方差。

验前误差协方差是在不参考新测量值的情况下，只依靠系统方程作外推时的滤波误差协方差。

设

$$X_k=\varPhi(k,k-1)X_{k-1}+\varGamma_{k-1}W_{k-1} \tag{2.3.85}$$

只根据系统的状态转移矩阵，可外推出状态的新值来，即

$$\hat{X}_{k|k-1}=\varPhi(k,k-1)\hat{X}_{k-1|k-1} \tag{2.3.86}$$

上边的后式减前式，得这次外推的误差

$$\Delta\tilde{X}_{k|k-1}=\hat{X}_{k|k-1}-X_k=\varPhi(k,k-1)\hat{X}_{k-1|k-1}-\varPhi(k,k-1)X_{k-1}-\varGamma_{k-1}W_{k-1} \tag{2.3.87}$$

$$\Delta\tilde{X}_{k-1|k-1}=\hat{X}_{k-1|k-1}-X_{k-1} \tag{2.3.88}$$

则

$$\Delta\tilde{X}_{k|k-1}=\varPhi(k,k-1)\tilde{X}_{k-1|k-1}-\varGamma_{k-1}W_{k-1} \tag{2.3.89}$$

那么，这次外推的误差协方差则为

$$\begin{aligned}P_{k|k-1}&=E\{\Delta\tilde{X}_{k|k-1}\Delta\tilde{X}_{k|k-1}^{\mathrm{T}}\}\\&=E[\varPhi(k,k-1)\Delta\tilde{X}_{k-1|k-1}-\varGamma_{k-1}W_{k-1}][\varPhi(k,k-1)\Delta\tilde{X}_{k-1|k-1}-\varGamma_{k-1}W_{k-1}]^{\mathrm{T}}\end{aligned} \tag{2.3.90}$$

利用 X_k 与 W_k 的不相关性，则上式交叉项的乘积的数学期望等于零。则有

$$\begin{aligned}P_{k|k-1}&=E\{\Delta\tilde{X}_{k|k-1}\Delta\tilde{X}_{k|k-1}^{\mathrm{T}}\}\\&=\varPhi(k,k-1)E\{\Delta\tilde{X}_{k-1|k-1}\Delta\tilde{X}_{k-1|k-1}^{\mathrm{T}}\}\varPhi^{\mathrm{T}}(k,k-1)+\varGamma_{k-1}E\{W_{k-1}W_{k-1}^{\mathrm{T}}\}\varGamma_{k-1}^{\mathrm{T}}\\&=\varPhi(k,k-1)P_{k-1|k-1}\varPhi^{\mathrm{T}}(k,k-1)+\varGamma_{k-1}Q_{k-1}\varGamma_{k-1}^{\mathrm{T}}\end{aligned} \tag{2.3.91}$$

式中：$P_{k-1|k-1}=E\{\Delta\tilde{X}_{k-1|k-1}\Delta\tilde{X}_{k-1|k-1}^{\mathrm{T}}\}$ 为 t_{k-1} 时刻的验后误差协方差；

$Q_{k-1}=E\{W_{k-1}W_{k-1}^{\mathrm{T}}\}$ 为 t_{k-1} 时刻的系统噪声协方差。

式（2.3.91）即计算验前滤波误差协方差的公式，也称为误差传播公式或误差外推公式。它根据已知的 $P_{k-1|k-1}$，外推出 $P_{k|k-1}$ 来；但这里只是根据动态方程外推的，并没有参考新的测量值做适当修正。式（2.3.91）中 Q_{k-1} 是状态方程的随机误差方差，它不可能是负的。因此可以说，由于存在 W_k 的不确定性，误差协方差在外推中要增大。

（2）验后误差协方差。

验后误差为

$$
\begin{aligned}
\Delta\tilde{X}_{k|k}&=\hat{X}_{k|k}-X_k=\hat{X}_{k|k-1}+K_k[Z_k-H_k\hat{X}_{k|k-1}]-X_k\\
&=[I-K_kH_k]\Delta\tilde{X}_{k|k-1}+K_kV_k
\end{aligned}
\tag{2.3.92}
$$

验后误差协方差为

$$
\begin{aligned}
P_{k|k}&=E\{\Delta\tilde{X}_{k|k}\Delta\tilde{X}_{k|k}^{\mathrm{T}}\}\\
&=[I-K_kH_k]E\{\Delta\tilde{X}_{k|k-1}\Delta\tilde{X}_{k|k-1}^{\mathrm{T}}\}[I-K_kH_k]^{\mathrm{T}}+K_kE\{V_kV_k^{\mathrm{T}}\}K_k^{\mathrm{T}}\\
&=[I-K_kH_k]P_{k|k-1}[I-K_kH_k]^{\mathrm{T}}+K_kR_kK_k^{\mathrm{T}}
\end{aligned}
\tag{2.3.93}
$$

这就是有新的测量后的误差协方差，它是对 $P_{k|k-1}$ 的修正。但是，这里的 K_k 不一定是最优的。注意，公式是对称的。

3）增益的最优选择

在以上的计算中用到了 $\boldsymbol{K}_k$，它只是一个待定的加权矩阵，现在讨论 $\boldsymbol{K}_k$ 的最优选择。首先选定性能指标函数

$$
J=E\{\Delta\tilde{X}_{k|k}^{\mathrm{T}}\Delta\tilde{X}_{k|k}\}=trE\{\Delta\tilde{X}_{k|k}\Delta\tilde{X}_{k|k}^{\mathrm{T}}\}=trP_{k|k}
\tag{2.3.94}
$$

只要选择适当的 K_k，使 J 为最小，则估计误差的方差也就最小的了。

把式（2.3.93）右端展开

$$
\begin{aligned}
P_{k|k}&=[I-K_kH_k]P_{k|k-1}[I-K_kH_k]^{\mathrm{T}}+K_kR_kK_k^{\mathrm{T}}\\
&=P_{k|k-1}-K_kH_kP_{k|k-1}-P_{k|k-1}H_k^{\mathrm{T}}K_k^{\mathrm{T}}+K_kH_kP_{k|k-1}H_k^{\mathrm{T}}K_k^{\mathrm{T}}+K_kR_kK_k^{\mathrm{T}}
\end{aligned}
\tag{2.3.95}
$$

$$
\frac{\partial\mathrm{tr}P_{k|k}}{\partial K_k}=-P_{k|k-1}H_k^{\mathrm{T}}-P_{k|k-1}H_k^{\mathrm{T}}+2K_kH_kP_{k|k-1}H_k^{\mathrm{T}}+2K_kR_k
\tag{2.3.96}
$$

这里用到了对矩阵的迹的微分公式：

$$
\frac{\partial\mathrm{tr}AB}{\partial A}=B^{\mathrm{T}}
\tag{2.3.97}
$$

$$
\frac{\partial\mathrm{tr}ACA^{\mathrm{T}}}{\partial A}=A(C^{\mathrm{T}}+C)
\tag{2.3.98}
$$

$$
\mathrm{tr}(AB)=\mathrm{tr}(BA)=\mathrm{tr}A^{\mathrm{T}}B^{\mathrm{T}}=\mathrm{tr}B^{\mathrm{T}}A^{\mathrm{T}}
\tag{2.3.99}
$$

令式（2.3.95）等于零，得

$$-2(I-K_kH_k)P_{k|k-1}H_k^{\mathrm{T}}+2K_kR_k=0 \tag{2.3.100}$$

$$K_k=P_{k|k-1}H_k^{\mathrm{T}}[H_kP_{k|k-1}H_k^{\mathrm{T}}+R_k]^{-1} \tag{2.3.101}$$

这就是卡尔曼滤波中的增益公式。选用这个增益就会使滤波误差协方差最小，在这个意义上，滤波是最优的。

用 K_k 的公式还可以把前面的 $P_{k|k}$ 表达式简化为

$$P_{k|k}=[I-K_kH_k]P_{k|k-1}[I-K_kH_k]^{\mathrm{T}}+K_kR_kK_k^{\mathrm{T}} \tag{2.3.102}$$

把 K_k 的计算式（2.3.101）代入，为此先把式（2.3.101）变形

$$K_k[H_kP_{k|k-1}H_k^{\mathrm{T}}+R_k]=P_{k|k-1}H_k^{\mathrm{T}} \tag{3.3.103}$$

或

$$K_kR_k=[I-K_kH_k]P_{k|k-1}H_k^{\mathrm{T}} \tag{2.3.104}$$

把此式代入 $P_{k|k}$ 的公式中，则有

$$\begin{aligned}P_{k|k}&=[I-K_kH_k]P_{k|k-1}[I-K_kH_k]^{\mathrm{T}}+[I-K_kH_k]P_{k|k-1}H_k^{\mathrm{T}}K_k^{\mathrm{T}}\\&=[I-K_kH_k]P_{k|k-1}[I-H_k^{\mathrm{T}}K_k^{\mathrm{T}}+H_k^{\mathrm{T}}K_k^{\mathrm{T}}]\\&=[I-K_kH_k]P_{k|k-1}\end{aligned} \tag{2.3.105}$$

这是当 K_k 是最优增益时的滤波误差协方差。注意公式是不对称的。

式（2.3.105）还可利用 K_k 式改写成

$$\begin{aligned}P_{k|k}&=[I-K_kH_k]P_{k|k-1}\\&=P_{k|k-1}-P_{k|k-1}H_k^{\mathrm{T}}[H_kP_{k|k-1}H_k^{\mathrm{T}}+R_k]^{-1}H_kP_{k|k-1}\end{aligned} \tag{2.3.106}$$

根据矩阵求逆公式，有

$$P_{k|k}^{-1}=P_{k|k-1}^{-1}+H_k^{\mathrm{T}}R_k^{-1}H_k \tag{2.3.107}$$

从此式可以看出，$P_{k|k-1}^{-1}+H_k^{\mathrm{T}}R_k^{-1}H_k$ 是非奇异的，而且 $P_{k|k}$ 要比 $P_{k|k-1}$ 小，也就是说，经过修正后的误差协方差是减少了。当测量较准确时，R_k 小，即 R_k^{-1} 大，$P_{k|k}$ 减少得多些。

在卡尔曼滤波中用到的误差协方差公式是式（2.3.106）和式（2.3.107）。其中前者虽然比后者长些，但它不限定 K_k 是最优的，而且它的计算式具有对称性，因而在反复的计算过程中，可保持误差协方差矩阵的对称性和正定性。

如果把式（2.3.105）代入式（2.3.104），可得 K_k 的另一表达式

$$K_kR_k=P_{k|k}\boldsymbol{H}_k^{\mathrm{T}} \tag{2.3.108}$$

$$K_k=P_{k|k}\boldsymbol{H}_k^{\mathrm{T}}R_k^{-1} \tag{2.3.109}$$

这样 K_k 也有两个表达式。表面上看来后者要比前者简单，但是求 K_k 的式

（2.3.109）需要知道 $P_{k|k}$，而求 $P_{k|k}$ 要知道 $P_{k|k-1}$ 和 K_k，因此式（2.3.109）只做分析用。式（2.3.109）说明，增益矩阵是由滤波误差协方差 $P_{k|k}$ 和测量误差方差 R_k 之比组成的，而矩阵 $\boldsymbol{H}_k^{\mathrm{T}}$ 不过是从状态到测量的转换。这点正是增益的物理意义。如果 $P_{k|k}$ 比 R_k 大很多，则 K_k 大，多考虑新息在估计中的分量；反之当滤波误差较小，而测量误差较大时，则 K_k 小，即对滤波的校正量取小些。

以上计算了状态估值、误差协方差，这两个式子都分验前和验后，再加上增益公式，共有 5 个公式。这 5 个公式就是卡尔曼滤波的公式系。

4．离散线性卡尔曼滤波公式系

1）公式系及计算程序

把上述导出的离散卡尔曼滤波公式系列在一起，以供参考。

验前状态估计（预测估计）：

$$\hat{X}_{k|k-1} = \varPhi(k,k-1)\hat{X}_{k-1|k-1} \quad ①$$

$$P_{k|k-1} = \varPhi(k,k-1)P_{k-1|k-1}\varPhi^{\mathrm{T}}(k,k-1) + \varGamma_{k-1}Q_{k-1}\varGamma_{k-1}^{\mathrm{T}} \quad ②$$

最优增益：

$$K_k = P_{k|k-1}H_k^{\mathrm{T}}[H_k P_{k|k-1}H_k^{\mathrm{T}} + R_k]^{-1} \quad ③$$

验后状态估计（滤波估计）：

$$\hat{X}_{k|k} = \hat{X}_{k|k-1} + K_k[Z_k - H_k\hat{X}_{k|k-1}] \quad ④$$

$$P_{k|k} = [I - K_k H_k]P_{k|k-1} \quad ⑤$$

已知条件：动态系统噪声及观测噪声的统计特性：Q_{k-1} 和 R_{k-1}。

初值：$\hat{X}(0)$ 即 $\hat{X}_{0|0}$，取 $\hat{X}_{0|0} = E(X_0) = c$，$P(0)=P_{0|0}=E\{X(0)-\hat{X}_{0|0}\}\{X(0)-\hat{X}_{0|0}\}^{\mathrm{T}}$ 取任意假定的非零值即可，c 为任意常数。

2）公式说明

（1）$\boldsymbol{Q}_k$ 是半正定矩阵，意味着不是所有状态都受到干扰，这在物理上是合理的假定。

（2）$\boldsymbol{R}_k$ 是正定矩阵，表示观测向量的每一元素都有不确定性，这是合乎物理实际的。

（3）动态系统必须是线性的，观测方程必须是状态的线性组合，干扰（噪声）必须是附加性噪声，而且是正态的随机变量。

实际上，这些要求可能不完全满足。这时，卡尔曼滤波公式仍可使用，只不过不是“最优”，而是“次优”。

（4）$\boldsymbol{P}_{k|k-1}$ 称为测量前的误差协方差矩阵。$\boldsymbol{P}_{k|k}$ 称为测量后的误差协方差矩阵。从公式可以看出

$$P_{k|k} = P_{k|k-1} - P_{k|k-1}H_k^{\mathrm{T}}[H_k P_{k|k-1} H_k^{\mathrm{T}} + R_k]^{-1} H_k P_{k|k-1}$$

式中：右端第二项是非负矩阵，说明 $P_{k|k}$ 是绝不会大于 $P_{k|k-1}$ 的。因此，可以认为，平均来看，测量将减少对估值了解的不确定性。

（5）在卡尔曼滤波中，协方差的计算量很大，其目的主要是为了求得增益 K_k，然后利用 K_k 来求得滤波 $\hat{X}_{k|k}$。从图 2.4 中可以看出，从状态到协方差计算没有反馈，即协方差的计算循环是独立的。

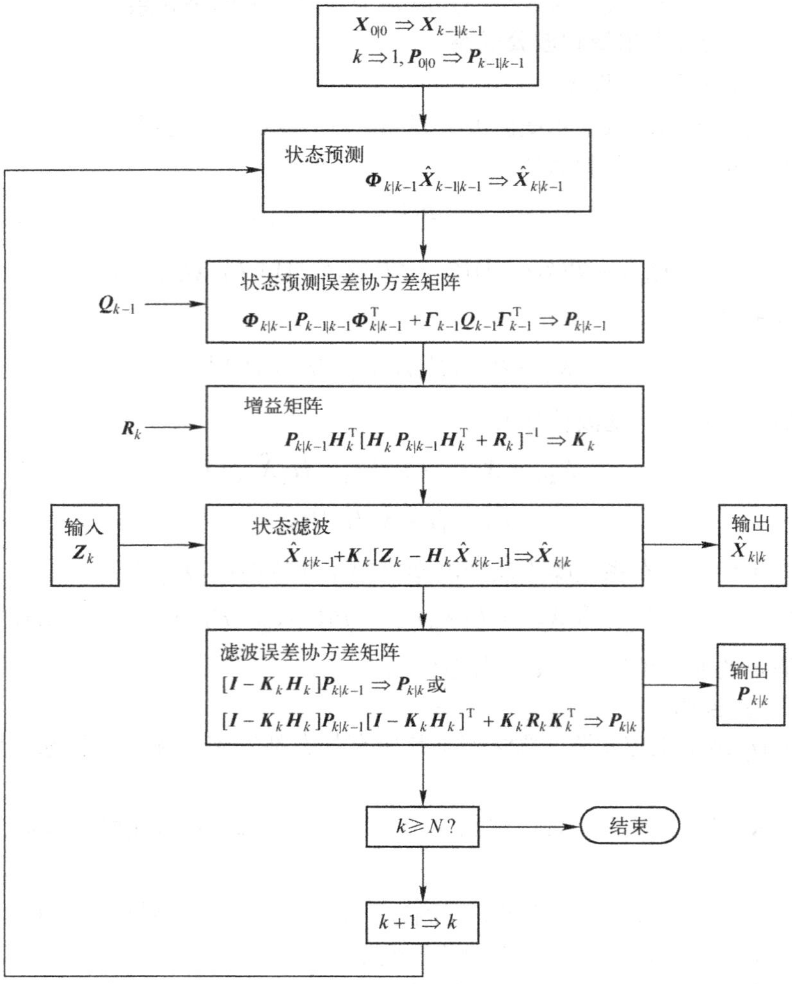

图 2.4　卡尔曼滤波计算程序

（6）增益是按照这样的准则确定的：协方差 $P_{k|k}$ 的对角线元素的加权和为最小，实际要求每个元素都必须是最小。这就是对每一个状态的滤波误差方差都是最小。

增益中考虑了状态的不确定性和测量的不确定性，一般它是变化的。

如果增益用一个简单的常数代替，则不需要计算协方差了。这时卡尔曼滤波公式只剩①和②了，计算量大减。当然这时已经不是“最优”的了。

（7）若 $\boldsymbol{\Phi}$、$\boldsymbol{\Gamma}$、$\boldsymbol{H}$、$\boldsymbol{Q}$、$\boldsymbol{R}$ 等都是与时间无关的常数矩阵，则称为定常系统。在一定的条件下，当 $t \to \infty$ 时，误差协方差矩阵 $\boldsymbol{P}_{k|k}$、增益 $\boldsymbol{K}_k$ 均趋于一常数矩阵。这类估计称为定常系统的稳态卡尔曼滤波。

3）计算顺序

参看图 2.4。首先把 $\hat{X}_0$ 和 P_0 的初值送入，然后即可求出 $\hat{X}_{1|0}$ 和 $P_{1|0}$，计算 K_1。有了测量 Z_1 后，进一步求出状态滤波 $\hat{X}_{1|1}$，同时对协方差修正，得 $P_{1|1}$，存储 $P_{1|1}$ 直到第二次测量，重复以上计算。注意协方差的计算循环有独立性，它不依赖于状态估值（见图 2.5、图 2.6）。

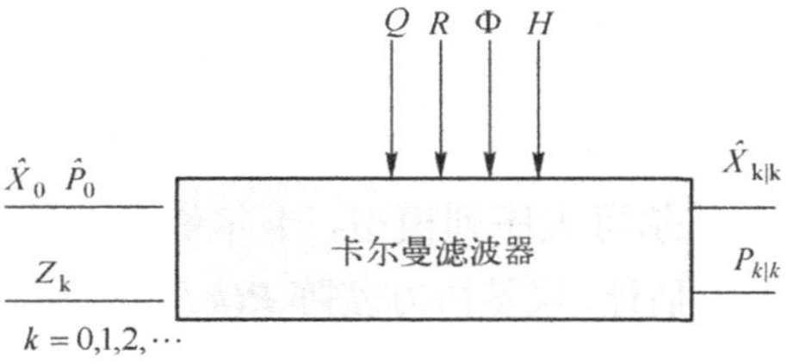

图 2.5　卡尔曼滤波“黑箱”框图

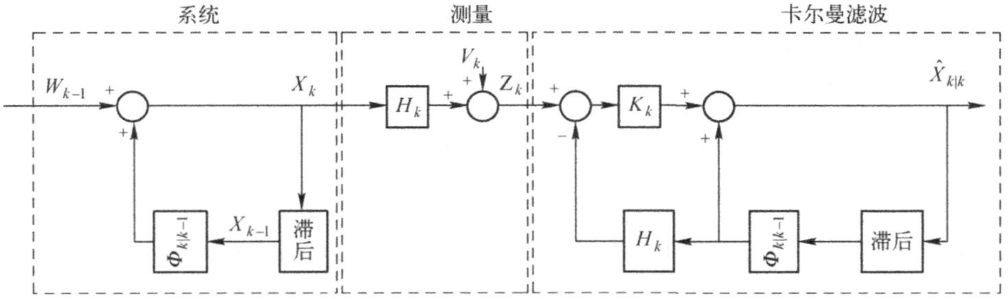

图 2.6　卡尔曼滤波方框图

5．线性卡尔曼滤波的特点与性质

1）卡尔曼滤波的特点

（1）由于它将被估计的信号看作在白噪声作用下的一个线性系统的输出，并且其输入/输出关系是由状态方程和观测方程在时域内给出的。因此，这种方法不仅适用于单输入/单输出的平稳序列的滤波，而且特别是适用于 MIMO（Multiple Input Multiple Output）非平稳或平稳马尔可夫序列或高斯马尔可夫序列的滤波，因此，其应用范围十分广泛。

（2）由于其计算过程是一个不断地“预测-修正”的过程，在求解中不需要存储大量数据，并且一旦观测到了新的数据，随时就可以计算新的滤波值。因此，这种方法便于实时处理。

（3）由于最优滤波增益 $K(k)$ 与观测值 $Z(k)$ 是无关的，可以离线计算，从而减少实时在线计算量，并且在求解过程中，可以随时计算出滤波器的精度指标 $P(k/k)$，其对角线上的元素就是滤波误差向量各分量的方差。

2）卡尔曼滤波器具有的性质

性质 2-3：卡尔曼滤波误差协方差阵 $\boldsymbol{P}(k/k)$ 与最优增益矩阵 $\boldsymbol{K}(k)$ 具有另外几种形式：

$$\boldsymbol{P}(k/k)=[\boldsymbol{I}-\boldsymbol{K}(k)\boldsymbol{H}(k)]\boldsymbol{P}(k/k-1)[\boldsymbol{I}-\boldsymbol{K}(k)\boldsymbol{H}(k)]^{\mathrm{T}}+\boldsymbol{K}(k)\boldsymbol{R}(k)\boldsymbol{K}^{\mathrm{T}}(k) \tag{2.3.110}$$

$$\boldsymbol{K}(k)=\boldsymbol{P}(k/k)\boldsymbol{H}^{\mathrm{T}}(k)\boldsymbol{R}^{-1}(k) \tag{2.3.111}$$

$$\boldsymbol{P}^{-1}(k/k)=\boldsymbol{P}^{-1}(k/k-1)+\boldsymbol{H}^{\mathrm{T}}(k)\boldsymbol{R}^{-1}(k)\boldsymbol{H}(k) \tag{2.3.112}$$

$$\boldsymbol{P}^{-1}(k/k)=\boldsymbol{H}^{\mathrm{T}}(k)\boldsymbol{R}^{-1}(k)\boldsymbol{K}^{-1}(k) \tag{2.3.113}$$

式（2.3.110）具有较好的保持对称性和非负定性的能力。

性质 2-4：对于一个马尔可夫序列模型，卡尔曼滤波估计 $\hat{X}(k/k)$ 是基于观测数据 Z^K 上的线性最小方差估计，误差协方差阵 $\boldsymbol{P}(k/k)$ 是所有线性估计中的最小方差阵；而对于高斯-马尔可夫序列模型，卡尔曼滤波估计 $\hat{X}(k/k)$ 是基于观测数据 Z^K 上的最小方差无偏估计，误差协方差阵 $\boldsymbol{P}(k/k)$ 是所有估计中的最小方差阵。

性质 2-5：最优滤波误差序列 $\{\tilde{X}(k/k):k=1,2,3,\cdots\}$ 是一个均值为零的马尔可夫序列或高斯-马尔可夫序列。

证明：$\tilde{X}(k/k)=X(k)-\hat{X}(k/k)$

$$\tilde{X}(k/k)=X(k)-\hat{X}(k/k-1)-K(k)[Z(k)-H(k)\hat{X}(k/k-1)]$$

$$\tilde{X}(k/k)=X(k)-\hat{X}(k/k-1)-K(k)[H(k)X(k)+V(k)-H(k)\hat{X}(k/k-1)]$$

$$\tilde{X}(k/k)=X(k)-\hat{X}(k/k-1)-K(k)H(k)X(k)-K(k)H(k)\hat{X}(k/k-1)-K(k)V(k)$$

$$\tilde{X}(k/k)=X(k)-\hat{X}(k/k-1)-K(k)H(k)X(k)-K(k)H(k)\hat{X}(k/k-1)-K(k)V(k)$$

$$\tilde{X}(k/k)=\{I-K(k)H(k)][X(k)-\hat{X}(k/k-1)]-K(k)V(k)$$

又

$$\hat{X}(k/k-1)=\varPhi(k,k-1)\hat{X}(k-1/k-1)$$

$$X(k)=\varPhi(k,k-1)X(k-1)+\varGamma(k,k-1)W(k-1)$$

所以：

$$\tilde{X}(k/k)=\{I-K(k)H(k)][X(k)-\hat{X}(k/k-1)]-K(k)V(k)$$

令

$$A(k)=[I-K(k)H(k)]$$

$$\Phi^*(K,K-1)=A(K)\Phi(k,k-1)$$

则

$$\tilde{X}(k/k)=\Phi^*(k,k-1)\tilde{X}(k-1/k-1)+[A(k)\Gamma(k,k-1)-K(k)]\begin{bmatrix}W(k)\\V(k)\end{bmatrix}$$

令

$$\Gamma^*(k,k-1)=[A(k)\Gamma(k,k-1)-K(k)]$$

$$\boldsymbol{W}^*(k)=\begin{bmatrix}W(k)\\V(k)\end{bmatrix}$$

则有：

$$\tilde{X}(k/k)=\Phi^*(k,k-1)\tilde{X}(k-1/k-1)+\Gamma^*(k,k-1)\boldsymbol{W}^*(k)$$

从假设条件知，$\boldsymbol{W}^*(k)$ 是零均值的白噪声序列，或高斯-白噪声序列，其协方差为：

$$\mathrm{Cov}\{\boldsymbol{W}^*(k),\boldsymbol{W}^*(j)\}=\begin{bmatrix}Q(k) & 0_1\\0_2 & R(k)\end{bmatrix}\delta_{kj}$$

并且 $E(\tilde{X}(0/0))=E(X(0)-\mu_0)=0$， $\mathrm{Var}\{\tilde{X}(0/0)\}=P_0$。

因此， $\tilde{X}(0/0)$ 是具有零均值方差为 P_0，且同 $X(0)$ 具有相同概率分布形式的随机变量。此外， $\tilde{X}(0/0)$ 与 $W^*(k)$ 互不相关，因此， $\{\hat{X}(k/k):k=1,2,3,\cdots\}$ 是一个马尔可夫序列或高斯-马尔可夫序列。

性质 2-6：增益矩阵 $\boldsymbol{K}(k)$ 与初始方差阵 $\boldsymbol{P}(0/0)$、系统噪声方差阵 $\boldsymbol{Q}(k)$、观测噪声方差阵 $\boldsymbol{R}(k)$ 存在如下关系：

增益矩阵 $\boldsymbol{K}(k)$ 与 $\boldsymbol{Q}(k)$ 成正比关系，而与 $\boldsymbol{R}(k)$ 成反比关系。

现在来进一步了解卡尔曼滤波方程的意义。先研究滤波方程，它说明了怎样求得滤波估计 $X(k|k)$（它是预测值和新息量的线性组合）。卡尔曼滤波增益是这两项的相对加权，增益 K_k 可以写成：

$$K_k=\boldsymbol{P}(k/k-1)H_k^{\mathrm{T}}\boldsymbol{\theta}_k^{-1} \tag{2.3.114}$$

式中：$\theta_k=(H_kP(k/k-1)H_k^{\mathrm{T}}+R_k)$ 是新息量序列 v_k 的协方差。既然 H_k 仅仅是一个从状态空间映射到观测空间的运算符，所以 K_k 可以看作两个协方差矩阵 $\boldsymbol{P}(k/k-1)$ 和 $\boldsymbol{\theta}_k$ 之比。前一个矩阵是衡量预测的不确定性的，后一个矩阵则是衡量新息量序列 v_k 的不确定性。当 K_k 很大，即 $P(k/k-1)$ “大”于 θ_k 时，置信度放在观测值 z_k 上，而 $X(k/k)$ 依赖于 $X(k/k-1)$ 的程度很小。相反，$P(k/k-1)$ “小”于 θ_k 时，可以预料到观测中会有很大误差，而 $X(k/k)$ 取决于外推估计 $X(k/k-1)$。

上面引入的新息过程具有某些适宜的特点。它们将用在自适应卡尔曼滤波中。新息过程是一个协方差矩阵为 θ_k 的零均值的“白色”过程。当 X_0 和 W_k 、V_k 都是高斯分布时，新息过程也是高斯分布的。

现在对协方差方程作进一步说明。下式成立：

$$P^{-1}(k/k)=P^{-1}(k/k-1)+H_k^{\mathrm{T}}R_k^{-1}H_k \tag{2.3.115}$$

因此，在能得到可靠观测的场合（ R_k 很小）， $P^{-1}(k/k)$ 值会显著增加，也就是说， X_k 的不确定性得到明显减小。最后，若 $P^{-1}(k/k-1)$ ，则新息协方差 θ_k 可看作 R_k 。因此，由于从观测数据中不能得到更多的信息， $P^{-1}(k/k)$ 几乎等于 $P^{-1}(k/k-1)$ ，同时认为预测值足够准确。

总之，卡尔曼滤波器提供了过程 X_k 的最小方差估计，如果过程本身和观测误差都是高斯分布的，那么也达到了极大似然估计意义上的最佳估计。在这种情况下，卡尔曼滤波器得到的是一个有效无偏估计，其协方差达到克拉美-罗下限。

6．卡尔曼滤波需要注意的问题

1）卡尔曼滤波的收敛性

卡尔曼滤波结果的好坏与过程噪声和量测噪声的统计特性（零均值和协方差）、状态初始条件等因素有关。实际上这些量都是未知的，在滤波时对它们进行了假设。如果假设的模型和真实模型比较相符，则滤波结果就会和真实值很相近，而且随着滤波时间的增长，二者之间的差值会越来越小。但如果假设的模型和真实模型不相符，则会出现滤波发散现象。滤波发散是指滤波器实际的均方误差比估计值大很多，并且其差值随着时间的增加而无限增长。

滤波结果的发散情况分为两类：显式发散（Apparent Divergence）和真发散（True Divergence）。显式发散情况下，状态参数的真实误差有界；在真发散情况下，虽然滤波器的估计方差趋于零或某一稳态值，但滤波状态参数的真实误差却越来越大。图 2.7 为两种发散的表示。一般在算法上提到的发散都是第二种发散。一旦出现发散现象，滤波就失去了意义。因此，在实际应用中，应克服这种现象。

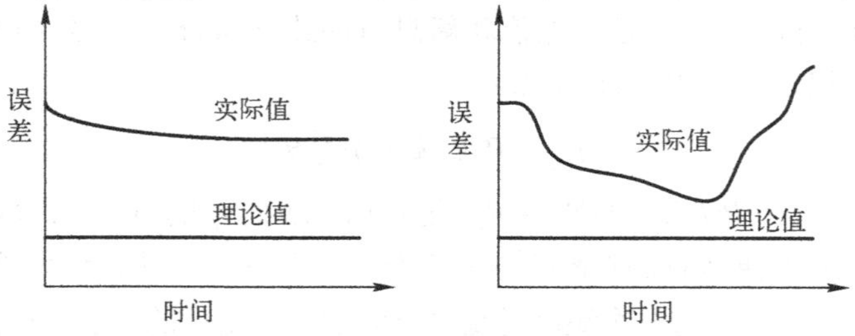

图 2.7　显式发散（左）和真发散（右）

引起发散的主要原因包括：

（1）系统过程噪声和量测噪声参数的选取与实际物理过程不符，特别是过程噪声的影响较大。

（2）系统的初始状态与初始协方差的假设值偏差过大。

（3）不适当的线性化处理或降维处理。

（4）计算误差。这是由于计算机的有限字长引起的，计算机的舍入、截断等计算误差会使预测方差矩阵 $\boldsymbol{P}(k/k-1)$ 或更新方差阵 $\boldsymbol{P}(k/k)$ 失去正定性，造成计算值与理论值之差越来越大，从而产生滤波数值不稳定问题。滤波运算中其他部分的误差累计，也会严重地影响滤波精度。在计算机字长较短的系统中，采用双倍字长可以减少运算误差，但是会使计算量成倍增加，大大降低滤波的实时能力。

克服前三种滤波发散的方法主要有限定下界滤波、衰减记忆滤波、限定记忆滤波和自适应滤波等，这些方法都是充分利用系统新的测量值对估计值进行修正；也是以牺牲滤波最佳性为代价而换取滤波收敛性的。而克服滤波数值不稳定性的主要方法有协方差平方根滤波与平滑、信息平方根滤波与平滑、序列平方根滤波与平滑等。

在一定条件下滤波模型的不精确引起的误差是允许的，这种误差随着时间的推移能够逐渐消失。滤波器是否具有这些特性，可以通过对滤波模型进行灵敏度分析来验证。如果模型误差超出了允许的范围，或者要求较高的滤波精度，就需要对滤波模型进行修改。这时可采用模式辨识和自适应滤波。可以说，将卡尔曼滤波应用于实际问题时，主要的工作就是建立滤波数学模型和寻求适用的自适应滤波算法。

2）卡尔曼滤波的收敛速度

卡尔曼滤波应用应注意的另一个问题是滤波的实时能力，即收敛速度。卡尔曼滤波算法中都很注意滤波的收敛速度问题，滤波收敛快慢直接影响到目标跟踪的稳定度和对目标的锁定速度。因此，滤波的收敛速度是评价一个滤波器性能的重要指标。

尽管卡尔曼滤波具有递推形式，为实时处理提供了有利条件，但它的运算量还是比较大的。为了实时跟踪，滤波运算就需要采用高性能计算机，这往往会使应用卡尔曼滤波失去实用价值。从另一个方面讲，提高卡尔曼滤波的实时能力，可减轻计算机的负担，提高计算效率，降低对计算机的要求。提高卡尔曼滤波实时能力有以下几种途径：

（1）改进计算技术，如采用计算量较小的序贯处理和信息滤波算法。

（2）减少状态维数，这可以通过压缩状态维数或将系统解耦成几个子系统来实现。

（3）采用简化增益，利用常增益或者分段增益。

（4）降低数据率，特别是脉冲多普勒雷达，其数据率高达几十或者几百千赫，而典型的滤波速度是每秒几十次。为了解决高数据率与滤波实时能力的矛盾，可以采用简单的算法对数据进行预处理，这样既能降低数据率，又能基本保持数据中的有用信息。

当目标做机动运动时，如果滤波器收敛慢就很容易产生丢失跟踪的状况，而一个快收敛性的滤波器能够很好地解决这个问题。现代航海雷达目标跟踪时从滤波起始过渡到稳定跟踪一般需要约 40 个采样周期。对于一些海上小型船只，由于其机动速度快，所以有必要关注收敛速度问题。如果应用多普勒技术来实现跟踪，其收敛速度会非常快，甚至可以做到一步收敛。但由于相当一部分雷达是非相参的边扫描边跟踪体制，目前接收机又是模拟式的，使得多普勒技术在航海雷达中未能得到应用。

2.3.6 常增益滤波

由卡尔曼滤波的状态更新方程可以看出，某个时刻位置的更新值等于该时刻的预测值再加上一个与增益有关的修正项，而要计算增益 $\boldsymbol{K}_k$，就必须计算协方差的一步预测、新息协方差和更新协方差，因而在卡尔曼滤波中增益 $\boldsymbol{K}_k$ 的计算占了大部分的工作量。为了减少计算量，就必须改变增益矩阵的计算方法，为此人们提出了常增益滤波器，此时增益不再与协方差有关，而是在滤波过程中可以离线计算，这样就大大减少了计算量，易于工程实现。常见的常增益滤波方法主要是指 $\alpha-\beta$ 和 $\alpha-\beta-\gamma$ 滤波。

$\alpha-\beta$ 和 $\alpha-\beta-\gamma$ 滤波实质是卡尔曼滤波的稳态解形式。由于 $\alpha-\beta$ 和 $\alpha-\beta-\gamma$ 滤波是简单并且易于工程实现的常增益滤波方法，已被广泛应用于跟踪滤波器的设计过程中，最大的优点是在与增益矩阵的离线计算，而且计算量相对于卡尔曼滤波来说非常小。

1．二阶 α-β 滤波

$\alpha-\beta$ 滤波主要应用在匀速直线目标跟踪系统中，α 和 β 分别对应目标位置和速度滤波方程的残差分量加权，滤波方程为：

$$\begin{cases}\hat{\boldsymbol{X}}(k|k)=\hat{\boldsymbol{X}}(k|k-1)+\boldsymbol{K}[\boldsymbol{S}(k)-\boldsymbol{H}\boldsymbol{X}(k|k-1)]\\ \hat{\boldsymbol{X}}(k|k-1)=\boldsymbol{\Phi}\boldsymbol{X}(k-1|k-1)\\ \boldsymbol{K}=[\alpha,\beta/T]^{\mathrm{T}}\end{cases} \tag{2.3.116}$$

式中：$\boldsymbol{K}$ 为滤波增益阵。

也可以写成如下形式：

$$x(k|k)=x(k|k-1)+\alpha_k[z(k)-x(k|k-1)] \tag{2.3.117}$$

$$\dot{x}(k|k)=\dot{x}(k|k-1)+\frac{\beta_k}{T}[z(k)-\dot{x}(k|k-1)] \tag{2.3.118}$$

式中：$x(k|k-1)=x(k-1|k-1)+\dot{x}(k-1|k-1)\cdot T$；$\dot{x}(k|k-1)=\dot{x}(k-1|k-1)$。

$\alpha-\beta$ 滤波与卡尔曼滤波最大的不同点就在于增益的计算不同，α 和 β 是无量纲的量，分别为目标状态的位置和速度分量的常滤波增益，这两个系数一旦确定，增益就是个确定的量。所以此时协方差和目标状态估计的计算不再通过增益使它们交织在一起，它们是两个独立的分支，在单目标情况下不再需要计算协方差的一步预测、新息协方差和更新协方差。

2．三阶 $\alpha-\beta-\gamma$ 滤波

与 $\alpha-\beta$ 滤波类似的，三阶 $\alpha-\beta-\gamma$ 滤波用于对匀加速运动目标进行跟踪，目标的状态向量中包含位置、速度和加速度三项分量。其滤波方程为：

$$X(k|k)=X(k|k-1)+K_k[z(k)-H(k)X(k|k-1)] \tag{2.3.119}$$

$$X(k|k-1)=\Phi(k,k-1)X(k-1|k-1) \tag{2.3.120}$$

$$\boldsymbol{K}_k=[\alpha_k \quad \beta_k/T \quad \gamma_k/T^2]^{\mathrm{T}} \tag{2.3.121}$$

式中：$\boldsymbol{K}$ 为滤波增益阵。

也可以写成如下形式：

$$x(k|k)=x(k|k-1)+\alpha_k[z(k)-x(k|k-1)] \tag{2.3.122}$$

$$\dot{x}(k|k)=\dot{x}(k|k-1)+\frac{\beta_k}{T}[z(k)-\dot{x}(k|k-1)] \tag{2.3.123}$$

$$\ddot{x}(k|k)=\ddot{x}(k|k-1)+\frac{\gamma_k}{T^2}[z(k)-\dot{x}(k|k-1)] \tag{2.3.124}$$

式中：$x(k|k-1)=x(k-1|k-1)+\dot{x}(k-1|k-1)\cdot T+\ddot{x}(k-1|k-1)\cdot T^2/2$；

$\dot{x}(k|k-1)=\dot{x}(k-1|k-1)+\ddot{x}(k-1|k-1)T$；

$\ddot{x}(k|k-1)=\ddot{x}(k-1|k-1)$。

3．增益系数的确定

如何选择 α_k、β_k 以及 γ_k 的数值，进而获得较好的滤波性能呢？应考虑的因素有：系统的稳定性；暂态特性；暂态与稳态误差；对目标机动的适应性，等等。

从滤波方程式可看出，当取 $\alpha=\beta=1$ 时，意味着以本次测量值作为本次滤波值，前次预测值未起作用，这显然适用于刚刚起始建立跟踪的时刻，或目标跟踪丢失重新捕获后再次建立跟踪的时刻，还适用于目标快速大幅度机动的时刻；当取 $\alpha=\beta=0$ 时，意味着以前次预测值作为本次滤波值，本次测量值未起作用，这显然适用于目标跟踪丢失、无测量值输入的时刻，或测量值存在随机干扰的时刻。由此分析可见：

α、β 取较大值时适用于：

（1）起始建立跟踪或目标跟踪丢失重新建立跟踪的时期。

（2）目标做快速大幅度机动时期。

α、β 取较小值时适用于：

（1）目标进入稳态跟踪时期。

（2）目标无机动或机动速率很小的时期。

（3）目标跟踪丢失，惯性外推时期，应取 $\alpha=\beta=0$。

有多种可用的方法，但常用的是按照最小二乘的准则来确定 α_k、β_k 以及 γ_k 的数值。这时的$\alpha-\beta$和$\alpha-\beta-\gamma$滤波实质上是匀速直线运动和匀加速直线运动时的递推格式的最小二乘滤波。同时，α_k、β_k以及γ_k的数值还可用卡尔曼滤波的稳态增益计算出来。

对于匀速直线运动，采用最小二乘准则来确定$\alpha-\beta$值，根据最小二乘估计方法的讨论，可以确定：

$$\alpha=\frac{2(2n-1)}{n(n+1)},\quad \beta=\frac{6}{n(n+1)} \tag{2.3.125}$$

当扫描次数n增加时，α、β皆减小；当航迹刚刚建立时，β取1，然后渐渐减小，最后趋向稳态值。实际上$\alpha\neq0$，因为如果$\alpha=0$，相当于预测值等于观测值，观测值不起作用了。

α、β随n的增加而变化的情况可如表2.1和图2.8所示。

表2.1　α、β随n的变化

n	α	β
1	1.0000	—
2	1.0000	1.0000
3	0.8333	0.5000
4	0.7000	0.3000
5	0.6000	0.2000
6	0.5238	0.1429
7	0.4643	0.1071
8	0.4167	0.0833
9	0.3778	0.0667
10	0.3455	0.0545

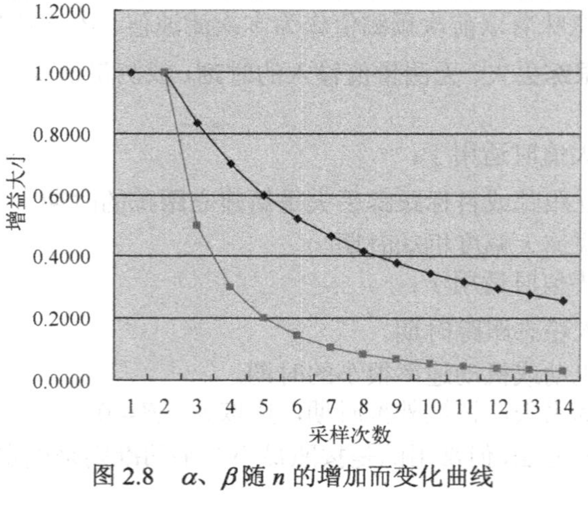

图2.8　α、β随n的增加而变化曲线

下面用连续系统卡尔曼滤波的稳态增益矩阵来揭示参数α 、β和γ的值，以及系统噪声方差阵$\boldsymbol{Q}$和观测噪声矩阵$\boldsymbol{R}$的关系。

设连续系统的状态方程和观测方程为：

$$\dot{\boldsymbol{X}}(t) = \boldsymbol{A}(t)\boldsymbol{X}(t) + \boldsymbol{\Gamma}(t)\boldsymbol{w}(t) \tag{2.3.126}$$

$$\boldsymbol{z}(t) = \boldsymbol{H}(t)\boldsymbol{X}(t) + \boldsymbol{v}(t) \tag{2.3.127}$$

式中：状态噪声与观测噪声互不相关，其统计特性为：

$$\boldsymbol{E}\boldsymbol{w}(t) = 0\text{，}\ \boldsymbol{E}\boldsymbol{w}(t)w(\tau) = Q\delta(t-\tau)$$

$$\boldsymbol{E}\boldsymbol{v}(t) = 0\text{，}\ \boldsymbol{E}\boldsymbol{v}(t)v(\tau) = R\delta(t-\tau)$$

对于$\alpha-\beta$滤波有：

$$\boldsymbol{A} = \begin{bmatrix} 0 & 1 \\ 0 & 0 \end{bmatrix}\text{，}\ \boldsymbol{\Gamma} = \begin{bmatrix} 0 \\ 1 \end{bmatrix}\text{，}\ \boldsymbol{H} = \begin{bmatrix} 1 & 0 \end{bmatrix}$$

对于$\alpha-\beta-\gamma$滤波有：

$$\boldsymbol{A} = \begin{bmatrix} 0 & 1 & 0 \\ 0 & 0 & 1 \\ 0 & 0 & 0 \end{bmatrix}\text{，}\ \boldsymbol{\Gamma} = \begin{bmatrix} 0 \\ 0 \\ 1 \end{bmatrix}\text{，}\ \boldsymbol{H} = \begin{bmatrix} 1 & 0 & 0 \end{bmatrix}$$

由于上述系统是线性定常的，且假定滤波器已达到稳态，于是滤波协方差阵$\boldsymbol{P}$满足黎卡提（Riccati）方程：

$$\boldsymbol{AP} + \boldsymbol{PA}^{\mathrm{T}} - \boldsymbol{PH}^{\mathrm{T}}\boldsymbol{R}^{-1}\boldsymbol{HP} + \boldsymbol{\Gamma P \Gamma}^{\mathrm{T}} = 0 \tag{2.3.128}$$

并且稳态增益矩阵为：

$$\boldsymbol{K} = \boldsymbol{PH}^{\mathrm{T}}\boldsymbol{R}^{-1} \tag{2.3.129}$$

将各参数代入，可分别得到两种滤波器的稳态增益为：

$\alpha-\beta$滤波为：
$$\boldsymbol{K} = \begin{bmatrix} \sqrt{2h} & h \end{bmatrix}^{\mathrm{T}} \tag{2.3.130}$$

$\alpha-\beta-\gamma$滤波为：
$$\boldsymbol{K} = \begin{bmatrix} 2\sqrt[3]{h} & 2\sqrt[8]{h^2} & h \end{bmatrix}^{\mathrm{T}} \tag{2.3.131}$$

式中：$h = \sqrt{Q/R}$称为信噪比。比较式（2.3.130）和式（2.3.131）和$\alpha-\beta$滤波以及$\alpha-\beta-\gamma$滤波的增益，可得参数α、β、γ与Q 、R的关系如下：

$\alpha-\beta$滤波为：
$$\begin{cases} \alpha = \sqrt{2h} \\ \beta = Th \end{cases} \tag{2.3.132}$$

$\alpha-\beta-\gamma$滤波为：
$$\begin{cases} \alpha = 2\sqrt[3]{h} \\ \beta = 2T\sqrt[3]{h^2} \\ \gamma = T^2 h \end{cases} \tag{2.3.133}$$

因此，从上述公式可以看出，增益α、β、γ的优化选取，同$h=\sqrt{Q/R}$密切相关，即系统噪声的估计必须准确，这一要求在实际应用中往往是难以满足的，这样，依据上述思路来选取增益α、β、γ，一般是不可行的，但只具有理论分析意义。

那么，在折中考虑系统噪声动态特性的基础上，如何来优化选择增益α、β、γ的数值呢？许多学者为此做了大量的工作，主要思路是在α、β、γ之间找出合适的关系，根据此关系来确定α、β、γ的值，这样就避开了系统噪声的限制。

卡塔拉（Katala）证明了最优参数应满足下列关系：

$$\beta=2(2-\alpha)-4\sqrt{1-\alpha} \tag{2.3.134}$$

$$\gamma=\beta^2/\alpha \tag{2.3.135}$$

其中，方程（2.3.134）对两种滤波器均适用，式（2.3.135）是$\alpha-\beta-\gamma$滤波的附加条件。

贝尼泰克（Benetic）等人在考虑方差减小比的加权和瞬态均方差的基础上，推导了$\alpha-\beta-\gamma$滤波的另一种最优参数关系，即

$$2\beta-\alpha(\alpha+\beta+\gamma/2)=0 \tag{2.3.136}$$

不难证明，当$\alpha\leqslant 0.6$时，上式与式（2.3.134）和式（2.3.135）相近似。

在式（2.3.136）中，令$\gamma=0$，可得$\alpha-\beta$滤波的最优参数关系为：

$$\beta=\frac{\alpha^2}{2-\alpha} \tag{2.3.137}$$

从上述各式可以看到，在α、β、γ中至少有一个自由参数必须被指定，它可以用相应的卡尔曼滤波稳态增益来确定。

在实际应用中，α、β的调整可以按采样序号n作自适应调整，当目标机动时，按目标机动量进行调整。下面通过例子给予说明：

首先确定α值的自适应跳变选择方法。

（1）起始建立跟踪或目标跟踪丢失重新建立跟踪时，按采样序号n作自适应调整：

$n=2$，取$\alpha=1$；

$2<n\leqslant 5$，取$\alpha=0.71$；

$5<n\leqslant 10$，取$\alpha=0.44$；

$10<n\leqslant 30$，取$\alpha=0.22$；

$30<n\leqslant 60$，取$\alpha=0.10$；

虽然进入稳态时，α值应该更小，并趋于0，但为了能随时适应目标的机动，不致因种种随机因素丢失目标，在$n>60$以后，α值不能选得太小，应不低于0.1。

（2）当目标发生机动时，按目标在采样周期中的机动量，分等级做自适应跳

变调整。每个采样周期中目标运动的机动量可由本次测量值与前次预测值之差来衡量，即

$$\Delta x = s(k) - \hat{x}(k \mid k-1)$$

当 $\Delta x \leqslant 2\sigma$ 时，可视为目标无机动，不做调整；

当 $2\sigma < \Delta x \leqslant 4\sigma$ 时，取 $\alpha = 0.44$，做一级调整；

当 $4\sigma < \Delta x \leqslant 6\sigma$ 时，取 $\alpha = 0.71$，做二级调整；

当 $\Delta x > 6\sigma$ 时，取 $\alpha = 1$，做三级调整。

当 α 值选定后，β 可按式（2.3.134）求解。

$\alpha-\beta$ 滤波是航迹滤波与外推的常用方法，它简单且易于工程实现，具有较好的实时性和较高的滤波精度。而其最大的特点是滤波增益 α、β 可以离线计算。与卡尔曼滤波相比，$\alpha-\beta$ 滤波的每次滤波循环大约可以节约计算量 70%。

2.3.7 非线性滤波*

1．非线性系统

前面所讨论的卡尔曼滤波要求系统的状态方程和观测方程是线性的，然而，在许多问题中，往往是不能用简单的线性系统来描述的。例如，导弹控制问题、惯性导航问题等，状态方程往往不是线性的。因此，有必要研究非线性系统的滤波问题。

对于非线性系统的滤波问题，理论上还没有严格的滤波方程。一般情况下，都是将非线性方程进行线性化，然后利用线性系统的卡尔曼滤波基本方程。本节介绍非线性系统的卡尔曼滤波问题的处理方法。有关此方面的理论，有大量的文献可以查阅。

一般离散非线性系统的状态方程和观测方程如下：

$$\boldsymbol{X}(k+1) = \varphi[\boldsymbol{X}(k), \boldsymbol{W}(k), k] \tag{2.3.138}$$

$$\boldsymbol{Z}(k+1) = h[\boldsymbol{X}(k+1), \boldsymbol{V}(k+1), k+1] \tag{2.3.139}$$

式中：$\boldsymbol{X}(k)$ 是 n 维状态向量；$\boldsymbol{Z}(k)$ 是 m 维观测向量；$\varphi(\cdot)$ 是非线性函数；$h(\cdot)$ 是非线性观测方程。

式（2.3.138）和式（2.3.139）描述相当广泛的一类非线性系统，由于此类问题的最优估计求解是非常困难和复杂的，因此，为了使估计问题得到可行的解，我们对上述模型进行进一步的简化，仅限于讨论下列情况下的非线性系统：

$$\begin{cases} \boldsymbol{X}(k+1) = \varphi[\boldsymbol{X}(k), k] + \boldsymbol{\varGamma}[\boldsymbol{X}(k), k]\boldsymbol{W}(k) \\ \boldsymbol{Z}(k) = h[\boldsymbol{X}(k), k)] + \boldsymbol{V}(k) \end{cases} \tag{2.3.140}$$

其中：

（1）$\boldsymbol{W}(k)$ 和 $\boldsymbol{V}(k)$ 均为零均值白噪声向量，$\boldsymbol{W}(k)$ 和 $\boldsymbol{V}(k)$ 不相关，即：

$$\begin{cases}\boldsymbol{EW}(k)=\boldsymbol{EV}(k)=0\\ \mathrm{Cov}\{\boldsymbol{W}(k),\boldsymbol{W}(j)\}=\boldsymbol{Q}(k)\delta_{kj}\\ \mathrm{Cov}\{\boldsymbol{V}(k),\boldsymbol{V}(j)\}=\boldsymbol{R}(k)\delta_{kj}\\ \mathrm{Cov}\{\boldsymbol{W}(k),\boldsymbol{V}(j)\}=0\end{cases} \tag{2.3.141}$$

其中，δ_{kj} 是 Kronecker 函数，即：

$$\delta_{kj}=\begin{cases}1 & (k=j)\\ 0 & (k\neq j)\end{cases} \tag{2.3.142}$$

$\boldsymbol{Q}(k)$ 是对称的非负定方差阵；$\boldsymbol{R}(k)$ 是对称的正定方差阵。

（2）$X(k)$ 的初始值 $X(0)$ 是一个随机变量。$X(0)$ 的统计特征已知，即：

$$E\{X(0)\}=\mu_0$$

$$\mathrm{Var}\{X(0)\}=E\{[X(0)-\mu_0][X(0)-\mu_0]^{\mathrm{T}}\}=P(0) \tag{2.4.143}$$

（3）$X(0)$ 与 $W(k)$、$V(k)$ 不相关，则：

$$\mathrm{Cov}\{X(0),W(k)\}=0$$

$$\mathrm{Cov}\{X(0),V(k)\}=0 \tag{2.4.144}$$

下面介绍两种线性化滤波方法：

（1）围绕标称轨道的线性化方法。

（2）推广卡尔曼滤波方法。

2．围绕标称轨道线性化的卡尔曼滤波

考虑如式（2.3.140）描述的系统，所谓标称轨道就是指在不考虑噪声的情况下，系统状态方程的解：

$$X^*(k+1)=\varphi[X^*(k),k]，\quad X^*(0)=E(X(0))=\mu_0 \tag{2.3.145}$$

式中：$X^*(k)$ 称为标称状态变量。

真实状态与标称状态变量之间的差为：

$$\delta X(k)=X(k)-X^*(k) \tag{2.3.146}$$

称为状态偏差。

把状态方程中的非线性函数 $\varphi(\cdot)$ 围绕标称状态 $X^*(k)$ 进行泰勒展开，略去二次上项，可得：

$$X(k+1)=\varphi[X^*(k),k]+\frac{\partial\varphi}{\partial X^*(k)}[X(k)-X^*(k)]+\varGamma(X(k),k]W(k) \tag{2.3.147}$$

又

$$X^*(k+1)=\varphi[X^*(k),k]$$

则：

$$X(k+1)=X^*(k+1)+\frac{\partial\varphi}{\partial X^*(k)}[X(k)-X^*(k)]+\varGamma(X(k),k]W(k) \tag{2.3.148}$$

移项整理，并把$\Gamma(X(k),k]$用$\Gamma(X^*(k),k]$，可得：

$$X(k+1)-X^*(k+1)=\frac{\partial\varphi}{\partial X^*(k)}[X(k)-X^*(k)]+\Gamma(X^*(k),k]W(k) \tag{2.3.149}$$

即：

$$\delta X(k+1)=\frac{\partial\varphi}{\partial X^*(k)}\delta X(k)+\Gamma(X^*(k),k]W(k) \tag{2.3.150}$$

其中

$$\begin{aligned}\frac{\partial\varphi}{\partial X^*(k)}&=\left.\frac{\partial\varphi[X(k),k]}{\partial X(k)}\right|_{X(k)=X^*(k)}\\&=\begin{bmatrix}\frac{\partial\varphi^{(1)}}{\partial X^{(1)}(k)} & \cdots & \frac{\partial\varphi^{(1)}}{\partial X^{(n)}(k)}\\ \vdots & \cdots & \vdots\\ \frac{\partial\varphi^{(n)}}{\partial X^{(1)}(k)} & \cdots & \frac{\partial\varphi^{(n)}}{\partial X^{(n)}(k)}\end{bmatrix}_{X(k)=X^*(k)}=\boldsymbol{\Phi}(k+1,k)\end{aligned} \tag{2.3.151}$$

$\frac{\partial\varphi}{\partial X^*(k)}$为$n\times n$矩阵，称为$\varphi(\cdot)$的雅克比矩阵。

下面将观测方程线性化，在不考虑观测噪声$V(k)$时，可得观测值$Z^*(k)$，即：

$$Z^*(k+1)=h[X^*(k+1),k+1] \tag{2.3.152}$$

同样将观测方程$h(\cdot)$围绕标称状态$X^*(k+1)$进行泰勒级数展开，略去二次或二次以上项，可得：

$$Z(k+1)=h[X^*(k+1),k+1]+\frac{\partial h}{\partial X^*(k+1)}[X(k+1)-X^*(k+1)]+V(k+1) \tag{2.3.153}$$

即

$$Z(k+1)-Z^*(k+1)=\frac{\partial h}{\partial X^*(k+1)}[X(k+1)-X^*(k+1)]+V(k+1) \tag{2.3.154}$$

设$\delta Z(k+1)=Z(k+1)-Z^*(k+1)$，则可得到观测方程的线性化形式：

$$\delta Z(k+1)=\frac{\partial h}{\partial X^*(k+1)}\delta X(k+1)+V(k+1) \tag{2.3.155}$$

其中

$$\begin{aligned}\frac{\partial h}{\partial X^*(k)}&=\left.\frac{\partial h[X(k),k]}{\partial X(k)}\right|_{X(k)=X^*(k)}\\&=\begin{bmatrix}\frac{\partial h^{(1)}}{\partial X^{(1)}(k)} & \cdots & \frac{\partial h^{(1)}}{\partial X^{(n)}(k)}\\ \vdots & \cdots & \vdots\\ \frac{\partial h^{(m)}}{\partial X^{(1)}(k)} & \cdots & \frac{\partial h^{(m)}}{\partial X^{(n)}(k)}\end{bmatrix}_{X(k)=X^*(k)}=\boldsymbol{H}(k)\end{aligned} \tag{2.3.156}$$

是 $m \times n$ 的矩阵，称为 $h(\cdot)$ 的雅克比矩阵。

因此线性化的式（2.3.150）和式（2.3.155）就是卡尔曼滤波方程所需要的系统状态方程和观测方程。因此，运用卡尔曼滤波基本方程，可以得到状态偏差得卡尔曼滤波方程 $\delta\hat{X}(k/k)$ 。然后计算出系统状态的滤波值：

$$\hat{X}(k/k) = X^*(k) + \delta\hat{X}(k/k) \tag{2.3.157}$$

这种线性化方法，只能在可以得到标称状态 $X^*(k)$ ，且 $\delta X(k)$ 比较小时效果较好。但实际上，标称状态 $X^*(k)$ 是很难得到的。这时可以使用推广卡尔曼滤波方法（Extended kalman filtering，EKF）。

3．推广卡尔曼滤波方法

上面所讲的方法是将非线性函数 $\varphi(\cdot)$ 围绕标称状态 $X^*(k)$ 展开成泰勒级数，略去二次或二次以上项后得到的。推广卡尔曼滤波（EKF）是将非线性函数 $\varphi(\cdot)$ 围绕滤波值 $X(k/k)$ 展开成泰勒级数，略去二次或二次以上项后，得到线性化模型方法。

$$X(k+1) = \varphi[X(k/k),k] + \frac{\partial\varphi}{\partial X(k/k)}[X(k) - X(k/k)] + \Gamma(X(k/k),k]W(k) \tag{2.3.158}$$

记

$$\begin{aligned}\Phi(k+1,k) &= \frac{\partial\varphi}{\partial X(k/k)} = \left.\frac{\partial\varphi[X(k/k),k]}{\partial X(k/k)}\right|_{X(k)=X(k/k)} \\ &= \begin{bmatrix} \dfrac{\partial\varphi^{(1)}}{\partial X^{(1)}(k)} & \cdots & \dfrac{\partial\varphi^{(1)}}{\partial X^{(n)}(k)} \\ \vdots & \cdots & \vdots \\ \dfrac{\partial\varphi^{(n)}}{\partial X^{(1)}(k)} & \cdots & \dfrac{\partial\varphi^{(n)}}{\partial X^{(n)}(k)} \end{bmatrix}_{X(k)=X(k/k)}\end{aligned} \tag{2.3.159}$$

$$U(k) = \varphi[X(k/k),k] - \frac{\partial\varphi}{\partial X(k/k)}X(k/k) \tag{2.3.160}$$

$$\Gamma[X(k/k),k] = \Gamma[k+1,k] \tag{2.3.161}$$

所以式（2.3.158）整理得：

$$\begin{aligned}X(k+1) &= \frac{\partial\varphi}{\partial X(k/k)}X(k) + U(k) + \Gamma[X(k/k),k]W(k) \\ &= \Phi(k+1,k)X(k) + U(k) + \Gamma(k+1,k)W(k)\end{aligned} \tag{2.3.162}$$

初始值 $X(0/0) = E(X(0)) = \mu_0$， $P(0/0) = E[X(0) - \mu_0][X(0) - \mu_0]^{\mathrm{T}}$ 。

这就是一个带有控制项的系统状态方程，其他条件同标准的卡尔曼滤波方程所需求的条件一样。

把观测方程 $h(\cdot)$ 围绕预测值 $X(k+1/k)$ 进行泰勒级数展开，略去二次或二次以上项后，得到线性化模型：

$$Z(k+1)=h[X(k+1/k),k]+\frac{\partial h}{\partial X(k+1/k)}[X(k+1)-X(k+1/k)]+V(k+1) \quad (2.3.163)$$

记

$$H(k+1)=\frac{\partial h}{\partial X(k+1/k)}=\left.\frac{\partial h[X(k+1/k),k+1]}{\partial X(k+1/k)}\right|_{X(k+1)=X(k+1/k)}$$

$$=\begin{bmatrix} \dfrac{\partial h^{(1)}}{\partial X^{(1)}(k+1)} & \cdots & \dfrac{\partial h^{(1)}}{\partial X^{(n)}(k+1)} \\ \vdots & \cdots & \vdots \\ \dfrac{\partial h^{(m)}}{\partial X^{(1)}(k+1)} & \cdots & \dfrac{\partial h^{(m)}}{\partial X^{(n)}(k+1)} \end{bmatrix}_{X(k+1)=X(k+1/k)} \quad (2.3.164)$$

$$Y(k+1)=h[X(k+1/k),k]+\frac{\partial h}{\partial X(k+1/k)}X(k+1/k) \quad (2.3.165)$$

则新的观测方程为：

$$Z(k+1)=\frac{\partial h}{\partial X(k+1/k)}X(k+1)+Y(k+1)+V(k+1) \quad (2.3.166)$$

1）EKF 滤波算法

运用卡尔曼滤波方程，可得到：

（1）确定初值：

$X(0/0)=X(0)=\mu_0$； $P(0/0)=E[X(0)-\mu_0][X(0)-\mu_0]^{\mathrm{T}}=P_0$； $Q(k)$， $R(k)$。

（2）一步最优预测 $X(k/k-1)$ 和 $P(k/k-1)$：

$$X(k/k-1)=\Phi(k,k-1)X(k-1/k-1)+U(k-1)=\varphi[X(k-1/k-1),k-1]$$

$$P(k/k-1)=\Phi(k,k-1)P(k-1/k-1)\Phi^{\mathrm{T}}(k,k-1)+\Gamma(k,k-1)Q(k-1)\Gamma^{\mathrm{T}}(k,k-1)$$

（3）计算增益 $K(k)$：

$$K(k)=P(k/k-1)H^{\mathrm{T}}(k)[H(k)P(k/k-1)H^{\mathrm{T}}(k)+R(k)]^{-1}$$

（4）最优滤波 $X(k/k)$ 和 $P(k/k)$：

$$X(k/k)=X(k/k-1)+K(k)[Z(k)-H(k)X(k/k-1)-Y(k)]$$
$$=X(k/k-1)+K(k)[Z(k)-h(X(k/k-1,k)]$$

$$P(k/k)=[I-K(k)H(k)]P(k/k-1)$$

$$k=1,2,3,\cdots$$

EKF 滤波的优点是不必预先计算标称轨道，同样，EKF 一般在滤波误差较小时才适用。一阶扩展卡尔曼滤波的协方差预测公式与线性滤波中的类似，不过这里雅可比矩阵 $\boldsymbol{f}_X(k)$ 类似于系统转移矩阵 $\boldsymbol{F}(k)$。如果泰勒级数展开式中保留到三阶项或四阶项，则可得到三阶或四阶扩展卡尔曼滤波。通过对不同阶数的扩展卡尔曼滤波性能进行仿真分析，结果表明，二阶扩展卡尔曼滤波的性能远比一阶的要好，而二阶以上的扩展卡尔曼滤波性能与二阶相比并没有明显的提高，所以超过二阶以上的扩展卡尔曼滤波一般都不采用。二阶扩展卡尔曼滤波的性能虽然要优于一阶的，但二阶的计算量很大，所以一般情况只采用一阶扩展卡尔曼滤波。

2）线性化 EKF 滤波的误差补偿

因为扩展卡尔曼滤波算法是由泰勒级数的一阶或二阶展开式获得的，并忽略了高阶项，这样在滤波过程中不可避免地要引入线性化误差，对于这些误差可采用以下补偿方法：

（1）为补偿状态预测中的误差，附加“人为过程噪声”，即通过增大过程噪声协方差

$$Q^*(k) > Q(k) \tag{2.3.167}$$

来实现这一点，即用 $Q^*(k)$ 代替 $Q(k)$ 。

（2）用标量加边因子$\phi > 1$ 乘以状态预测协方差矩阵，即

$$\boldsymbol{P}^*(k+1|k) = \phi \boldsymbol{P}(k+1|k) \tag{2.3.168}$$

然后在协方差更新方程中使用 $\boldsymbol{P}^*(k+1|k)$ 。

（3）利用对角矩阵 $\boldsymbol{\Phi} = \mathrm{diag}(\sqrt{\phi_i})$ ， $\phi_i > 1$ 乘以状态预测协方差矩阵，即

$$\boldsymbol{P}^*(k+1|k) = \boldsymbol{\Phi}' \boldsymbol{P}(k+1|k) \boldsymbol{\Phi} \tag{2.3.169}$$

（4）采用迭代滤波，即通过平滑技术改进参考估计来降低线性化误差。

3）扩展卡尔曼滤波应用中应注意的一些问题

扩展卡尔曼滤波是一种比较常用的非线性滤波方法，在这种滤波方法中，非线性因子的存在对滤波稳定性和状态估计精度都有很大的影响，其滤波结果的好坏与过程噪声协方差 $\boldsymbol{Q}(k)$ 和量测噪声协方差 $\boldsymbol{R}(k)$ 在滤波过程中一直保持不变，如果这两个噪声协方差矩阵估计得不太准确的话，这样在滤波过程中就容易产生误差积累，导致滤波发散，而且对于维数较大得非线性系统，估计的过程噪声协方差矩阵和量测噪声协方差矩阵量出现异常现象，即 $\boldsymbol{Q}(k)$ 丢失半正定性，$\boldsymbol{R}(k)$ 失去正定性，也容易导致滤波发散。利用扩展卡尔曼滤波对目标进行跟踪，只有当系统的动态模型和观测模型都接近线性时，也就是线性化模型误差较小时，扩展卡尔曼的滤波结果才有可能接近于真实值。而且扩展卡尔曼滤波还有一个缺点就是状态的始值不太好确定，如果假设的状态初始值和初始协方差误差较大的话，也容易导致滤波发散。

EKF 是传统非线性估计的代表，其基本思想是围绕状态估值$\|\hat{x}_k\|$对非线性模型进行一阶 Taylor 展开，然后应用线性系统卡尔曼滤波公式。它的主要缺陷有两点：一是必须满足小扰动假设，即假设非线性方程的理论解与实际解之差为小量，即 EKF 只适合弱非线性系统，对于强非线性系统，该假设不成立，此时 EKF 滤

波性能极不稳定，甚至发散；二是必须计算 Jacobian 矩阵及其幂，这是一件计算复杂、极易出错的工作。

针对 EKF 的缺陷，众多学者提出了各种分解及补偿算法，如：U-D 分解、奇异值分解、L-D 分解、平方根滤波等。这些努力在一定程度上解决了 EKF 数值稳健性问题，相应地提高了计算效率，但仍无法避免上述 EKF 的两个缺陷。另外，标准 EKF 是取 Taylor 展开式的一阶近似，为提高估计精度也可取二阶近似，构成 SONF（Second Order Nonlinear Filter）滤波，但其实现复杂性和计算量大大增加。级数展开法中还有一种称为统计线性化方法，将非线性模型按某种不带导数的级数（如幂级数）展开，避免了求导计算，不要求 f 、 g 必须可导。从统计的观点来看，所得的表达式比 Taylor 级数更为精确。但该方法需要计算多重无穷积分，因计算量太大而妨碍了其推广应用。

4．无迹卡尔曼滤波（Unscented Kalman Filter, UKF）

目前，扩展卡尔曼滤波虽然被广泛用于解决非线性系统的状态估计问题，但其滤波效果在很多复杂系统中并不能令人满意。模型的线性化误差往往会严重影响最终的滤波精度，甚至导致滤波发散。此外，在许多实际应用中，模型的线性化过程比较烦杂，而且也不容易得到。

Unscented 滤波，国内翻译为不敏卡尔曼滤波或无迹变换卡尔曼滤波（UKF）。UKF 对状态向量的 PDF 进行近似化，表现为一系列选取好的 δ 采样点完全体现了高斯密度的真实均值和协方差。当这些点经过任何非线性系统的传递后，得到的后验均值和协方差都能够精确到二阶（对系统的非线性强度不敏感）。由于不需要对非线性系统进行线性化，并可以很容易地应用于非线性系统的状态估计，因此，UKF 方法在许多方面都得到了广泛应用，例如模型参数估计、人头或手的方位跟踪、飞行器的状态或参数估计、目标的方位跟踪等。

Unscented 滤波是一种典型的非线性变换估计方法。在施加非线性变换之后，仍采用标准卡尔曼滤波，所以也称为 UKF（Unscented Kalman Filtering）。Unscented 滤波由牛津大学 Julier、Uhlmann 等于 1995 年首次提出，其后又得到美国学者 Wan、Van derMerwe 的进一步发展。其核心是通过一种非线性变换——U 变换（Unscented 变换）来进行非线性模型的状态与误差协方差的递推和更新，所以 UF 的关键在于 U 变换。

与 EKF 不同，UKF 不是对非线性模型做近似，而是对状态的概率密度函数（Probability Density Function，PDF）做近似。U 变换原理如图 2.9 所示，首先选择有限个近似高斯分布离散点（称为 σ 点），它们的均值为 $\bar{x}$ 、方差为 p_x 。对每个 σ 点施以非线性变换（经过非线性系统的状态方程和量测方程传播后），得到一簇变换后的点，将它们的均值和方差经过加权处理，可求出非线性系统状态估值的均值和协方差。UF 算法有以下特点：

（1）UF 可以准确估计均值和协方差达到 Taylor 级数的四阶精度，而 EKF 估计均值达到二阶精度，协方差达到四阶精度。

（2）σ 点俘获到的均值和协方差不会因采取不同的平方根分解方法而改变，因此可以采用效率高、鲁棒性强的 Cholesky 分解方法，在实时应用场合这将显得尤为重要。

（3）经过 U 变换后就不需计算状态方程与测量方程的 Jacobian 矩阵，实现相对简单。

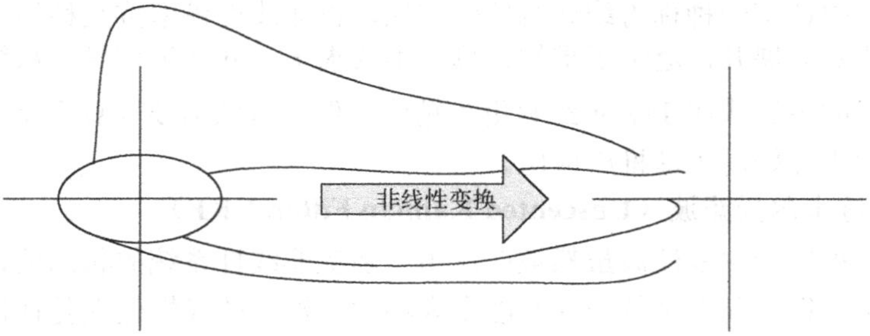

图 2.9　U 变换原理

UF 表面上看似乎与粒子滤波一样是一种蒙特卡罗方法，其实不然。首先，σ 点不是随机抽取的，它有确定的含义（有给定的均值和方差），因此状态变量的一、二阶矩才能被这些数量有限的 σ 点俘获；再者，σ 点的加权方式与粒子滤波中样本点的分配方式不一样，它不是通常意义上的加权，而是一种“广义”加权，其权系数不一定都为正，不一定分布在[0，1]区间。所以虽然 U 变换也需要采样，但不能将其理解为通常的抽样统计。

1）Unscented 变换

Unscented 卡尔曼滤波是在不敏变换的基础上发展起来的。Unscented 变换（Unscented Transformation，UT）的基本思想是由 Juiler 等首先提出的。Unscented 变换是用于计算经过非线性变换的随机变量统计的一种新方法。Unscented 变换不需要对非线性状态和测量模型进行线性化，而是对状态向量的 PDF 进行近似化。近似化的 PDF 仍然是高斯的，但它表现为一系列选取好的 δ 采样点。

假设 $\boldsymbol{X}$ 为一个 n_x 维随机向量，$g: R^{n_x} \mapsto R^{n_x}$ 为一非线性函数，并且 $y = g(x)$。$\boldsymbol{X}$ 的均值和协方差分别为 $\bar{\boldsymbol{X}}$ 和 P_x。计算 UT 变换的步骤可简单叙述如下。

（1）首先计算（$2n_x$+1）个 δ 采样点 X_i 和相对应的权值 W_i：

$$\begin{cases} x_0 = \bar{X} \quad (i=0) \\ x_i = \bar{\boldsymbol{X}} + \left(\sqrt{(n_x+k)\rho_x}\right)_i \quad (i=1,2,\cdots,\ n_x) \\ x_{i+n_x} = \bar{\boldsymbol{X}} - \left(\sqrt{(n_x+k)\rho_x}\right)_i \quad (i=1,2,\cdots,n_x) \end{cases} \tag{2.3.170}$$

$$
\begin{cases}
W_0 = k/(n_x + k) & (i=0) \\
W_i = 1/[2(n_x + k)] & (i=1,2,\cdots,n_x) \\
W_{i+n_x} = 1/[2(n_x + k)] & (i=1,2,\cdots,n_x)
\end{cases}
\tag{2.3.171}
$$

式中：k 是一个尺度参数，可以为任何数值，只要$(n_x + k) \neq 0$。$\left(\sqrt{(n_x + k)\rho_x}\right)_i$是$(n_x + k)\rho_x$均方根矩阵的第 i 行或第 i 列，n_x为状态向量的维数。

（2）每个δ采样点通过非线性函数传播，得到

$$
y_i = g(x_i) \quad (i=0,\cdots,2n_x) \tag{2.3.172}
$$

（3）y 的估计均值和协方差估计如下：

$$
\overline{y} = \sum_{i=0}^{2n_x} W_i y_i \tag{2.3.173}
$$

$$
P(y) = \sum_{i=0}^{2n_x} W_i (y_i - \overline{y})(y_i - \overline{y})' \tag{2.3.174}
$$

2）滤波模型

假设 k 时刻融合中心的状态估计向量和状态估计协方差分别为$\hat{\boldsymbol{X}}(k|k)$和$P(k|k)$，则可以利用式（2.3.170）和式（2.3.171）计算出相应δ点$\xi_i(k|k)$和其对应的权值W_i。根据状态方程，可以得到δ点的一步预测：

$$
\xi_i(k+1|k) = f(k, \xi_i(k|k)) \tag{2.3.175}
$$

利用一步预测δ点$\xi_i(k+1|k)$，以及权值 W_i，根据式（2.3.172）和式（2.3.173），可得到状态预测估计和状态预测协方差：

$$
\hat{X}(k+1|k) = \sum_{i=0}^{2n_x} W_i \xi_i(k+1|k) \tag{2.3.176}
$$

$$
P(k+1|k) = \sum_{i=0}^{2n_x} W_i \Delta X_i(k+1|k) \Delta X_i'(k+1|k) + Q(k) \tag{2.3.177}
$$

式中：$\Delta X_i(k+1|k) = \xi_i(k+1|k) - \hat{X}(k+1|k)$。

根据量测方程，可得到预测量测δ点：

$$
\xi_i(k+1|k) = h(k+1, \xi_i(k+1|k)) \tag{2.3.178}
$$

$$
P_{zz} = R(k+1|1) + \sum_{i=0}^{2n_x} W_i \Delta Z_i(k+1|k) \Delta Z_i'(k+1|k) \tag{2.3.179}
$$

式中：$\Delta Z_i = \xi(k+1|k) - \hat{Z}(k+1|k)$。

同样，我们可以得到测量和状态向量的交互协方差：

$$P_{xz}=\sum_{i=0}^{2n_x}W_i\Delta X_i(k+1|k)\Delta Z_i' \tag{2.3.180}$$

如果$k+1$时刻传感器所提供的测量为$Z(k+1)$，则状态更新和状态更新协方差可表示为：

$$\hat{X}(k+1)=\hat{X}(k+1|k)+K(k+1)(Z(k+1)-\hat{Z}(k+1|k)) \tag{2.3.181}$$

$$P(k+1)=P(k+1|k)-K(k+1)P_{zz}K'(k+1) \tag{2.3.182}$$

$$K(k+1)=P_{xz}P_{zz}^{-1} \tag{2.3.183}$$

5．粒子滤波（Particle Filtering，PF）

EKF 和 UKF 都是递推滤波算法，其基本思想是通过采用参数化的解析形式对系统的非线性进行近似，而且都是基于高斯假设。在实际情况中非线性、非高斯随机系统估计问题更具普遍意义，解决这一问题的一种有效方法是以非参数化的蒙特卡罗模拟为特色的粒子滤波（Particle Filtering）法。粒子滤波是英国学者Cordon、Salmond 等于 1993 年提出的基于 Bayes 原理的序贯蒙特卡罗模拟方法。该方法的核心是利用一些随机样本（粒子）来表示系统随机变量的后验概率密度，能得到基于物理模型的近似最优数值解，而不是对近似模型进行最优滤波，最适合于强非线性、非高斯噪声系统模型的滤波。

粒子滤波是指通过寻找一组在状态空间中传播的随机样本对概率密度函数$p(x_k\,|\,z_k)$进行近似，以样本均值代替积分运算，从而获得状态最小方差估计的过程，这些样本即称为“粒子”。采用数学语言描述如下：对于平稳的随机过程，假定$k-1$时刻系统的后验概率密度为$p(x_{k-1}\,|\,z_{k-1})$，依据一定原则选取n个随机样本点，k时刻获得测量信息后，经过状态和时间更新过程，n个粒子的后验概率密度可近似为$p(x_k\,|\,z_k)$。随着粒子数目的增加，粒子的概率密度函数逐渐逼近状态的概率密度函数，粒子滤波估计即达到了最优贝叶斯估计的效果。粒子滤波算法摆脱了解决非线性滤波问题时随机量必须满足高斯分布的制约条件，并在一定程度上解决了粒子数样本匮乏问题，因此近年来该算法日益受到重视，并在许多领域得到成功应用。

1）最优贝叶斯估计

假定动态时变系统描述如下：

$$\begin{cases} x_k=f_k(x_{k-1},w_{k-1}) \\ z_k=g_k(x_k,v_k) \end{cases} \tag{2.3.184}$$

若已知状态的初始概率密度函数为$p(x_0\,|\,z_0)=p(x_0)$，则状态预测方程为

$$p(x_k\,|\,z_{1:k-1})=\int p(x_k\,|\,x_{k-1})p(x_{k-1}\,|\,z_{1:k-1})\mathrm{d}x_{k-1} \tag{2.3.185}$$

状态更新方程为

$$p(x_k\,|\,z_{1:k})=\frac{p(x_k\,|\,x_k)p(x_k\,|\,z_{1:k-1})}{p(z_k\,|\,z_{1:k-1})} \tag{2.3.186}$$

式中归一化常数

$$p(z_k \mid z_{1:k-1}) = \int p(z_k \mid x_k) p(x_k \mid z_{1:k-1}) \mathrm{d}x_k \tag{2.3.187}$$

式（2.3.185）～式（2.3.187）描述了最优贝叶斯估计的基本思想，式（2.3.187）取决于由模型式（2.3.184）所定义的似然函数 $p(z_k / x_k)$。在更新公式（2.3.187）中，测量值 z_k 被用来修正后验概率密度，以获得当前状态的后验概率密度函数。式（2.3.185）和式（2.3.186）是最优贝叶斯估计的一般概念表达式，通常不可能对它进行精确的分析。在满足一定的条件下，可以得到最优贝叶斯解。但如果条件不满足，特别是在非线性状态估计条件下，可以利用 UKF 或 PF 滤波算法获得次优贝叶斯解。

2）粒子滤波算法

粒子滤波算法属于序贯蒙特卡罗算法的范畴，它的核心思想是用一系列带有权值的随机采样点来表示要求的后验概率密度函数，再利用这些采样点和权值来得到最终的估计量 $x(k/k)$。当采样点数足够多时，可以认为采样值的统计特性近似于后验概率密度的统计特性。注意，这种算法没有要求概率密度函数一定为高斯分布。

其具体计算过程如下：

（1）构造采样点集。

$$\{x(k-i,i), i=1,2,\cdots,N_s\} \sim q(k-1/k-1) \tag{2.3.188}$$

初始重要性权值：

$$w_{k-1}^t = 1/N_s \tag{2.3.189}$$

（2）采样点和权值更新。

构造采样点集：

$$\{x^*(k,i) = f(x(k-1,i), w(k-1,i), k-1), i=1,2,\cdots,N_s\} \tag{2.3.190}$$

权值更新：

$$w_k^t = w_{k-1}^t \frac{p(z_k / x_k^t) p(x_k^t / x_{k-1}^t)}{q(x_k^t / x_{k-1}^t, z^k)} \tag{2.3.191}$$

归一化权值：

$$w_k^t = w_k^t \Big/ \sum_{t=1}^{N_s} w_k^t \tag{2.3.192}$$

（3）重新采样。

定义有效采样尺度

$$N_{eff} = \frac{N_s}{1+\mathrm{Var}(w_k^t)} \tag{2.3.193}$$

如$N_{eff}=\dfrac{N_s}{1+\mathrm{Var}(w_k^t)}<N_{th}$，对$\{x^*(k,i),i=1,2,\cdots,N_s\}$，使它近似于分布$p(x_k/z^k)$，重新设定粒子的权值为$w_k^t=1/N_s$；否则，$\{x^*(k,i)=x(k-1,i),i=1,2,\cdots,N_s\}$。

（4）状态更新。

$$x(k/k)=\sum_{t=1}^{N_s}x(k,i)w_k^t \tag{2.3.194}$$

粒子滤波器最常见的问题就是退化（Degeneracy）现象，即经过几次迭代，除一个粒子外，所有粒子都只具有微小的权值。退化程度可以用有效样本个数进行度量，退化现象意味着大量的计算工作都被用来更新那些对后验概率密度的估计几乎没有影响的粒子上。减小这一不利影响的一个方法是增加粒子数，但这通常是有限度的。所以主要还是依靠选取适当的重要性概率密度和再采样两种方法解决：

（1）重要性概率密度的选择。通常选取系统状态的转移概率作为重要性概率密度，但用转移概率分布来产生预测样本没有考虑系统状态的最新观测，由此产生的样本同真实的后验概率产生的样本偏差较大。袁泽剑、郑南宁等提出一种确定的次优化方法——高斯-厄米特粒子滤波器（GHPF），高斯-厄米特滤波（GHF）是一种基于高斯-厄米特数值积分的 Bayes 滤波方法，它不用计算 Jacobian 矩阵，没有非线性映射必须为可微映射的限制。Vander Merwe 等提出将 Unscented 滤波与粒子滤波相结合，用 U 变换来获取重要性概率密度，从而构成一种新的粒子滤波器 UPF（Unscented Particle Filter）。该方法有两个特点，一是将最新观测信息加入到先验信息更新循环中，二是通过 U 变换产生的重要性概率密度更接近真实后验概率密度。Higuchi 采用遗传算法产生重要性概率密度函数，仿真结果表现出良好的估计性能。

（2）再采样。其基本思想是消除小权值粒子而集中大权值粒子，方法是对后验概率密度再次采样，生成新的粒子集。再采样又会带来采样枯竭问题，即权值较大的粒子被多次选取，采样结果中包含了许多重复点，从而失去粒子的多样性。已经提出一些方法来解决该问题，例如：增加马尔可夫链蒙特卡罗移动步骤、粒子正则再采样、非等权值粒子确定性算法等。

小结

目标跟踪问题本质上是一个估计问题，本章首先对估计问题及估计值的统计特性做介绍，而后给出了几种常见的估计方法。由于跟踪系统关心的是目标当前状态（滤波问题）和下一步运动趋势（预测问题），因此，详细介绍了离散时间系统的滤波方法，包括两点外推滤波、线性递推最小二乘滤波、线性卡尔曼滤波、常增益滤波（$\alpha-\beta$ 和 $\alpha-\beta-\gamma$ 滤波）、非线性滤波等。这些方法是目标跟踪系统中常用的方法，是实现目标跟踪的重要工具。

思考题

1．令 $\{x(n)\}$ 是一平稳过程，其均值为 $\mu=E\{x(n)\}$，给定 N 个互相独立的观测样本 $x(1),\cdots,x(N)$，试证明：

（1）样本均值

$$\overline{x}=\frac{1}{N}\sum_{n=1}^{N}x(n)$$

是均值 $\overline{x}$ 的无偏估计；

（2）样本方差

$$\delta^2=\frac{1}{N-1}\sum_{n=1}^{N}[x(n)-\mu]^2$$

是真实方差 $\delta^2=E(x(n)-\mu)^2$ 的无偏估计。

2．$\boldsymbol{m}$ 维观测向量 $\boldsymbol{Z}$ 与 $\boldsymbol{n}$ 维被估计向量 $\boldsymbol{X}$ 存在如下关系：

$$\boldsymbol{Z}=\boldsymbol{H}\boldsymbol{X}+\boldsymbol{V}$$

式中：$\boldsymbol{V}$ 是 $\boldsymbol{m}$ 维随机观测噪声向量，均值为 μ，方差为 R，试给出一般最小二乘估计和最优加权最小二乘估计计算公式及协方差计算式，并讨论该估计是有偏还是无偏。

3．一随机信号 $x(t)$ 的观测值为 $x(1),x(2),\cdots$。若 $\overline{x}_k$ 和 s_k^2 分别为利用 k 个观测数据 $x(1),x(2),\cdots,x(k)$ 得到的样本均值和样本方差：

$$\overline{x}_k=\frac{1}{k}\sum_{i=1}^{k}x(i)$$

$$s_k^2=\frac{1}{k}\sum_{i=1}^{k}[x(i)-\overline{x}_k]^2$$

假定有了一个新的观测值 $x(k+1)$，我们希望利用 $x(k+1)$、$\overline{x}_k$ 和 s_k^2 求 $\overline{x}_{k+1}$ 和 s_{k+1}^2 的估计值。这样的估计公式称为更新公式，试求样本均值 $\overline{x}_{k+1}$ 和样本方差 s_{k+1}^2 的更新公式。

4．一飞行器在某一段时间从初始位置 a，以恒定速度 β 沿直线飞行。飞行器的观测位置由下式给出：

$$y_i=a+\beta i+w_i \quad (i=1,2,3,\cdots,N)$$

式中：w_i 为随机变量，其均值等于零。今有 10 个观测值 $y_1=1$，$y_2=2$，$y_3=2$，$y_4=4$，$y_5=4$，$y_6=8$，$y_7=9$，$y_8=10$，$y_9=12$，$y_{10}=13$，试求飞行器初始

位置 a 和速度 β 的最小二乘估计。

5．考虑雷达跟踪直线匀速飞行目标，要求估计飞行目标的速度 v，设目标初始位置为坐标原点，每分钟观测目标一次，如图 2.10 所示，共观测 5 次，位置观测值如表 2.2 所示。

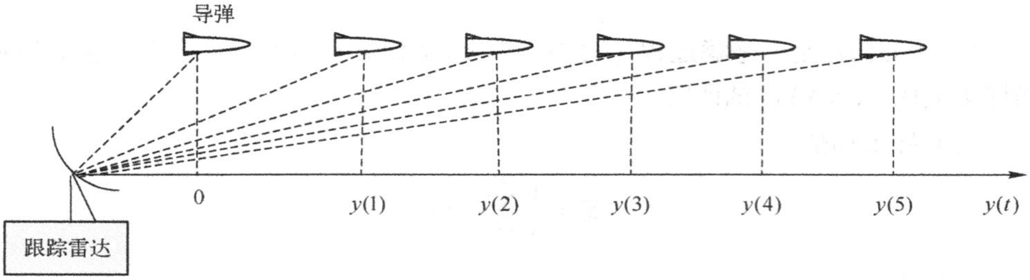

图 2.10　雷达跟踪测量系统

试用批处理最小二乘估计和递推最小二乘估计方法分别估计出目标飞行速度 v。

表 2.2　雷达跟踪目标位置观测值

时间 t/min	1	2	3	4	5
位置观测 y/km	9.6	20.3	30.4	39.5	50.2

6．设 z 的观测值如表 2.3 所示。

表 2.3　z 的观测值

t/s	1	2	3	4
z	0.8	1.3	1.7	2.1

设 $z(t)=f(t)=x_1+x_2t$，用最小二乘估计来求 x_1 和 x_2 的估值。

7．设有一电容电路，电容初始电压 $v_0=100\text{V}$，测得放电时瞬间电压 V 与 t 的对应值如表 2.4 所示。

表 2.4　电压观测数据

t/s	0	1	2	3	4	5	6	7
V/V	100	75	55	40	30	20	15	10

已知 $V=v_0\mathrm{e}^{-at}$，用最小二乘方法求参数 a（$\ln V=\ln v_0-at$）。

8．设一维系统的状态方程和观测方程为：

$$\begin{cases}X(k+1)=2X(k)+W(k)\\ Z(k)=X(k)+V(k)\end{cases}$$

设$W(k)$是均值为零、方差为 2 的白噪声，$V(k)$是均值为零、方差为 1 的白噪声，且互不相关，$EX(0)=0$，$\mathrm{Var}(X(0))=P_0=4$。设观测值$Z(0)=0$、$Z(1)=4$、$Z(2)=3$、$Z(3)=2$。求$X(k|k-1)$和$X(k|k),k=1,2$。

9．设系统的状态方程为

$$\begin{bmatrix} x_1(k+1) \\ x_2(k+1) \end{bmatrix} = \begin{bmatrix} 1 & 1 \\ 0 & -1 \end{bmatrix} \begin{bmatrix} x_1(k) \\ x_2(k) \end{bmatrix}$$

观测方程为：

$$z(k) = \begin{bmatrix} 0 & 1 \end{bmatrix} \begin{bmatrix} x_1(k) \\ x_2(k) \end{bmatrix} + v(k)$$

设$v(k)$是均值为零的白噪声序列，$Ev(k)=0$，$Ev(k)v(j)=0.1\delta_{kj}$，设观测值$z(0)=100$、$z(1)=97.9$、$z(2)=94.4$、$z(3)=92.7$，给定初值

$$E\begin{bmatrix} x_1(0) \\ x_2(0) \end{bmatrix} = \begin{bmatrix} 95 \\ 1 \end{bmatrix};\quad P(0) = \begin{bmatrix} 10 & 0 \\ 0 & 1 \end{bmatrix}$$

求$X(k|k-1)$和$X(k|k),k=1,2$。

10．设一维连续系统的状态方程和观测方程为：

$$\begin{cases} \dot{x}(t) = -2.5x(t) + w(t) \\ z(t) = 3x(t) + v(t) \end{cases}$$

其中，$w(t)$和$v(t)$都是均值为零的白噪声，且互不相关，有

$Ew(t)=Ev(t)=0$，$E[w(t)w(\tau)]=1\delta(t-\tau)$，$E[v(t)v(\tau)]=2\delta(t-\tau)$

设$Ex(0)=1, p(0)=1$，设观测间隔时间为 0.1s，相应的观测值为：

$z(0)=1$，$z(0.1)=0.9, z(0.2)=0.8, z(0.3)=0.7, z(0.4)=0.6, z(0.5)=0.5$

求$X(k|k-1)$和$X(k|k),k=1,2,3,4,5$。

11．设一维连续系统的状态方程和观测方程为：

$$\begin{cases} \dot{x}(t) = -2.5x(t) + w(t) \\ z(t) = 3x(t) + v(t) \end{cases}$$

式中：$w(t)$和$v(t)$都是均值为零的白噪声，且相关，有

$Ew(t)=Ev(t)=0$，$E[w(t)w(\tau)]=1\delta(t-\tau)$，$E[v(t)v(\tau)]=2\delta(t-\tau)$，$E[w(t)v(\tau)]=1\delta(t-\tau)$

设$Ex(0)=1, p(0)=1$，设观测间隔时间为 0.1s，相应的观测值为：

$z(0)=1$，$z(0.1)=0.9, z(0.2)=0.8, z(0.3)=0.7, z(0.4)=0.6, z(0.5)=0.5$

求$X(k|k-1)$和$X(k|k),k=1,2$。

12．卡尔曼滤波中状态噪声方差q和观测噪声方差r与α、β、γ对应关系如何？

第三章　目标定位方法

3.1　概述

物理世界在具体的时间和空间中存在，我们研究世界，自然离不开时间和空间。除了像电磁场这样无形的物质以外，物体总是占有一定的空间，在物理空间上处于某一个位置。当我们面对周围的环境时，总是对这个环境中形形色色的物体的位置特别感兴趣。我们的感官让我们能够感摸到、看到很多物体的位置。超出这个范围，我们依靠技巧和设备，努力追求获取我们感兴趣的目标的坐标位置，并且在很多场合下，力图使我们能够得到的位置精度尽可能高。

在现代作战环境下，敌方目标的具体位置信息十分重要，人们钟情于使用本领域的技术，一方面定位站在发射对目标照射的电磁、声等能量的条件下获取目标的位置，称为有源定位；另一方面在不发射对目标照射的电磁、声等能量的条件下获取目标的位置，相应称为无源定位。定位站一般指雷达、声呐、光学电视等其他可以感知目标能量、使用一些方法获取目标位置的站点。

定位的对象是什么？我们首先限定定位的对象不是定位站本身，定位站本身的确定就是导航的专业范围。这里，定位的对象是目标位置的确定。我们想象一下，我们的眼睛透过非常干净的玻璃看玻璃外面的东西，我们看不见玻璃，看到的是外面的物体。对于与电磁波、声波等相关联的目标，情况是相同的。对于电磁波或声波透明的物体，我们使用电磁波、声波等介质是探测不到的，当然也就不能定位。对于与环境电磁特性完全一致的物体，用电磁的方法也是无法把它同背景区分开来。对于它们，当然也就不能通过电磁等手段进行定位。所以，定位的对象主要是指电磁、声波等辐射源或反射源。当目标对电磁信号的发射跟它所处的环境有明显差别时，发射与自己辐射原则上并无很大区别，我们也把在这种环境下的物体看成定位的对象。

正是由于定位的意义，早在 18 世纪，高斯等科学家就对天体的运动轨迹进行定位，随着技术的发展，特别是雷达、声呐等传感器的发展，能够对运动目标实现快速定位与跟踪。按照定位站的数量和发射能量等方面，定位可以分为：

有源定位：主动雷达，主动声呐等。

无源定位：可分为单站无源定位、多站无源定位，涉及的无源传感器包括电子侦察设备、被动声呐等。

因此，定位是基于站点在某一个时刻的确定目标位置的过程。定位想要得到的是目标的位置，它与选定的坐标系和坐标形式有关，也就需要了解目标空间定位的几何基础知识。

3.2 空间几何基础

有单个有源探测器或多个分布设置的有源探测器，在探测到目标（散射体或辐射体）并获得有关定位参数的基础上，利用适当的数据处理手段，确定出目标在三维空间中的位置点来，这就是探测定位系统对目标进行空间定位的过程。

从几何角度看，确定空间的一个点，可以有三个或三个以上的曲面或平面在三维空间内相交而得出。探测器从散射体（或辐射体）目标获得的定位参数或测量值，例如方位角β或φ，俯仰角ε，方向余弦l、m、n，斜距r，距离和ρ或s，距离差Δr，高度h等，在几何上都对应一个平面或曲面。利用探测系统获得的同一个目标的定位参数所对应的面，定义为定位面。通过一定的组合，使面面相交得线，线线或面线相交得点，从而确定出目标位置点来。这里面面相交得出的是定位线，线线、线面相交得出的是定位点。

（1）空间的定位面。有源、无源探测器测量获得的观测量，它所对应的空间定位平面或曲面及其代数表达式，可列举如下。设定目标位置$X=[x \quad y \quad z]^{\mathrm{T}}$,观测站址$X_i=[x_i \quad y_i \quad z_i]^{\mathrm{T}}$，则目标将位于这种定位面上。定位面列表如表 3.1 所示。

（2）空间的定位线。若一个探测器同时可测得两个观测量，如同时测得方位、俯仰（φ、ε），或方位、斜距（φ、r）；又若分置的两个探测器分别能测得同一目标的方位角（φ_1、φ_2）；这时对应两个观测量的定位面，将交出一条空间曲线，目标将位于这条线上，故称为定位线，现举例示于表 3.2 中。

表 3.1 定位面列表

观测量	定位面形式	代数表达式
方位角 β、φ	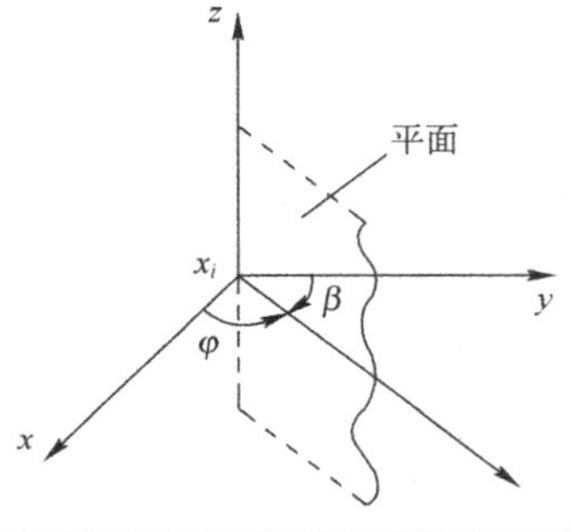	$\tan\beta=\dfrac{x-x_i}{y-y_i}$ $\tan\varphi=\dfrac{y-y_i}{x-x_i}$ 或 $\cos\beta(x-x_i)-\sin\beta(y-y_i)=0$ $\sin\varphi(x-x_i)-\cos\varphi(y-y_i)=0$

续表

观测量	定位面形式	代数表达式
俯仰角 ε	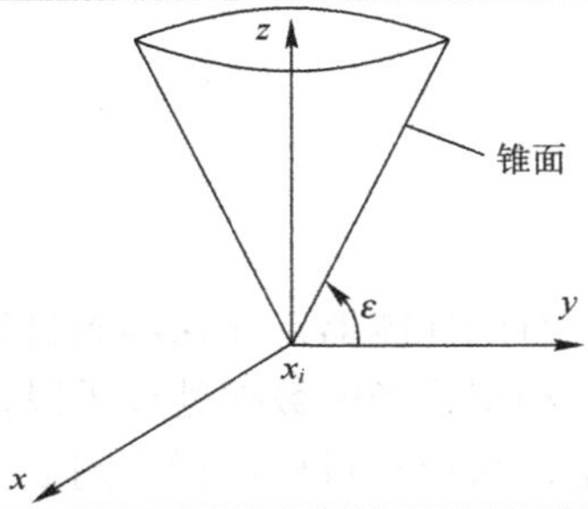	$\tan\varepsilon=\dfrac{z-z_i}{\sqrt{(x-x_i)^2+(y-y_i)^2}}$ $=\dfrac{z-z_i}{d}$ 式中，d 是目标水平距离； 或 $(x-x_i)^2+(y-y_i)^2-\cot^2\varepsilon(z-z_i)^2=0$
方向余弦 l、m、n	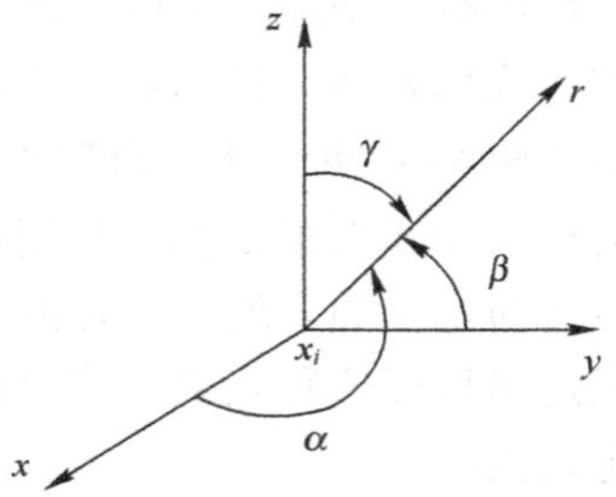三个方向余弦分别对应以 x、y、z 轴为圆锥轴，以 α、β、γ 为半顶角的三个圆锥面，任两面相交得方向线 r 也即定位线	$l=\cos\alpha=\dfrac{x-x_i}{r}$ $m=\cos\beta=\dfrac{y-y_i}{r}$ $n=\cos\gamma=\dfrac{z-z_i}{r}=\sqrt{1-l^2-m^2}$ 式中 $r=[(x-x_i)^2+(y-y_i)^2+(z-z_i)^2]^{\frac{1}{2}}$
斜距 r	球面 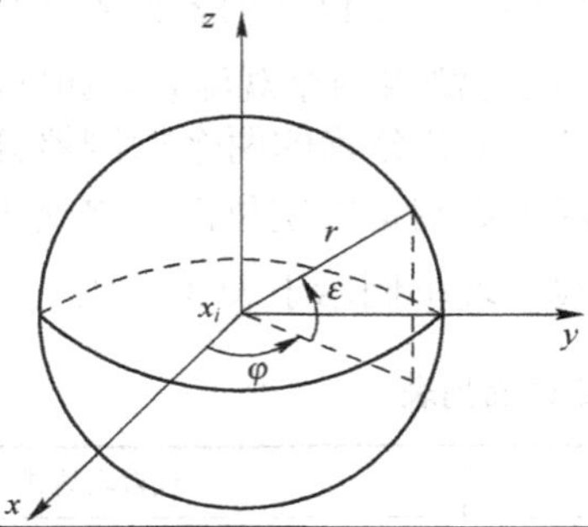	$r=[(x-x_i)^2+(y-y_i)^2+(z-z_i)^2]^{\frac{1}{2}}$ 或 $r=l(x-x_i)+m(y-y_i)+n(z-z_i)$ 式中：$l=\cos\varphi\cos\varepsilon=\sin\beta\cos\varepsilon$ $m=\sin\varphi\cos\varepsilon=\cos\beta\cos\varepsilon$ $n=\sin\varepsilon$
距离和 ρ 或 s	回转椭球面 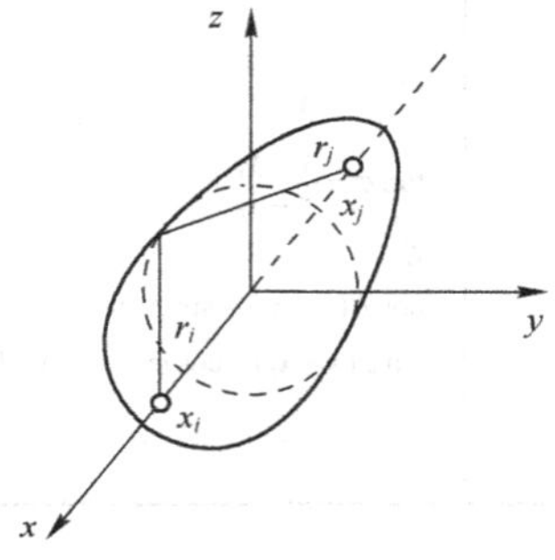	$\rho=r_i+r_j$ $=[(x-x_i)^2+(y-y_i)^2+(z-z_i)^2]^{\frac{1}{2}}$ $+[(x-x_j)^2+(y-y_j)^2+(z-z_j)^2]^{\frac{1}{2}}$ 式中，$X_i=[x_i \quad y_i \quad z_i]^{\mathrm{T}}$ $X_j=[x_j \quad y_j \quad z_j]^{\mathrm{T}}$ 为第 i 及第 j 个站址； $X=[x \quad y \quad z]^{\mathrm{T}}$ 为目标空间位置。 r_i，r_j 分别为 i，j 站与目标之间的斜距

续表

观测量	定位面形式	代数表达式
距离差 Δr	回转双曲面 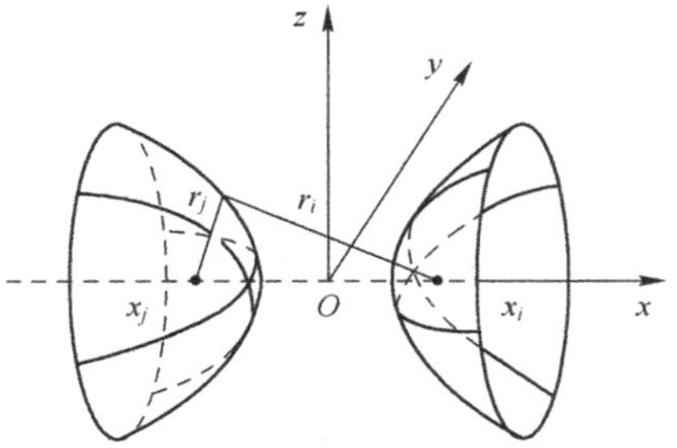	$\Delta r = r_i - r_j$ $= [(x-x_i)^2 + (y-y_i)^2 + (z-z_i)^2]^{\frac{1}{2}}$ $-[(x-x_j)^2 + (y-y_j)^2 + (z-z_j)^2]^{\frac{1}{2}}$
高度 h	离地球表面等高 h 的椭球面，小区域内可看作一个与 x-y 平面平行的平面	$h = z - z_i$

表 3.2　定位线示例

观测量	定位线形式	说明
方位 φ，β 俯仰 ε	方向矢量 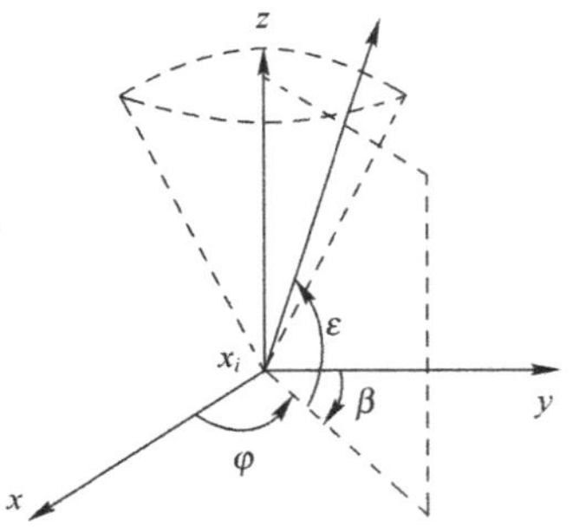	方位平面与俯仰锥面相交得一定位直线也即指向线，指示目标的方向，或称方向矢量，此矢量的方向余弦为 $l = \cos\phi\cos\varepsilon = \sin\beta\cos\varepsilon$ $m = \sin\varphi\cos\varepsilon = \cos\beta\cos\varepsilon$ $n = \sin\varepsilon$
方位 φ 斜距 r	方位斜距定位线 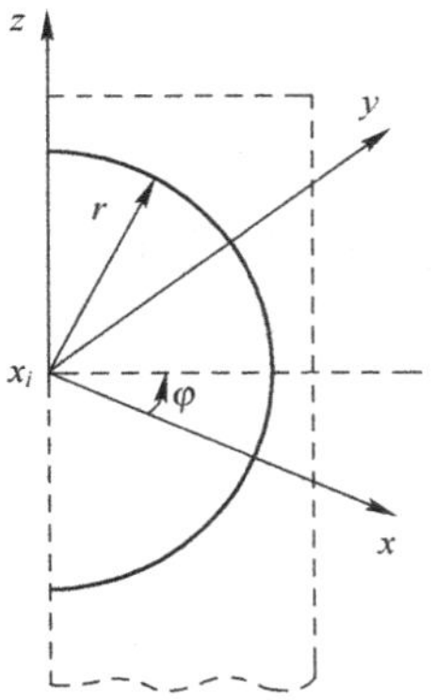	方位平面与斜距球面相交，得一起点、终点在 z 轴 $\pm r$ 处，在方位平面上的一条空间半圆弧线，若 x_i 位于地面，则定位线为一条四分圆弧线

续表

观测量	定位线形式	说明
方位 φ_i 方位 φ_j	定位直线 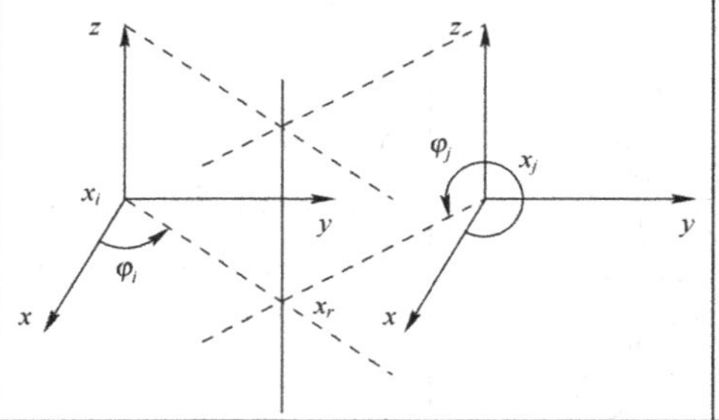 	x_i 站的方位平面 φ_i 与 x_j 站的方位平面 φ_j 相交得一与 z 轴平行的直线，其方程为 $\begin{cases} x = x_T \\ y = y_T \end{cases}$ 任意 z_T 值
斜距 r_i 距离和 $\rho = r_i + r_j$	r_i、ρ 定位线 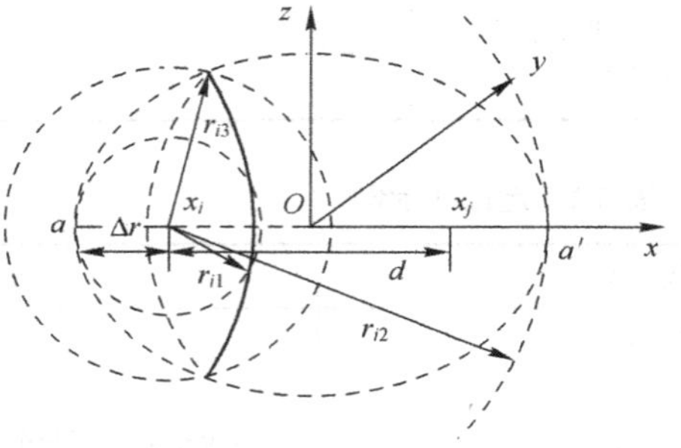 	当 $r_i = \Delta r$ 或 $d + \Delta r$，$r_j = d + \Delta r$ 或 Δr，而 $\rho = r_i + r_j = d + 2\Delta r$ 时，斜距球面与距离和椭球，分别相交与一点 a 或 a'，当 $\Delta r < r_i < d + \Delta r$，而 $\rho = r_i + r_j = d + 2\Delta r$ 值不变时，球面与椭球面将相交得一圆

上面讨论的空间定位的几何基础，对于认识定位原理及定位的可实现性、理解由测量误差引起的定位误差随目标空间位置不同而改变的规律，是十分有用的。

根据以上的几何图形分析可以看出，要实现三维空间定位，至少应该有三个或三个以上的定位面，而定位的具体表述必须选定一定的坐标系和坐标形式。

3.3 坐标系及坐标转换

空间中任何物体的空间位置都是在一定的坐标系内定义的，通常都采用右手直角坐标系，但坐标系的原点对应什么位置，以及其三个互相正交的坐标轴对应什么方向，则是很不相同的。在定位领域内，确定空间物体位置、测定飞行器轨道所采用的一些坐标系如下。

在介绍之前，我们首先了解一下我们的地球。地球是一个不规则的椭球体，我们一般将地球看作一个以地球的自转轴为轴的一个规则的椭球体。其长轴为 a，短轴为 b，地球平均偏心率为 e，地球旋转角速度为 ω。通过地球旋转轴且垂直于赤道平面的旋转椭球体的截面称为子午面，通常以过英国格林威治天文台的子午面为零子午面。如图 3.1 所示。

典型地，该椭球的取值为：

$$a = 6.378245 \times 10^6 \text{m}$$

$$b = 6.356863 \times 10^6 \text{m}$$

$$e = 0.00669342162297$$

$$\omega = 7.292115 \times 10^{-5} \text{rad/s}$$

以上为克拉索夫斯基椭球的数据。

3.3.1 定位坐标系

由于地球是自转的，为了描述飞行器或运动体相对于地球的运动状态，有必要建立与地球体相固连的坐标系（有时也称为地球坐标系、地固坐标系），该系统有两种表达方式，一个是地球固连空间直角坐标系（也称空间直角坐标系），另一个是大地地心坐标系（也称大地坐标系或大地主题坐标系）。

在近地球进行定位时使用的坐标系有地球坐标系、大地坐标系、地理坐标系、载体坐标系等。

1．地球坐标系

地球坐标系 $e-XYZ$ 的原点在地球中心，各坐标轴与地球固定连接，z_e 轴与地球自转轴重合，x_e、y_e 轴互相垂直并固定在赤道平面上。x_e 轴由地心向外指向格林威治子午圈与赤道的交点，如图 3.1 所示。空间点的位置采用直角坐标来描述。该坐标系一般用作其他坐标系之间的变换过渡。

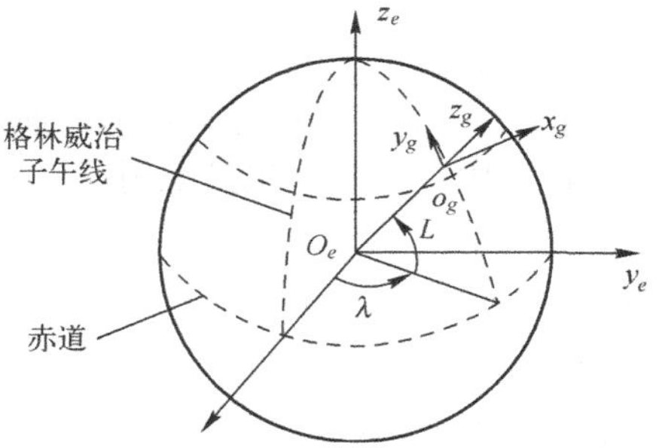

图 3.1 坐标系之间的关系

2．大地坐标系

大地坐标系 $e-BLH$ 是地球椭球的中心与地球质心重合，椭球的短轴与地球自转轴重合，大地纬度（latitude）B 为过地面点的椭球法线与椭球赤道面的夹角，大地经度（longitude）L 为过地面点的椭球子午面与格林威治大地子午面的夹角，大地高程 H 为地面点沿椭球法线至椭球面的距离。大地地心坐标系是采用大地经

度 B、纬度 L 和大地高程 H 来表示空间点位置。

3. 地理坐标系

地理坐标系 $g-ENU$ 是一种定位站本地的坐标系，原点位于站的位置上，三个坐标轴一个指向正东（E），一个指向正北（N），并根据右手螺旋法则，另一个指向与地表面垂直向上（U）的方向，这些轴分别记作为 x_g、y_g、z_g。由于地球不是一个圆球而是一个椭球，因此 z_g 的指向与地心方向偏离一个 δ 角（小于4mrad）。地理坐标系采用直角坐标 x_g、y_g、z_g 来表示。

4. 载体坐标系

载体坐标系 $b-XYZ$ 是以载体质心为原点，三个坐标轴与滚动（R）轴、俯仰（P）轴、偏航（Y）轴分别对应，即 x_b 对应 R 轴、y_b 对应 P 轴、z_b 对应 Y 轴，一般地，x_b 是沿着机身纵轴，y_b 轴指向右侧机翼，z_b 指向下方，如图 3.2 所示。载体坐标系中空间点的位置采用直角坐标 x_b、y_b、z_b 来表示。

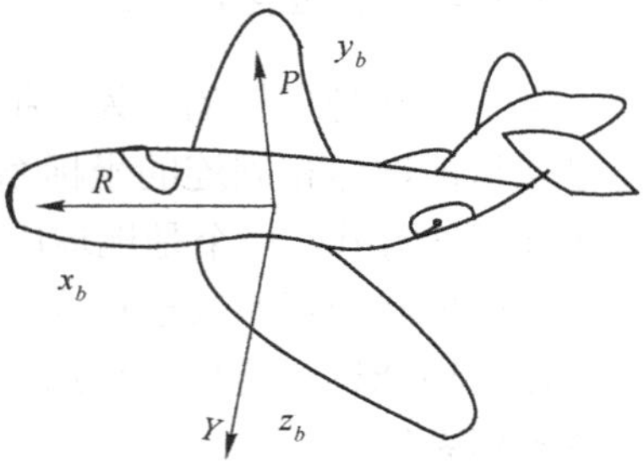

图 3.2　载体坐标系

5. 天线坐标系

天线坐标系是原点设在雷达天线转轴的中心 O，r 轴沿雷达天线光学轴的方向，d 轴在俯仰面内垂直于雷达天线的光学轴线（r 轴），e 轴垂直于 r 轴在地面投影和 r 轴构成的平面，构成右手系。天线坐标系中的空间点采用球坐标斜距离 r、方位角 β、俯仰角 ε 来描述。

6. 视线坐标系

视线坐标系是原点在天线转轴的中心 O，r' 轴沿视线的方向，指向目标，d' 轴在俯仰面内垂直于视线（r' 轴），e' 轴垂直于 r' 轴在地面的投影和 r' 轴构成的平面，构成右手系。视线坐标系中的空间点也是采用球坐标斜距离 r'、方位角 β'、俯仰角 ε' 来描述。

7. 相对地理坐标系

相对地理坐标系 e_r-XYZ 与地理坐标一样，不过原点 O 在运动体上。三条轴不随运动体摇摆，但是轴的取向与地理参考系相同。即 X 轴沿原点纬线的切线指东，Y 轴沿原点经线的切线指北，Z 轴垂直原点所在的水平面指向天顶。由于它的原点会随着舰艇一起移动，因此称为相对地理坐标系。相对地理坐标系中空间点的位置一般采用直角坐标 x、y、z 来描述。

3.3.2　不同坐标系间数据的转换

若各定位站所测得的相对于本基地的目标位置数据，需要转换到某一个处理中心的坐标系中去，这就产生了站间的数据转换问题。

1．坐标系之间的转换

设大地坐标系 $e-BLH$ 系中的运动体定位点位置记为 $P^1(B_f,L_f,H_f)$。因需要，要求将 $P^1(B_f,L_f,H_f)$ 变换到原点 $o_g(B_{of},L_{of},0)$ 的地理坐标系 $g\text{–}ENU$ 中，记为 $P^2(x_g,y_g,z_g)$。如何实现 $P^1(B_f,L_f,H_f)$ 到 $P^2(x_g,y_g,z_g)$ 的转换？

为了实现 $P^1(B_f,L_f,H_f)$ 到 $P^2(x_g,y_g,z_g)$ 的转换，其转换步骤如下：

（1）首先将运动体定位点位置记为 $P^1(B_f,L_f,H_f)$，通过式（3.3.1）转换到地球坐标系中，得到 e:（x_e y_e z_e）。

（2）将地理坐标系中的原点 o_g $(B_{of},L_{of},0)$ 通过式（3.3.1）转换到地球坐标系中，得到：（x_{oe} y_{oe} z_{oe}）。

（3）将地球坐标系中的 e:（x_e y_e z_e）转换到原点为 o_g 的地理坐标系 g:（x_g y_g z_g）中。该点坐标即为 $P^2(x_g,y_g,z_g)$ 的坐标。

然而，从地球坐标系 e:（x_e y_e z_e）转换到地理坐标系 g:（x_g y_g z_g）。同样，需要三个步骤：

（1）将 e:（x_e y_e z_e）绕 z_e 轴正转一个地理经度 λ 并再转 $\pi/2$，则沿纬线的切向可得向东的指向 E，可得中间坐标系 e':（x' y' z'），其原点在 o_e。

（2）将中间坐标系 e' 绕 x' 轴正转（$\pi/2-L$）使 z' 轴向上指向，并与观测点和地心连线重合，这时 y' 指向正北，于是又形成第二个中间坐标系 e'':（x'' y'' z''），其原点仍在 o_e。

（3）将原点 o_e 沿 z'' 轴自地心移到地表面 o_g 处，得地理坐标系 g，原点在 o_g 处，即得 g:（x_g y_g z_g）。

2．坐标变换关系式

1）地球坐标系 $e-XYZ$ 与大地坐标系 $e-BLH$ 之间的转换

大地坐标系向地球坐标系的转换方法为，设一个运动体 P 在大地坐标系中的位置为（L,λ,H）（纬度、经度、高程），则将该运动体 P 在地球坐标系中的坐标（x,y,z）为：

$$\begin{cases} x=(N+H)\cos L\cos\lambda \\ y=(N+H)\cos L\sin\lambda \\ z=(N(1-e^2)+H)\sin L \end{cases} \tag{3.3.1}$$

式中：$N=\dfrac{a}{\sqrt{1-e^2\sin^2 L}}$；$a$ 为椭球长半径，a=6378137m（WGS-84 坐标系）；e^2 为子午椭圆的第一偏心率，e^2=0.006694379995；N 为卯酉圈曲率半径。

所谓卯酉圈，指的是过椭圆面上一点的法线，所做的与该点子午面相垂直的平面与椭球面相截形成的闭合曲线。

当需转换的坐标位于我国近海时，可选用克拉索夫斯基椭球。这时候椭球长

半径 a=6378245.00000m（克拉索夫斯基椭球），椭球短半径 b=6356863.01877m，子午椭圆的第一偏心率：e^2=0.00669342162297。

反之，运动体 P 在地球坐标系中的位置为(X,Y,Z)，则将该运动体 P 在大地坐标系中的坐标(L,λ,H)（经度、纬度、高程）为：

$$\begin{aligned} L &= \arctan\frac{Y}{Z} \\ \lambda &= \arctan\left\{\frac{Z(N+H)}{\sqrt{(X^2+Y^2)[N(1-e^2)+H]}}\right\} \\ H &= \frac{Z}{\sin B} - N(1-e^2) \end{aligned} \tag{3.3.2}$$

考察上式，在进行转换时，需要采用迭代方法（一般取 4 或 5 次迭代），先计算出 B，然后计算 H。

2）地球坐标系 $e-XYZ$ 到地理坐标系 $e-ENU$ 的转换

由地球坐标系 e 转换到地理坐标系 g 的变换程序为

$$e \to e' \to e'' \to g$$

令各坐标系对应的空间位置矢量分别为

$$\boldsymbol{X}_e = [x_e \quad y_e \quad z_e]^{\mathrm{T}} \qquad \boldsymbol{X}_{e'} = [x_{e'} \quad y_{e'} \quad z_{e'}]^{\mathrm{T}}$$
$$\boldsymbol{X}_{e''} = [x_{e''} \quad y_{e''} \quad z_{e''}]^{\mathrm{T}} \qquad \boldsymbol{X}_g = [x_g \quad y_g \quad z_g]^{\mathrm{T}}$$

则地球坐标系 e 中的 $\boldsymbol{X}_e$ 转换到中间坐标系 e' 可得 $\boldsymbol{X}_{e'} = \boldsymbol{C}_e^{e'}\boldsymbol{X}_e$，式中旋转矩阵 $\boldsymbol{C}_e^{e'}$ 为

$$\boldsymbol{C}_e^{e'} = \begin{bmatrix} -\sin\lambda & \cos\lambda & 0 \\ -\cos\lambda & -\sin\lambda & 0 \\ 0 & 0 & 1 \end{bmatrix} \tag{3.3.3}$$

再将 e' 坐标系中的 $\boldsymbol{X}_{e'}$ 转换到第二中间坐标系 e'' 内可得 $\boldsymbol{X}_{e''} = \boldsymbol{C}_{e'}^{e''}\boldsymbol{X}_{e'}$，式中 $\boldsymbol{C}_{e'}^{e''}$ 为

$$\boldsymbol{C}_{e'}^{e''} = \begin{bmatrix} 1 & 0 & 0 \\ 0 & \sin L & \cos L \\ 0 & -\cos L & \sin L \end{bmatrix} \tag{3.3.4}$$

最后将 e'' 坐标系原点 o_e 沿 z'' 轴移 z_{oe} 到 o_g 处可得地理坐标系 g 中对应的位置矢量 $\boldsymbol{X}_g$，即 $\boldsymbol{X}_g = \boldsymbol{X}_{e''} - r$，式中 $r = [0 \quad 0 \quad z_{oe}]^{\mathrm{T}}$。

这样，空间中点的位置在地球坐标系中的位置矢量 $\boldsymbol{X}_e$ 转换到地理坐标系 g 中对应的位置矢量 $\boldsymbol{X}_g$，具有如下关系，即

$$\boldsymbol{X}_g = \boldsymbol{X}_{e''} - r = \boldsymbol{C}_{e'}^{e''}\boldsymbol{C}_e^{e'}\boldsymbol{X}_e - r = \boldsymbol{C}_e^{e''}\boldsymbol{X}_e - r \tag{3.3.5}$$

式中：正交的旋转矩阵 $\boldsymbol{C}_e^{e''}=\boldsymbol{C}_{e'}^{e''}\boldsymbol{C}_e^{e'}=[C_{e''}^{e}]^{-1}=[C_{e''}^{e}]^{\mathrm{T}}$。

3）地理坐标系 $e-ENU$ 到地球坐标系 $e-XYZ$ 的转换

同理，由地理坐标系 g 到地球坐标系 e 的变换程序为

$$e\leftarrow e'\leftarrow e''\leftarrow g$$

该过程就是上述的逆过程，因此，若 g 系中的矢量 $\boldsymbol{X}_g$ 转换到 e 系有

$$\boldsymbol{X}_e=[C_e^{e''}]^{-1}[X_g+r]=[C_e^{e''}]^{\mathrm{T}}[X_g+r]=C_{e''}^{e}[X_g+r] \tag{3.3.6}$$

式中定义的旋转矩阵为

$$\boldsymbol{C}_e^{e''}=\boldsymbol{C}_{e'}^{e''}\boldsymbol{C}_e^{e'}=\begin{bmatrix}-\sin\lambda & \cos\lambda & 0\\ -\sin L\cos\lambda & -\sin L\sin\lambda & \cos L\\ \cos L\cos\lambda & \cos L\sin\lambda & \sin L\end{bmatrix}$$

上式表示的旋转矩阵是由地球坐标系 e 转换到第二中间坐标 e'' 的旋转矩阵，当须自 e'' 转换到 e 时，其旋转矩阵 $\boldsymbol{C}_e^{e''}$ 就是 $\boldsymbol{C}_{e''}^{e}$ 的转置矩阵，即 $\boldsymbol{C}_{e''}^{e}=[C_e^{e''}]^{\mathrm{T}}$。

因此，为了实现地理坐标系 $g-ENU$ 系与地球坐标系 $e-XYZ$ 系之间的变换，必须知道地理坐标系 $g-ENU$ 系原点的经纬度。

3．大地主题解算

多站多传感器跟踪系统会遇到用不同坐标系表示的各种探测数据，要变换到同一坐标系才能进行跟踪处理。这需要进行坐标体制转换和坐标平移。这类坐标变换问题，在航海和导航界称为在地测量计算或大地主题解算，它包括正解和反解两部分。大地主题正解，是指已知两点的经纬度坐标，求它们之间的距离和方位。即：

大地主题正解：已知 L_1,B_1,S,α_{12}，求 L_2,B_2,α_{21}；

大地主题反解：已知 L_1,B_1,L_2,B_2，求 $S,\alpha_{12},\alpha_{21}$；

其中，(L_1,B_1)、(L_2,B_2) 为两点的经纬度，S 为两点间的距离，α_{12},α_{21} 分别为第二点相对于第一点的方位和第一点相对于第二点的方位。

在处理具有不同地理位置的多源数据问题中，数据处理中心对极坐标与地理坐标或直角坐标双向变换的处理，大致经历了三阶段，早期是简易的平面直角坐标公式，20 世纪 90 年代借用航海界的 Vincenty 精密公式和 Bowring 公式处理二维坐标转换，近年出现了处理三维问题的三维空间对准算法。

需要注意的是：Vincenty、Bowring 公式中的两点距离 S 是导航中的两点间大地线的距离，而平面直角坐标公式和以下两个三维空间对准算法中的两距离 S 是平面或空间的两点的直线距离。

1）平面直角坐标公式

早期使用一组基于平面三角的坐标变换公式。该公式假设地球为球体，在范围不大的区域内，将地球表面近似视为平面的条件下，建立平面直角坐标系，推导得出的近似计算公式。

正解：

$$\begin{cases} B_2 = B_1 + \dfrac{S\cos\alpha_{12}}{f_1 f_\psi} \\ L_2 = L_1 + \dfrac{S\sin\alpha_{12}\cos\left(\dfrac{B_2+B_1}{2}\right)}{f_1 f_\psi} \end{cases} \tag{3.3.7}$$

反解：

$$\begin{cases} f_\lambda = \dfrac{2\pi R\cos\left(\dfrac{B_2+B_1}{2}\cdot\dfrac{\pi}{180}\right)}{360} \\ y = f_1 f_\psi (B_2 - B_1) \\ x = f_1 f_\lambda (L_2 - L_1) \\ S = \sqrt{x^2 + y^2} \\ a_{12} = \arctan\dfrac{x}{y} \end{cases} \tag{3.3.8}$$

式中：$R = 3437.75$ n mile；$f_\psi = 60$；$f_1 = 1.852$。

2）Bowring 公式

Bowring 公式是英国人 Bowring 于 1981 年按椭球面对球面的正形投影，导出的一个崭新的椭球面上的大地主题解算公式。该公式结构简单，计算量小，易于实现。

Bowring 公式的正解如下：

$$\begin{cases} A = \sqrt{1+e'^2\cos^4 B_1} \\ B = \sqrt{1+e'^2\cos^4 B_2} \\ C = \sqrt{1+e'^2} \\ \omega = A(L_2 - L_1)/2 \\ \sigma = \dfrac{S\cdot B^2}{a\cdot C} \\ L_2 = L_1 + \dfrac{1}{A}\arctan\dfrac{A\tan\sigma\cdot\sin a_{12}}{B\cos B_1 - \tan\sigma\cdot\sin B_1\cdot\cos a_{12}} \\ D = \dfrac{1}{2}\arcsin[\sin\sigma(\cos a_{12} - \dfrac{1}{A}\sin B_1\sin a_{12}\tan\omega)] \\ B_2 = B_1 + 2D[B - \dfrac{3}{2}e'^2\cdot D\cdot\sin(2B_1 + \dfrac{4}{3}B\cdot D)] \\ a_{21} = \arctan\dfrac{-B\cdot\sin a_{12}}{\cos\sigma\cdot(\tan\sigma\cdot\tan B_1 - B\cdot\cos a_{12})} \end{cases} \tag{3.3.9}$$

式中：a 是地球大半轴，取 6378.2450km；b 是地球小半轴，取 6356.863019km；$e^2=\dfrac{a^2-b^2}{a^2}$ 是第一偏心率的平方；$e'^2=\dfrac{a^2-b^2}{b^2}$ 是第二偏心率的平方。

Bowring 公式的反解如下：

$$
\begin{cases}
\Delta B = B_2 - B_1 \\
D = \dfrac{\Delta B}{2B}\left[1+\dfrac{3(e')^2}{4B^2}\cdot \Delta B\cdot \sin(2B_1+\dfrac{2}{3}\Delta B)\right] \\
\omega = A\dfrac{L_2-L_1}{2} \\
E = \sin D\cdot \cos\omega \\
F = \dfrac{1}{A}\sin\omega(B\cos B_1\cdot\cos D-\sin B_1\sin D) \\
\sin^2\left(\dfrac{\sigma}{2}\right) = E^2+F^2 \\
\tan a = \dfrac{F}{E}\text{（象限由}E\text{、}F\text{符号判定）} \\
\tan H = \dfrac{1}{A}\tan\omega\left(\sin B_1 + B\cos B_1\tan D\right) \\
S = \dfrac{a\cdot C\cdot\sigma}{B^2} \\
a_{12} = a - H \\
a_{21} = a + H \pm 180^\circ
\end{cases}
\tag{3.3.10}
$$

式中：$a=\frac{1}{2}(a_{12}+a_{21})$；$H=\frac{1}{2}(a_{21}-a_{12})$。

4．长基线情况下的坐标变换

当两个定位观测站间相距较远，这时站间数据传播要考虑到地球表面的曲率。以双基地为例，若两观测站分别位于经纬度为 (λ_1,L_1) 及 (λ_2,L_2) 处，参见图 3.3，在站址处的地理坐标系分别为

$$g_1:(O_{g_1},x_{g_1},y_{g_1},z_{g_1})\text{对应}(\lambda_1,L_1)$$

$$g_2:(O_{g_2},x_{g_2},y_{g_2},z_{g_2})\text{对应}(\lambda_2,L_2)$$

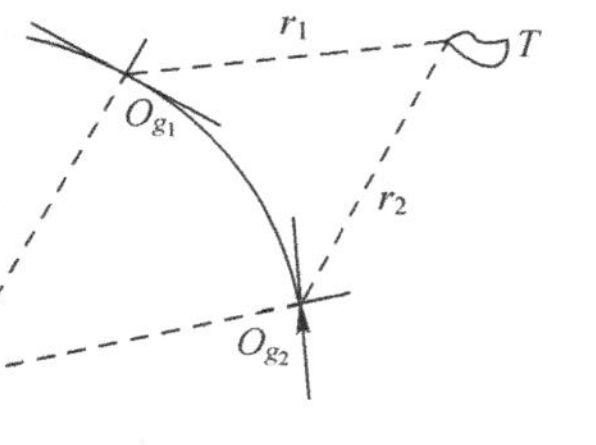

图 3.3　长基线时坐标系间的关系

此时由 g_1 系内获得的目标位置为 $X_{g_1}=[x_{g_1}\quad y_{g_1}\quad z_{g_1}]^{\mathrm{T}}$。若要把 X_{g_1} 传播到 g_2 系中去进行数据处理或组合，则必须先将 X_{g_1} 转到地球坐标系 e 中去，再由 e 转到另一个经纬度为 (λ_2,L_2) 的 g_2 系中去，根据前面的讨论可得由 X_{g_1} 转到 e 系中有

$$X_e = C_{e'g_1}^{e}[X_{g_1}+r] \tag{3.3.11}$$

再将 X_e 转到 g_2 系中得

$$X_{g_2}=\boldsymbol{C}_e^{e''g_2}X_e-r=\boldsymbol{C}_e^{e''g_2}\boldsymbol{C}_{e''g_1}^e[X_{g_1}+r]-r \tag{3.3.12}$$

反之，将 X_{g_2} 转换到 g_1 系中去，可得

$$X_{g_1}=\boldsymbol{C}_e^{e''g_1}\boldsymbol{C}_{e''g_2}^e[X_{g_2}+r]-r \tag{3.3.13}$$

式中

$$\boldsymbol{C}_e^{e''g_2}=\begin{bmatrix}-\sin\lambda_2 & \cos\lambda_2 & 0\\ -\sin L_2\cos\lambda_2 & -\sin L_2\sin\lambda_2 & \cos L_2\\ \cos L_2\cos\lambda_2 & \cos L_2\sin\lambda_2 & \sin L_2\end{bmatrix} \tag{3.3.14}$$

$$\boldsymbol{C}_{e''g_1}^e=\begin{bmatrix}-\sin\lambda_1 & -\sin L_1\cos\lambda_1 & \cos L_1\cos\lambda_1\\ \cos\lambda_1 & -\sin L_1\sin\lambda_1 & \cos L_1\sin\lambda_1\\ 0 & \cos L_1 & \sin L_1\end{bmatrix} \tag{3.3.15}$$

而

$$\boldsymbol{C}_{e''g_2}^e=[\boldsymbol{C}_e^{e''g_2}]^{\mathrm{T}}，\quad \boldsymbol{C}_e^{e''g_1}=[\boldsymbol{C}_{e''g_1}^e]^{\mathrm{T}} \tag{3.3.16}$$

定义

$$\boldsymbol{C}_{g_1}^{g_2}=\boldsymbol{C}_e^{e''g_2}\boldsymbol{C}_{e''g_1}^e \tag{3.3.17}$$

则

$$\boldsymbol{C}_{g_1}^{g_2}=\begin{bmatrix}c_{11} & c_{12} & c_{13}\\ c_{21} & c_{22} & c_{23}\\ c_{31} & c_{32} & c_{33}\end{bmatrix} \tag{3.3.18}$$

式中各元素为

$$\begin{cases}c_{11}=\cos(\lambda_1-\lambda_2)\\ c_{12}=\sin L_1\sin(\lambda_2-\lambda_1)\\ c_{13}=\cos L_1\sin(\lambda_1-\lambda_2)\\ c_{21}=\sin L_2\sin(\lambda_1-\lambda_2)\\ c_{22}=\sin L_1\sin L_2\cos(\lambda_1-\lambda_2)+\cos L_1\cos L_2\\ c_{23}=-\cos L_1\sin L_2\cos(\lambda_1-\lambda_2)+\sin L_1\cos L_2\\ c_{31}=\cos L_2\sin(\lambda_2-\lambda_1)\\ c_{32}=-\sin L_1\cos L_2\cos(\lambda_1-\lambda_2)+\cos L_1\sin L_2\\ c_{33}=\cos L_1\cos L_2\cos(\lambda_1-\lambda_2)+\sin L_1\sin L_2\end{cases} \tag{3.3.19}$$

一般两站间隔夹角很小时，如两站长基线间隔 319km，而地球半径为 6380km，则地心夹角只有 (1/20)rad = 2.865°，且认为两站间精度差为 $\lambda_1-\lambda_2=2.865°=0.05\text{rad}$，则

$$\cos 2.865^\circ = 0.99825 \approx 1$$

$$\sin 2.865^\circ = 0.04998 \approx 0.05$$

这时转换矩阵近似如下式所示：

$$\boldsymbol{C}_{g_1}^{g_2} \cong \begin{bmatrix} 1 & (\lambda_2-\lambda_1)\sin L_1 & (\lambda_1-\lambda_2)\cos L_1 \\ (\lambda_1-\lambda_2)\sin L_2 & 1 & (L_1-L_2) \\ (\lambda_2-\lambda_1)\cos L_2 & -(L_1-L_2) & 1 \end{bmatrix} \tag{3.3.20}$$

3.3.3 观测量的站间坐标转换

在双/多基站系统定位跟踪计算中，要求各站提供的观测量在同一个直角坐标系中表达。当双/多基站各观测站分布在地球表面不同经度、纬度、高度的站址上时，它们所测得的方位角β、俯仰角ε、方向余弦（l、m、n）、斜距r、距离和ρ、距离差Δr等观测量是在各站当地地理坐标系中获得的。假如要在中心站的地理坐标系内进行定位、跟踪、配对、关联，那就需要把由不同站址得到的各观测量，全部转换到中心站的地理坐标系中去才行。当各观测站测得目标位置的观测量时，就可以定出目标在各该站地理坐标系内的空间位置点来，这时坐标转换属于不同地理坐标系内点对点的转换，上一节已提出了它们的转换方法。当某个观测站（无源探测器）只能测得目标的方向矢量（如测得方向余弦或方位、俯仰），这种坐标变换属不同地理坐标系内方向矢量对方向矢量的转换。当观测站只测得目标方位角时，坐标变换将是不同地理坐标系内平面对平面的转换。

1．站址的坐标变换

若第i个观测站位于经度λ_i、纬度L_i、当地高度h_i，其地理坐标系为g_i；而中心站位置位于经度λ_0、纬度L_0、当地高度h_0，设定中心站地理坐标系g_0的原点设在站址处，则在g_0系内、第i个观测站的站址$\boldsymbol{X}_{sio}$为

$$\boldsymbol{X}_{si0} = [x_{si0} \quad y_{si0} \quad z_{si0}]^{\mathrm{T}}$$

由上一节可得

$$\boldsymbol{X}_{sio} = \boldsymbol{C}_{g_i}^{g_0}[\boldsymbol{X}_{si} + r] - [\boldsymbol{r} + \boldsymbol{X}_{so}] \tag{3.3.21}$$

式中：$\boldsymbol{C}_{g_i}^{g_0}$是由$g_i$地理坐标系转换到中心站地理坐标系$g_0$时的坐标转换矩阵；$\boldsymbol{X}_{si}$是第$i$个站址在$g_i$中的位置矢量$[0 \quad 0 \quad h_i]^{\mathrm{T}}$；$\boldsymbol{X}_{so}$是中心站址在$g_0$中的位置矢量$[0 \quad 0 \quad h_0]^{\mathrm{T}}$；$\boldsymbol{r}$是反映地球半径$r_e$的矢量$[0 \quad 0 \quad r_e]^{\mathrm{T}}$。

已知在g_0坐标系内第i站的站址矢量$\boldsymbol{X}_{sio}$，就可求得第i站与中心站之间的基线长度为$\boldsymbol{b}$

$$\boldsymbol{b} = [\boldsymbol{X}_{sio}^{\mathrm{T}} \quad \boldsymbol{X}_{sio}]^{\frac{1}{2}} \tag{3.3.22}$$

2．方向矢量的转换

当观测站测得在 g_i 中的目标方向余弦 l_i、m_i、n_i，为了在中心站 g_0 中作定位计算，需要把自 g_i 原点起始的、沿由方向余弦规定的方向矢量，转换到将 g_0 坐标系中去，从而得出新的一组 l_{i0}、m_{i0}、n_{i0} 来。下面讨论是在站址位于北半球的情况下进行的。

（1）坐标系 g_i 就地旋转到平行于 g_0 系，需要做如下三种旋转变换，即 $g_i \to g_i' \to g_i'' \to g_{i0}$，参见图 3.4。

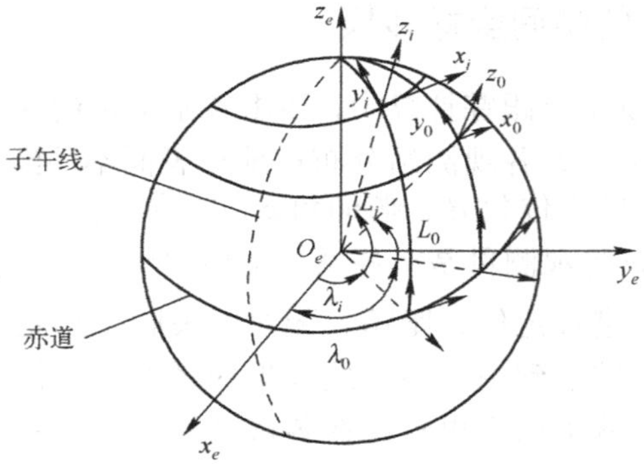

图 3.4　坐标系关系图

① 先由 g_i 系绕 x_i 轴正向旋转 L_i 角得 g_i' 系，这个 g_i' 系平行于经度为 λ_i、纬度为 0（在赤道上）的坐标系，对应的旋转变换矩阵为 $C_{g_i}^{g_i'}$。

② 再由 g_i' 系绕 y_i 轴正向旋转经度差角 $\Delta\lambda = \lambda_0 - \lambda_i$ 而得 g_i'' 系。这个 g_i'' 系平行于经度为 λ_0、纬度为 0 的地理坐标系，其旋转变换矩阵为 $C_{g_i'}^{g_i''}$。

③ 最后将 g_i'' 系绕 x_i 轴逆向旋转 L_0 角，得 g_{i0} 系。这个 g_{i0} 系即平行于中心站的 g_0 坐标系。其旋转矩阵为 $C_{g_i''}^{g_{i0}}$。

对应的三个旋转变换矩阵为

$$
\begin{aligned}
&g_i \to g_i' \qquad && C_{g_i}^{g_i'} = \begin{bmatrix} 1 & 0 & 0 \\ 0 & \cos L_i & \sin L_i \\ 0 & -\sin L_i & \cos L_i \end{bmatrix} \\
&g_i' \to g_i'' \qquad && C_{g_i'}^{g_i''} = \begin{bmatrix} \cos\Delta\lambda & 0 & \sin\Delta\lambda \\ 0 & 1 & 0 \\ \sin\Delta\lambda & 0 & \cos\Delta\lambda \end{bmatrix} \\
&g_i'' \to g_{i0} \qquad && C_{g_i''}^{g_{i0}} = \begin{bmatrix} 1 & 0 & 0 \\ 0 & \cos L_0 & -\sin L_0 \\ 0 & \sin L_0 & \cos L_0 \end{bmatrix}
\end{aligned}
\tag{3.3.23}
$$

因此由 g_i 系就地旋转变换到平行于 g_0 系的 g_{i0} 系，它的总旋转变换矩阵为

$$C_{g_i}^{g_{i0}} = C_{g_i''}^{g_{i0}} C_{g_i'}^{g_i''} C_{g_i}^{g_i'} = [c_{ij}] \qquad (i,j=1,2,3) \tag{3.3.24}$$

式中：

$$\begin{cases} \Delta\lambda = \Delta\lambda_0 - \lambda_i \\ c_{11} = \cos\Delta\lambda \\ c_{12} = \sin\Delta\lambda \sin L_i \\ c_{13} = -\sin\Delta\lambda\cos L_i \\ c_{21} = -\sin\Delta\lambda\sin L_0 \\ c_{22} = \cos L_i \cos L_0 + \cos\Delta\lambda\sin L_i \sin L_0 \\ c_{23} = \sin L_i\cos L_0 - \cos\Delta\lambda\cos L_i\sin L_0 \\ c_{31} = \sin\Delta\lambda\cos L_0 \\ c_{32} = \cos L_i\sin L_0 - \cos\Delta\lambda\sin L_i\cos L_0 \\ c_{33} = \sin L_i\sin L_0 + \cos\Delta\lambda\cos L_i\cos L_0 \end{cases} \tag{3.3.25}$$

利用上述方法得出的旋转变换矩阵与上节的一样。

（2）将 g_i 系中方向矢量变换到 g_{i0} 系去，可以通过单位斜距方向矢量的转换来实现。

设 g_i 系中方向矢量余弦为 $\boldsymbol{l}_i$、$\boldsymbol{m}_i$、$\boldsymbol{n}_i$，则可设定单位方向矢量为

$$\boldsymbol{l}_i = [l_i \quad m_i \quad n_i]^{\mathrm{T}} \tag{3.3.26}$$

式中：l_i 表示单位矢量在 x 轴上的投影；m_i 表示单位矢量在 y 轴上的投影；n_i 表示单位矢量在 z 轴上的投影。

当地理坐标系 g_i 旋转到 g_{i0} 时，这个单位方向矢量在 g_{i0} 中的表达式为

$$\boldsymbol{l}_{i0} = [l_{i0} \quad m_{i0} \quad n_{i0}]^{\mathrm{T}} \tag{3.3.27}$$

它可由下式求得，即

$$\boldsymbol{l}_{i0} = \boldsymbol{C}_{g_i}^{g_{i0}} l_i \tag{3.3.28}$$

由此可得出 g_i 系中给定方向矢量在 g_{i0} 系中对应的一组方向余弦为

$$l_{i0}、m_{i0}、n_{i0}$$

（3）若方向矢量在 g_i 系中用方位 β_i、俯仰 ε_i 来表达，则对应的方向余弦为

$$\begin{cases} l_i = \cos\varepsilon_i \sin\beta_i \\ m_i = \cos\varepsilon_i\cos\beta_i \\ n_i = \sin\varepsilon_i \end{cases} \tag{3.3.29}$$

原地由 g_i 系旋转到 g_{i0} 系，可得出（l_{i0}、m_{i0}、n_{i0}）值。由下列公式可看出

$$\begin{cases} l_{i0} = \cos\varepsilon_{i0}\sin\beta_{i0} \\ m_{i0} = \cos\varepsilon_{i0}\cos\beta_{i0} \\ n_{i0} = \sin\varepsilon_{i0} \end{cases} \tag{3.3.30}$$

因此可求得在 g_{i0} 系内该方向矢量的方位 β_{i0} 及俯仰 ε_{i0}，分别为

$$\beta_{i0} = \arctan(l_{i0} / m_{i0}) \quad (\varepsilon_{i0} = \arcsin n_{i0}) \tag{3.3.31}$$

（4）若在 g_i 系中测得目标的 r_i、β_i、ε_i，则依同理也可得在 g_{i0} 系中对应的 r_{i0}、β_{i0}、ε_{i0}。即

$$r_{i0} = r_i, \beta_{i0} = \arctan(l_{i0} / m_{i0}) \quad (\varepsilon_{i0} = \arcsin(n_{i0})) \tag{3.3.32}$$

3. 定位平面的转换

若在 g_i 系内只测得一个方位角 β_i，它对应一个通过原点以 z_i 轴为边并垂直于 $x_i - y_i$ 坐标平面的定位平面，即

$$A_i x_i + B_i y_i + C_i z_i = 0 \tag{3.3.33}$$

式中：$A_i = \sin\beta_i, B_i = -\cos\beta_i, C_i = 0$。

在 g_i 系就地旋转到 g_{i0} 系以后，这个定位平面虽然仍通过原点，但并不以某个轴为边，且不一定垂直于 $x_{i0} - y_{i0}$ 坐标平面，如何求得 g_{i0} 系中对应这个平面的表达式需要予以解决。

首先在 g_i 系内，对应测得的方位角 β_i 有一个定位平面 P，在 P 内作起点在原点的两个不平行的单位矢量 $\boldsymbol{l}_{i1}$ 及 $\boldsymbol{l}_{i2}$。参见图 3.5。

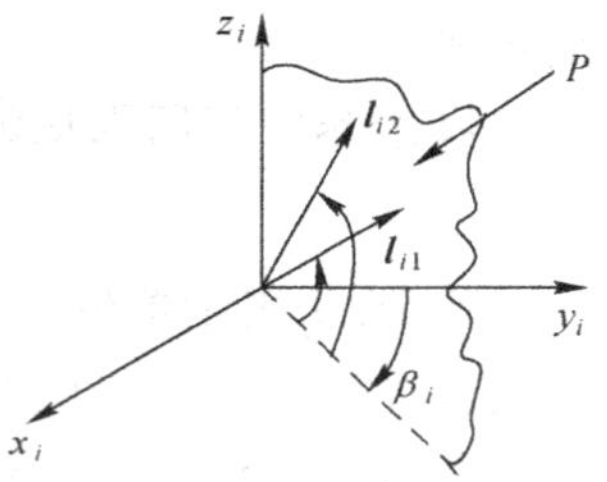

图 3.5 方位平面

设定 $\boldsymbol{l}_{i1}$ 是对应方位 β_i，俯仰 ε_{i1} 的方向矢量；$\boldsymbol{l}_{i2}$ 是对应方位 β_i，俯仰 ε_{i2} 的方向矢量，这样可得

$$\begin{aligned}\boldsymbol{l}_{i1} &= [l_{i1} \quad m_{i1} \quad n_{i1}]^{\mathrm{T}} \\ &= [\cos\varepsilon_{i1}\sin\beta_i \quad \cos\varepsilon_{i1}\cos\beta_i \quad \sin\varepsilon_{i1}]^{\mathrm{T}}\end{aligned} \tag{3.3.34}$$

$$\begin{aligned}\boldsymbol{l}_{i2} &= [l_{i2} \quad m_{i2} \quad n_{i2}]^{\mathrm{T}} \\ &= [\cos\varepsilon_{i2}\sin\beta_i \quad \cos\varepsilon_{i2}\cos\beta_i \quad \sin\varepsilon_{i2}]^{\mathrm{T}}\end{aligned} \tag{3.3.35}$$

当 g_i 系就地旋转到 g_{i0} 系后，上述定位平面上的两个单位矢量，在 g_{i0} 系内将作如下旋转变换，即

$$\boldsymbol{l}_{i0,1} = \boldsymbol{C}_{g_i}^{g_{i0}}, \qquad \boldsymbol{l}_{i1} = [\boldsymbol{l}_{i0,1} \quad \boldsymbol{m}_{i0,1} \quad \boldsymbol{n}_{i0,1}]^{\mathrm{T}} \tag{3.3.36}$$

$$\boldsymbol{l}_{i0,2} = \boldsymbol{C}_{g_i}^{g_{i0}}, \qquad \boldsymbol{l}_{i2} = [\boldsymbol{l}_{i0,2} \quad \boldsymbol{m}_{i0,2} \quad \boldsymbol{n}_{i0,2}]^{\mathrm{T}} \tag{3.3.37}$$

这两个单位矢量 $\boldsymbol{l}_{i0,1}$，$\boldsymbol{l}_{i0,2}$，仍将位于同一平面内。由空间解析几何可知，给定一点和两个不平行的矢量，就有一个唯一的平面过该点而与这两个矢量平行。设 $\boldsymbol{X}_{i0} = [x_{i0} \quad y_{i0} \quad z_{i0}]^{\mathrm{T}}$ 为该面上任意一点。而 0 为 g_{i0} 的坐标原点，这时位置矢量 $\boldsymbol{X}_{i0}$ 及 $\boldsymbol{l}_{i0,1}$、$\boldsymbol{l}_{i0,2}$ 共面的充要条件是

$$[\boldsymbol{X}_{i0} - \boldsymbol{0}, \quad \boldsymbol{l}_{i0,1}, \quad \boldsymbol{l}_{i0,2}] = 0 \tag{3.3.38}$$

这就是说这三个矢量之间线性相关，因此下列行列式为零，即

$$\begin{vmatrix} x_{i0} & y_{i0} & z_{i0} \\ l_{i0,1} & m_{i0,1} & n_{i0,1} \\ l_{i0,2} & m_{i0,2} & n_{i0,2} \end{vmatrix} = 0 \tag{3.3.39}$$

由此解得在 g_{i0} 系内定位平面方程为

$$A_{i0}x_{i0} + B_{i0}y_{i0} + C_{i0}z_{i0} = 0 \tag{3.3.40}$$

式中：

$$A_{i0} = \begin{vmatrix} m_{i0,1} & n_{i0,1} \\ m_{i0,2} & n_{i0,2} \end{vmatrix}; \quad B_{i0} = \begin{vmatrix} n_{i0,1} & l_{i0,1} \\ n_{i0,2} & l_{i0,2} \end{vmatrix}; \quad C_{i0} = \begin{vmatrix} l_{i0,1} & m_{i0,1} \\ l_{i0,2} & m_{i0,2} \end{vmatrix} \tag{3.3.41}$$

可以举例得出 g_{i0} 系内的定位平面方程式来。取方位平面内的两个不平行矢量分别为 $\varepsilon_{i1} = 0^\circ$ 的 x 轴及 $\varepsilon_{i2} = 90^\circ$ 的 z_i 轴，这时由公式可得

$$\boldsymbol{l}_{i1} = [\sin\beta_i \quad \cos\beta_i \quad 0]^{\mathrm{T}} \tag{3.3.42}$$

$$\boldsymbol{l}_{i2} = [0 \quad 0 \quad 1]^{\mathrm{T}} \tag{3.3.43}$$

在 g_i 系旋转到 g_{i0} 系后，可得

$$\begin{aligned} \boldsymbol{l}_{i0,1} = \boldsymbol{C}_{g_i}^{g_{i0}}\boldsymbol{l}_{i1} &= \begin{bmatrix} c_{11} & c_{12} & c_{13} \\ c_{21} & c_{22} & c_{23} \\ c_{31} & c_{32} & c_{33} \end{bmatrix} \begin{bmatrix} \sin\beta_i \\ \cos\beta_i \\ 0 \end{bmatrix} \\ &= \begin{bmatrix} c_{11}\sin\beta_i + c_{12}\cos\beta_i \\ c_{21}\sin\beta_i + c_{22}\cos\beta_i \\ c_{31}\sin\beta_i + c_{32}\cos\beta_i \end{bmatrix} = \begin{bmatrix} l_{i0,1} \\ m_{i0,1} \\ n_{i0,1} \end{bmatrix} \end{aligned} \tag{3.3.44}$$

$$\boldsymbol{l}_{i0,2} = \boldsymbol{C}_{g_i}^{g_{i0}}\boldsymbol{l}_{i2} = \begin{bmatrix} c_{13} \\ c_{23} \\ c_{33} \end{bmatrix} = \begin{bmatrix} l_{i0,2} \\ m_{i0,2} \\ n_{i0,2} \end{bmatrix} \tag{3.3.45}$$

因此可得，平面方程的各个系数为

$$\begin{aligned} A_{i0} &= (c_{21}c_{33} - c_{23}c_{31})\sin\beta_i + (c_{22}c_{33} - c_{23}c_{32})\cos\beta_i \\ B_{i0} &= (c_{13}c_{31} - c_{11}c_{33})\sin\beta_i + (c_{13}c_{32} - c_{12}c_{33})\cos\beta_i \\ C_{i0} &= (c_{11}c_{23} - c_{13}c_{21})\sin\beta_i + (c_{12}c_{23} - c_{13}c_{22})\cos\beta_i \end{aligned} \tag{3.3.46}$$

在应用中 $\{c_{ij}\}$ 是已知的，因此 A_{i0} 、 B_{i0} 及 C_{i0} 等系数只是所测得方位角 β_i 的函数。

4．坐标旋转下的距离量定位面

距离量有斜距 r 、距离和 ρ 、距离差 Δr ，它们的定位面分别是以观测站站址为中心点的球面、以两观测站站址为焦点的回转椭球面及回转双曲面。

由于这些定位面的中心点或焦点位于各观测站的站址，也即各该地理坐标系 $g_i(i=1,2,\cdots)$ 的原点。在 g_i 系就地旋转到 g_{i0} 系时，这些中心点或焦点并没有作任何运动。因此坐标系的旋转对距离量的表达并没有任何影响，在 g_i 系转成 g_{i0} 系后，这些定位面表达公式只改变位置矢量的标记即可。如在 g_i 中斜距 r_i 的定位面表达式为

$$r_i^2 = x_i^2 + y_i^2 + z_i^2 \tag{3.3.47}$$

式中目标位置矢量

$$\boldsymbol{X}_i = [x_i \quad y_i \quad z_i]^{\mathrm{T}}$$

当 g_i 转到 g_{i0} 后，斜距 r_{i0} 的表达式为

$$r_{i0}^2 = x_{i0}^2 + y_{i0}^2 + z_{i0}^2 \tag{3.3.48}$$

若需在中心站 g_0 系内表达目标的斜距 r_0，则可写成

$$r_0^2 = (x_0 - x_{si0})^2 + (y_0 - y_{si0})^2 + (z_0 - z_{si0})^2 \tag{3.3.49}$$

式中目标位置矢量

$$\boldsymbol{X}_0 = [x_0 \quad y_0 \quad z_0]^{\mathrm{T}}$$

第 i 站站址矢量

$$\boldsymbol{X}_{si0} = [x_{si0} \quad y_{si0} \quad z_{si0}]^{\mathrm{T}}$$

以上讨论了分布在地球表面上的各观测站所测得的目标空间位置点、目标指向矢量、目标方位定位平面、目标距离型定位球面、椭球面、双曲面等，是如何在不同地理位置的站间作测量数据的坐标变换的，并给出了点对点、矢量对矢量、面对面的转移关系式。

在载体坐标系中测得的观测量，当载体出现姿态摆动时，为了稳定坐标系也须进行载体坐标系对基准坐标系的转换。

3.4 定位误差的度量

在实际条件下引起误差的因素是多种多样的，因此一般都假定误差属正态分布，它们的统计性质往往用分布函数的一、二阶距来表达。

3.4.1 三维正态分布

若空间分布的误差属正态分布，它可以用下式表达它的空间概率密度分布，即

$$f(\boldsymbol{x}) = \frac{1}{(\sqrt{2\pi})^3 |\boldsymbol{P}|^{\frac{1}{2}}} \exp\left\{-\frac{1}{2}(\boldsymbol{x}-\bar{\boldsymbol{x}})^{\mathrm{T}} \boldsymbol{P}^{-1} (x-\bar{x})\right\} \tag{3.4.1}$$

式中：误差矢量 $\boldsymbol{x} = [x \quad y \quad z]^{\mathrm{T}}$，其均值矢量为

$$\bar{\boldsymbol{x}} = [\bar{x} \quad \bar{y} \quad \bar{z}]^{\mathrm{T}} \tag{3.4.2}$$

而误差矢量的协方差矩阵 $\boldsymbol{P}$ 是一个对称的实矩阵，即

$$\boldsymbol{P} = \begin{bmatrix} \sigma_x^2 & \rho_{xy}\sigma_x\sigma_y & \rho_{xz}\sigma_x\sigma_z \\ - & \sigma_y^2 & \rho_{yz}\sigma_y\sigma_z \\ - & - & \sigma_z^2 \end{bmatrix}$$

$$= E[(x-\bar{x})(x-\bar{x})^{\mathrm{T}}] \tag{3.4.3}$$

当协方差矩阵为对角阵时，即

$$\boldsymbol{P} = \mathrm{diag}[\sigma_x^2, \sigma_y^2, \sigma_z^2] \tag{3.4.4}$$

则误差分量 x，y，z 两两不相关，这时三维误差矢量的概率密度分布函数可以写出如下

$$f(x,y,z) = \frac{1}{(\sqrt{2\pi})^3 \sigma_x\sigma_y\sigma_z} \mathrm{e}^{-\frac{1}{2}\left[\frac{(x-\bar{x})^2}{\sigma_x^2}+\frac{(y-\bar{y})^2}{\sigma_y^2}+\frac{(z-\bar{z})^2}{\sigma_z^2}\right]}$$

$$= f_x(x)\cdot f_y(y)\cdot f_z(z) \tag{3.4.5}$$

式中：$f_x(x)$、$f_y(y)$、$f_z(z)$ 分别为误差分量 x、y、z 的分布函数。

3.4.2 等概率密度椭球（误差椭球）

概率密度函数值为恒值的空间曲面为一椭球，因为令

$$f(x、y、z) = \mathrm{const} \tag{3.4.6}$$

则必须使

$$\frac{(x-\bar{x})^2}{2\sigma_x^2} + \frac{(y-\bar{y})^2}{2\sigma_y^2} + \frac{(z-\bar{z})^2}{2\sigma_z^2} = M = \mathrm{const} \tag{3.4.7}$$

从而能使

$$f(x、y、z) = \frac{1}{(\sqrt{2\pi})^3 \sigma_x\sigma_y\sigma_z} \mathrm{e}^{-M} = \mathrm{const} \tag{3.4.8}$$

从此满足概率密度值为恒值的空间曲面可以由下式表达

$$\frac{(x-\bar{x})^2}{(\sqrt{2M}\sigma_x)^2} + \frac{(y-\bar{y})^2}{(\sqrt{2M}\sigma_y)^2} + \frac{(z-\bar{z})^2}{(\sqrt{2M}\sigma_z)^2} = 1 \tag{3.4.9}$$

此公式表示它是以 $\bar{x}$、$\bar{y}$、$\bar{z}$ 为中心的主半轴长度分别为 $\sqrt{2M}\sigma_x$、$\sqrt{2M}\sigma_y$、$\sqrt{2M}\sigma_z$ 的一个椭球面，它被称为等概率密度误差椭球。椭球内的体积 V_K 可用下式表达：

$$V_K = \frac{4}{3}\pi(\sqrt{2M})^3 \sigma_x\sigma_y\sigma_z \tag{3.4.10}$$

3.4.3 落入误差球的概率

误差落入球V内的概率，可以用下式表达

$$P[x,y,z\in V]=\iiint_V f(x,y,z)\mathrm{d}x\mathrm{d}y\mathrm{d}z \tag{3.4.11}$$

把零均值的分布函数在球面坐标系中来表达，这时将(x,y,z)用(r,θ,ϕ)来表达，如图 3.6 所示。

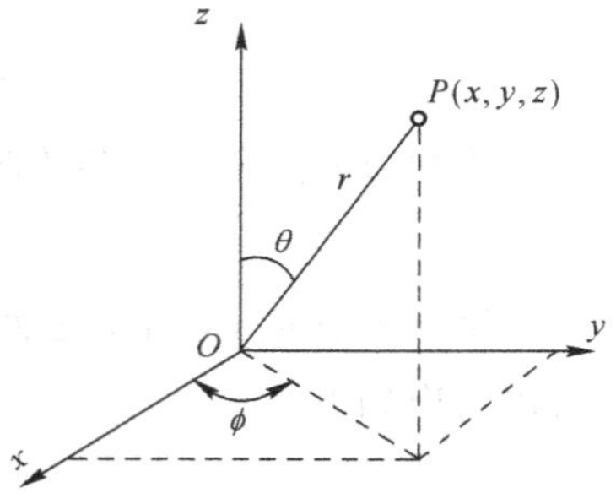

图 3.6 球坐标表示

即

$$\begin{cases}x=r\sin\theta\cos\varphi=f_x(r,\theta,\varphi)\\ y=r\sin\theta\sin\varphi=f_y(r,\theta,\varphi)\\ z=r\cos\theta=f_z(r,\theta,\varphi)\end{cases} \tag{3.4.12}$$

再做增量变换，即

$$\mathrm{d}x\mathrm{d}y\mathrm{d}z=r^2\sin\theta\mathrm{d}r\mathrm{d}\theta\mathrm{d}\phi \tag{3.4.13}$$

所以代入概率公式后，可得

$$P(R)=P(x,y,z\in V)=\int_{-\pi}^{\pi}\int_0^{\pi}\int_0^R\frac{1}{(\sqrt{2\pi})^3\sigma_x\sigma_y\sigma_z}$$

$$\times\mathrm{e}^{-\frac{1}{2}\left[\frac{r^2\sin^2\theta\cos^2\phi}{\sigma_x^2}+\frac{r^2\sin^2\theta\sin^2\phi}{\sigma_y^2}+\frac{r^2\cos^2\theta}{\sigma_z^2}\right]}\times r^2\sin\theta\mathrm{d}r\mathrm{d}\theta\mathrm{d}\phi \tag{3.4.14}$$

式中：R为误差球的半径。经一系列变换运算，并对ϕ求积分后可得

$$P(R)=\int_0^{\pi}\int_0^{\frac{R}{\sigma_x}}f(\xi,\theta)\mathrm{d}\xi\mathrm{d}\theta \tag{3.4.15}$$

其中

$$f(\xi,\theta)=\left(\frac{\sigma_x}{\sigma_y}\right)\left(\frac{\sigma_x}{\sigma_z}\right)\frac{\xi^2}{\sqrt{2\pi}}\sin\theta\cdot I_0\left\{\frac{\xi^2\sin^2\theta}{4}\left[1-\left(\frac{\sigma_x}{\sigma_y}\right)^2\right]\right\}$$

$$\times\exp\left\{-\frac{\xi^2}{4}\left[1+\left(\frac{\sigma_x}{\sigma_y}\right)^2\right]+\frac{\xi^2}{4}\left[1+\left(\frac{\sigma_x}{\sigma_y}\right)^2-2\left(\frac{\sigma_x}{\sigma_z}\right)^2\right]\cos^2\theta\right\} \tag{3.4.16}$$

这就是误差落入半径为R的球内的概率$P(R)$。

3.4.4 球概率误差及圆概率误差

假如在半径为r的球或圆内，误差出现的概率为 50%，那么这个半径r就被称为球概率误差（SEP）及圆概率误差（CEP，简称圆误差）。根据定义可知

$$\int_{\xi=0}^{\frac{SEP}{\sigma_x}}\int_0^{\pi} f(\xi,\theta)\mathrm{d}\theta\mathrm{d}\xi = 0.5 \tag{3.4.17}$$

若对上式求积，需要用级数来加以表达，采用数值积分方法可以得出下列曲线。这里设定

$$\sigma_z \leqslant \sigma_y \leqslant \sigma_x \tag{3.4.18}$$

图 3.7 中 $\frac{\sigma_z}{\sigma_x}=0$ 时，对应圆概率误差 CEP 的情况。

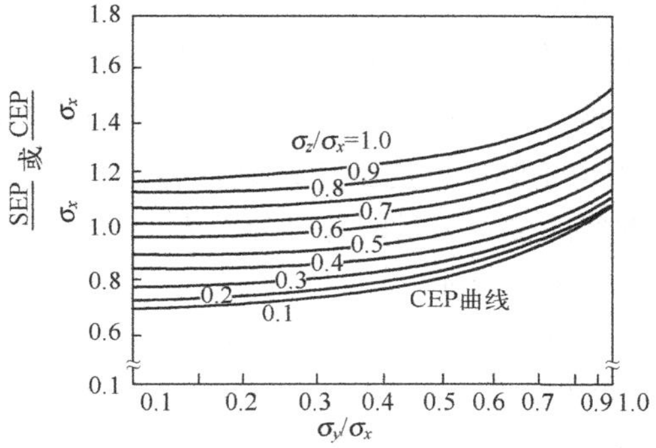

图 3.7　SEP 及 CEP 关系曲线

根据 Cline 的工作，可以把上述曲线组用近似式来表达：

$$\frac{SEP}{\sigma_x} = 0.675 + 0.503(a^j + b^k)^{0.78} \tag{3.4.19}$$

式中：$a=\frac{\sigma_y}{\sigma_x}$；$j=2.64-1.28a^{0.5}$；$b=\frac{\sigma_z}{\sigma_x}, k=2.64-1.28b^{0.5}$。

在二维分布情况下，$\sigma_z=0$，则得

$$\frac{CEP}{\sigma_x} = 0.675 + 0.503a^{0.78j} \tag{3.4.20}$$

为了简化表达圆误差公式，有人通过计算提出了下列圆误差经验公式（设 $\sigma_x \geqslant \sigma_y$）

$$CEP = \begin{cases} 0.59(\sigma_x+\sigma_y) & \left(\frac{\sigma_y}{\sigma_x} \geqslant 0.5\right) \\ \left[0.67+0.8\left(\frac{\sigma_y}{\sigma_x}\right)^2\right]\sigma_x & \left(\frac{\sigma_y}{\sigma_x} < 0.5\right) \end{cases} \tag{3.4.21}$$

使用它时，误差小于 1% 。还有下列圆误差估算公式，如

$$CEP = 0.75(\sigma_x^2+\sigma_y^2)^{\frac{1}{2}} \tag{3.4.22}$$

$$CEP = 0.563\max(\sigma_x,\sigma_y) + 0.614\min(\sigma_x,\sigma_y) \tag{3.4.23}$$

上面的讨论是在 x ， y ， z 轴与误差椭球主半轴重合的条件下进行的。若误差椭球主半轴不与 x ， y ， z 轴重合，可以把协方差矩阵通过相似变换实现对角阵化，找出半主轴的取向，就可依上面方法求出 *SEP* 及 *CEP* 。

3.5　单站球坐标测量定位方法

这种定位方法是大家最熟悉而通用的。这里以雷达为例，介绍单站球坐标定位的方法。在一般雷达中，利用天线波束的方向性可以测得目标的方位角 φ 及俯仰角 ε ，而利用脉冲测距的方法可测得目标的斜距 r 。在球面坐标系中测得这三个坐标参量 r 、φ 、ε ，就可定出直角坐标系中目标的空间位置矢量 $\boldsymbol{x}=[x \quad y \quad z]'$ 来。这里，坐标系原点位于测量用的雷达站处。由图 3.8 可以看出目标的空间位置矢量的各个分量为

$$\begin{cases} x = r\cos\varepsilon\cos\varphi \\ y = r\cos\varepsilon\sin\varphi \\ z = r\sin\varepsilon \end{cases} \tag{3.5.1}$$

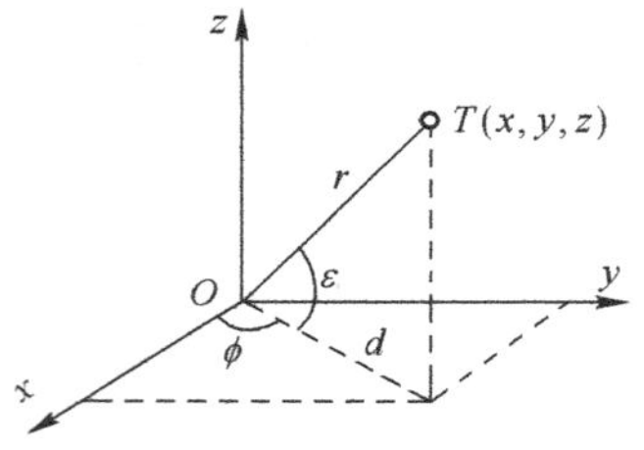

图 3.8　球坐标测量定位

图中示出目标的水平距离为 d ，即

$$d=(x^2+y^2)^{\frac{1}{2}}=x\cos\varphi+y\sin\varphi \tag{3.5.2}$$

3.5.1　定位的一般方法

可以有三种方法来确定目标的空间位置，即几何法、线性方程组求解法、非线性方程组求解法。

1．几何法

用几何定位面相交的方法求解出目标空间位置点，可用下列步骤。

（1）把方位平面与俯仰锥面相交，得一由站址原点指向目标的方向指向直线。

（2）把方向指向直线与斜距球面相交，得出目标的空间位置点。

2．非线性方程组求解法

单站球坐标测量时。可得下列非线性表达式，即

$$\begin{cases} r=f_1(X)=[x^2+y^2+z^2]^{\frac{1}{2}} \\ \varphi=f_2(X)=\arctan\dfrac{y}{x} \\ \varepsilon=f_3(X)=\arctan\dfrac{z}{[x^2+y^2]^{\frac{1}{2}}}=\arctan\dfrac{z}{x\cos\varphi+y\sin\varphi} \end{cases} \tag{3.5.3}$$

令测量矢量 $\boldsymbol{Z}=[r \quad \varphi \quad \varepsilon]^{\mathrm{T}}$ ，函数矢量 $\boldsymbol{F}=[f_1 \quad f_2 \quad f_3]^{\mathrm{T}}$ ，则得下列非线性方程组矢量表达式为

$$F(\boldsymbol{X})=\boldsymbol{Z} \tag{3.5.4}$$

求解后可得出目标位置矢量 $\boldsymbol{X}$ 来。

3．线性方程组求解法

已知方位俯仰，就可知目标矢量的各方向余弦，从而可以用线性方程来表达斜距公式。又知方位及俯仰也可用线性方程表达，从而得下列三个线性方程，即

$$\begin{cases} a_{11}x+a_{12}y+a_{13}z=r \\ b_{11}x+b_{12}y+b_{13}z=0 \\ c_{11}x+c_{12}y+c_{13}z=0 \end{cases} \tag{3.5.5}$$

式中：

$$\begin{aligned} &a_{11}=\cos\varphi\cos\varepsilon, \quad &&a_{12}=\sin\varphi\cos\varepsilon, \quad &&a_{13}=\sin\varepsilon \\ &b_{11}=\sin\varphi, &&b_{12}=-\cos\varphi, &&b_{13}=0 \\ &c_{11}=\cos\varphi\sin\varepsilon, &&c_{12}=\sin\varphi\sin\varepsilon, &&c_{13}=-\cos\varepsilon \end{aligned}$$

由此得矢量矩阵表达式，为

$$\boldsymbol{AX}=\boldsymbol{R} \tag{3.5.6}$$

则可得解

$$\boldsymbol{X}=\boldsymbol{A}^{-1}\boldsymbol{R} \tag{3.5.7}$$

式中：$\boldsymbol{A}=\begin{bmatrix} a_{11} & a_{12} & a_{13} \\ b_{11} & b_{12} & b_{13} \\ c_{11} & c_{12} & c_{13} \end{bmatrix}$；$\boldsymbol{R}=\begin{bmatrix} r \\ 0 \\ 0 \end{bmatrix}$。

对 $\boldsymbol{A}$ 矩阵求逆后，可解得

$$\begin{cases} x=r\cos\varphi\cos\varepsilon \\ y=r\sin\varphi\cos\varepsilon \\ z=r\sin\varepsilon \end{cases} \tag{3.5.8}$$

这里讨论的一般的定位方法，对于单基地、双/多基地都是适用的。

3.5.2 定位误差分析

实际测量中，必然会引入测距测向误差 δr 、$\delta\varphi$ 、$\delta\varepsilon$ 。应该了解这些测量误差与直角坐标系中的目标位置定位误差的关系。同时，为了了解目标在不同几何位置条件下定位误差的变化，也需要把定位误差与各参数的雷达测量误差联系起来。已知

$$\begin{cases} x=f_x(r,\varphi,\varepsilon) \\ y=f_y(r,\varphi,\varepsilon) \\ z=f_z(r,\varphi,\varepsilon) \end{cases} \tag{3.5.9}$$

在一次近似条件下，可得

$$\begin{cases}\delta x=\dfrac{\partial f_x}{\partial r}\delta r+\dfrac{\partial f_x}{\partial \varphi}\delta\varphi+\dfrac{\partial f_x}{\partial \varepsilon}\delta\varepsilon\\ \delta y=\dfrac{\partial f_y}{\partial r}\delta r+\dfrac{\partial f_y}{\partial \varphi}\delta\varphi+\dfrac{\partial f_y}{\partial \varepsilon}\delta\varepsilon\\ \delta z=\dfrac{\partial f_z}{\partial r}\delta r+\dfrac{\partial f_z}{\partial \varphi}\delta\varphi+\dfrac{\partial f_z}{\partial \varepsilon}\delta\varepsilon\end{cases} \tag{3.5.10}$$

定义 $\delta x=[\delta x \quad \delta y \quad \delta z]^{\mathrm{T}}$ 及 $\delta r=[\delta r \quad \delta\varphi \quad \delta\varepsilon]^{\mathrm{T}}$，可得如下矩阵表达式为

$$\delta x=\boldsymbol{A}\delta r \tag{3.5.11}$$

这里的系数矩阵 $\boldsymbol{A}$ 为

$$\boldsymbol{A}=\begin{bmatrix}a_{11} & a_{12} & a_{13}\\ a_{21} & a_{22} & a_{23}\\ a_{31} & a_{32} & a_{33}\end{bmatrix}=\begin{bmatrix}\dfrac{\partial f_x}{\partial r} & \dfrac{\partial f_x}{\partial \varphi} & \dfrac{\partial f_x}{\partial \varepsilon}\\ \dfrac{\partial f_y}{\partial r} & \dfrac{\partial f_y}{\partial \varphi} & \dfrac{\partial f_y}{\partial \varepsilon}\\ \dfrac{\partial f_z}{\partial r} & \dfrac{\partial f_z}{\partial \varphi} & \dfrac{\partial f_z}{\partial \varepsilon}\end{bmatrix}$$

$$=\begin{bmatrix}\cos\varepsilon\cos\varphi & -r\cos\varepsilon\sin\varphi & -r\sin\varepsilon\cos\varphi\\ \cos\varepsilon\sin\varphi & r\cos\varepsilon\cos\varphi & -r\sin\varepsilon\sin\varphi\\ \sin\varepsilon & 0 & r\cos\varepsilon\end{bmatrix} \tag{3.5.12}$$

若距离、方位角、俯仰角的测量误差是相互独立的，它们的协方差矩阵为

$$\boldsymbol{P}_r=E[\delta r \quad \delta r']=\begin{bmatrix}\sigma_r^2 & 0 & 0\\ 0 & \sigma_\beta^2 & 0\\ 0 & 0 & \sigma_\varepsilon^2\end{bmatrix} \tag{3.5.13}$$

则定位误差的协方差 $\boldsymbol{P}_x$ 为

$$\boldsymbol{P}_x=E[\delta x \quad \delta x']=E[\boldsymbol{A}\delta r \quad \delta r'\boldsymbol{A}']=\boldsymbol{A}\boldsymbol{P}_r\boldsymbol{A}'$$

$$=\begin{bmatrix}\sigma_x^2 & \rho_{xy}\sigma_x\sigma_y & \rho_{xz}\sigma_x\sigma_z\\ \rho_{xy}\sigma_x\sigma_y & \sigma_y^2 & \rho_{yz}\sigma_y\sigma_z\\ \rho_{xz}\sigma_x\sigma_z & \rho_{yz}\sigma_y\sigma_z & \sigma_z^2\end{bmatrix} \tag{3.5.14}$$

因此可得

$$\sigma_x^2=\cos^2\varepsilon\cos^2\varphi\cdot\sigma_r^2+r^2\cos^2\varepsilon\sin^2\varphi\cdot\sigma_\varphi^2$$
$$+r^2\cos^2\varphi\sin^2\varepsilon\cdot\sigma_\varepsilon^2$$
$$\sigma_y^2=\cos^2\varepsilon\cos^2\varphi\cdot\sigma_r^2+r^2\cos^2\varepsilon\cos^2\varphi\cdot\sigma_\varphi^2$$
$$+r^2\sin^2\varphi\sin^2\varepsilon\cdot\sigma_\varepsilon^2$$
$$\sigma_z^2=\sin^2\varepsilon\cdot\sigma_r^2+r^2\cos^2\varepsilon\cdot\sigma_\varepsilon^2$$

$$
\begin{cases}
\rho_{xy}\sigma_x\sigma_y = a_{11}a_{21}\sigma_r^2 + a_{12}a_{22}\sigma_\varphi^2 + a_{13}a_{23}\sigma_\varepsilon^2 \\
\rho_{xy}\sigma_x\sigma_z = a_{11}a_{31}\sigma_r^2 + a_{12}a_{32}\sigma_\varphi^2 + a_{13}a_{33}\sigma_\varepsilon^2 \\
\rho_{yz}\sigma_y\sigma_z = a_{21}a_{31}\sigma_r^2 + a_{22}a_{32}\sigma_\varphi^2 + a_{23}a_{33}\sigma_\varepsilon^2
\end{cases}
\tag{3.5.15}
$$

由此可见协方差矩阵中的各个元素，都与目标位置(r、φ、ε)有关。

3.6 多站斜距离测量定位方法

3.6.1 定位原理

假设有n个观测站，它们的站址分别是$x_i=[x_i \quad y_i \quad z_i]^{\mathrm{T}}, i=1,2,\cdots,n$。这些观测站只测量目标相对于站址的斜距$r_i$，这样就可以得出以站址为中心、半径为$r_i$的$n$个球面。这$n$个球面将相交出目标的空间位置点来。下面用解析法来求出目标位置矢量。

如图 3.9 所示，目标位于T的位置上，其位置矢量为$\boldsymbol{x}=[x \quad y \quad z]^{\mathrm{T}}$，而四个观测站的站址分别为$x_i=[x_i \quad y_i \quad z_i]^{\mathrm{T}}, i=1,2,3,4$。

由此可知站址与坐标原点间的间距d_i为

$$
d_i=(x_i^2+y_i^2+z_i^2)^{\frac{1}{2}} \quad (i=1,2,3,4) \tag{3.6.1}
$$

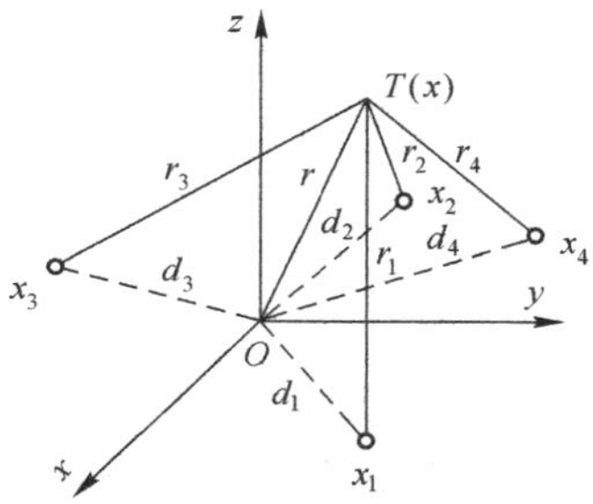

图 3.9 斜距测量定位

各观测站测得的目标斜距r_i为

$$
r_i=[(x-x_i)^2+(y-y_i)^2+(z-z_i)^2]^{\frac{1}{2}} \quad (i=1,2,3,4) \tag{3.6.2}
$$

而目标与坐标原点O之间的间距为

$$
r=[x^2+y^2+z^2]^{\frac{1}{2}} \tag{3.6.3}
$$

将上述的r_i展开可得

$$
\begin{aligned}
r_i^2 &= (x-x_i)^2+(y-y_i)^2+(z-z_i)^2 \\
&= r^2+d_i^2-2(x_ix+y_iy+z_iz) \quad (i=1,2,3,4)
\end{aligned}
\tag{3.6.4}
$$

因此可得下列四个关系式即

$$
\begin{cases}
r^2=r_1^2-d_1^2+2(x_1x+y_1y+z_1z) \\
r^2=r_2^2-d_2^2+2(x_2x+y_2y+z_2z) \\
r^2=r_3^2-d_3^2+2(x_3x+y_3y+z_3z) \\
r^2=r_4^2-d_4^2+2(x_4x+y_4y+z_4z)
\end{cases}
\tag{3.6.5}
$$

上述公式中x_i、y_i、z_i、d_i是由已知观测站站址给出的，而r_i是由各观测站

实际测得的目标斜距，未知数是目标位置x、y、z及r，若消去r可得出下列线形联立方程组，即

$$\begin{cases}(x_2-x_1)x+(y_2-y_1)y+(z_2-z_1)z \\ \quad =\frac{1}{2}\left[(r_1^2-r_2^2)-(d_1^2-d_2^2)\right]=v_{12} \\ (x_3-x_1)x+(y_3-y_1)y+(z_3-z_1)z \\ \quad =\frac{1}{2}\left[(r_1^2-r_3^2)-(d_1^2-d_3^2)\right]=v_{13} \\ (x_4-x_1)x+(y_4-y_1)y+(z_4-z_1)z \\ \quad =\frac{1}{2}\left[(r_1^2-r_4^2)-(d_1^2-d_4^2)\right]=v_{14} \\ (x_3-x_2)x+(y_3-y_2)y+(z_3-z_2)z \\ \quad =\frac{1}{2}\left[(r_2^2-r_3^2)-(d_2^2-d_3^2)\right]=v_{23} \\ (x_4-x_2)x+(y_4-y_2)y+(z_4-z_2)z \\ \quad =\frac{1}{2}\left[(r_2^2-r_4^2)-(d_2^2-d_4^2)\right]=v_{24} \\ (x_4-x_3)x+(y_4-y_3)y+(z_4-z_3)z \\ \quad =\frac{1}{2}\left[(r_3^2-r_4^2)-(d_3^2-d_4^2)\right]=v_{34}\end{cases} \tag{3.6.6}$$

由上式可以看出有六个联立方程、三个未知数，方程式中的各个系数及等式右边的量都是已知的或测量得出的。因此可以列出求解目标位置矢量$\boldsymbol{x}$的矩阵表达式，即

$$\boldsymbol{Ax}=\boldsymbol{v} \tag{3.6.7}$$

式中：$\boldsymbol{x}=[x \quad y \quad z]^{\mathrm{T}}$；$\boldsymbol{v}=[v_{12} \quad v_{13} \quad v_{14} \quad v_{23} \quad v_{24} \quad v_{34}]^{\mathrm{T}}$。

而矩阵$\boldsymbol{A}$为

$$\boldsymbol{A}=\begin{bmatrix}a_{11} & a_{12} & a_{13} \\ a_{21} & a_{22} & a_{23} \\ a_{31} & a_{32} & a_{33} \\ a_{41} & a_{42} & a_{43} \\ a_{51} & a_{52} & a_{53} \\ a_{61} & a_{62} & a_{63}\end{bmatrix}=\begin{bmatrix}(x_2-x_1) & (y_2-y_1) & (z_2-z_1) \\ (x_3-x_1) & (y_3-y_1) & (z_3-z_1) \\ (x_4-x_1) & (y_4-y_1) & (z_4-z_1) \\ (x_3-x_2) & (y_3-y_2) & (z_3-z_2) \\ (x_4-x_2) & (y_4-y_2) & (z_4-z_2) \\ (x_4-x_3) & (y_4-y_3) & (z_4-z_3)\end{bmatrix} \tag{3.6.8}$$

若系数矩阵$\boldsymbol{A}$满秩（rank=3），则可由下式求得目标位置矢量$\boldsymbol{x}$，即

$$\boldsymbol{x}=\boldsymbol{A}^{-}\boldsymbol{v} \tag{3.6.9}$$

这时$\boldsymbol{A}$的伪逆是

$$\boldsymbol{A}^{-}=\left(\boldsymbol{A}'\boldsymbol{A}\right)^{-1}\boldsymbol{A}' \tag{3.6.10}$$

对于上述的$\boldsymbol{A}$矩阵，由于后三个方程是前三个方程的线性组合，故$\boldsymbol{A}$是否满

秩，取决于由四个观测站站址及其斜距测量值的情况。

3.6.2 定位可实现性

由上述讨论可见，若系数矩阵 $\boldsymbol{A}$ 不满秩，也即 rank<3，则无法实现对目标的三维空间定位，也即定位不可实现，系数矩真是否满秩则与下列因素有关。

1．与观测站数有关

若只有三个观测站，则系数矩阵 $\boldsymbol{A}$ 为

$$\boldsymbol{A}=\begin{bmatrix} a_{11} & a_{12} & a_{13} \\ a_{21} & a_{22} & a_{23} \\ a_{31} & a_{32} & a_{33} \end{bmatrix}=\begin{bmatrix} (x_2-x_1) & (y_2-y_1) & (z_2-z_1) \\ (x_3-x_1) & (y_3-y_1) & (z_3-z_1) \\ (x_3-x_2) & (y_3-y_2) & (z_3-z_2) \end{bmatrix} \tag{3.6.11}$$

式中第三行是第一、第二行的线性组合，因此其秩不为 3，不能实现空间定位。但若三站站址位于等高面上，即 $z_1=z_2=z_3=0$，这时有可能实现先求解目标位置的 x、y 值，再得出 z 值来。先解下列方程组

$$\begin{bmatrix} x_2-x_1 & y_2-y_1 \\ x_3-x_1 & y_3-y_1 \end{bmatrix}\begin{bmatrix} x \\ y \end{bmatrix}=\begin{bmatrix} v_{12} \\ v_{13} \end{bmatrix} \tag{3.6.12}$$

再依据下式

$$r^2=x^2+y^2+z^2=r_i^2-d_i^2+2x_ix+2y_iy+2z_iz \tag{3.6.13}$$

把解出的 x、y 值及 $z_i=0$ 代入后可得

$$z=[r_i^2-d_i^2-x^2-y^2+2x_ix+2y_iy]^{\frac{1}{2}} \tag{3.6.14}$$

开方后只取正值 $z>0$，因为目标设定是不低于地平面的。

2．与观测站的分布有关

若各观测站部署在同一等高面的一条直线上，例如 $x_1=x_2=x_3=x_4$ 或 $y_1=y_2=y_3=y_4$；这时 $\boldsymbol{A}$ 矩阵中只留下一列元素不为零，其秩只有 1。显然既不能做三维空间定位，也不能做二维平面上的定位，也即定位不可实现。

3．与测量误差有关

若测量矢量 $\boldsymbol{v}$ 中的斜距测量值有误差，足以导致 $\boldsymbol{v}=0$，则目标定位也不能实现。

上面从定位方程的性质来解析讨论定位的可实现性问题。也可以从几个定位面是否相交于一点的几何观点来分析定位的可实现性。例如，三个观测站测斜距，可得三个分别以站址为原点的空间球面，其中两个球面相交可得一圆，将此圆与第三个球面相交，一般将交出两点。若有第四个观测站得出的第四个球面，它与两点中的一点相交，这就定出位置点来了。又如在二维平面内，三站测距定位，可以对目标 X 实现定位，见图 3.10（a）。若观测站 X_1、X_2 测距误差大到导致两圆无相交点，从而使观测站 X_3 得出的圆分别与 r_1、r_2 两个圆相

交出多点，而得不出唯一解来，如图 3.10（b）所示。由此可见测量误差对定位可实现性的影响。

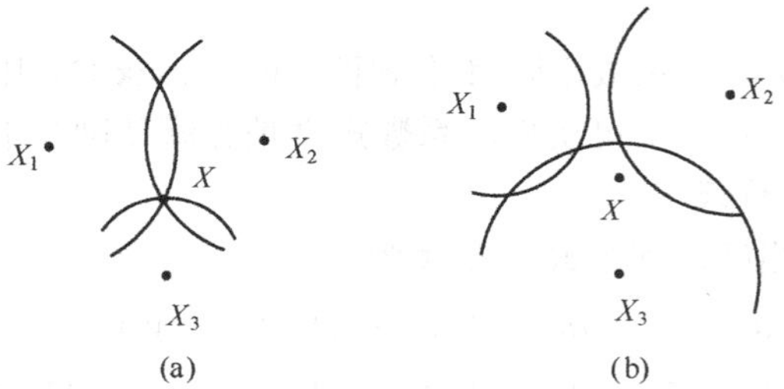

图 3.10　定位可实现性图解

3.6.3　定位误差

每个观测站测距的误差可以通过对实验数据的统计处理而求得，在给定测距误差的条件下来看一下三站测距系统对目标的定位误差。已知测得的斜距是目标的位置矢量 $\boldsymbol{x}$ 及站址 x_i 的函数。

$$\begin{aligned} r_i &= \left[(x-x_i)^2+(y-y_i)^2+(z-z_i)^2\right]^{\frac{1}{2}} \\ &= f_i(x,x_i) = f_i(x,y,z,x_i,y_i,z_i) \quad (i=1,2,3) \end{aligned} \tag{3.6.15}$$

对它求微分可得：

$$\delta r_i = \frac{\partial f_i}{\partial x}\delta x + \frac{\partial f_i}{\partial y}\delta y + \frac{\partial f_i}{\partial z}\delta z + \frac{\partial f_i}{\partial x_i}\delta x_i + \frac{\partial f_i}{\partial y_i}\delta y_i + \frac{\partial f_i}{\partial z_i}\delta z_i \quad (i=1,2,3) \tag{3.6.16}$$

由此可见，斜距测量误差 δr_i 与目标位置误差 $\delta x = [\delta x \quad \delta y \quad \delta z]^{\mathrm{T}}$ 和站址误差 $\delta x_i = [\delta x_i \quad \delta y_i \quad \delta z_i]^{\mathrm{T}}$ 有关。先来求出上述各个偏导数，即可得

$$\begin{cases} \dfrac{\partial f_i}{\partial x} = -\dfrac{\partial f_i}{\partial x_i} = \dfrac{x-x_i}{r_i} = c_{i1} \\ \dfrac{\partial f_i}{\partial y} = -\dfrac{\partial f_i}{\partial y_i} = \dfrac{y-y_i}{r_i} = c_{i2} \\ \dfrac{\partial f_i}{\partial z} = -\dfrac{\partial f_i}{\partial z_i} = \dfrac{z-z_i}{r_i} = c_{i3} \end{cases} \quad (i=1,2,3) \tag{3.6.17}$$

这些偏导数反映了目标对应第 i 各观测站的方向余弦。因此得

$$\delta r_i = \frac{\partial f_i}{\partial x}(\delta x - \delta x_i) + \frac{\partial f_i}{\partial y}(\delta y - \delta y_i) + \frac{\partial f_i}{\partial z}(\delta z - \delta z_i) \quad (i=1,2,3) \tag{3.6.18}$$

令

$$\delta r = [\delta r_1 \quad \delta r_2 \quad \delta r_3]^{\mathrm{T}} \qquad \delta x = [\delta x \quad \delta y \quad \delta z]^{\mathrm{T}}$$

则可列出下列矩阵表达式

$$\delta r = \boldsymbol{C}\delta x - \begin{bmatrix} \dfrac{\partial f_i}{\partial x}\delta x_1 + \dfrac{\partial f_i}{\partial y}\delta y_1 + \dfrac{\partial f_i}{\partial z}\delta z_1 \\ \dfrac{\partial f_i}{\partial x}\delta x_2 + \dfrac{\partial f_i}{\partial y}\delta y_2 + \dfrac{\partial f_i}{\partial z}\delta z_2 \\ \dfrac{\partial f_i}{\partial x}\delta x_3 + \dfrac{\partial f_i}{\partial y}\delta y_3 + \dfrac{\partial f_i}{\partial z}\delta z_3 \end{bmatrix} = \boldsymbol{C}\delta x - \delta x_s \tag{3.6.19}$$

式中

$$\boldsymbol{C} = \begin{bmatrix} c_{11} & c_{12} & c_{13} \\ c_{21} & c_{22} & c_{23} \\ c_{31} & c_{32} & c_{33} \end{bmatrix} = \begin{bmatrix} \dfrac{\partial f_1}{\partial x} & \dfrac{\partial f_1}{\partial y} & \dfrac{\partial f_1}{\partial z} \\ \dfrac{\partial f_2}{\partial x} & \dfrac{\partial f_2}{\partial y} & \dfrac{\partial f_2}{\partial z} \\ \dfrac{\partial f_3}{\partial x} & \dfrac{\partial f_3}{\partial y} & \dfrac{\partial f_3}{\partial z} \end{bmatrix} \tag{3.6.20}$$

而

$$\delta x_s = \begin{bmatrix} c_{11}\delta x_1 + c_{12}\delta y_1 + c_{13}\delta z_1 \\ c_{21}\delta x_2 + c_{22}\delta y_2 + c_{23}\delta z_2 \\ c_{31}\delta x_3 + c_{32}\delta y_3 + c_{33}\delta z_3 \end{bmatrix} \tag{3.6.21}$$

经移项后，可得

$$\boldsymbol{C}\delta x = \delta r + \delta x_s \tag{3.6.22}$$

现求解目标位置的定位误差，可得

$$\delta x = \boldsymbol{C}^{-1}[\delta r + \delta x_s] \tag{3.6.23}$$

令逆矩阵 $\boldsymbol{C}^{-1}$ 为

$$\boldsymbol{C}^{-1} = \boldsymbol{B} = \begin{bmatrix} a_1 & a_2 & a_3 \\ b_1 & b_2 & b_3 \\ c_1 & c_2 & c_3 \end{bmatrix} \tag{3.6.24}$$

由于各站的距离测量是独立的，而测量误差之间是互不相关的，并设定距离测量误差经系统误差修正后是零均值的。而站址误差在给出时是一随机量，但在每次测量中则是保持不变的。站址误差各分量 δx_i、δy_i、δz_i 之间及各站址误差之间互不相关。故定位误差协方差为

$$\begin{aligned} P_x &= E[\delta x \delta x^{\mathrm{T}}] = \boldsymbol{B}E[(\delta r + \delta x_s)(\delta r + \delta x_s)^{\mathrm{T}}]\boldsymbol{B}^{\mathrm{T}} \\ &= \boldsymbol{B}E[\delta r \delta r^{\mathrm{T}} + \delta x_s \delta x_s^{\mathrm{T}}]\boldsymbol{B}^{\mathrm{T}} \\ &= \begin{bmatrix} \sigma_x^2 & \rho_{xy}\sigma_x\sigma_y & \rho_{xz}\sigma_x\sigma_z \\ \rho_{xy}\sigma_x\sigma_y & \sigma_y^2 & \rho_{yz}\sigma_y\sigma_z \\ \rho_{xz}\sigma_x\sigma_z & \rho_{yz}\sigma_y\sigma_z & \sigma_z^2 \end{bmatrix} \end{aligned} \tag{3.6.25}$$

而式中的

$$E[\delta r\delta r^{\mathrm{T}}+\delta x_s\delta x_s^{\mathrm{T}}]=\begin{bmatrix}\sigma_{r_1}^2 & & 0\\ & \sigma_{r_2}^2 & \\ 0 & & \sigma_{r_3}^2\end{bmatrix}$$

$$+\begin{bmatrix}c_{11}^2\sigma_{x_1}^2+c_{12}^2\sigma_{y_1}^2+c_{13}^2\sigma_{z_1}^2 & 0 & 0\\ 0 & c_{21}^2\sigma_{x_2}^2+c_{22}^2\sigma_{y_2}^2+c_{23}^2\sigma_{z_2}^2 & 0\\ 0 & 0 & c_{31}^2\sigma_{x_3}^2+c_{32}^2\sigma_{y_3}^2+c_{33}^2\sigma_{z_3}^2\end{bmatrix} \tag{3.6.26}$$

假设站址误差各个分量的方差是相同的，即 $\sigma_{x_i}^2=\sigma_{y_i}^2=\sigma_{z_i}^2=\sigma_s^2$，又由于

$$c_{11}^2+c_{12}^2+c_{13}^2=c_{21}^2+c_{22}^2+c_{23}^2=c_{31}^2+c_{32}^2+c_{33}^2=1 \tag{3.6.27}$$

故可得

$$E[\delta r\delta r^{\mathrm{T}}+\delta x_s\delta x_s^{\mathrm{T}}]=\begin{bmatrix}\sigma_{r_1}^2+\sigma_s^2 & & o\\ & \sigma_{r_2}^2+\sigma_s^2 & \\ o & & \sigma_{r_3}^2+\sigma_s^2\end{bmatrix} \tag{3.6.28}$$

因此

$$\boldsymbol{P}_x=\begin{bmatrix}a_1 & a_2 & a_3\\ b_1 & b_2 & b_3\\ c_1 & c_2 & c_3\end{bmatrix}\begin{bmatrix}\sigma_{r_1}^2+\sigma_s^2 & & o\\ & \sigma_{r_2}^2+\sigma_s^2 & \\ o & & \sigma_{r_3}^2+\sigma_s^2\end{bmatrix}\begin{bmatrix}a_1 & b_1 & c_1\\ a_2 & b_2 & c_2\\ a_3 & b_3 & c_3\end{bmatrix}$$

$$=\begin{bmatrix}\sigma_x^2 & \rho_{xy}\sigma_x\sigma_y & \rho_{xz}\sigma_x\sigma_z\\ & \sigma_y^2 & \rho_{yz}\sigma_y\sigma_z\\ - & & \sigma_z^2\end{bmatrix} \tag{3.6.29}$$

由此可得在 x、y、z 方向上定位误差的方差分别为 σ_x^2、σ_y^2、σ_z^2，即

$$\begin{cases}\sigma_x^2=\sum\limits_{i=1}^{3}a_i^2T_i\\ \sigma_y^2=\sum\limits_{i=1}^{3}b_i^2T_i\\ \sigma_z^2=\sum\limits_{i=1}^{3}c_i^2T_i\end{cases} \tag{3.6.30}$$

式中：$T_i=\sigma_{r_i}^2+\sigma_s^2$。

此处T_i中的测距误差δr_i是随机的。站址误差在观测站址时是一个随机量，但在测量目标斜距时，则是一个偏置量，所以定位误差并不服从零均值的正态分布规律。在对定位数据进行平滑或滤波处理时，随机部分将由于处理而得到控制，但偏置部分要另行设法了解它，并改善它。

从以上讨论的定位误差方差公式可以看出，它与目标对应各站的方向余弦直接有关。也就是说，定位误差与目标的空间位置和观测站站址的相对几何关系有关。

3.7 多站无源定位方法

与有源定位方式不同，无源定位方式不需要主动向外辐射能量，而是被动地接收目标辐射的信号，通过信号处理得出目标位置信息。无源定位具有以下四个方面的特点：

（1）在无源定位过程中直接定位的一方不向被定位的目标发射能量信号，因此无源定位系统的使用不易被对方感知，不存在被干扰的问题，安全性好。但要求目标发射信号，或者反射信号，否则无源定位系统是不能定位的。

（2）由于单个观测站在接收目标信号时无法计量信号来自多远，只能给出在什么时间接收到什么方位进入的信号。因此一般需要多站提供信息，协同定位。协同表现为定位站需要在空间移动、多次测量，或者在多站间要有信息通信。

（3）定位系统并不知道目标会发射什么样的信号，因此它开始工作时如同一个一般的电子对抗侦察设备，先要做信号截获和信号分选。之后，它才意识到在面对的地域内有信号出现了才有可能对它们定位。由于不同的站都将接收到多个目标信号，因此下一步是要把信号配对，只有在各站对同一目标的信号被正确配对后，才有可能做出正确的定位计算。显然，整个处理过程需要一定的时间。这就要求系统的计算水平很高，否则对运动目标的定位就会出现较大偏差。如果定位系统的工作原理要求使用准确的统一时间，那么系统还有一个时统问题，这也是系统内一个较复杂的技术问题。

（4）它的性能与系统的几个侦察定位站的布局有关。当人们用两只眼睛看面前的物体时，有一种立体感，但这种立体感随着所看到的物体离眼睛越来越远时变得越来越差。这是因为两眼看出去的两个画像的差别在目标物体的距离很远时变得很小。如果从目标反过来看侦察站，当几个观测站几乎在相同位置上，它们的效果很差。对于某一个地域，如果我们用四个观测站作为无源定位，四个站围住这块地域与它们在地域同一侧的效果会不一样，在同一侧分布集中和分布分散效果也大不相同。因此，使用无源定位系统时，应分析定位性能与定位站布局之间的关系，合理调整布局使得定位性能尽可能高。

常见的多站无源定位方法有测向交叉定位法和测时差定位法。

3.7.1 测向交叉定位法

无源测向定位是应用最早、最多的一种无源定位技术，由此又派生出多种定位方法，如同时利用飞行器高度信息和方位信息的“方位/仰角定位法”；只利用方位信息的“交叉定位法”等。

交叉定位技术中又有利用多个定位站实现的多站交叉定位，也有利用单个机动测向站在多个观测点依次对目标测向实现的交叉定位。例如，地对空测向定位就常常使用多站测向交叉定位，这些传感器常常是固定的，目标则是运动的。空对地测向定位则多采用单站多点测向定位，这时传感器是运动的，目标则常是固定的。

1．不考虑误差情况的测向交叉定位

多站测向交叉定位又称三角定位，它利用高精度测向设备在两个或两个以上的观测点对辐射源进行测向，然后由各个观测点的测向数据及各测向站间距离通过简单的三角运算处理，确定辐射源空间坐标位置。

两站测向交叉定位属于二维空间定位问题。此时两测向站同空间目标一起三点共面，相对位置关系如图 3.11 所示，只需平面三角处理便可求解。三站以上测向交叉定位变为立体定位问题，相对复杂得多。但二维交叉定位是基础，解决了二维定位问题，三维定位问题也就容易了。所以这里只介绍两站测向交叉定位方法。

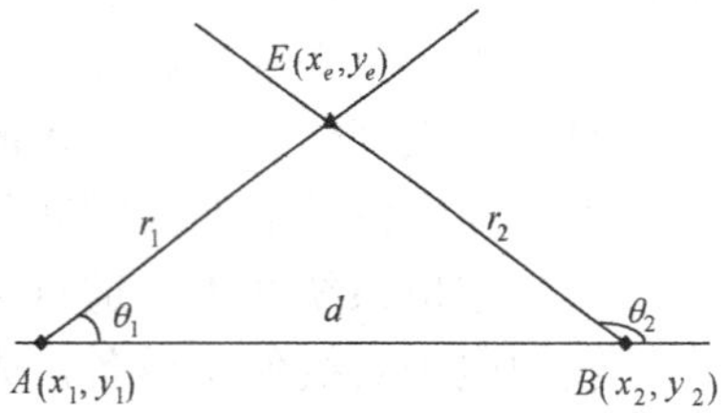

图 3.11　两站测向定位几何位置关系

为简化分析，取 x 轴的正方向为第一测向站 A 到第二测向站 B 的方向，与方位基线（AB）平行。A 站坐标 (x_1, y_1)，B 站坐标 (x_2, y_2)，辐射源位于 E 点，坐标 (x_e, y_e)。若两观测站测得的辐射源方位角分别为 θ_1, θ_2，则由正弦定理可确定观测站至辐射源间的距离为：

$$r_1 = \frac{d \sin \theta_2}{\sin(\theta_2 - \theta_1)} \tag{3.7.1}$$

式中，d 为 A、B 两测向站间的距离。

在图 3-1 的直角坐标系中，令：

$$\tan \theta_1 = \frac{y_e - y_1}{x_e - x_1} = k_1 \tag{3.7.2}$$

$$\tan \theta_2 = \frac{y_e - y_2}{x_e - x_2} = k_2 \tag{3.7.3}$$

可得联立方程组：

$$\begin{cases} y_e-(x_e-x_1)k_1=y_1 \\ y_e-(x_e-x_2)k_2=y_2 \end{cases} \tag{3.7.4}$$

求解即得：

$$\begin{aligned} x_e&=\frac{y_1-y_2-k_1x_1+k_2x_2}{k_2-k_1} \\ &=\frac{y_1-y_2-\tan\theta_1x_1+\tan\theta_2x_2}{\tan\theta_2-\tan\theta_1} \end{aligned} \tag{3.7.5}$$

$$\begin{aligned} y_e&=\frac{k_2y_1-k_1y_2-k_1k_2x_1+k_1k_2x_2}{k_2-k_1} \\ &=\frac{\tan\theta_2y_1-\tan\theta_1y_2-\tan\theta_1\tan\theta_2x_1+\tan\theta_1\tan\theta_2x_2}{\tan\theta_2-\tan\theta_1} \end{aligned} \tag{3.7.6}$$

由此可见，只要给定了两测向站的位置 $A(x_1,y_1)$、$B(x_2,y_2)$，无源侦察设备又测定了 θ_1,θ_2，就可很容易地确定辐射源 E 的坐标位置 (x_e,y_e) 或观测站至辐射源间的距离 r_1,r_2。

2．考虑有误差情况的测向交叉定位

从原理上说，无源交叉定位既简单又容易实现，但其定位误差很大，主要是因为其测向站测向误差很大，其中包含系统误差、随机误差两个部分，前者一般容易消除，麻烦出在随机误差上。

由于电波传输介质不均匀，也由于侦察设备内部噪声影响，被测辐射源方位值 θ_1,θ_2 必然存在误差 $\Delta\theta_1,\Delta\theta_2$，它直接影响无源测向交差定位精度。这种误差既可用几何近似方法分析，也可用概率论方法分析。

假设误差 $\Delta\theta_1,\Delta\theta_2$ 满足互不相关的零均值高斯随机分布，方差分别为 $\sigma_{\theta1}^2,\sigma_{\theta2}^2$，由式（3.7.5），式（3.7.6）可求得直角坐标系下目标的 x 轴和 y 轴定位误差是零均值的，可表示为：

$$\begin{bmatrix} \mathrm{d}x \\ \mathrm{d}y \end{bmatrix}=\begin{bmatrix} \dfrac{\partial x_e}{\partial\theta_1} & \dfrac{\partial x_e}{\partial\theta_2} \\ \dfrac{\partial y_e}{\partial\theta_1} & \dfrac{\partial y_e}{\partial\theta_2} \end{bmatrix}\begin{bmatrix} \mathrm{d}\theta_1 \\ \mathrm{d}\theta_2 \end{bmatrix}=A\begin{bmatrix} \mathrm{d}\theta_1 \\ \mathrm{d}\theta_2 \end{bmatrix} \tag{3.7.7}$$

式中

$$A=\frac{d}{\sin^2(\theta_2-\theta_1)}\begin{bmatrix} \sin\theta_2\cos\theta_2 & -\sin\theta_1\cos\theta_1 \\ \sin^2\theta_2 & -\sin^2\theta_1 \end{bmatrix} \tag{3.7.8}$$

由式（3.7.7）可求得直角坐标系下的定位误差 $\mathrm{d}x,\mathrm{d}y$ 的协方差 r_{xx},r_{yy} 以及互协方差 r_{xy}，用矩阵形式可表示为：

$$\begin{bmatrix} r_{xx} & r_{xy} \\ r_{xy} & r_{yy} \end{bmatrix}=E\left\{\begin{bmatrix} \mathrm{d}x \\ \mathrm{d}y \end{bmatrix}\begin{bmatrix} \mathrm{d}x & \mathrm{d}y \end{bmatrix}\right\}=A\begin{bmatrix} \sigma_{\theta1}^2 & 0 \\ 0 & \sigma_{\theta2}^2 \end{bmatrix}A' \tag{3.7.9}$$

$$r_{xx}=\frac{R^2}{\sin^2(\theta_2-\theta_1)}\left[\frac{\cos^2\theta_2}{\sin^2\theta_1}\sigma_{\theta1}^2+\frac{\cos^2\theta_1}{\sin^2\theta_2}\sigma_{\theta2}^2\right] \tag{3.7.10}$$

$$r_{yy}=\frac{R^2}{\sin^2(\theta_2-\theta_1)}\left[\frac{\sin^2\theta_2}{\sin^2\theta_1}\sigma_{\theta1}^2+\frac{\sin^2\theta_1}{\sin^2\theta_2}\sigma_{\theta2}^2\right] \tag{3.7.11}$$

其中 R 是目标到两测向站连线的距离：

$$R=\frac{d\sin\theta_2\sin\theta_1}{\sin(\theta_2-\theta_1)} \tag{3.7.12}$$

引入定位精度的几何稀释（Geometrical Dilution of Precision，GDOP）：

$$\mathrm{GDOP}=\sqrt{r_{xx}+r_{yy}} \tag{3.7.13}$$

圆概率误差（Circular Error Probable，CEP）：

$$\mathrm{CEP}=0.75\cdot GDOP \tag{3.7.14}$$

从而能够简单分析目标定位点并分析误差大小。

测向站测向误差对交叉定位的定位精度影响很大。在目前技术状况下，只有利用先进的干涉仪测向或无源精密测向技术组成无源交叉定位系统，才算是基本可行的。

3.7.2 测时差定位法

测时差定位技术也称为“反罗兰”技术，是“罗兰”导航技术的逆运用。由同一辐射源信号到两个侦察站的等时差轨迹为一组双曲线（面）；同时利用三个以上侦察站获得至少两组双曲线（面），它们的交点就确定出辐射源的位置。

1．二维平面测时差定位原理

如图 3.12 所示，设在地面上设置两个固定侦察站 A、B，E 点处有一辐射源，在某时刻 t_0 发射一个脉冲信号，到达侦察站 A、B 的时间分别为 t_a,t_b，由此获得同一信号的到达时间差：$\Delta t=t_a-t_b$，其间路程差：$\Delta r=r_1-r_2=c\Delta t$。

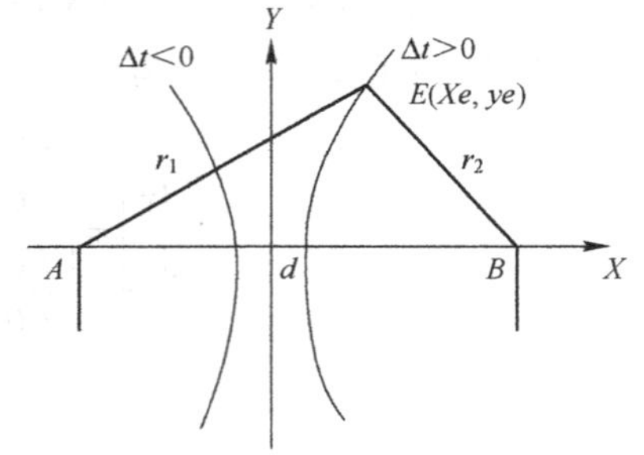

图 3.12　两站测时差确定双曲线（面）

为简便计算，建立以定位基线 AB 方向为 x 轴方向，以 AB 中点为原点的直角坐标系。设辐射源 E 的坐标为 (x_e,y_e)，则有：

$$r_1=\left[\left(x_e+\frac{d}{2}\right)^2+y_e^2\right]^{1/2} \tag{3.7.15}$$

$$r_2=\left[\left(x_e-\frac{d}{2}\right)^2+y_e^2\right]^{1/2} \tag{3.7.16}$$

整理可得：

$$\frac{x_e^2}{\Delta r^2/4}-\frac{y_e^2}{(d^2-\Delta r^2)/4}=1 \tag{3.7.17}$$

这是一个典型的双曲线方程，其实半轴为：

$$a=\pm\Delta r/2 \tag{3.7.18}$$

虚半轴为：

$$b=\pm\left[\left(\frac{d}{2}\right)^2-a^2\right]^{1/2} \tag{3.7.19}$$

焦点在 x 轴上，即 A、B 两点。由此转化为：

$$\frac{x_e^2}{a^2}-\frac{y_e^2}{b^2}=1 \tag{3.7.20}$$

上式确定了到达时差为 Δt 的辐射源位置的轨迹。也就是说，只要某辐射源的信号到达 A、B 两站的时间差为 Δt，该辐射源就必然位于上式所确定的双曲线上。而且，到达时差 Δt 的正、负号还可进一步确定辐射源 E 所在的双曲线分支，即：

如果 $\Delta t>0$，则辐射源位于右侧曲线上；

如果 $\Delta t<0$，则辐射源位于左侧曲线上。

将两个侦察站推广至三个侦察站 A、B、C，某辐射源的同一脉冲信号到达 A、B、C 的时间分别为 t_a,t_b,t_c，则可获得两个时间差：

$$\Delta t_1=t_b-t_a,\quad \Delta t_2=t_c-t_a \tag{3.7.21}$$

则既可由到达时间差 Δt_1，确定以 A、B 为焦点的一组双曲线：

$$\frac{x_e^2}{a_1^2}-\frac{y_e^2}{b_1^2}=1 \tag{3.7.22}$$

又可由到达时间差 Δt_2 确定以 A、C 为焦点的另一组双曲线：

$$\frac{x_e^2}{a_2^2}-\frac{y_e^2}{b_2^2}=1 \tag{3.7.23}$$

还可利用 Δt_1、Δt_2 的正负号具体确定辐射源所在的双曲线分支。此两分支的交点则确定了辐射源 E 所在空间位置 $E(x_e,y_e)$，即求解下面联立方程的解：

$$\begin{cases}\dfrac{x_e^2}{a_1^2}-\dfrac{y_e^2}{b_1^2}=1\\[2ex]\dfrac{x_e^2}{a_2^2}-\dfrac{y_e^2}{b_2^2}=1\end{cases} \tag{3.7.24}$$

以上是二维平面问题的处理方法。一般来说，在三维空间，三个无源侦察站 A、B、C 同辐射源 E 不会正好在同一平面上，此时问题要复杂得多。

2．定位精度分析

测时差定位系统的定位精度受多方面因素影响，主要有：

1）测时精度对系统定位精度的影响

由于时差定位系统将定位问题的关键技术转化为信号到达各站时间差的测量，所以测时精度成为系统定位精度最主要、最直接的依据。不过在电子技术高度发达的今天，时间测量可以做到相当准确，所以定位精度高是时差定位法的主要特点和优点之一。

2）侦察站位置误差对系统定位精度的影响

前面的分析表明，侦察站坐标位置被设定为已知参数，直接进入信息处理，其位置误差会引起时差的测量出现误差，也影响最后的无源定位误差。以陆地为基础的侦察站位置定位相当准确，海面或空中机载侦察站定位问题则难度较大，借助于现代高技术定位系统可望减小这种影响。

3）对时信号校准对系统定位精度的影响

从原理上说，辐射源信号到达各侦察站的时间差，指的是辐射源在某一时刻发射的信号到达各个侦察站所需的时间之差。由于各侦察站相隔一定距离，是分散部署的，因此信号校准即对时信号核查成为确保正确观测、准确定位最关键的问题，否则信息处理结论就会是错误的。

小结

目标定位是目标跟踪的基础。本章在介绍了定位涉及的空间几何知识和坐标系的基础上，着重阐述了定位误差的度量和分析方法，并详细分析了常用的目标定位方法。

思考题

1．简述定位的基本概念，根据能量来划分，定位一般分为哪几类？

2．简述定位面、定位线、定位点的概念，如果需要对三维空间目标进行定位至少需要几个定位面？

3．简述地球坐标系、大地坐标系和地理坐标的定义以及坐标的表达形式。

4．简述 SEP 和 CEP 的概念及定义式。

5．简述空间目标的球坐标和直角坐标的转换关系式。

6．简述测向交叉定位法的基本原理。

7．影响测时差定位精度因素有哪些？

第四章　目标跟踪基本方法

4.1　概述

在上一章，我们介绍了目标定位方法。当目标在运动时，我们在不同的时间可以求出目标的位置，在理想情况下，把它们连接起来就是目标的航迹。但是，由于存在定位误差，且不同时刻目标位置的误差通常没有简单的关系，可以说几乎是互相独立的，因此，简单的连接显然会给出很不真实的航迹，使目标看起来似乎在做一定形式的布朗运动。在本章，我们将以目标在离散时刻的点迹为基础，通过对其处理，将它们形成连贯的航迹，并由此获得目标的运动参数信息，从而完成跟踪的任务。

目标跟踪就是利用离散时间系统的滤波和预测算法实现对机动目标的运动参数估计。也就是说，目标跟踪的主要目的就是估计移动目标的状态轨迹。通常把目标看作空间没有形状的一个点，对于目标建模更是如此。

目前目标跟踪算法都是基于模型来实现的，它依赖于两个描述：一个是目标行为，通常用动态运动模型表示，该模型描述了目标状态 x 随时间的演化过程，也称状态模型；另一个是对目标的观测，称为观测模型。

常用的目标运动状态模型写为

$$\begin{cases} \boldsymbol{x}_{k+1} = f_k(\boldsymbol{x}_k, \boldsymbol{u}_k, \boldsymbol{w}_k) \\ \boldsymbol{z}_k = \boldsymbol{h}_k(\boldsymbol{x}_k) + \boldsymbol{v}_k \end{cases} \quad (k \in N) \tag{4.1.1}$$

式中：$\boldsymbol{x}_k, \boldsymbol{z}_k, \boldsymbol{u}_k$ 分别是 k 时刻目标的状态、观测和控制输入向量；$\{\boldsymbol{w}_k\},\{\boldsymbol{v}_k\}$ 分别是过程（或系统）噪声序列和量测噪声序列；f_k, h_k 是某些时变量值函数，通常这个离散时间模型来源于混合时间模型。

$$\begin{cases} \dot{x}(t) = f(x(t), u(t), t) + w(t)) \quad (x(t_o) = x_o\ ) \\ z_k = h_k(x_k) + v_k \end{cases} \tag{4.1.2}$$

相应的线性形式分别为

$$\begin{cases} x_{k+1} = F_k x_k + E_k u_k + G_k W_k \\ z_k = h_k(x_k) + v_k \end{cases} \quad (k \in N) \tag{4.1.3}$$

$$\begin{cases} \dot{x}(t) = A(t)x(t) + E(t)u(t) + B(t)w(t) \\ z_k = H_k x_k + v_k \end{cases} \quad (\ t \in R, k \in N) \tag{4.1.4}$$

目标跟踪时面临的主要挑战是目标运动模式的不确定性，这个不确定性表现为：对跟踪者而言，被跟踪目标的精确动态模型是不知道的。虽然式（4.1.2）这种一般形式的模型通常是已知的，但跟踪者不知道目标实际的控制输入$u(t)$，不知道f的具体形式和相应的参数，也不知道在跟踪时噪声w的统计特性。因此，目标跟踪的首要任务就是目标运动建模，其目的是建立一个能准确表示目标运动效果且易于跟踪处理的模型。

目标真正的动态行为是很难精确描述的，一般从两个方面来尽可能精确描述：

（1）把$u(t)$作为一个具有某种统计特性的随机过程去逼近实际非随机的控制输入。

（2）用带有适当设计参数的某些代表性的运动模型来描述典型的目标轨迹。

根据目标速度的变化情况，目标运动模型分为两类：机动模型和非机动模型。非机动模型是指，在惯性参考坐标系中，目标按某个定常的速度做直线和水平运动。广义地讲，所有不是机动运动的模式都称为非机动。相对应目标跟踪算法可以分为机动目标跟踪算法和非机动目标跟踪算法。

机动目标跟踪算法的基本思想是：由观测与状态预测构成残差向量$\boldsymbol{d}_k = Y - H\hat{X}(k/k-1)$；根据$\boldsymbol{d}_k$的变化进行机动检测或者机动辨识，按照某一准则或者逻辑调整滤波增益与协方差矩阵或实时辨识目标机动特性参数；最后由滤波算法得到目标的状态估计值和预测值，从而实现对机动目标跟踪的功能。根据不同的工作原理，机动目标跟踪大致可分为三类：检测自适应滤波、实时辨识自适应滤波和“全面”自适应滤波。

非机动目标跟踪一般指对匀速直线运动目标的跟踪。相对机动目标跟踪而言，非机动目标跟踪更为简单，易于实现。当然，真实的环境中，目标运动时会受到各种因素的干扰，目标运动不可能不做机动。因此，机动目标跟踪更为广泛。

目标跟踪算法的实现，首先要从状态模型和观测模型开始，而状态模型和观测模型的描述与选择的状态坐标系是密切相关的。状态坐标的选择影响到跟踪算法的实现形式和跟踪效果。同时，目标跟踪算法的输入是各种传感器的量测数据，这些量测值可能受到各种不确定因素的影响，致使量测数据出现异常数据。为了消除异常量测数据的影响，需要对量测数据进行预处理。

因此，本章围绕目标跟踪这一主题，按照目标跟踪各环节之间的逻辑关系，首先解决跟踪坐标系的选择问题，通过分析不同坐标系下的目标运动模型和量测模型，指出坐标系选择对目标跟踪的影响；其次，介绍数据预处理，具体包括野点剔除和数据压缩方法；再次，阐述一条航迹是如何建立起来的，即航迹起始，并在此基础上，介绍目标点迹和航迹的关联方法；接着，给出了目标跟踪常用的运动模型和传感器量测模型，利用离散时间系统的滤波方法，实现基于上述模型的离散滤波；而后，分析了目标机动跟踪算法，该部分内容是本章的难点；最后，介绍了航迹质量管理方法。

4.2 坐标系的选择

坐标系的选择直接影响着系统状态方程和观测方程的结构，从而对跟踪滤波器产生影响。

现实中的观测器材（如雷达、光电跟踪仪等），其观测数据往往是定义在极坐标系内，而目标运动模模型一般在直角坐标系下描述时，才有简洁的表达式，但是此时不能保证状态方程和观测方程同时为线性方程。所以，考虑到运算量和估计精度等因素，在设计滤波算法之前，需要选择合适的跟踪坐标系。球（极）坐标系和直角坐标系是两种最为常见的坐标系。

当采用球（极）坐标系时，可以直接应用量测噪声特性，且可实现各测量值之间的不相关，但是状态变量的微分方程组是非线性的，给滤波计算带来困难。如果选用直角坐标系，其观测方程变成非线性，同时不能直接使用物理测量的量测噪声，此时的各量测值是经过数学转换后的数字量测，失去了物理量测值之间的不相关性，而变成相关的量测噪声。

然而，被跟踪目标的运动一般是未知的，在设计跟踪滤波器之前，需要预先假定目标的运动模型，传感器探测的数学模型决定了传感器提供的观测值类型。这两种数学模型都依赖于所用的坐标参考系。因此，应选择一个合适的坐标系来满足有限的计算时间和保持良好的跟踪系统性能这两个互相矛盾的要求。实际上很难找出最佳的参考系，下面分析说明与跟踪雷达传感器有关的两种坐标系的特点。对其他传感器，比如声呐、光电等传感器，也存在类似问题，其分析过程是一致的。

4.2.1 极坐标系

跟踪雷达一般是在极坐标系中输出观测数据的，即输出目标斜距离、方位角和高低角。如果在极坐标系下完成目标跟踪，可以避免坐标变换，而且由于观测误差的独立性和稳定性，状态矢量是解耦的，即可以分别被分解成三个独立滤波器，分别对应于距离、方位角和高低角进行计算。但是，由于目标运动模型不能采用线性差分方程来描述，其对应的跟踪滤波器也是非线性的，所以用这种参考系会引起一些困难。甚至对于简单的匀速直线运动目标，在这种参考系下建立目标运动模型，也会有距离和角度的视在加速度产生，而且这些加速度与距离和角度的关系都是非线性的。

考虑图 4.1 所示的简单平面情况，匀速（V）运动目标 P 沿平行于 x 轴的航线运动。可得如下角加速度：

$$\ddot{\alpha}(t)=2\dot{\alpha}_{\max}^{2}\sin^{3}\alpha(t)\cos\alpha(t) \tag{4.2.1}$$

$$\ddot{\rho}(t)=-\ddot{\rho}_{\max}\sin^{2}\theta(t) \tag{4.2.2}$$

式中：$\dot{\alpha}_{\max}=V/\rho_{CR}$；$\ddot{\rho}_{\max}=\dfrac{V^2}{\rho_{CR}}$。

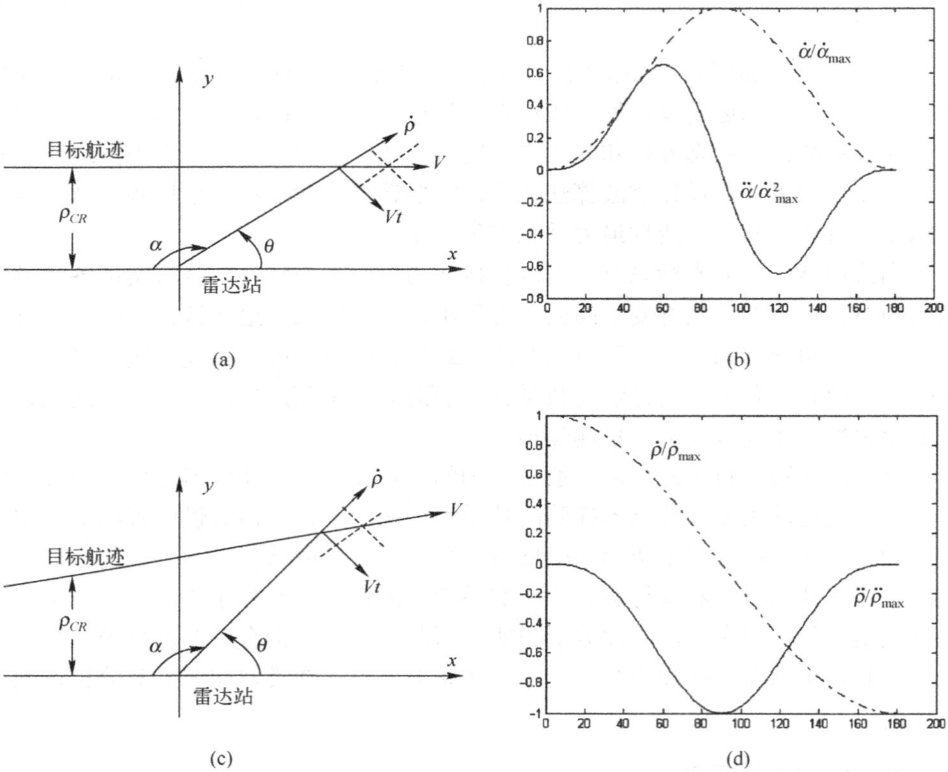

图 4.1　假想的加速度

图 4.1（b）表示归一化速度和加速度与方位角的关系，图 4.1（d）中给出了归一化径向速度和加速度与方位角的关系。可以看出，出现假想的加速度与（ρ，θ）之间的非线性关系，即系统的状态方程是非线性的。

4.2.2　直角坐标系

现在来研究直角坐标系，它特别适合于表示由若干直线段组成的目标航迹。匀速直线运动的目标在直角坐标系各个坐标轴上产生均匀的运动，它可以由线性差分方程精确地模拟，某时刻的目标运动状态可以用 x、y 轴上的投影来表示，如图 4.2 所示。

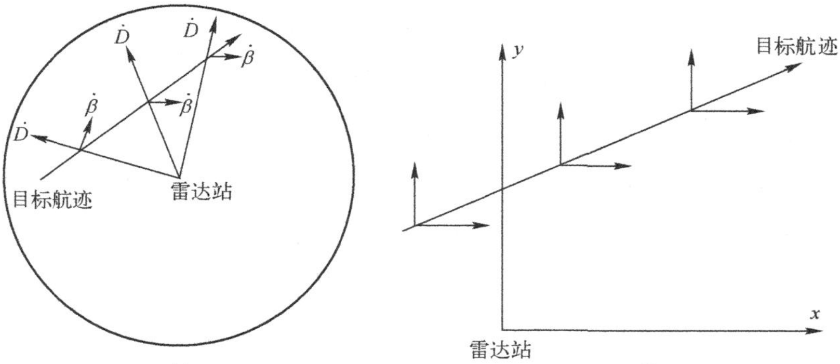

(a) (b)

图 4.2 两种坐标系下的目标航迹

但是，跟踪雷达给出的观测值一般是极坐标系下的观测量，如果我们在直角坐标系下设计跟踪器，则需要将极坐标系下的雷达观测值变换成直角坐标系下的观测值。下面来研究目标位置从极坐标变换为直角坐标的问题（见图 4.3）。

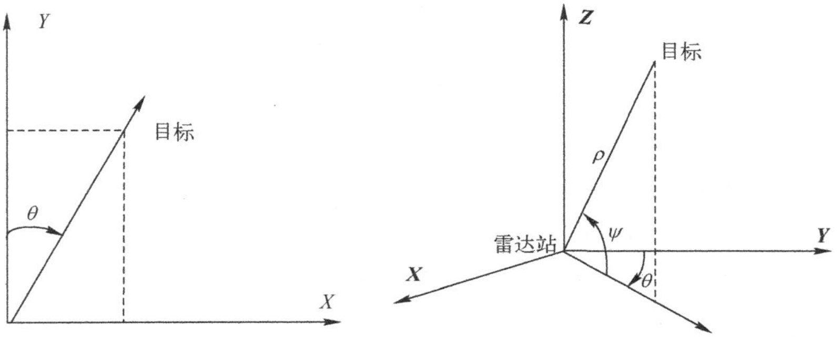

(a) 二维转换情况 (b) 三维转换情况

图 4.3 坐标转换问题

首先考虑二维情况，然后推广到三维问题。设根据 Y 轴测得的方位角为 β，斜距离为 D，如图 4.3（a）所示，则二维极坐标到直角坐标的变换为：

$$\begin{cases} x = D\sin\beta \\ y = D\cos\beta \end{cases} \tag{4.2.3}$$

但是，雷达观测一般都有观测误差，包括距离观测均方差 σ_D 和角度均方差 σ_β。考虑到式（4.2.3）的非线性，直角坐标系中的观测误差为非高斯分布，而且相应的最佳跟踪滤波器也是非线性的。为了避免这一困难，现作一合理的假设：在极坐标系中的观测误差（σ_D、σ_β）远小于目标的真实坐标（D、β）。在这个假设条件下，直角坐标系下的误差为：

$$\begin{cases}\sigma_X = \sigma_D \sin\beta + D\cos\beta\sigma_\beta \\ \sigma_Y = \sigma_D \cos\beta - D\sin\beta\sigma_\beta\end{cases} \tag{4.2.4}$$

上式是由式的两边取微分得到的。这样，（σ_D、σ_β）与（σ_X、σ_Y）是线性关系，而且高斯概率分布假定也仍然有效。因此，（σ_X、σ_Y）是双变量高斯随机变量，它们的均值为零，方差分别为：

$$\begin{cases}\sigma_X^2 = \sigma_D^2 \sin^2\beta + D^2\cos^2\beta\sigma_\beta^2 \\ \sigma_Y^2 = \sigma_D^2 \cos^2\beta + D^2\sin^2\beta\sigma_\beta^2 \\ \sigma_{XY} = (\sigma_D^2 - D^2\sigma_\beta^2)\cos\beta\sin\beta\end{cases} \tag{4.2.5}$$

因此，在直角坐标系中的目标观测误差也是高斯分布的，但是它们是相关的，并且与目标位置有关。上述各个协方差可以排列成雷达观测值的协方差矩阵 $\boldsymbol{R}$：

$$\boldsymbol{R} = \begin{bmatrix}\sigma_X^2 & \sigma_{XY} \\ \sigma_{XY} & \sigma_Y^2\end{bmatrix} \tag{4.2.6}$$

下面考虑三维坐标的变换情况，参见图 4.3（b）所示。

$$\begin{cases}x = D\cos\varepsilon\sin\beta \\ y = D\cos\varepsilon\cos\beta \\ z = D\sin\varepsilon\end{cases} \tag{4.2.7}$$

按照上述的数学方法，得到下述方程组：

$$\begin{cases}\sigma_X = \sigma_D\cos\varepsilon\sin\beta + D\cos\varepsilon\cos\beta\sigma_\beta - D\sin\varepsilon\sin\beta\sigma_\varepsilon \\ \sigma_Y = \sigma_D\cos\varepsilon\cos\beta - D\cos\varepsilon\sin\beta\sigma_\beta - D\sin\varepsilon\cos\beta\sigma_\varepsilon \\ \sigma_Z = \sigma_D\sin\varepsilon + D\cos\varepsilon\sigma_\varepsilon\end{cases} \tag{4.2.8a}$$

同理，可得

$$\begin{cases}\sigma_X^2 = \sigma_D^2\cos^2\varepsilon\sin^2\beta + D^2\cos^2\varepsilon\cos^2\beta\sigma_\beta^2 + D^2\sin^2\varepsilon\sin^2\beta\sigma_\varepsilon^2 \\ \sigma_Y^2 = \sigma_D^2\cos^2\varepsilon\cos^2\beta + D^2\cos^2\varepsilon\sin^2\beta\sigma_\beta^2 + D^2\sin^2\varepsilon\cos^2\beta\sigma_\varepsilon^2 \\ \sigma_Z^2 = \sigma_D^2\sin^2\varepsilon + D^2\cos^2\varepsilon\sigma_\varepsilon^2\end{cases} \tag{4.2.8b}$$

$$\begin{cases}\sigma_{XY} = [0.5\sin 2\beta][\sigma_D^2\cos^2\varepsilon - D^2\cos^2\varepsilon\sigma_\beta^2 + D^2\sin^2\varepsilon\sigma_\varepsilon^2] \\ \sigma_{YZ} = [0.5\sin 2\varepsilon][\sigma_D^2 - D^2\sigma_\varepsilon^2]\cos\beta \\ \sigma_{XZ} = [0.5\sin 2\varepsilon][\sigma_D^2 - D^2\sigma_\varepsilon^2]\sin\beta\end{cases} \tag{4.2.8c}$$

此外，这些协方差分量可以排列成下列协方差矩阵 $\boldsymbol{R}$：

$$\boldsymbol{R} = \begin{bmatrix}\sigma_X^2 & \sigma_{XY} & \sigma_{XZ} \\ \sigma_{XY} & \sigma_Y^2 & \sigma_{YZ} \\ \sigma_{XZ} & \sigma_{YZ} & \sigma_Z^2\end{bmatrix} \tag{4.2.9}$$

如果σ_{XY}为零或者非常小时，直角坐标系中的跟踪滤波器可以分解为两个独立的滤波通道，每一个坐标分量对应一个滤波通道。

以上坐标系的选择分析表明：

（1）在极坐标系中的观测值的误差分布是互相独立的，而目标的运动会产生假想加速度（即使目标作匀速直线运动），并且目标运动模型是非线性的，使得跟踪滤波器的设计比较困难。

（2）通过坐标变换，将极坐标系中的观测值转化为直角坐标系中的观测值，会使得观测误差相关，即耦合。但直角坐标系是一个惯性坐标系，对做直线运动的目标航迹运动模型来说，非常容易建立直线运动的目标航迹模型，使得跟踪滤波器的设计比较容易。

4.3 数据预处理

传感器获得目标数据通常不会直接用于跟踪处理系统。一方面，这些数据必然存在测量误差甚至由于种种原因存在错误数据。另一方面，高采样率和多传感器带来的大量数据会降低跟踪的实时性。所以需要对传感器获得的数据进行一定的处理，而后再作为跟踪数据。这些处理称为数据预处理，具体方法通常包括野值剔除和数据压缩，本节将对这两类预处理手段进行介绍。

4.3.1 野值剔除

在各种数据处理问题中，由于传感器本身或者数据传输中的种种原因，都可能使所给出的量测序列中包含某些错误的量测量，工程上称为野值。它们或是量级上与正常量测量相差很大，或者量级上虽没有明显差别，但是误差超越了传感器正常状态所允许的误差范围。如果不将这些野值预先剔除，将给数据处理带来较大的误差，并可能导致滤波发散。

参考雷达数据处理工作的实践经验，即使是高精度的雷达设备，由于多种偶然因素的综合影响，采样数据集合中往往包含1%～2%，有时甚至多大10%～20%（例如，雷达进行高仰角跟踪时）的数据点严重偏离目标真值。近几十年来，国际统计界大量的研究结果表明，经典的估计方法对采样数据中包含的野值点反应都极为敏感。工程实践表明，野值剔除是数据处理工作的重要一环，对改进处理结果的精度、提高处理质量都极为重要。

通常把野值定义为：测量数据集合中严重偏离大部分数据所呈现变化趋势的小部分数据点。这一定义强调主体数据所呈现的“趋势”，以偏离数据集合主体的变化趋势为判别异常数据依据，并明确指出野值在测量集合中只占小部分（最多不超过一半），显然，这在直观上是合理的。

1．野值的分析

测量数据集合中出现野值点的原因很多。单就雷达数据而言，产生野值主要有如下几个方面的原因：

（1）操作和记录时的失误，以及数据复制和计算处理时所出现的过失性错误。由此产生的误差成为过失误差（Gross Error）。

（2）探测环境的变化。探测环境的突然改变使得部分数据与原先样本的模型不符合，例如雷达跟踪时应答机工作状态的不稳定等。

（3）实际采样数据中也可能出现另一类异常数据，它既不是来自操作和处理的过失，也不是由突发性强影响因素导致的，而是某些服从长尾分布的随机变量（例如，服从 t 分布的随机变量）作用的结果。

数据处理过程中出现的野值点，比较常见的有如下几种类型：

（1）孤立型野值。它的基本特点是，某一采样时刻处的测量数据是否为野值与前一时刻及后一时刻的质量无必然联系。而且，比较常见的是当某时刻的测量数据呈现异常时，在该时刻的一个邻域内的数据质量是好的，即野值点的出现是孤立的。

（2）野值斑点，简称斑点，是指成片出现的异常数据。它的基本特征是，在它前面时刻出现的野值，也可能带动后续时刻均严重偏离真值。雷达在跟踪高仰角目标的测量数据序列中，野值斑点的出现是比较常见的故障现象。

2．处理的方法

野点的剔除是对输入数据进行检验的重要环节，下面以直角坐标系下的 X 坐标为例介绍剔点处理的基本原理。

设 $\hat{X}_i$ 表示第 i 点的坐标滤波值，那么 $\hat{X}_{i|i-1}$ 表示第 $i-1$ 点对 i 点的线性外推值，当输入的采样点 X_i 满足

$$\begin{cases}\Delta X = X_i - \hat{X}_{i|i-1} \\ |\Delta X| \leqslant \delta_j\end{cases} \tag{4.3.1}$$

时，认为该采样点 X_i 为合理点，机器予以接收；否则认为是不合理点，予以剔除，而用点 $\hat{X}_{i|i-1}$ 代替采样点 X_i。

式（4.3.2）中的 δ_j 表示观测误差均方差，下标 j 为连续剔点个数，采样点为合理点时，要清除连续剔点信息和计数。

如果采用矩阵向量的形式来定义野点，则可以描述成如下形式：

设量测序列为 $Z(1),Z(2),\cdots,Z(k)$，对状态 $\boldsymbol{X}$(k+1)的预测值 $\hat{X}(k+1/k)$，此时可得到预测残差为 $\boldsymbol{d}(k+1)$ 为

$$\boldsymbol{d}(k+1) = \boldsymbol{Z}(k+1) - \boldsymbol{H}(k+1)\hat{X}(k+1/k) \tag{4.3.2}$$

式中：$\boldsymbol{H}(k+1)$ 为观测方程的系数矩阵。

假设 $\boldsymbol{d}(k+1)$ 是均值为零的高斯（Guass）随机变量，其协方差矩阵为：

$$\boldsymbol{E}[\boldsymbol{d}(k+1),\boldsymbol{d}^{\mathrm{T}}(k+1)]=\boldsymbol{H}(k+1)\boldsymbol{P}(k+1/k)\boldsymbol{H}^{\mathrm{T}}(k+1)+\boldsymbol{R}(k+1) \tag{4.3.3}$$

式中：$\boldsymbol{P}(k+1/K)$ 表示预测误差协方差矩阵；$\boldsymbol{R}(k+1)$ 为观测噪声协方差矩阵。

利用上述预测残差的统计特征可对 $Z(k+1)$ 时的每个分量进行判别，判别式为：

$$|\boldsymbol{d}_i(k+1)|\leqslant C\cdot\sqrt{[\boldsymbol{H}(k+1)\boldsymbol{P}(k+1/k)\boldsymbol{H}^{\mathrm{T}}(k+1)+\boldsymbol{R}(k+1)]_{i,i}} \tag{4.3.4}$$

式中：下角标号“i,i”表示矩阵对角线上的第 i 个单元；$\boldsymbol{d}_i(k+1)$ 表示 $\boldsymbol{d}(k+1)$ 的第 i 个分量；C 为常数，可取 3 或 4。

如果上式成立，判别 $\boldsymbol{Z}_i(k+1)$ 为正确观测量；反之，则 $\boldsymbol{Z}_i(k+1)$ 为野值。

4.3.2 数据压缩处理

数据压缩也是一项与实际工程紧密结合的数据预处理手段。随着各类传感器的数据采样率越来越高，获得目标的运动信息也越来越多，目标的跟踪精度自然也就越高。然而，相应的跟踪器的计算量代价也增大。因此，在实际工程中，经常采用数据压缩技术妥善处理滤波精度和数据量之间的矛盾。有效的数据压缩将提高目标跟踪的精度，有效地减少系统运算量。

就目前的雷达数据预处理技术而言，数据压缩有两个概念。一种概念是指在单雷达数据处理系统中，将雷达不同时刻的数据压缩成一个时刻的数据；另一个概念是在多雷达（组网雷达）数据处理系统中，将多部雷达的数据压缩成单部雷达数据。由于本章主要讨论单传感器目标跟踪的内容，所以下面介绍单雷达数据压缩技术，它分为等权平均量测预处理和变权平均量测预处理两种方法。

1. 等权平均量测预处理

设运动目标的离散状态方程和观测方程为：

$$\begin{cases}\boldsymbol{X}(k+1)=\boldsymbol{\Phi}(k+1,k)\boldsymbol{X}(k)+\boldsymbol{W}(k)\\ \boldsymbol{Y}(k)=\boldsymbol{H}(k)\boldsymbol{X}(k)+\boldsymbol{V}(k)\end{cases} \tag{4.3.5}$$

式中：$\boldsymbol{\Phi}(k+1,k)$、$\boldsymbol{H}(k)$ 分别为状态转移矩阵和观测据矩阵；$\boldsymbol{W}(k)$、$\boldsymbol{V}(k)$ 分别为互相独立的系统噪声和观测噪声，都服从一定的统计，如高斯分布。

设滤波速度为 $k(1/s)$，在每一采样周期内对目标进行 M 次测量，观测序列为：

$$\{Y(k+\tfrac{1}{M}),\cdots,Y(k+\tfrac{i}{M}),\cdots,Y(k+1)\} \tag{4.3.6}$$

定义这 M 次观测的等权平均残差为 $d_{pm}(k+1)$，则由标准卡尔曼滤波方程可得如下关系：

$$
\begin{aligned}
d_{pm}(k+1) &= \frac{1}{M}\sum_{i=1}^{M} d\left(k+\frac{i}{M}\right) \\
&= \frac{1}{M}\sum_{i=1}^{M}\left[Y\left(k+\frac{i}{M}\right)-\boldsymbol{H}\left(k+\frac{i}{M}\right)\boldsymbol{X}\left(k+\frac{i}{M}|k\right)\right] \\
&= \frac{1}{M}\sum_{i=1}^{M}\boldsymbol{H}\left(k+\frac{i}{M}\right)\left\{\boldsymbol{X}\left(k+\frac{i}{M}\right)-\boldsymbol{\Phi}\left(k+\frac{i}{M},k\right)\boldsymbol{X}(k|k)\right\} \\
&\quad +\frac{1}{M}\sum_{i=`1}^{M}\boldsymbol{V}\left(k+\frac{i}{M}\right)
\end{aligned} \tag{4.3.7}
$$

上式最后一项称为等权平均观测噪声$\boldsymbol{V}_{pm}(k+1)$，其协方差矩阵为：

$$
\begin{aligned}
\boldsymbol{R}_{pm}(k+1) &= \boldsymbol{E}(\boldsymbol{V}_{pm}(k+1)\cdot\boldsymbol{V}_{pm}(k+1)^{\mathrm{T}}) \\
&= \sum\left[\frac{1}{M^2}\sum_{i}^{M}\sum_{j}^{M}\boldsymbol{V}\left(k+\frac{i}{M}\right)\cdot\boldsymbol{V}\left(k+\frac{j}{M}\right)^{\mathrm{T}}\right] \\
&= \frac{1}{M}\boldsymbol{R}(k+1)
\end{aligned} \tag{4.3.8}
$$

式中：$\boldsymbol{R}(k+1)$为观测噪声$\boldsymbol{V}(k+1)$的协方差矩阵。显然，等权平均残差中随机测量噪声的影响已大大减小。

等权平均量测预处理的基本思想是：用这种包含更多目标信息而观测噪声影响更小的等权平均残差$\boldsymbol{V}_{pm}(k+1)$代替一次量测残差$\boldsymbol{V}(k+1)$，来计算目标状态估值，从而提高跟踪器的估计精度。

2．变权平均观测预处理

变权平均观测预处理的核心同样是用包含有更多目标信息，但观测噪声影响更小的变权平均残差$\boldsymbol{d}_{vm}(k+1)$代替一次观测残差$\boldsymbol{d}(k+1)$来估计目标的状态，其目的是加强最新观测数据对滤波的作用。

定义M次观测的变权平均残差$\boldsymbol{d}_{vm}(k+1)$为：

$$
\begin{aligned}
\boldsymbol{d}_{vm}(k+1) &= \frac{\sum_{i=1}^{M} i\cdot d\left(k+\frac{i}{M}\right)}{\sum_{i=1}^{M} i} \\
&= \frac{1}{\sum_{i=1}^{M} i}\cdot\sum_{i=1}^{M} i\cdot\boldsymbol{H}\left(k+\frac{i}{M}\right)\left[X\left(k+\frac{i}{M}\right)-\boldsymbol{\Phi}\left(k+\frac{i}{M},k\right)\right. \\
&\quad \left.\hat{X}\left(k+\frac{i}{M}|k\right)\right]+\boldsymbol{V}_{vm}(k+1)
\end{aligned} \tag{4.3.9}
$$

式中：$\boldsymbol{V}_{vm}(k+1)$为变权平均观测噪声。

$$\boldsymbol{V}_{vm}(k+1)=\frac{\sum_{i=1}^{M} i\cdot V\left(k+\frac{i}{M}\right)}{\sum_{i=1}^{M} i} \tag{4.3.10}$$

其协方差矩阵：

$$\begin{aligned}\boldsymbol{R}_{vm}(k+1)&=\boldsymbol{E}[\boldsymbol{V}_{vm}(k+1)\cdot\boldsymbol{V}_{vm}(k+1)^{\mathrm{T}}]\\&=\frac{1}{\left(\sum_{i=1}^{M} i\right)^2}\cdot\boldsymbol{E}\left[\sum_{i=1}^{M}\sum_{j=1}^{M} i\cdot j\cdot\boldsymbol{V}\left(k+\frac{i}{M}\right)\cdot\boldsymbol{V}\left(k+\frac{j}{M}\right)^{\mathrm{T}}\right]\\&=\frac{\sum_{i=1}^{M} i^2}{\left(\sum_{i=1}^{M} i\right)^2}\cdot\boldsymbol{R}(k+1)\end{aligned} \tag{4.3.11}$$

4.4 跟踪起始

早期的雷达终端是没有计算机的，航迹的建立和跟踪完全依靠人工完成，即人工判定目标是否存在，逐次报出目标的位置并进行标图，然后把分散的点迹连成航迹。有了目标的航迹，就可以知道目标的运动情况，推算它的未来位置和可能的企图。

现代雷达系统要求同时掌握大量的目标航迹，精确地实施跟踪和引导计算，航迹的建立方式可以是半自动的，也可以是全自动的。

4.4.1 航迹建立方式

1. 半自动方式

半自动方式建立目标航迹进行跟踪的方法是指目标的第 1 点（有的是第 1 点及第 2 点）是半自动录取的，后续点迹则是自动录取到的，建立航迹的准则与全自动方式基本相同。半自动建立航迹的基本步骤是：录取手通过显示器人工发现目标，转动模球将光标压住目标回波并同时按下录取键，计算机获取该点迹后以其为中心建立捕获波门，如在第 2 个周期内在该波门内出现了第 2 点，则以这两个点建立试验航迹，并以外推获得的预测点为中心建立跟踪波门来跟踪第 3 点。

半自动建立航迹及跟踪目标方法中一种常用的变种叫人工速率辅助跟踪。这种方法采用半自动录取方式录取多点建立目标航迹，在后续的跟踪中，系统在显示器上给出跟踪波门，操作手密切监视波门内自动录取点迹的情况。

如正常录取到了点迹，则可继续实施原跟踪；若点迹落在跟踪波门之处，则仍需操作手通过半自动方式录取该点迹，使跟踪得以继续，这种方式自动化程度较低，但它的优点是：在强干扰情况下，可以避免全自动录取方式录取到大量假目标，从而造成系统过载；在目标频繁机动情况下能够可靠跟踪目标。

2．全自动方式

自动方式是指建立航迹及后续的跟踪是在航迹处理机与提取器的相互配合下全自动完成的，整个过程无须人工干预。这种方式多用于背景较清晰、干扰小、目标速度较快的情况，对于空中目标尤为适用。

在此方式下，目标的出现和航迹的建立都由机器来完成，只是在个别的情况下需要人工干预。例如：当杂波电平很高而动目标显示的性能不好，或者是有人为干扰的时候，使得某些区域内的假目标点迹的密度很大，这时如果仍然用自动录取，将会产生大量的虚警，计算机内存的目标数据存储区可能会被大量的假目标数据所占用而处于饱和状态，这就要进行人工干预，禁止自动建立航迹，而改为人工录取。

在全自动录取的过程中，凡是与已建立的航迹不相关的新点迹，都要作为自由点迹存储起来。因为这些点迹有可能是新发现目标的第一个点迹，但究竟是不是，要进行检验。一般是在下一个扫描周期时，把新录取的点迹除了和已有航迹相关外，也要和存储的自由点迹进行比较，以确定是否能利用自由点迹中的某几个和新的一些点迹建立新的航迹。

4.4.2　航迹头选择

无论是半自动方式还是全自动方式，要建立新航迹，都必须考察自由点迹。首先要确定自由点迹中哪些点迹可以作为航迹的第一点也即航迹头。通常一次扫描后自由点迹的分布可能产生如图 4.4 所示的三种情况，其中：

图 4.4（a）是存在大量虚警的情况，形成了点迹的光带或光区，多产生于动目标显示性能不良或有人为干扰的情况。此时通常可采用半自动录取点迹的方式确定目标的航迹头甚至后续点迹，从而避免由于自动录取产生大量假目标点迹，造成计算机过载的情况。

图 4.4（b）多产生于提取器目标分裂或空中目标集群飞行的情况，也就是说数个自由点迹形成了一个分布密集的点迹团。通常可取该点迹团的中心（也叫凝聚点）作为航迹头。

图 4.4（c）图中出现的是分布较稀疏的若干个点迹，称其为孤立点迹。在这种情况下，可以直观地认为每一个点迹都是航迹头，尽管这其中可能存在假目标点迹。根据自由点迹的分布情况，可以采用全自动或半自动方法来建立航迹及完成后续的跟踪。

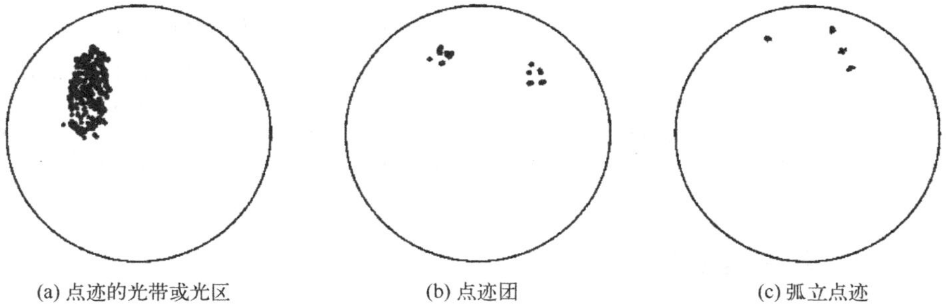

图 4.4　一次扫描自由点迹的分布

4.4.3　航迹建立举例

以下举例说明自动建立目标航迹的一种方法，见图 4.5。

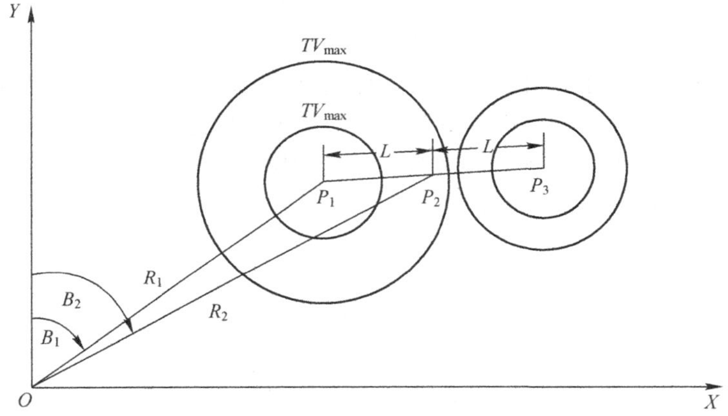

图 4.5　航迹的自动建立

图中 $P_1(R_1,B_1)$ 是一个已经确定的目标的第一个点迹，也即航迹头。以该点迹为中心做一个环形区域，这种区域称为“相关波门”，或“相关域”，或“搜索区域”。波门的内径和外径分别按照目标的最小和最大可能速度，以及雷达扫描周期来确定。这样，如果在下一天线扫描周期，环内检测到目标点迹 P_2，则是速度合理的运动目标，它很可能是第一次录取的目标在第二个扫描周期新位置的点迹，所以可判断点迹 P_2 和 P_1 是相关的，它们能连成一条可能的航迹。由于检测到第二个点迹 P_2，则 P_1 和 P_2 的间隔距离 L 也可求出，目标运动的方向当然也可粗略地知道，是从 P_1 向 P_2 运动。

对于已建立的航迹 P_1P_2，称为试验航迹。因为单凭这两个点迹确定的航迹其可信度是比较低的。例如受干扰的影响，P_1、P_2 两点可能都是虚警点迹，或者其中一个是假目标点迹，因此还需要进一步对试验航迹加以检验，以最终确定其是否为真实可靠的航迹，即确认航迹。确认的方法是在 P_1、P_2 的延长线上取一长度 L，得到下一雷达天线周期内目标可能出现的位置 P_3 点，该点称为外推点或预测点。然后再以 P_3 点为中心建立一个波门，当在下一天线周期内提取到一点迹，且其位于该波门内时，通常认为已建立了航迹，也即确认航迹，从而可以转入对目标的自动跟踪。

4.4.4 航迹建立准则

在建立航迹的过程中，由于受噪声干扰和目标特性的影响，点迹的出现表现为一定的发现概率和虚警概率，也就是说会产生有目标而未检测到点迹，无目标却提取到点迹的情况；此外，当目标相距较近时，还有可能出现波门重叠的现象。针对这些复杂的情况，还需要确立一些具体的准则加以处理，以提高航迹建立过程中的可靠性。下面就此再作一些简单的分析。

第 1 种情况是：如果已检测到了两点 P_1、P_2（见图 4.6（a）），且建立了试验航迹，但在第 3 周的跟踪波门内没有出现目标的第 3 个点迹 P_3，这时对于已建立的试验航迹并不立即予以撤消，因为目标尚有被录取到的可能性，还需进一步验证目标是否真正存在或是由虚假点迹所引起的虚假航迹。验证的方法是再按目标原来的速度和方向推出第 4 点位置 P_4，以 P_4 为中心再建立波门，该波门应恢复为原来的捕获波门，如果能检测到第 4 个点迹 P_4，那么这个航迹可延续下去，否则认为原试验航迹是不真实的，并予以撤销。

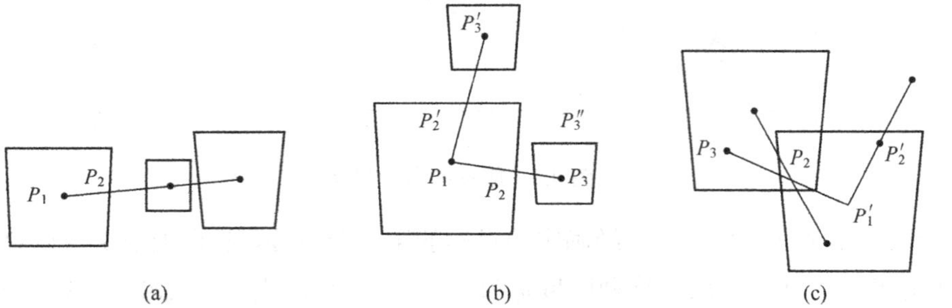

图 4.6 建立航迹的复杂情况

第 2 种情况是：在第 2 周期时，在第 1 点 P_1 的捕获波门内录取到了两个新点迹 P_2 和 P_2'（见图 4.6（b））。这时处理的办法是建立两条试验航迹 P_1P_2 和 P_1P_2'，分别计算出它们的外推点 P_3 和 P_3'，并以它们为中心建立波门，在下一周期内分别在两个波门检测目标的新点迹，以进一步判断哪一条是真航迹或出现的新航迹。如果只在其中的一个波门录取到新点迹，则可确认只有一条真航迹。例如在 P_3 波门内检测到了新点迹 P_3''，而在 P_3' 波门内没有检测到新点迹，则 P_1、P_2 和 P_3'' 便可唯一确定一条航迹。如果在两个波门内均提取到了新点迹，可分别建立两条航迹，当然为可靠起见，一般应再录取点迹然后按前述方法进一步予以区分和确认。

第 3 种情况是：在第 1 次录取时已得到两个自由点迹 P_1 和 P_2，由于这两点相靠近，故其捕获波门有部分重叠，虽然在第 2 次录取时也分别检测到了两个点迹 P_2 和 P_2'，但 P_2 恰好落在两个波门的重叠区内（见图 4.6（c））。处理这种情况的方法是：分别建立三条试验航迹 $P_1\ P_2$、$P_1'\ P_2$ 和 $P_1'\ P_2'$，并以外推所得的 P_4、P_3、P_5 等三点分别建立波门。这三条航迹中，$P_1\ P_2$ 和 $P_1'\ P_2'$ 是交叉的，究竟 P_2 属于哪一条航迹，要视以后录取的情况再进一步进行相关处理后确定，具体的内容这里不再继续讨论。

4.5 数据关联

点迹与航迹相关也常叫点迹分类或数据关联，是指检测到的点迹与已有航迹相互配对的过程，从而确定出点迹与航迹的隶属关系。它是航迹处理的基本问题，也是核心问题和难点之一。

4.5.1 航迹相关过程

数据关联过程包括三部分内容：首先将传感器送过来的观测/点迹进行门限过滤，利用先验统计知识过滤掉那些门限以外的所不希望的观测/点迹，包括其他目标形成的真点迹和噪声、干扰形成的假点迹，限制那些不可能的观测-航迹对的形成，在该关联门的输出形成可行或有效点迹-航迹对，然后形成关联矩阵，用以度量各个点迹与该航迹接近的程度，最后将最接近预测位置的点迹按赋值策略将它们分别赋予相对应的航迹。一般数据关联过程如图 4.7 所示。

图 4.7 一般数据关联过程

1. 门限过滤

前面已经指出，数据关联利用的是多部雷达不同扫描周期送来的数据或点迹。可以想象，在整个雷达网所覆盖的空域中，可能有许多批目标，如几百批，甚至上千批，那么在指挥中心数据库中也必然有许多相应的航迹与其对应；再考虑到各雷达站天线扫描范围要有较多的覆盖，每部雷达就会将更多的点迹送到指挥中心，不仅包括各个雷达本身覆盖范围内的目标点迹，还包括重复的，即其他雷达也发现了的点迹；各部雷达给出的点迹中，还包括由干扰和相消剩余所产生的假点迹。面对这样大量的数据，不可能把每个点迹与数据库中的每条航迹都进行一一比较、判断，判断某个点迹是不是数据库中某条航迹的延续点迹，实际上这是没有必要的，因为同一条航迹中的相邻的两个点迹是有相关性的。如果前两个点迹确实能代表目标的真实位置，则第二个点迹在天线一个扫描周期内，考虑到目标的最大运动速度、机动变化情况和雷达的各种测量误差，目标不会跑出某个范围。如果根据这个范围在指挥中心针对两坐标或三坐标雷达设立一个二维或三维窗口，就可以把其他航迹所对应的点迹、由干扰或相消剩余所产生的假点迹拒之门外了。显然，每一条航迹都必须有一个这样的窗口，这种窗口就称为关联门。在雷达数据处理中采用关联门来限制非处理航迹和杂波数目的技术，就是我们所说的门限滤除技术，把它与滤波、跟踪结合起来，也将其称为波门跟踪技术，关联门内的点迹称之为有效点迹。显然，门限的大小会直接对关联产生重大影响。门限小了，套不住可能的目标；门限大了，又起不到抑制其他目标和干扰的作用。通常都是以外推坐标数据作为波门中心，使相邻延续点迹以较大的概率落入关联门为原则来设立关联门的。实际上，由于关联门限制了由噪声、干扰或杂波剩余产生的假点迹，以及由固定目标产生的孤立点迹，有利于提高系统的正确关联概率和减小运算量，不仅提高了关联质量，同时也提高了系统的关联速度。目前采用的关联门有多种类型，如图 4.8 所示。

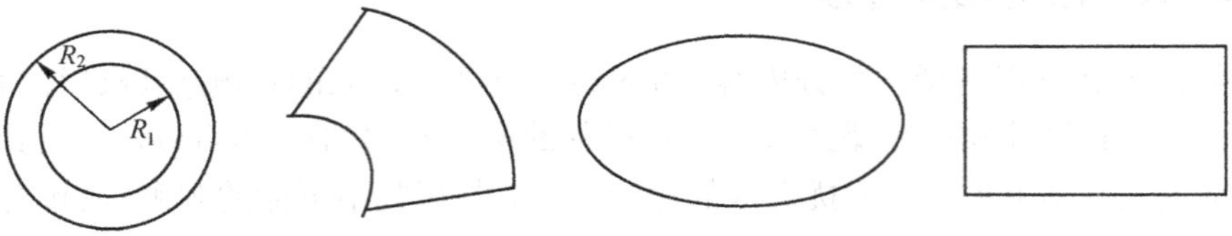

(a) 环形　(b) 扇形　(c) 椭圆形　(d) 矩形

图 4.8　几种二维波门形状

下面简单介绍两种关联门。

1）矩形关联门

最简单的关联门是矩形门。如果由传感器送来的观测 i 与已经建立的航迹 j 满足下式，则该观测就可以与该航迹关联：

$$\left|\tilde{Z}_{ij,l}\right| = \left|Z_{j,l} - \hat{Z}_{i,l}\right| \leqslant K_{G,l}\sigma_r \tag{4.5.1}$$

式中：$l \in M$，M 是波门的维数，$Z_{j,l}$ 是当前的观测/点迹，$\hat{Z}_{i,l}$ 是前一采样周期的预测值，$\tilde{Z}_{ij,l}$ 是残差，σ_r 是残差的标准偏差，$K_{G,l}$ 是门限常数。常数 $K_{G,l}$ 取决于观测密度、检测概率和状态矢量的维数。σ_r 与测量数据的误差与卡尔曼滤波器的预测协方差矩阵有关：

$$\sigma_r = \sqrt{S_{ii}} \tag{4.5.2}$$

式中：参差协方差 $S_{ii} = (HP(k+1/k)H^{\mathrm{T}} + R)_{ii}$。

如果假设的高斯误差模型与残差误差相互独立，则正确观测落入关联门内的概率就可由下式表示：

$$p_{ij} = [1 - p(|t_1| \geqslant K_{G,1})][1 - p(|t_2| \geqslant K_{G,2})] \cdots [1 - p(|t_l| \geqslant K_{G,l})] \quad (4.5.3)$$

式中：$p(|t_l| \geqslant K_{G,l})$ 是标准正态随机变量超过门限 $K_{G,l}$ 的概率。如果对所有的测量维数 M，门限尺寸相同，即 $K_{G,l} = K_G$，则上式可化简为

$$p_{ij} = [1 - p(|t| \geqslant K_G)]^M \approx 1 - M \cdot p(|t| \geqslant K_G) \quad (4.5.4)$$

这样，再给定正确观测的落入概率，就可通过查表的方法得到门限值。矩形关联门如图 4.9 所示。

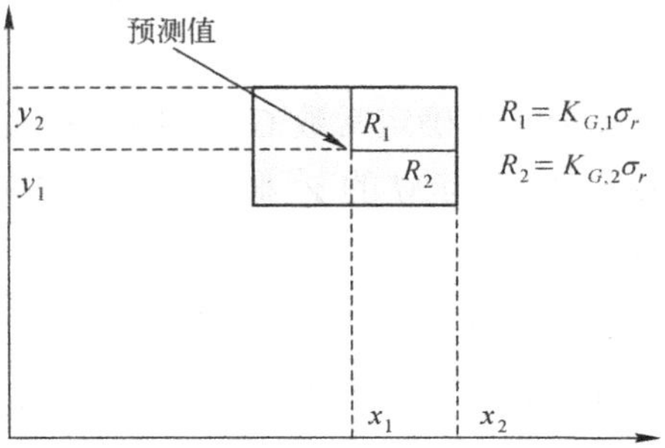

图 4.9　矩形关联门示意图

波门的大小一般用波门面积或体积来衡量，M 维矩形波门的面（体）积为：

$$V_{矩}(M) = 2^M \prod_{i=1}^{M} K_{G,i} \sqrt{S_{ii}} \quad (4.5.5)$$

$$V_{矩}^{u}(M) = 2^M \prod_{i=1}^{M} K_{G,i} \quad (4.5.6)$$

若不同分量对应的波门常数相同，即 $K_{G,i} = K_G$，则 M 维矩形波门的面（体）积记为：

$$V_{矩}(M) = (2K_G)^M \prod_{i=1}^{M} \sqrt{S_{ii}} \quad (4.5.7)$$

$$V_{矩}^{u}(M) = (2K_G)^M \quad (4.5.8)$$

2）椭圆关联门

与矩形门不同，椭圆门是由残差矢量的范数表示的。如果残差矢量的范数满足下式，就可以说，观测落入关联门之内。

$$\tilde{V}_k(G) = d^2 = (z - \hat{z})\boldsymbol{S}^{-1}(z - \hat{z})^{\mathrm{T}} \leqslant G \quad (4.5.9)$$

式中：G 是关联门常数；$\boldsymbol{S}$ 是残差 $v = \tilde{z} = (z - \hat{z})$ 协方差矩阵。椭圆门可由两种方法来确定关联门限：一种是最大似然法，另一种是 χ^2 分布法。

（1）最大似然法。

用最大似然法确定的门限是最佳门限，门限常数 G_0 是检测概率 P_d 、观测维数 M 、新目标密度 β_N 、假目标密度 β_F 和残差协方差矩阵 $\boldsymbol{S}$ 的函数，由下式给出：

$$G_0 = 2\ln\left[\frac{P_d}{(1-P_d)(\beta_N+\beta_F)(2\pi)^{M/2}\sqrt{|\boldsymbol{S}|}}\right] \tag{4.5.10}$$

由式（4.5.10）可以看出，如果 P_d 很大，或（ $\beta_N+\beta_F$ ）很小，门的尺寸就非常大；如果残差误差增加或 P_d 很小，门的尺寸也随之减小。这说明，这种方法的门限实际上是随着外界环境的变化而变化的，是一种自适应门限。

（2） χ^2 分布法。

第二种方法是根据 χ^2 分布来确定常数 G 的。因为 d^2 是 M 个独立高斯分布随机变量的平方和，它服从自由度为 M 的 χ^2 概率分布，M 是观测的维数。设 P_G 是正确观测落入关联门之内的概率值，则

$$P(d^2 > G) = 1 - P_G \tag{4.5.11}$$

它可以根据标准 χ^2 分布表查出门限值。与最大似然法相比，它缺乏自适应性。

图 4.10 所示为椭圆门示意图。这里需要指出的是，椭圆关联门的性能明显地好于标准矩形关联门。对于不同 G 值和不同观测维数 M，真实转换量测落入波门内的概率 P_G 就不同，定义

$$P_G = P\{\tilde{z}(k) \in \tilde{V}_k(G)\} \tag{4.5.12}$$

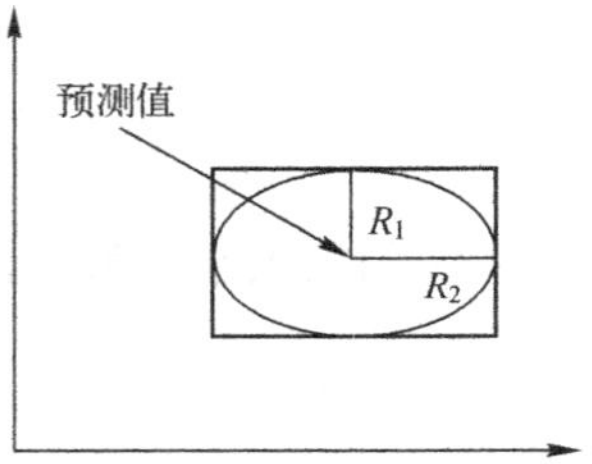

图 4.10　椭圆波门示意图

P_G 与量测维数 M 和参数 G 的关系式可用表 4.1 表示，表 4.2 给出了量测维数 M 从 1 到 3，不同参数 G 对应的概率 P_G 。

M 维椭圆（球）的面（体）积为：

$$V_{椭}(M) = C_M G^{\frac{M}{2}} \sqrt{S(k+1)} \tag{4.5.13}$$

式中

$$C_M = \begin{cases} \dfrac{\pi^{M/2}}{(M/2)!} & (M为偶数) \\ \dfrac{2^{M+1}\left(\dfrac{M+1}{2}\right)!\pi^{(M-1)/2}}{(M+1)!} & (M为奇数) \end{cases}$$

当 $M=1,2,3$ 时， $C_M = 2$ ， π 和 $4\pi/3$ 。

利用新息协方差的标准差进行归一化后的 M 维椭圆（球）波门的体积为：

$$V_{椭}(M)=C_M G^{\frac{M}{2}} \tag{4.5.14}$$

表 4.1 真实测量落入 M 维椭圆（球）波门内的概率 P_G

M	P_G	式中：
1	$2f_G(\sqrt{G})$	$f_G(\sqrt{G})=\frac{1}{\sqrt{2\pi}}\int_0^{\sqrt{G}}\exp\left(-\frac{u^2}{2}\right)du$
2	$1-\exp(-G/2)$	
3	$2f_G(\sqrt{G})-\sqrt{2G/\pi}\exp(-G/2)$	
4	$1-(1+G/2)\exp(-G/2)$	
5	$2f_G(\sqrt{G})-(1+G/3)\sqrt{2G/\pi}\exp(-G/2)$	
6	$1-12(G^2/4+G+2)\exp(-G/2)$	

表 4.2 M 维测量落入波门内的概率 P_G

G $g=\sqrt{G}$	1 1	4 2	9 3	16 4	25 5
$M=1$	0.683	0.954	0.997	0.9999	1.0
$M=2$	0.393	0.865	0.989	0.9997	1.0
$M=3$	0.199	0.739	0.971	0.9989	0.9999

2．关联矩阵

关联矩阵是表示两个实体之间相似性程度的度量，对每一个可行观测-航迹对都必须计算关联矩阵。

1）数据关联度量标准

为了进行观测一观测对和观测一航迹对之间的相似性的定量描述，必须定义度量标准。这种标准提供观测对相似与否的定量描述。这里给出四种准则以确定相似性度量是否为真的度量标准。它们是：

（1）对称性。

给出两个实体 a 和 b，它们之间的距离 d 满足

$$d(a,b)=d(b,a)\geqslant 0 \tag{4.5.15}$$

即两个观测间的距离大于或等于 0，并且不管从 a 到 b 测量还是从 b 到 a 测量，其距离相等。

（2）三角不等式。

给出三个实体 a、b 和 c，它们之间的距离满足度量标准不等式

$$d(a,b)\leqslant d(a,c)+d(c,b) \tag{4.5.16}$$

即三角形任一边小于另两边之和。

（3）非恒等识别性。

给出两个实体 a、b，若

$$d(a,b) \neq 0 \tag{4.5.17}$$

即若 a 与 b 之间的距离不等于零，则 a 与 b 不同，即为不同的实体。

（4）恒等识别性。

对于两个相同的实体 a 与 b，有

$$d(a,b) = 0 \tag{4.5.18}$$

即两个相同实体间的距离等于零。换句话说，两个距离等于零的实体，实际上是同一个实体。

在确定的意义下，对一个关联度量必须满足这些原则。这些原则的重要性在于它们能够导出关联度量标准的性质和关系。

2）数据关联的逻辑原则

逻辑关联的基本逻辑原则如下：

（1）在单目标的情况下，如果已经建立了航迹，在当前扫描周期，在关联门内只存在一个点迹，则该点迹是航迹唯一的最佳配对点迹。

（2）在单部雷达的情况下，不管空间里有多少目标，在关联门内，如果只有一个点迹，则该点迹是已建立航迹的唯一配对点迹；如果有三个关联门，每个关联门内均只有一个点迹，自然每个点迹就是对应航迹的配对点迹。

（3）对单部雷达来说，在一个扫描周期中来自同一部雷达的多个数据或点迹，应属于多个目标的数据或点迹，这些数据或点迹是不能关联的，因为雷达正常工作时，在一个扫描周期中，一个目标只能有一个点迹，而不可能有两个或两个以上的回波数据或点迹，关联是对不同扫描周期的点迹而言的。

（4）在单个目标情况下，多部雷达工作时，在关联门内，每部雷达上报一个数据或点迹，则认为这些数据或点迹属于同一个目标，因为相邻近的可分辨的两个目标，不可能其中一个被某部雷达发现，而另一个被另一部雷达发现。

（5）多部雷达工作时，在关联门内，每部雷达都报来相同数目的观测数据或点迹，这一数量将被认为是目标的数量，当然，这是在多部雷达有共同覆盖区域的情况下的结果。由于每部雷达距目标的距离有远近之分，也不排除远距离信噪比小的雷达漏检一个点迹，而近距离信噪比大的雷达由于杂波或干扰的影响而多了一个点迹，因为点迹是以概率出现的。

（6）在多部一次雷达都配有二次雷达一起工作时，二次雷达的每个回答数据中都包含有目标的编号信息，则可利用每部雷达的编号信息进行多雷达数据关联，使数据关联问题得到简化。

（7）在多雷达工作的情况下，只有一个点迹存在，并与几条航迹同时相关，则该点迹应同时属于这几条航迹，这可能是由于航迹交叉等原因造成的。

（8）一个点迹只能与数据关联邻域的航迹进行关联，不管是否关联上，不能再与其他航迹进行关联。

需要强调的是，在多雷达工作时，必须有公共覆盖区域，否则不涉及多传感器数据的关联和融合。

3）相似性度量方法

目前，用于衡量两个实体相似程度的方法有相关系数法、距离度量法、关联系数法、概率相似法和概率度量法等。相似性度量的选择取决于具体应用。

（1）相关系数。

已知两个观测矢量 x 和 y，其维数为 M，两个矢量之间的相关系数定义为

$$r_{xy}=\frac{\sum_{i=1}^{M}(x_i-\overline{x})(y_i-\overline{y})}{\sum_{i=1}^{M}(x_i-\overline{x})^2(y_i-\overline{y})^2} \tag{4.5.19}$$

式中：x_i、y_i 是第 i 个观测，$\overline{x}$、$\overline{y}$ 是观测矢量中所有观测的平均值，$-1 \leqslant r_{xy} \leqslant 1$。

相关系数描述的是几何距离，它可以用于任何类型的数据，缺点是对观测幅度的差值不太敏感。高度相关的矢量是一条直线，相关性差的矢量在空间的离散度较大。尽管相关系数不是一个真实的矩阵，但实践已经证明，它在很多应用中是有效的。

（2）距离度量。

距离度量是一种最简单、应用最广泛的关联度量方法。与相关系数不同，距离度量是一个真实的矩阵，对观测幅度之间的差值敏感，它不存在上限。距离度量通常用来定量地描述观测一观测对或观测一航迹对之间的相似性。距离度量是真实的度量标准，并且只用于连续变量的情况。

距离度量有很多表示方法，用得最广泛的是加权欧氏距离：

$$d_{ij}^2=\tilde{z}_{ij}\boldsymbol{S}^{-1}\tilde{z}_{ij}^{\mathrm{T}} \tag{4.5.20}$$

式中：$\tilde{z}_{ij}$ 可以看作为两个实体 i、j 的距离，也可以看作是残差；$\boldsymbol{S}^{-1}$ 是加权矩阵，这里表示残差协方差矩阵的逆矩阵。它是 r 阶明可夫斯基（Minkovski）距离的特例。距离度量被广泛地用于多传感器数据融合。表 4.3 给出了各种距离度量标准，这里就不一一说明了。

表 4.3　各种度量标准一览表

距 离 度 量	数学表达式	备　　注
欧几里得距离	$[(\boldsymbol{y}-\boldsymbol{z})^2]^{1/2}$	向量 $\boldsymbol{y}$ 与 $\boldsymbol{z}$ 之间的几何距离
加权欧氏距离	$[(\boldsymbol{y}-\boldsymbol{z})^{\mathrm{T}}\boldsymbol{W}(\boldsymbol{y}-\boldsymbol{z})]^{1/2}$	用 $\boldsymbol{W}$ 加权的向量 $\boldsymbol{y}$ 与 $\boldsymbol{z}$ 之间的欧氏距离
City Block	$\lvert y-z\rvert$	一阶明可夫斯基距离，也称 Manhattan 距离

续表

距 离 度 量	数学表达式	备 注
明可夫斯基距离	$[(y-z)^p]^{1/p}$	p 阶明可夫斯基距离，$1\leqslant p$
Mahalanobis 距离	$(y-z)^{\mathrm{T}}R^{-1}(y-z)$	加权欧氏距离，权等于逆协方差矩阵
Bhattacharyya 距离	$\frac{1}{8}(y-z)^{\mathrm{T}}[(R_y+R_z)^{1/2}]^{-1}(y-z)$ $+\frac{1}{2}\ln\{[(R_y+R_z)^{1/2}]\sqrt{\mid R_y\mid}\sqrt{\mid R_z\mid}\}$	广义 Mahalanobis 距离
Chernoff 距离	$\left[\frac{1}{2}S(1-S)](y-z)^{\mathrm{T}}[SR_y+(1-S)R_z\right]^{-1}(y-z)$ $+\frac{1}{2}\ln\{\mid SR_y+(1-S)R_z\mid\mid R_y\mid^S\mid R_z\mid^{1-S}\}$	广义 Mahalanobis 距离，0<S<1。允许协方差矩阵不同

表 4.3 总结了定量描述两个备选实体 Y 和 Z 之间距离的各种度量方法。其中，欧氏距离是两个向量间的几何距离，其表示最简单；广义欧氏距离是明可夫斯基（Minkovski）距离，可以用加权因子调节被选实体的各个分量；当用逆协方差矩阵进行加权时，得到的度量标准是 Mahalanobis 距离，它是加权欧氏距离的具体化；Chernoff 距离和 Bhattacharyya 距离又是 Mahalanobis 距离的推广。

由于距离度量具有明显的几何解释，因此它具有通俗性和直觉效果。在位置数据融合中，经常采用这种方法。但这种方法也存在一些问题，最重要的是具有大尺度差和标准差变量可能会湮没其他具有小尺度差和标准差变量的影响。

（3）关联系数。

关联系数建立的是二进制变量矢量之间的相似性度量。首先形成两个矢量之间的关联表，典型的关联表见表 4.4。

表 4.4　关联表

二进制矢量 x/y	1	0
1	a	b
0	c	d

表 4.4 中，1 表示变量存在，0 表示变量不存在；标量 a 表示在 x 和 y 中都存在的特征的数目；标量 b 表示在 x 中存在，在 y 中不存在的特征的数目；标量 c 表示在 x 中不存在，在 y 中存在的特征的数目；标量 d 表示在 x 和 y 中都不存在的特征的数目。关联系数可以定义为

$$S_{xy}=\frac{a+d}{a+b+c+d} \tag{4.5.21}$$

S_{xy} 的范围为 0～1。S_{xy}=1 表示完全相似，S_{xy}=0 表示完全不相似。实际上，关联系数有很多定义，可参考有关文献。

（4）概率度量。

假定残差为高斯分布的 M 维的随机变量，已知将测量 j 赋给航迹 i 的似然函数由下式给出：

$$g_{ij}=\frac{e^{-d_{ij}^2/2}}{(2\pi)^{M/2}\sqrt{|\boldsymbol{S}_{ij}|}} \tag{4.5.22}$$

式中：d_{ij} 是距离度量中所定义的范数；$\boldsymbol{S}_{ij}$ 是残差协方差矩阵；g_{ij} 便是观测 j 与航迹 i 相关的一种概率度量。对该式取对数，忽略常数项，得似然函数最大值，最后有

$$d_{g_{ij}}^2=d_{ij}^2+\ln|\boldsymbol{S}_{ij}| \tag{4.5.23}$$

这种类型的度量与前面几种不同，它不是由两个矢量值直接确定的，而是取决于基本过程的先验统计分布，在高斯的情况下，与统计距离只差一个常数项。

3．赋值策略

观测和航迹的真正的关联是由赋值策略决定的，在构造了所有观测和所有航迹的关联矩阵之后，就可以做这项工作了。关联矩阵中的每个元素都可通过选择前面叙述的某种相似性度量方法来决定。

表 4.5 给出了一个有三个目标和四个观测的例子。其中，列表示航迹，行表示观测。

表 4.6 表示应用了矩形关联门之后的关联矩阵。其中具体数值是用欧氏距离的方法计算产生的。

表 4.5　三个目标、四个观测情况的赋值矩阵

观测	Y_1	Y_2	Y_3	Y_4
目标 1	d_{11}	d_{12}	d_{13}	d_{14}
目标 2	d_{21}	d_{22}	d_{23}	d_{24}
目标 3	d_{31}	d_{32}	d_{33}	d_{34}

表 4.6　具体赋值矩阵

观测	Y_1	Y_2	Y_3	Y_4
目标 1	5	–	4	–
目标 2	9	7	–	–
目标 3	–	6	5	–

赋值问题，原则上可以分成两大类，即基于算法和非算法两类。基于算法类包括最邻近、全邻近技术等；基于非算法类包括神经网络和模糊逻辑技术等。这里，我们只考虑两种选择。

一种是采用总距离之和最小准则，其解是此类问题的最佳解；另一种是采用距离度量最小准则，它的解是准最佳的。选择最佳解的主要缺点是当目标和观测的数目都比较大时，计算机开销太大，因此一般选择距离度量最小准则。本例中采用的是距离度量最小准则。结果是将观测 3 赋给了目标 1，观测 2 赋给了目标 3，观测 1 赋给了目标 2。按此例分配结果，总距离之和是 19。如果采用总距离之和最小准则，分配方案是：观测 1 分配给目标，观测 2 分配给目标 2，观测 3 分配给目标 3，总距离之和为 17，即每个观测到目标 $i(i=1, 2, 3)$的距离和。从赋值矩阵可以看出，该例是一种比较复杂的情况，其中三个观测都同时落入两个关联门之内，只有观测 4 落入了三个关联门之外。

4.5.2 数据关联的一般步骤

根据数据关联过程，我们归纳出用于确定观测-观测对或观测-航迹对之间进行数据关联处理的六个步骤，如图 4.11 所示。

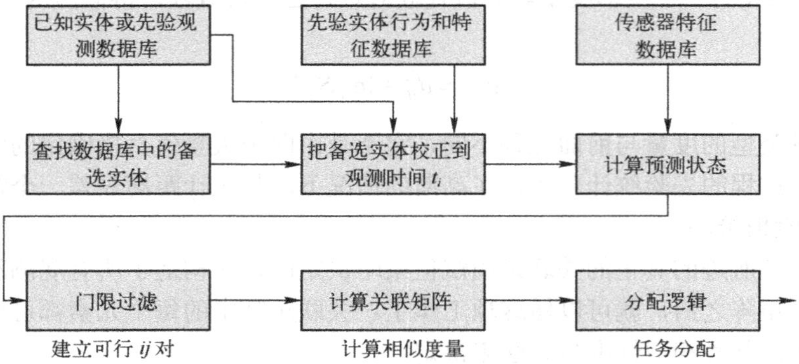

图 4.11 数据关联具体步骤

1．查找数据库中的备选实体

有了当前的备选观测之后，首先从数据库中找出前一采样周期的观测 $z_j(t_j)$ 和表示当时实体状态估计的状态向量 $\hat{\boldsymbol{x}}_j(t_j)$，它们表示实体的位置、速度或身份的估计，为后续处理做准备。

数据库中存有前面已经有的观测和状态向量，或者说存储有各种目标的历史记录。

2．把备选实体校正到观测时间 t_i

对于动态实体，数据关联的第二步就是将备选实体的状态向量校正到观测时间 t_i。这样，就需要对每个备选实体通过解运动方程确定在时刻 t_i 的状态 x 的预测值。明确地说，有

$$\boldsymbol{x}(t_i)=\boldsymbol{\Phi}(t_i,t_j)\boldsymbol{x}(t_j)+v \tag{4.5.24}$$

式中：$\boldsymbol{\Phi}(t_i,t_j)$ 是状态转移矩阵；v 是未知噪声，通常是具有零均值的高斯噪声。

3．计算每个备选实体航迹的预测位置

通过观测方程预测每个备选实体的预测位置，即

$$\boldsymbol{x}(t_i+1)=\boldsymbol{\Phi}(t_i+1,t_{\rm i})\boldsymbol{x}(t_{\rm i})+v \tag{4.5.25}$$

4．门限过滤

门限过滤的目的在于通过物理的或统计的方法来滤除关联过程中不太可能的，或所不希望的观测-观测对和观测-航迹对以及噪声和干扰，以减少计算量，防止计算机过载，同时提高关联速度，以便实时处理。

5. 计算关联矩阵

关联矩阵中的元素 S_{ij} 是用来衡量是 k 时刻观测 $z_i(k)$ 与预测值 $x_j(k)$ 接近程度或相似程度的一个量。关联过程中，一个经常使用的关联度量是所谓的逆协方差矩阵加权的几何距离

$$S_{ij} = [z_i(k) - x_j(k)]^{\mathrm{T}}[R_i + R_j]^{-1}[z_i(k) - x_j(k)] \tag{4.5.26}$$

需要注意的是，$x_j(k)$ 是预测值。

$$v_{ij} = z_i(k) - x_j(k) \tag{4.5.27}$$

它是残差，或称作新息。

6. 分配准则的实现

最后一步是应用判定逻辑来说明观测 $z_i(k)$ 与某实体或状态向量之间的关系，把当前的测量值分配给某个集合或实体。

4.5.3 典型数据关联方法

1. 最邻近数据关联（NNDA）

目前已经有许多有效的数据关联算法，其中最邻近数据关联算法是提出最早也是最简单的数据关联方法，有时也是最有效的方法之一。它是在 1971 年由辛格等人提出来的。它把落在关联门之内并且与被跟踪目标的预测位置“最邻近”的观测点迹作为关联点迹，这里的“最邻近”一般是指观测点迹在统计意义上距离被跟踪目标的预测位置最近。关联门、航迹的最新预测位置、本采样周期的观测点迹及最近观测点迹之间的关系如图4.12所示。假定有一航迹 i，关联门为一个二维矩形门，其中除了预测位置之外，还包含了三个观测点迹 1、2、3，直观上看，点迹 2 应为“最邻近”点迹。

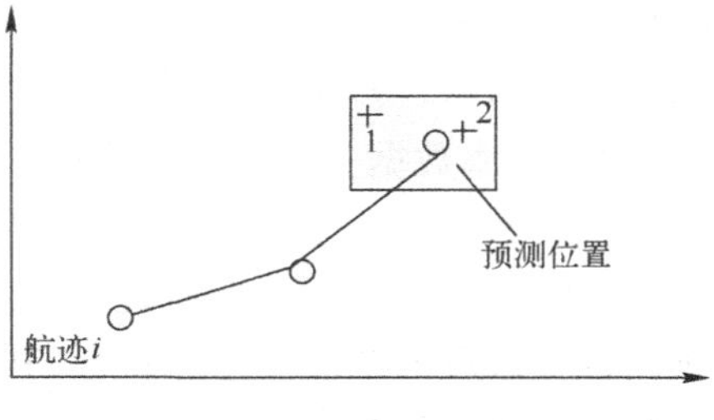

图 4.12　最邻近数据关联示意图

最邻近数据关联主要适用于跟踪空域中存在单目标或目标数较少的情况，或者说只适用于对稀疏目标环境的目标跟踪。其主要优点是运算量小，易于实现。其主要缺点则是在目标密度较大时，容易跟错目标。

统计距离的定义如下：

假设在第 k 次扫描之前，已建立了 N 条航迹。第 k 次新观测为 $z_j(k)$，j=1, 2, ⋯, N。在第 i 条航迹的关联门内，观测 j 和航迹 i 的差矢量定义为测量值和预测值之间的差，即预测残差，为

$$v_{ij}(k) = z_{ij}(k) - H\hat{x}_i(k/k-1) \tag{4.5.28}$$

设 $\boldsymbol{S}(k)$ 是 $v_{ij}(k)$ 的协方差矩阵。则统计距离平方为

$$d_{ij}^2 = v_{ij}(k)\boldsymbol{S}_{ij}^{-1}v_{ij}^{\mathrm{T}}(k) \tag{4.5.29}$$

它是判断哪个点迹为“最邻近”点迹的度量标准。

可以证明，这种方法是在最大似然意义下最佳的。假定残差的似然函数为

$$g_{ij} = \frac{\mathrm{e}^{-d_{ij}^2/2}}{(2\pi)^{M/2}\sqrt{|\boldsymbol{S}_{ij}|}} \tag{4.5.30}$$

为了使残差的似然函数最大，对上式先取对数，然后取导数。容易看出，其似然函数的最大等效于残差最小。因此，在实际计算时，只需选择最小的残差 $v_{ij}(k)$ 就满足离预测位置最近的条件了。

必须指出的是，按统计距离最近的准则，离预测位置最近的点迹在密集多目标环境中未必是被跟踪目标的最佳配对点迹，这就是这种方法容易跟错目标的原因。

2．概率数据关联（PDA）

1）模型

这里的模型包括系统模型和测量模型：

$$\begin{cases}\boldsymbol{X}(k+1) = \boldsymbol{\Phi}(k)\boldsymbol{X}(k) + \boldsymbol{W}(k) \\ \boldsymbol{z}(k) = \boldsymbol{H}(k)\boldsymbol{X}(k) + \boldsymbol{V}(k)\end{cases} \tag{4.5.31}$$

式中：$\boldsymbol{X}(k)$ 为 k 时刻的状态向量；$\boldsymbol{z}(k)$ 为 k 时刻的观测向量；$\boldsymbol{\Phi}(k)$ 为状态转移矩阵；$\boldsymbol{H}(k)$ 为观测矩阵；$\boldsymbol{W}(k)$ 为均值为 0、协方差矩阵为 $\boldsymbol{Q}(k)$ 的白噪声，它是系统噪声；$\boldsymbol{V}(k)$ 为均值为 0、协方差矩阵为 $\boldsymbol{R}(k)$ 的白噪声，它是观测噪声。

2）概率数据关联的基本原理

概率数据关联是由巴-沙龙和贾弗于 1972 年提出的。我们知道，在关联门内可能有很多回波，即我们所说的有效回波，按前面的最邻近数据关联方法认为离预测位置最近的回波是来自目标的回波，但按概率数据关联的思想则认为：只要是有效回波，就都有可能源于目标，只是每个回波源于目标的概率有所不同。这种方法利用了跟踪内门的所有回波以获得可能的后验信息，并根据大量的相关计算给出了各概率加权系数及其加权和，然后用它更新目标状态。

定义：在第 1 次到第 k 次扫描所获得的全部有效回波已知的情况下，第 k 次扫描时，第 i 个回波 $\left(i = 1,2,\cdots,m_k\right)$ 均为正确关联概率，称为正确关联概率，用 $P_i(k)$ 来表示：

$$P_i(k) \equiv P\left\{\theta_i(k)/Z_k\right\} \tag{4.5.32}$$

式中：$\theta_i(k)$ 是第 k 次扫描时的 1 到 $\hat{x}_i$ 个回波均为正确回波的事件；Z_k 是在第 1 次到第 k 次扫描所获得的全部有效回波的集合；m_k 是第 k 次测量所获得的回波数目。

根据全概率公式，可以证明，目标在k时刻的状态估计，即均方意义下的最优估计为

$$\hat{X}(k/k) \equiv \sum_{i=0}^{m_k} p(k)\hat{X}_i(k/k) \tag{4.5.33}$$

式中：$\hat{X}_i(k/k), i=1,2,\cdots,m_k$，是有效回波皆来自目标的条件下的目标状态估计值；$\hat{X}_0(k/k)$是所有回波皆来自干扰或杂波的情况下的目标状态估计值。

关联概率是衡量有效波对目标状态估计所起作用的一种度量。概率数据关联并不是确定哪个有效回波真的源于目标，而是认为所有有效回波都有可能来自目标或杂波，在统计意义上计算每个有效回波对目标状态估计所起的作用，并以此为权重，给出整体的目标估计值。巴-沙龙给出了不同干扰模型下的关联概率的计算公式。

杂波空间密度为泊松（Poisson）分布时，概率数据关联（PDA）的关联概率模型为：

$$P_{ij} = \frac{a_{ij}}{a_{i0} + \sum_{i=1}^{m_k} a_{ij}} \qquad (i=1,2,\cdots,m_k) \tag{4.5.34}$$

式中：

$$a_{ij} \equiv P_D \exp\left[-\frac{1}{2}e_{ij}(k)\boldsymbol{S}_i^{-1}(k)e_{ij}^{\mathrm{T}}(k)\right] \qquad (j>0) \tag{4.5.35}$$

$$a_{i0} \equiv (2\pi)^{\frac{M}{2}} \lambda\sqrt{|\boldsymbol{S}_i(k)|}(1-P_D) \qquad (j=0) \tag{4.5.36}$$

式中：M表示测量维数；P_D表示检测概率；$\boldsymbol{S}_i(k)$表示$e_{ij}(k)$的协方差矩阵；λ表示泊松分布参数。

当杂波空间密度为均匀分布时，只要置换一下参数可以了。

将概率数据关联技术与卡尔曼滤波技术结合在一起，就是通常所说的概率数据关联滤波器（PDAF）。这里可以将卡尔曼滤波算法归纳如下：

首先给出滤波器的初始值$\hat{X}(0/0)$，$P(0/0)$，且由$k=1$开始进行递推运算。

（1）预测方程：

$$\hat{X}(k/k-1) = \boldsymbol{\Phi}(k-1)\hat{X}(k-1/k-1) \tag{4.5.37}$$

（2）预测协方差矩阵：

$$\boldsymbol{P}(k/k-1) = \boldsymbol{\Phi}(k-1)\boldsymbol{P}(k-1/k-1)\boldsymbol{\Phi}(k-1)^{\mathrm{T}} + \boldsymbol{Q}(k-1) \tag{4.5.38}$$

（3）预测新息向量：

$$\boldsymbol{V}(k) = \boldsymbol{Z}(k) - \hat{Z}(k/k-1) \tag{4.5.39}$$

式中：$\hat{Z}(k/k-1)=H(k)\hat{X}(k/k-1)$成为测量预测值。

（4）卡尔曼增益矩阵：

$$\boldsymbol{K}(k)=\boldsymbol{P}(k/k-1)\boldsymbol{H}^{\mathrm{T}}(k)\boldsymbol{S}^{-1}(k) \tag{4.5.40}$$

$$\boldsymbol{S}(k)=\boldsymbol{H}(k)\boldsymbol{P}(k/k-1)\boldsymbol{H}^{\mathrm{T}}(k)+\boldsymbol{R}(k) \tag{4.5.41}$$

（5）卡尔曼滤波方程：

$$\hat{X}(k/k)=\hat{X}(k/k-1)+\boldsymbol{K}(k)\boldsymbol{V}(k) \tag{4.5.42}$$

式中：

$$\boldsymbol{V}(k)=\sum_{i=1}^{m_k}\boldsymbol{P}_i(k)\boldsymbol{V}_i(k) \tag{4.5.43}$$

称为等效新息向量，它是所有落入关联门内的点迹新息向量的加权和。

（6）滤波协方差矩阵：

$$\boldsymbol{P}(k/k)=P_{i0}\boldsymbol{P}(k/k-1)-(1-P_{i0})\left[1-\boldsymbol{K}(k)\boldsymbol{H}(k)\right]\boldsymbol{P}^{0}(k/k-1)+\boldsymbol{P}(k) \tag{4.5.44}$$

式中：

$$\boldsymbol{P}^{0}(k/k)=\boldsymbol{P}(k/k-1)-\boldsymbol{K}(k)\boldsymbol{S}(k)\boldsymbol{K}^{\mathrm{T}}(k) \tag{4.5.45}$$

进一步化简，有

$$\boldsymbol{P}(k/k)=\boldsymbol{P}(k/k-1)-[1-P_{i0}]\boldsymbol{K}(k)\boldsymbol{S}(k)\boldsymbol{K}^{\mathrm{T}}(k)+\boldsymbol{P}(k) \tag{4.5.46}$$

式中：

$$\boldsymbol{P}(k)=\boldsymbol{K}(k)\left[\sum_{i=1}^{m_k}\boldsymbol{P}_i(k)\boldsymbol{V}_i(k)\boldsymbol{V}_i^{\mathrm{T}}(k)-\boldsymbol{V}(k)\boldsymbol{V}^{\mathrm{T}}(k)\right]\boldsymbol{K}^{\mathrm{T}}(k) \tag{4.5.47}$$

它反映了所有落入关联门内的点迹相应新息$V_i(k)$的散布程度。

（7）令$k=k+1$，转步骤（1）。

概率数据关联算法是建立在杂波环境中只有一个目标回波，且此目标的航迹已经形成的基础上的。PDA 的最大优点是它的存储量与标准卡尔曼滤波几乎相等，故易于实现，也有人将其用于多目标的环境，但处于目标稀疏的环境才有效。如果这一条件不能满足，就可能发生误跟。

3．联合概率数据关联（JPDA）

上一章节指出，PDA 方法的缺点在于在目标密集的环境中，容易产生误跟，即在跟踪的过程中，如果同一邻域内有另一目标的测量值进入关联门，并连续出现在多个采样周期，这个目标就表现为一个连续干扰，使跟踪目标丢失或误跟另一目标。在 20 世纪 70 年代中期，巴-沙龙等人对 PDA 算法进行了推广，给出了一种跟踪多目标的数据关联算法，即所谓的联合概率数据关联算法（Joint Probability Data Association，JPDA），它不需要任何关于目标和杂波的先验信息。JPDA 算法目前是公认的在杂波环境中对多目标进行跟踪的最理想的方法之一，但它与其他有关数据关联算法相比，计算机开销大。

1）模型

假设在杂波环境中已有T个目标，则它们的状态方程和测量方程分别表示为：

$$\begin{cases}\boldsymbol{X}^t(k+1)=\boldsymbol{F}^t(k)\boldsymbol{X}^t(k)+\boldsymbol{W}^t(k) & (k=0,1,2,\cdots;t=1,2,\cdots,T)\\ \boldsymbol{Z}(k)=\boldsymbol{H}(k)\boldsymbol{X}^t(k)+\boldsymbol{V}(k) & (k=0,1,2,\cdots)\end{cases} \tag{4.5.48}$$

式中：$\boldsymbol{X}^t(k)$是k时刻目标t的状态向量，初值$\boldsymbol{X}^t(0)$是均值为$\hat{X}^t(0/0)$、协方差矩阵为$\hat{\boldsymbol{P}}^t(0/0)$的随机向量，且独立于$\boldsymbol{W}^t(k)$；$\boldsymbol{F}^t(k)$是目标$t$的状态转移矩阵；$\boldsymbol{W}^t(k)$是状态噪声，其均值为零的高斯白噪声，有协方差矩阵

$$\boldsymbol{E}[\boldsymbol{W}^t(k)(\boldsymbol{W}^t(l))^{\mathrm{T}}]=\boldsymbol{Q}^t(k)\delta_{k,l} \tag{4.5.49}$$

$\boldsymbol{H}(k)$是测量矩阵；$\boldsymbol{V}(k)$是测量噪声，是均值为零的高斯白噪声，有协方差矩阵

$$\boldsymbol{E}[\boldsymbol{V}^t(k)(\boldsymbol{V}^t(l))^{\mathrm{T}}]=\boldsymbol{R}^t(k)\delta_{k,l} \tag{4.5.50}$$

如果被跟踪目标的关联门均不相交，或者没有回波处于相交区域，则多目标跟踪问题就可简化为多目标环境中的单目标跟踪问题。

关联区的定义：

$$\boldsymbol{A}^t(k)\equiv\left\{\frac{\boldsymbol{Z}}{\left[\boldsymbol{Z}-\hat{Z}^t(k/k-1)\right]\boldsymbol{S}^t(k)^{-1}\left[\boldsymbol{Z}-\hat{Z}^t(k/k-1)\right]^{\mathrm{T}}}\leqslant g_t^2\right\}$$

$$(t=1,2\cdots,T) \tag{4.5.51}$$

式中：$\hat{Z}^t(k/k-1)$是k时刻目标t的回波预测值；g_t^2是门限；$\boldsymbol{S}^t(k)$是k时刻目标t的回波残差的协方差矩阵，有

$$\boldsymbol{S}^t(k)=\boldsymbol{E}[\boldsymbol{Z}^t(k)-\boldsymbol{E}[\boldsymbol{Z}^t(k)]][\boldsymbol{Z}^t(k)-\boldsymbol{E}[\boldsymbol{Z}^t(k)]^{\mathrm{T}}] \tag{4.5.52}$$

当且仅当回波落入某目标关联区内，它才被认为是有效回波，否则被拒绝。实际上，只有落入关联门内的回波，被认为是有效回波。这样，我们就可以得到包括m_k个有效回波，T个目标的有效矩阵（也称“聚”矩阵）。巴-沙龙首先在联合概率数据关联算法中引入了“聚”的概念。“聚”被定义为彼此相交的跟踪门的最大集合，目标则按不同的“聚”分成不同的群，对于每一个这样的群，总有一个称作聚矩阵的二值元素的矩阵及其关联。聚矩阵的结构如下：

$$
\begin{array}{c}
\xrightarrow{\text{目标}} \\
\begin{array}{ccccc} 0 & 1 & 2 & \cdots & T \end{array}
\end{array}
$$

$$
\boldsymbol{\Omega}=\begin{bmatrix} 1 & \omega_{11} & \omega_{12} & \cdots & \omega_{1T} \\ 1 & \omega_{21} & \omega_{22} & \cdots & \omega_{2T} \\ \vdots & \vdots & \vdots & & \vdots \\ 1 & \omega_{m_k 1} & \omega_{m_k 2} & \cdots & \omega_{m_k T} \end{bmatrix} \Bigg| \text{有效回波} \tag{4.5.53}
$$

其中的二值元素 ω_{jt} 表明第 j 个有效测量是否位于目标 t 的跟踪门内。$t=0$ 时，表明“没有目标”，相应的 $\boldsymbol{\Omega}$ 矩阵中 $t=0$ 对应的一列元素全部为 1，每一个测量都可能来自噪声、干扰或杂波相消剩余。

矩阵中其余元素

$$
\omega_{jt}=\begin{cases} 1 \\ 0 \end{cases}
$$

当 $\omega_{jt}=1$ 时，k 时刻有效回波 Z_{kj} 落入关联门 A_k^t；$\omega_{jt}=0$ 时，k 时刻有效回波 Z_{kj} 未落入关联门 A_k^t。其中，$j=1,2,\cdots,m_k;t=1,2,\cdots,T$。

图 4.13 所示为 3 个目标和 4 个有效回波的情况。

图 4.13 中目标数 $T=3$，有效回波数 $m_k=4$，有效矩阵

$$
\begin{array}{c}
\boldsymbol{T}=0 \quad 1 \quad 2 \quad 3 \quad m_k \\
\boldsymbol{\Omega}_k=\begin{bmatrix} 1 & 1 & 0 & 0 \\ 1 & 1 & 1 & 0 \\ 1 & 0 & 1 & 0 \\ 1 & 0 & 0 & 1 \end{bmatrix}\begin{matrix} 1 \\ 2 \\ 3 \\ 4 \end{matrix}
\end{array}
$$

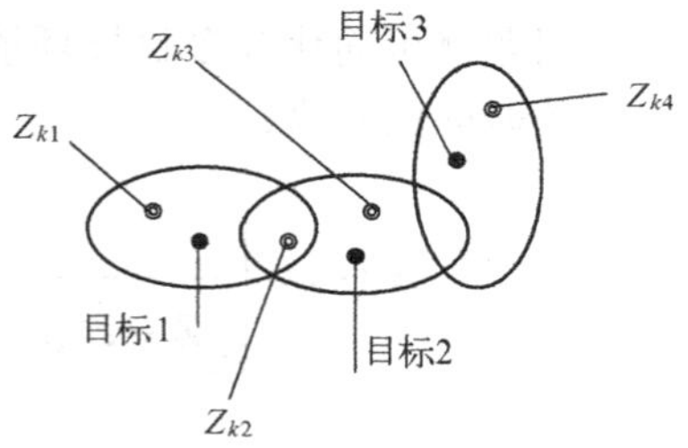

图 4.13　有效矩阵与关联区的关系

第一个目标关联区内有两个有效回波 Z_{k1},Z_{k2}；第二个关联区内也有两个有效回波 Z_{k2},Z_{k3}；第三个关联区内有一个有效回波 Z_{k4}，故 $\omega_{11}=1,\omega_{21}=1,\omega_{22}=1,\omega_{32}=1,\omega_{44}=1$，其余为 0。

为了进行状态评估，首先要解决 m_k 个有效回波与 T 个目标配对的问题，即数据关联。JPDA 算法的基本思想在于认为落入目标 t 的关联门内的有效回波都有可能来自目标 t，只是其关联概率不同。

首先定义关联事件

$$
\theta_{jt}\equiv\{\text{有效测量}Z_j(k)\text{来自目标}t\} \quad (j=1,2,\cdots,m_k;t=1,2,\cdots,T) \tag{4.5.54}
$$

当 $t=0$ 时，θ_{j0} 表示测量 $Z_j(k)$ 来自杂波或噪声的事件。其关联事件的后验概率为

$$\beta_{jt} = P\{\theta_{jt} / Z^k\} \tag{4.5.55}$$

式中：β_{jt} 为关联概率，它是各关联事件出现可能性的度量；Z^k 表示全部有效回波的集合。

根据全概率公式，有

$$\hat{X}^t(k/k) = \sum_j \beta_{jt} \hat{X}_j^t(k/k) \tag{4.5.56}$$

式中：$\hat{X}_j^t(k/k)$ 表示在时刻 k 利用 $Z_j(k)$ 对目标 t 的状态估计。式（4.5.56）表明，k 时刻目标 t 的状态估计 $\hat{X}^t(k/k)$ 是其关联门内各个有效回波 m_k 以相应的关联概率分别对目标 t 的状态估计的加权和。

现由关联事件定义联合关联事件

$$\theta = \bigcap_{j=1}^{m_k} \theta_{jt_j} \tag{4.5.57}$$

联合关联事件 θ 可以表示成矩阵形式：

$$\hat{\boldsymbol{\Omega}}(\theta) = [\hat{\omega}_{jt}(\theta)] \tag{4.5.58}$$

式中：

$$\hat{\omega}_{jt}(\theta) = \begin{cases} 1 & (\theta_{jt} \subset \theta) \\ 0 & (\text{否则}) \end{cases} \tag{4.5. 59}$$

满足以下两个条件的联合关联事件定义为可行事件：

① 每个测量只能源于一个源、目标或杂波，即

$$\sum_{t=0}^{T} \hat{\omega}_{jt}(\theta) = 1 \qquad (j = 1, 2, \cdots, m_k) \tag{4.5.60}$$

② 每个目标最多只能产生一个回波，即

$$\delta_t(\theta) \equiv \sum_{j=1}^{m_k} \hat{\omega}_{jt}(\theta) \leqslant 1 \qquad (t = 1, 2, \cdots, T) \tag{4.5.61}$$

可行事件 θ 对应的矩阵 $\hat{\boldsymbol{\Omega}}(\theta)$ 称为可行矩阵，它可以通过对聚矩阵拆分的方法得到，具体过程如下：

对聚矩阵 $\boldsymbol{\Omega}$ 进行逐行扫描，每行仅选出一个 1 作为可行矩阵的元素，除第一列之外，可行矩阵中每列只能有一个 1。$\delta_t(\theta)$ 称为目标检测指示器，它表明事件 θ 中是否有测量与目标 t 关联，即目标是否被检测到。

同样可以定义一个测量关联指示器：

$$\tau_j(\theta) \equiv \sum_{t=1}^{T} \hat{\omega}_{jt}(\theta) \qquad (j = 1, 2, \cdots, m_k) \tag{4.5.62}$$

它表明事件θ中的测量j是否与目标关联。根据以上定义，事件θ中未被关联的测量，即杂波的数目为

$$\boldsymbol{\Phi}(\theta)=\sum_{j=1}^{m_k}[1-\tau_j(\theta)] \tag{4.5.63}$$

在k时刻联合事件θ的条件概率

$$\begin{aligned}P\{\theta/Z^k\}&=P\{\theta/Z(k),Z^{k-1}\}\\&=\frac{1}{c}P\{Z(k)/\theta,Z^{k-1}\}P\{\theta/Z^{k-1}\}\\&=\frac{1}{c}P\{Z(k)/\theta,Z^{k-1}\}P\{\theta\}\end{aligned} \tag{4.5.64}$$

式中：c为归一化常数。巴-沙龙已经证明，对泊松分布杂波模型，有

$$P\{\theta/Z^k\}=\frac{\lambda^{\Phi}}{c'}\prod_{j=1}^{m_k}[N_{t_j}(Z_j(k))]^{\tau_j}\prod_{t=1}^{T}(P_D^t)^{\delta_t}(1-P_D^t)^{1-\delta_t} \tag{4.5.65}$$

式中：c'为新归一化因子。

对均匀分布的杂波模型，

$$P\{\theta/Z^k\}=\frac{1}{c}\frac{\Phi!}{v^{\Phi}}\prod_{j=1}^{m_k}[N_{t_j}(Z_j(k))]^{\tau_j}\prod_{t=1}^{T}(P_D^t)^{\delta_t}(1-P_D^t)^{1-\delta_t} \tag{4.5.66}$$

式中：

$$N_{t_j}[Z_j(k)]\equiv N[Z_j(k);Z_j^t(k/k-1),S_j^t(k)] \tag{4.5.67}$$

为均值为$Z_j^t(k/k-1)$、方差为$S_j^t(k)$的高斯分布。

最后有关联概率

$$\beta_{jt}=\sum_{\theta}P\{\theta/Z^k\}\hat{\omega}_{jt}(\theta)\qquad(j=1,2,\cdots,m_k;t=1,2,\cdots,T) \tag{4.5.68}$$

没有一个有效测量源于目标t的概率

$$\beta_{0t}=1-\sum_{j\in J}\beta_{jt} \tag{4.5.69}$$

2）联合概率数据关联滤波器（JPDDAF）

根据上一节的结果，我们最后得到 JPDA 算法的流程如下：

（1）给定初始值$\hat{X}^t(0/0),P^t(0/0),t=1,2,\cdots,T$，递推公式由$k=1$开始。

（2）预测状态：

$$\hat{X}^t(k/k-1)=\boldsymbol{F}^t(k-1)\hat{X}^t(k-1/k-1) \tag{4.5.70}$$

（3）回波预测：

$$\hat{X}^t(k/k-1)=\boldsymbol{H}(k)\hat{X}^t(k/k-1) \tag{4.5.71}$$

（4）预测协方差矩阵：

$$\boldsymbol{P}^t(k/k-1)=\boldsymbol{F}^t(k-1)\boldsymbol{P}^t(k-1/k-1)[\boldsymbol{F}^t(k-1)]^{\mathrm{T}}+\boldsymbol{Q}^t(k-1) \tag{4.5.72}$$

（5）预测新息向量：

$$\boldsymbol{V}_j^t(k)=\boldsymbol{Z}_j(k)-\hat{Z}^t(k/k-1) \tag{4.5.73}$$

（6）跟踪门限：

$$g_t^2 \qquad (t=1,2,\cdots,T) \tag{4.5.74}$$

（7）根据有效回波集合，生成有效矩阵 $\boldsymbol{\Omega}$，其中

$$\omega_{jt}=\begin{cases}1 & （如果 Z_{kj} 落入关联门内）\\ 0 & （否则）\end{cases} \qquad (j=1,2,\cdots,m_k;t=1,2,\cdots,T) \tag{4.5.75}$$

（8）由有效矩阵生成可行联合事件 $\theta_i,i=1,2,\cdots,L$，L 为可行联合事件总合。

（9）计算可行联合事件概率 $P\{\theta_i/Z^k\},i=1,2,\cdots,L$。

（10）计算关联概率；

$$\beta_{jt}=\sum_{i=1}^{L}P\{\theta_i/Z^k\}\hat{\omega}_{jt}(\theta_i) \quad (j=1,2,\cdots,m_k;t=1,2,\cdots,T) \tag{4.5.76}$$

（11）卡尔曼滤波公式

$$\hat{X}^t(k/k)=\hat{X}^t(k/k-1)+\boldsymbol{K}^t(k)\boldsymbol{V}^t(k) \tag{4.5.77}$$

式中，$\boldsymbol{V}^t(k)=\sum_j\beta_{jt}\boldsymbol{V}_j^t(k)$。

（12）卡尔曼增益矩阵

$$\boldsymbol{K}^t(k)=\boldsymbol{P}^t(k/k-1)\boldsymbol{H}^t(k)[\boldsymbol{S}^t(k)]^{-1} \tag{4.5.78}$$

（13）滤波器协方差矩阵

$$\begin{aligned}\boldsymbol{P}^t(k/k)=&\boldsymbol{P}^t(k/k-1)-(1-\beta_{0t})\boldsymbol{K}^t(k)\boldsymbol{S}^t(k)[\boldsymbol{K}^t(k)]^{\mathrm{T}}\\&+\boldsymbol{K}^t(k)\left[\sum_j\beta_{jt}\boldsymbol{V}_j^t(k)[\boldsymbol{V}_j^t(k)]^{\mathrm{T}}-\boldsymbol{V}^t(k)[\boldsymbol{V}^t(k)]^{\mathrm{T}}[\boldsymbol{K}^t(k)]^{\mathrm{T}}\right]\end{aligned} \tag{4.5.79}$$

（14）令 $k=k+1$，转步骤（2）。

4.6 目标运动模型

目标跟踪与预测依赖于目标运动的假定，而目标运动假定的目的在于采用合适的数学模型来描述目标真实运动情况，这本质上是一个系统建模的问题。目标运动建模是设计目标跟踪滤波器的基础，特别是在机动目标跟踪中，合适的目标

机动数学模型，可以有效改善滤波效果。为了能够尽量准确地对目标运动情况进行数学上的建模，首先必须对跟踪对象运动特性有所了解。下面首先介绍一些典型目标的运行特性。

4.6.1 目标运动特性

1．空中目标

1）飞机类目标

固定翼飞机的速度最小可达 200km/h，最大可达马赫数 1～3；从高度上来说，最低为 100m 左右，甚至更低，最高可达 20km 左右。直升机速度比固定翼飞机慢，一般速度最小为 0（悬停状态），最大可达 300km/h 以上；高度最低可达几米，最高可达 5000m。

其运动方式主要有以下五种：

（1）水平运动。

水平攻击是飞机在水平等速直线飞行时，对水面实施导弹、鱼雷和炸弹等攻击的方法。水平轰炸可以分为中高空水平轰炸、低空水平轰炸、超低空水平轰炸。

（2）俯冲运动。

俯冲攻击是飞机以一定的角度（15°～45°），对水面舰艇实施攻击的一种方法，飞机俯冲前低空（100～300m）飞行接近目标，在发现目标后开始机动，开始俯冲的高度为 1000～3000m。

（3）环形运动。

环形运动是侦察机、预警机、反潜飞机和歼轰机等在进行空中侦察、巡逻、搜潜、轰炸时采用的飞行航线。歼轰机沿环形航路飞行，对水面舰艇实施连续的俯冲或水平攻击。反潜飞机利用磁探仪围绕发现目标的初始位置点，按照环形航线进行搜索。

（4）“8”字形运动。

“8”字形运动是预警机和轰炸机常用的飞行航线。轰炸机的“8”字形攻击是单机或双机跟进，沿“8”字形航路对水面舰艇实施连续的俯冲或水平攻击；这种方法通常在目标防空火力较弱时使用。预警机一般采用“8”字形航线往返飞行进行空中巡逻。

（5）梅花形运动。

梅花形攻击是单机或双机跟进，梅花形航路对水面舰艇实施连续的俯冲或水平攻击。这种方法通常在目标防空火力较弱时使用。

2）导弹类目标

以反舰导弹为例，其飞行速度从亚声速、超声速直到高超声速，攻击模式也越来越灵活多样。经过分析，当前反舰导弹的攻击模式主要有以下几种形式或它们的组合。

（1）掠海飞行弹道。

即通过控制反舰导弹末端在水线附近进行低空飞行，使其在吃水线附近对敌方舰艇进行打击，该弹道由于其距离水面较近，能够有效地避免雷达探测，并打击舰艇关键部位，从而达到最理想的毁伤效果。

（2）跃升俯冲攻击弹道。

反舰导弹在中前段采用掠海飞行，当与目标相距几千米时，突然向上跃升，到达指定高度后，向目标进行俯冲攻击。由于反舰导弹的机动特性，该方式具有较好规避敌舰艇观测雷达对导弹进行跟踪的能力。

（3）水平机动攻击弹道。

这种弹道主要用于快速突防，其特征是在进入攻击阶段以后继续掠海飞行，以小角度或基本水平的末弹道完成攻击，这也是超声速反舰导弹比较普遍采用的攻击方式。典型的代表为法国的“飞鱼”反舰导弹。

（4）迂回弹道。

这种方式主要是为了避开海岸线上天然的障碍物，清除海岸防卫上的死角，让反舰导弹选择一个最佳的攻击“入射角”，避开干扰及被摧毁。

（5）可选择不同的攻击弹道。

指挥人员根据实际情况，控制导弹末端飞行。主要采用掠海飞行弹道或是跃升俯冲弹道，也可依据具体实际情况，将两种弹道组合使用。此种反舰导弹的代表为美国的“鱼叉”Block IC。

2．水面目标

水面目标大致可分为水面活动目标、水面静止目标、水面漂浮目标。其中，水面活动目标主要指作战舰船以及民用船只。这类目标是水面目标中运动速度最快的，但与空中目标相比，则慢得多。海面静止目标主要指岛屿、礁石。它们静止不动，但对军事活动有很大影响。

水面舰艇作战方式不同，其运动轨迹不同，不管其作战方式如何变化，其运动规律不外乎直线运动、折线运动、转弯运动等几种运动及其组合。例如水面舰艇在对海导弹攻击时，导弹艇在航渡阶段、战术展开、突击阶段、撤离阶段的整个过程就是这几种运动的组合。

3．水下目标

1）潜艇

潜艇分为常规潜艇和核动力潜艇。根据其使命任务、作战对象、作战方式不同，潜艇做不同的运动，不过潜艇一般的运动规律是直线运动、折线运动、转弯运动或者三者的组合。

2）鱼雷

鱼雷按导引方式可分为声自导鱼雷、尾流自导鱼雷和线导鱼雷。

（1）声自导鱼雷。

声自导鱼雷的弹道一般分为发射阶段、寻深阶段、搜索阶段、追踪和再搜索几个阶段。其中，发射阶段是指从发射、入水到发动机点火。寻深阶段是指从发动机启动后，到寻深设定的深度，寻深方法有下潜或上爬动作。搜索阶段是指鱼雷到达设定的深度后，便开启自导装置进行搜索，搜索阶段大致有蛇形机动和环形搜索。

（2）尾流自导鱼雷。

尾流自导鱼雷通常以大敌舷角发射，到达给定的尾流捕捉点前一定距离发射，尾流探测装置开启，当鱼雷穿过尾流时，尾流探测装置测出尾流的存在，程序机构根据事先设定，使鱼雷在穿过尾流后向目标所在方向转向，再次穿过尾流。鱼雷围绕尾流做蛇行机动。

（3）线导鱼雷。

线导鱼雷弹道可分为发射、寻深、第一线导、第二线导、追踪和再搜索等阶段。

4.6.2 典型运动模型

目标跟踪是以目标的运动模型为基础的，在滤波算法中，如何建立符合实际，又便于数学处理的目标运动模型是这种算法能否获得应用的一个关键。倘若对目标的运动模型选取不准确，不但会给跟踪结果带来模型误差，而且有可能增加不必要的运算量，使得机动目标跟踪的数学处理过程变得复杂，甚至难以处理。

在目标运动过程中，考虑到缺乏有关目标运动的精确数据，以及存在的许多不可预测因素，如大气、海流的扰动、驾驶员的主观操作等，在目标运动模型中需引入状态噪声的概念，以从统计意义上来描述这些不确定因素。例如，对于匀速直线运动的目标，可将随机扰动等看作具有随机特性的加速度，此时，加速度是服从零均值白色高斯分布的随机过程；而驾驶员人为的动作使得目标可以进行转弯、闪避或其他特殊的攻击姿态等机动行为，此时，加速度变成非零均值时间相关的有色噪声过程。因此在建立目标机动模型时，要考虑加速度的分布特性，要求加速度的分布函数尽可能地描述目标机动的实际情况。

目前目标运动模型可分为全局统计模型和当前统计模型两类。全局统计模型包括辛格模型、半马尔可夫模型、Noval 统计模型等。其共同特点是考虑了目标所有机动变化的可能性，适合于各种情况和各种类型目标的机动。这样的模型特点导致了在全局统计模型中，每一种具体战术情况下的每一种具体机动的发生概率势必减小，即对每一种具体战术情况而言，机动模型将不会有很高的精度。当前统计模型则是在全局统计模型的基础上提出来的。这种模型认为，当目标正以某一加速度机动时，下一时刻的加速度取值是有限的，且只能在当前加速度的某个邻域内，它所关心的是每一种具体战术情况下的每一种具体的机动。下面介绍典型的目标运动模型。

1．微分多项式模型

任何一条运动轨迹都可以用多项式来逼近。在直角坐标系中（惯性坐标系），目标运动轨迹可用 n 次多项式准确地描述，即：

$$\begin{cases} x(t)=a_0+a_1t+a_2t^2+\cdots+a_nt^n \\ y(t)=b_0+b_1t+b_2t^2+\cdots+b_nt^n \\ z(t)=c_0+c_1t+c_2t^2+\cdots+c_nt^n \end{cases} \tag{4.6.1}$$

式中，$x(t)$、$y(t)$、$z(t)$ 为运动轨迹分别在三个坐标轴上的投影。式（4.6.1）中的任一分量均可写成 $n+1$ 阶微分方程式形式，以 $x(t)$ 分量为例，有

$$\frac{\mathrm{d}^{j+1}x(t)}{\mathrm{d}t^{j+1}}\neq 0 \quad (j<n) \tag{4.6.2a}$$

$$\frac{\mathrm{d}^{j+1}x(t)}{\mathrm{d}t^{j+1}}=0 \quad (j\geqslant n) \tag{4.6.2b}$$

式中：n 为运动模型的阶次，n 的大小反映目标运动的特点，当 $n=1$ 时为等速运动，$n=2$ 时为等加速运动等。

通常，把系统的状态变量定义为：

$$\begin{cases} x_1(t)=x(t) \\ x_2(t)=\dfrac{\mathrm{d}x(t)}{\mathrm{d}t} \\ \vdots \\ x_{n+1}(t)=\dfrac{\mathrm{d}^n x(t)}{\mathrm{d}t^n} \end{cases} \tag{4.6.3}$$

它们构成 $n+1$ 维状态向量 $\boldsymbol{X}(t)$，即

$$\begin{aligned} \boldsymbol{X}(t)&=[x(t) \quad \dot{x}(t) \quad \cdots \quad x^n(t)]^{\mathrm{T}} \\ &=[x_1(t) \quad x_2(t) \quad \cdots \quad x_{n+1}(t)]^{\mathrm{T}} \end{aligned} \tag{4.6.4}$$

状态方程形式为

$$\dot{\boldsymbol{X}}(t)=\boldsymbol{A}(t)\boldsymbol{X}(t) \tag{4.6.5}$$

显然，系统矩阵为牛顿矩阵

$$\boldsymbol{A}(t)=\begin{bmatrix} 0 & 1 & \cdots & 0 \\ 0 & 0 & \ddots & 0 \\ \vdots & \vdots & \ddots & 1 \\ 0 & 0 & \cdots & 0 \end{bmatrix} \tag{4.6.6}$$

尽管用多项式逼近目标运动轨迹时，其近似性很好，但对跟踪系统来说并不

合适。首先，跟踪系统所需要的是对目标运动状态的估计——滤波和预测，而不是轨迹曲线的拟合和平滑；其次，对阶次过高的多项式来说，计算量太大，跟踪滤波器不易很快调整。另外，多项式模型未考虑随机干扰的影响，也不符合跟踪的实际情况。

2. CV 模型

B.Friedland 于 1973 年提出二阶常速模型（Constant Velocity, CV），用于描述干扰存在时匀速直线运动目标的状态。

1）连续时间内的 CV 模型

在连续时间内，CV 模型一般描述为：

假设目标作匀速直线运动，目标位移记为 $x(t)$、速度记为 $\dot{x}(t)$，在考虑目标速度可能存在随机扰动的条件下，假设速度随机扰动服从均值为零、方差为 σ^2 的高斯白噪声 $a(t)$。

取系统状态变量 $\boldsymbol{X}(t)=[x(t) \quad \dot{x}(t)]^{\mathrm{T}}$，根据牛顿运动定律有：

$$\begin{cases}\dot{x}(t)=\dot{x}(t)\\ \ddot{x}(t)=a(t)\end{cases} \tag{4.6.7}$$

写成矩阵形式为：

$$\dot{\boldsymbol{X}}(t)=\begin{bmatrix}\dot{x}(t)\\ \ddot{x}(t)\end{bmatrix}=\begin{bmatrix}0 & 1\\ 0 & 0\end{bmatrix}\boldsymbol{X}(t)+\begin{bmatrix}0\\ 1\end{bmatrix}a(t)=\begin{bmatrix}0 & 1\\ 0 & 0\end{bmatrix}\begin{bmatrix}x(t)\\ \dot{x}(t)\end{bmatrix}+\begin{bmatrix}0\\ 1\end{bmatrix}a(t) \tag{4.6.8}$$

即 CV 模型为：

$$\dot{\boldsymbol{X}}(t)=\boldsymbol{A}(t)\boldsymbol{X}(t)+\boldsymbol{B}(t)a(t) \tag{4.6.9}$$

式中：

$$\boldsymbol{A}(t)=\begin{bmatrix}0 & 1\\ 0 & 0\end{bmatrix};\quad \boldsymbol{B}(t)=\begin{bmatrix}0\\ 1\end{bmatrix}$$

2）离散时间内的 CV 模型

雷达跟踪传感器的输出一般都是离散形式的，跟踪滤波器也是离散计算的。因此，一般要将目标运动模型用离散的差分方程来表示。

对式（4.6.9）进行离散化，运用现代控制理论中的微分方程知识可得方程组（4.6.9）的通解为：

$$X(t)=\mathrm{e}^{A(t-t_0)}X(t_0)+\int_{t_0}^{t}\mathrm{e}^{A(t-\tau)}B(\tau)a(\tau)\mathrm{d}\tau \tag{4.6.10}$$

不妨取 $t_0=kT$，$t=(k+1)T$，T 为采样间隔，在时间间隔 $[kT,(k+1)T]$ 内认为 $a(t)$ 保持不变，则式（4.6.10）可以写成：

$$X((k+1)T)=\mathrm{e}^{AT}X(kT)+\int_{kT}^{(k+1)T}\mathrm{e}^{A((k+1)T-\tau)}B(\tau)a(\tau)\mathrm{d}\tau \tag{4.6.11}$$

为了书写的方便，忽略T，式（4.6.11）经过积分后得到：

$$X(k+1)=\boldsymbol{\Phi}(k+1,k)X(k)+\boldsymbol{\Gamma}(k+1,k)a(k) \tag{4.6.12}$$

式中：状态转移矩阵$\boldsymbol{\Phi}(k+1,k)=\begin{bmatrix}1 & T\\ 0 & 1\end{bmatrix}$；系统噪声系数矩阵$\boldsymbol{\Gamma}(k+1,k)=\begin{bmatrix}0.5T^2\\ T\end{bmatrix}$。

式（4.6.12）构成了CV模型的离散形式。

3．CA模型

R.L.T.Hampton 和 J.R.Cooke 于 1973 年提出三阶常加速模型（Constant Acceleration, CA），用于描述干扰存在时匀加速直线运动的目标状态。

与CV模型类似的，连续时间的CA模型可以描述为：

取系统状态变量$\boldsymbol{X}(t)=[x(t)\quad \dot{x}(t)\quad \ddot{x}(t)]^{\mathrm{T}}$，根据牛顿运动定律有：

$$\begin{cases}\dot{x}(t)=\dot{x}(t)\\ \ddot{x}(t)=\ddot{x}(t)\\ \dddot{x}(t)=a(t)\end{cases} \tag{4.6.13}$$

写成矩阵形式为：

$$的\ \dot{\boldsymbol{X}}(t)=\begin{bmatrix}\dot{x}(t)\\ \ddot{x}(t)\\ \dddot{x}(t)\end{bmatrix}=\begin{bmatrix}0 & 1 & 0\\ 0 & 0 & 1\\ 0 & 0 & 0\end{bmatrix}\boldsymbol{X}(t)+\begin{bmatrix}0\\ 0\\ 1\end{bmatrix}a(t)=\begin{bmatrix}0 & 1 & 0\\ 0 & 0 & 1\\ 0 & 0 & 0\end{bmatrix}\begin{bmatrix}x(t)\\ \dot{x}(t)\\ \ddot{x}(t)\end{bmatrix}+\begin{bmatrix}0\\ 0\\ 1\end{bmatrix}a(t) \tag{4.6.14}$$

即CV模型为：

$$\dot{\boldsymbol{X}}(t)=\boldsymbol{A}(t)\boldsymbol{X}(t)+\boldsymbol{B}(t)a(t) \tag{4.6.15}$$

式中：

$$\boldsymbol{A}(t)=\begin{bmatrix}0 & 1 & 0\\ 0 & 0 & 1\\ 0 & 0 & 0\end{bmatrix};\quad \boldsymbol{B}(t)=\begin{bmatrix}0\\ 0\\ 1\end{bmatrix}$$

对式（4.6.15）进行离散化，得到CA的离散形式模型：

$$\boldsymbol{X}(k+1)=\boldsymbol{\Phi}(k+1,k)\boldsymbol{X}(k)+\boldsymbol{\Gamma}(k+1,k)a(k) \tag{4.6.16}$$

式中：

状态转移矩阵$\boldsymbol{\Phi}(k+1,k)=\begin{bmatrix}1 & T & 0.5T^2\\ 0 & 1 & T\\ 0 & 0 & 1\end{bmatrix}$；系统噪声系数矩阵$\boldsymbol{\Gamma}(k+1,k)=\begin{bmatrix}T^3/6\\ T^2/2\\ T\end{bmatrix}$。

4．时间相关模型（Singer 模型）

辛格（Singer）模型就是加速度均值为零的一阶时间相关模型。假设目标机动加速时间相关函数为指数衰减形式：

$$\boldsymbol{R}a(\tau)=\boldsymbol{E}\{a(t),a(t+\tau)\}=\delta_a^2\cdot \mathrm{e}^{-a|\tau|} \tag{4.6.17}$$

式中：δ_a^2，a 为在 $(t,t+\tau)$ 区间内决定目标机动特性的待定参数。δ_a^2 为机动加速度方差；a 为机动时间常数的倒数，即机动频率。通常其经验取值方位为：转弯机动 $a=1/60$，逃避机动 $a=1/20$，大气扰动 $a=1$，它确切值只有通过实际测量才能确定。

假定机动加速度的概率密度函数近似服从均匀分布。机动加速度的均值为零，即：

$$\dot{a}(t)=-\alpha\cdot a(t)+\omega(t) \tag{4.6.18}$$

式中：$\omega(t)$ 为均值为零，方差为 $2\alpha\cdot\delta_a^2$ 的高斯噪声。最后，当 $n=2$，$m=1$ 时机动目标模型变为下述一阶时间相关模型，即辛格模型：

$$\begin{bmatrix}\dot{X}(t)\\ \ddot{X}(t)\\ \dddot{X}(t)\end{bmatrix}=\begin{bmatrix}0 & 1 & 0\\ 0 & 0 & 1\\ 0 & 0 & -a\end{bmatrix}\begin{bmatrix}X(t)\\ \dot{X}(t)\\ \ddot{X}(t)\end{bmatrix}+\begin{bmatrix}0\\ 0\\ 1\end{bmatrix}\omega(t) \tag{4.6.19}$$

因此辛格模型即一阶时间相关模型，只适用于等速和等加速范围内的目标运动。对于超出此范围的运动，可采用高阶时间相关模型。

辛格模型的离散形式如下：

$$\begin{bmatrix}X(\mathrm{k}+1)\\ \dot{X}(k+1)\\ \ddot{X}(k+1)\end{bmatrix}=\boldsymbol{\Phi}(k+1,k)\begin{bmatrix}X(k)\\ \dot{X}(k)\\ \ddot{X}(k)\end{bmatrix}+\boldsymbol{F}(k)\boldsymbol{W}(k) \tag{4.6.20}$$

式中：

$$\boldsymbol{\Phi}(k+1,k)=\begin{bmatrix}1 & T & \frac{1}{a^2}[-1+aT+\mathrm{e}^{-aT}]\\ 0 & 1 & \frac{1}{a}[1-\mathrm{e}^{-aT}]\\ 0 & 0 & \mathrm{e}^{-aT}\end{bmatrix} \tag{4.6.21}$$

$$\boldsymbol{F}(k)=\begin{bmatrix}\frac{1}{a^2}[\frac{1}{a}(1-\mathrm{e}^{-aT})+\frac{1}{2}aT^2-T]\\ \frac{1}{a}[T-\frac{1}{a}(1-\mathrm{e}^{-aT})]\\ \frac{1}{a}[1-\mathrm{e}^{-aT}]\end{bmatrix} \tag{4.6.22}$$

从状态转移矩阵来看，当$a \to \infty$时（加速度是白噪声过程），则$\boldsymbol{\Phi}(T,a)$简化为：

$$\lim_{a\to\infty}\boldsymbol{\Phi}(T,a)=\lim_{a\to\infty}\begin{bmatrix}1 & T & \dfrac{1}{a^2}[-1+aT+e^{-aT}] \\ 0 & 1 & \dfrac{1}{a}[1-e^{-aT}] \\ 0 & 0 & e^{-aT}\end{bmatrix}=\begin{bmatrix}1 & T & 0 \\ 0 & 1 & 0 \\ 0 & 0 & 0\end{bmatrix} \quad (4.6.23)$$

此时，状态转移矩阵就是 CV 的状态转移矩阵。

当$a \to 0$时，则$\boldsymbol{\Phi}(T,a)$简化为：

$$\lim_{a\to 0}\boldsymbol{\Phi}(T,a)=\lim_{a\to 0}\begin{bmatrix}1 & T & \dfrac{1}{a^2}[-1+aT+e^{-aT}] \\ 0 & 1 & \dfrac{1}{a}[1-e^{-aT}] \\ 0 & 0 & e^{-aT}\end{bmatrix}=\begin{bmatrix}1 & T & 0.5T^2 \\ 0 & 1 & T \\ 0 & 0 & 1\end{bmatrix} \quad (4.6.24)$$

此时，状态转移矩阵就是 CA 的状态转移矩阵，在不同参数下目标位置、速度、加速度的变化情况参见图 4.14。

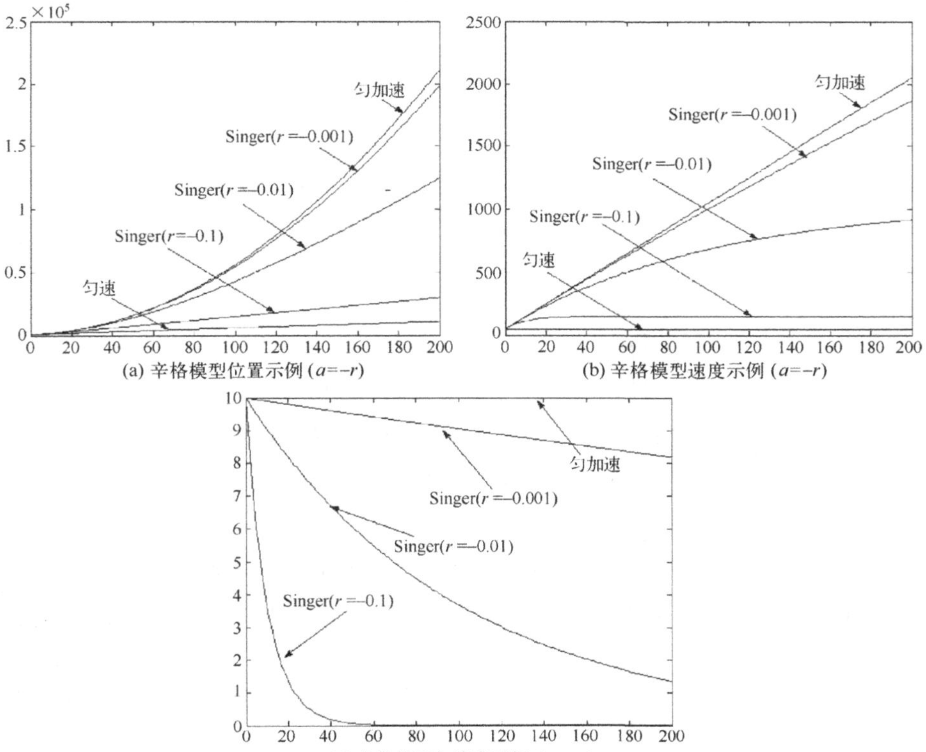

(a) 辛格模型位置示例 ($a=-r$)　(b) 辛格模型速度示例 ($a=-r$)

(c) 辛格模型加速度示例 ($a=-r$)

图 4.14　不同参数下目标位置、速度、加速度的变化情况

5. 机动目标“当前”模型

机动目标“当前”模型是加速度均值非零的一阶时间相关模型。当目标以某一加速度机动时，下一时刻的加速度的取值是有限的，且只能在“当前”加速度的邻域内，为此提出机动目标“当前”统计模型，即：

$$\ddot{X}(t)=\overline{a}(t)+a(t) \tag{4.6.25}$$

$$\dot{a}(t)=-\alpha\cdot a(t)+\omega(t) \tag{4.6.26}$$

式中：$\overline{a}(t)$ 为加速度“当前”均值，在采样周期内假设为常数。并且有：

$$\dddot{X}(t)=-\alpha\cdot\ddot{X}(t)+a\cdot\overline{a}(t)+\omega(t) \tag{4.6.27}$$

这样，机动目标“当前”统计模型的形式为：

$$\begin{bmatrix}\dot{X}(t)\\ \ddot{X}(t)\\ \dddot{X}(t)\end{bmatrix}=\begin{bmatrix}0 & 1 & 0\\ 0 & -\theta & 1\\ 0 & 0 & -a\end{bmatrix}\begin{bmatrix}X(t)\\ \dot{X}(t)\\ \ddot{X}(t)\end{bmatrix}+\begin{bmatrix}0\\ 0\\ \alpha\end{bmatrix}\overline{a}(t)+\begin{bmatrix}0\\ 0\\ 1\end{bmatrix}\omega(t) \tag{4.6.28}$$

经推导机动目标“当前”统计模型离散化形式可表示为:

$$\begin{aligned}\boldsymbol{X}(k+1)=&\begin{bmatrix}1 & T & (-1+\alpha T+\mathrm{e}^{-\alpha T})/\alpha^2\\ 0 & 1 & (1-\mathrm{e}^{-\alpha T})/\alpha\\ 0 & 0 & \mathrm{e}^{-\alpha T}\end{bmatrix}\boldsymbol{X}(k)\\ &+\begin{bmatrix}\left(-T+\dfrac{\alpha T^2}{2}+\dfrac{1-\mathrm{e}^{-\alpha T}}{\alpha}\right)\Big/\alpha\\ T-\dfrac{1-\mathrm{e}^{-\alpha T}}{\alpha}\\ 1-\mathrm{e}^{-\varepsilon T}\end{bmatrix}\overline{\alpha}\\ &+\begin{bmatrix}\left(-T+\dfrac{\alpha T}{2}+\dfrac{1-\mathrm{e}^{-\alpha T}}{\alpha}\right)\Big/\alpha^2\\ (-1+\alpha T+\mathrm{e}^{-\alpha T})/\alpha^2\\ (1-\mathrm{e}^{-\alpha T})/\alpha\end{bmatrix}\boldsymbol{W}(k)\end{aligned} \tag{4.6.29}$$

该模型本质上是非零均值时间相关模型，加速度的“当前”概率密度用修正的瑞利分布描述，均值为“当前”加速度预测值，随机加速度在时间轴上符合一阶时间相关过程。

由于该模型采用非零均值和修正瑞利分布表示机动加速度特性，因而比较符合实际。

6. 转弯运动模型

目标的转弯运动通常称为联动式转弯运动，是二维平面中常见的一种运动形式，其运动特点是目标的角速度和速度大小保持不变，而速度方向在时刻变化。对于离散情况下目标的转弯运动，设目标的转弯速率为 ω，目标的状态向量为：$\boldsymbol{x}=[x,\dot{x},y,\dot{y}]^{\mathrm{T}}$，二维平面内目标的转弯运动模型可以表示为：

$$\boldsymbol{x}_{k+1}=\begin{bmatrix}1 & \dfrac{\sin\omega T}{\omega} & 0 & -\dfrac{1-\cos\omega T}{\omega}\\ 0 & \cos\omega T & 0 & -\sin\omega T\\ 0 & \dfrac{1-\cos\omega T}{\omega} & 1 & \dfrac{\sin\omega T}{\omega}\\ 0 & \sin\omega T & 0 & \cos\omega T\end{bmatrix}\boldsymbol{x}_k+\begin{bmatrix}T^2/2 & 0\\ T & 0\\ 0 & T^2/2\\ 0 & T\end{bmatrix}\boldsymbol{w}_k \tag{4.6.30}$$

4.7 量测模型

量测是指与目标状态有关的受噪声污染的观测值，有时也称为测量或观测。量测通常并不是传感器的原始数据点，而是经过信号处理后的数据录取器的输出。量测主要包括以下几种：

（1）传感器所测得的目标距离、方位角、俯仰角。

（2）两个传感器之间的到达时间差。

（3）目标辐射的窄带信号频率。

（4）观测的两个传感器之间的频率差（由多普勒频移产生）。

（5）信号强度等。

量测模型可用方程表示为：

$$\boldsymbol{Z}(k)=\boldsymbol{H}(k)\boldsymbol{X}(k)+\boldsymbol{V}(k) \tag{4.7.1}$$

式中：$\boldsymbol{H}(k)$ 为量测矩阵；$\boldsymbol{X}(k)$ 为状态向量；$\boldsymbol{V}(k)$ 为量测噪声序列，一般假定其为零均值的附加高斯白噪声序列。

在现代战场环境中，由于多种因素的影响，量测有可能是来自目标的正确量测，也有可能是来自杂波、虚假目标、干扰目标的错误量测，而且还有可能存在漏检情况，也就是说量测通常具有不确定性。

同时，量测模型的形式与目标状态选择有关，直接会影响到滤波算法的实现方式，从而会影响到跟踪滤波的效果。

下面针对传感器坐标下的量测模型和直角坐标系下的量测模型分别给予介绍，以熟悉不同坐标系下量测模型的实现方式和特点。

4.7.1 传感器坐标模型

用于目标跟踪的传感器坐标系（Coordinate system, CS）提供对目标的量测。在很多情况下（如雷达）就是三维球坐标或二维极坐标系，量测为距离 r、方位角 θ 和俯仰角 η。见图 4.15，可能还有距离变化率（Doppler）$\dot{r}$。在实际应用中，这些量通常含有噪声。即

$$\begin{cases} r_m = r + \tilde{r} \\ \theta_m = \theta + \tilde{\theta} \\ \eta_m = \eta + \tilde{\eta} \\ \dot{r}_m = \dot{r} + \tilde{\dot{r}} \end{cases} \tag{4.7.2}$$

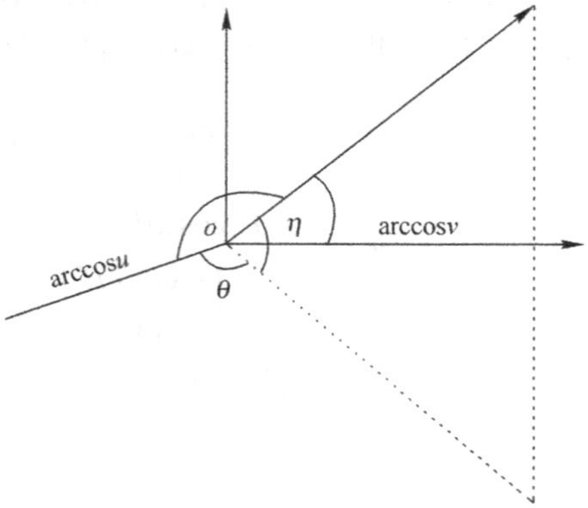

图 4.15 传感器坐标系

式中：(r, θ, η) 表示在传感器球坐标中目标真实位置（无误差），而 $\tilde{r}, \tilde{\theta}, \tilde{\eta}, \tilde{\dot{r}}$ 分别是各量测量析随机误差。假定这些量测都是在 k 时刻得到的。通常假定这些量测噪声是零均值的高斯白噪声，互不相关，即 $\boldsymbol{v}_k = [\tilde{r}, \tilde{\theta}, \tilde{\eta}, \tilde{\dot{r}}]^{\mathrm{T}}$ 是零均值白噪声序列，且

$\boldsymbol{v}_k \sim \boldsymbol{N}(0, R_k)$； $R_k = \mathrm{diag}(\sigma_r^2, \sigma_u^2, \sigma_v^2, \sigma_{\dot{r}}^2)$。

上述量测模型能够写成向量矩阵的紧凑形式

$$\boldsymbol{z}_k = \boldsymbol{H}_k \boldsymbol{x}_k + \boldsymbol{v}_k, \boldsymbol{v}_k \sim N(0, R_k) \tag{4.7.3}$$

式中：$\boldsymbol{z}_k = [r_m, \theta_m, \eta_m, \dot{r}_m]^{\mathrm{T}}$； $H_k = I$。

4.7.2 笛卡儿坐标模型

利用此模型时，传感器坐标系中的量测必须转换到笛卡儿坐标系，即直角坐标系中。显然，在传感器坐标系中表示的任一量测，都在笛卡儿坐标系有严格的等价表示。设

$$\boldsymbol{x}_p = [x, y, z]^{\mathrm{T}} = \boldsymbol{H}\boldsymbol{x} \tag{4.7.4}$$

表示传感器无误差量测(r, θ, η)在笛卡儿坐标系的等价表示，其中 x 是目标状态。然而，目标在笛卡儿坐标系中的真正位置对跟踪者而言却是未知的。一旦目标位置带噪声的量测转换到笛卡儿坐标系，在笛卡儿坐标系中的量测方程就可以取如下“线性”形式：

$$z_c = x_p + v_c = Hx + v_c \tag{4.7.5}$$

这一量测有时也称为伪线性量测，其主要优点是，如果目标的动态方程是线性的，则能够应用线性卡尔曼滤波器来进行状态估计。

传感器坐标系到笛卡儿坐标系的变换 $\phi = h^{-1}$，而$\boldsymbol{h} = [h_r, h_\theta, h_\eta]^{\mathrm{T}}$ 由下式定义：

$$z_c = \begin{bmatrix} x_m \\ y_m \\ z_m \end{bmatrix} = \boldsymbol{\phi}(z) = \boldsymbol{\phi}(r_m, \theta_m, \eta_m) = \begin{bmatrix} r_m \cos\theta_m \cos\eta_m \\ r_m \sin\theta_m \cos\eta_m \\ r_m \sin\eta_m \end{bmatrix} \tag{4.7.6}$$

式中：$\boldsymbol{z} = (r_m, \theta_m, \eta_m)^{\mathrm{T}}$ 和 $\boldsymbol{z}_c = (x_m, y_m, z_m)^{\mathrm{T}}$ 都是含噪声量测，分别在原始的球面坐标系和笛卡儿坐标系表示。

一般情况下，将量测噪声 v_c 粗略处理成具有零均值的随机序列，而其协方差则由一阶泰勒级数展开来确定。需要强调的是，一般情况下，量测噪声 v_c 不仅是坐标耦合的、非高斯的，而且是依赖于状态的。由于 v_c 对状态 x 的非线性依赖，这个量测模型实际上还是非线性的。

4.7.3 量测转换分析

1. 二维量测转换

在传感器极坐标系中，相对于目标的真实斜距 r 和方位角 θ，雷达测量得到的斜距 r_m 和方位角 θ_m 可以定义为

$$\begin{cases} r_m = r + \tilde{r} \\ \theta_m = \theta + \tilde{\theta} \end{cases} \tag{4.7.7}$$

式中：假定斜距量测误差 $\tilde{r}$ 和方位角量测误差 $\tilde{\theta}$ 为相互独立且均值为零的高斯噪声，其标准差分别为 σ_r 和 σ_θ。

以上给出的极坐标系中的量测可以通过下式转换成笛卡儿坐标系中的量测：

$$\begin{cases} x_m = r_m \cos\theta_m \\ y_m = r_m \sin\theta_m \end{cases} \tag{4.7.8}$$

这就是量测转换。

由于存在观测噪声，经过量测转换后，观测噪声的协方差转换前后关系如何？下面针对此问题，深入分析它们的关系。

1）真实偏差和协方差

式（4.7.8）可以进一步写为

$$\begin{cases} x_m = x + \tilde{x} = (r + \tilde{r})\cos(\theta + \tilde{\theta}) \\ y_m = y + \tilde{y} = (r + \tilde{r})\sin(\theta + \tilde{\theta}) \end{cases} \tag{4.7.9}$$

式中

$$\begin{cases} x = r\cos\theta \\ y = r\sin\theta \end{cases} \tag{4.7.10}$$

这是目标在笛卡儿坐标系中的真实位置。

利用三角等式，笛卡儿坐标系中每个方向上的量测误差就可以写为

$$\begin{cases}\tilde{x}=r\cos\theta(\cos\tilde{\theta}-1)-\tilde{r}\sin\theta\sin\tilde{\theta}-r\sin\theta\sin\tilde{\theta}+\tilde{r}\cos\theta\cos\tilde{\theta}\\ y=r\sin\theta(\cos\tilde{\theta}-1)+\tilde{r}\cos\theta\sin\tilde{\theta}-r\cos\theta\sin\tilde{\theta}+\tilde{r}\sin\theta\cos\tilde{\theta}\end{cases}\tag{4.7.11}$$

可以看出，$\tilde{x}$ 和 $\tilde{y}$ 不仅相互不独立，而且都依赖于目标真实的斜距、方位角以及斜距、方位角的量测误差。根据 $\tilde{\theta}$ 是均值为零的高斯噪声，可得

$$\begin{cases}\boldsymbol{E}[\cos\tilde{\theta}]=\mathrm{e}^{-\sigma_\theta^2/2},\ \boldsymbol{E}[\sin\tilde{\theta}]=0\\ \boldsymbol{E}[\cos^2\tilde{\theta}]=1/2(1+\mathrm{e}^{-2\sigma_\theta^2}),\ \boldsymbol{E}[\sin^2\tilde{\theta}]=1/2(1-\mathrm{e}^{-2\sigma_\theta^2})\\ \boldsymbol{E}[\sin\tilde{\theta}\cos\tilde{\theta}]=0\end{cases}\tag{4.7.12}$$

令 $\boldsymbol{v}^c=[\tilde{x},\tilde{y}]^{\mathrm{T}}$ ，而

$$\begin{cases}\mu_t=\boldsymbol{E}[\boldsymbol{v}^c\mid r,\theta]=[\mu_t^x\quad \mu_t^y]^{\mathrm{T}}\\ R_t=\mathrm{cov}[\boldsymbol{v}^c\mid r,\theta]=\begin{bmatrix}R_t^{xx} & R_t^{xy}\\ R_t^{yx} & R_t^{yy}\end{bmatrix}\end{cases}\tag{4.7.13}$$

则由式（4.7.13）可得

$$\begin{cases}\mu_t^x=r\cos\theta(\mathrm{e}^{-\sigma_\theta^2/2}-1)\\ \mu_t^y=r\sin\theta(\mathrm{e}^{-\sigma_\theta^2/2}-1)\end{cases}\tag{4.7.14}$$

$$\begin{aligned}R_t^{xx}&=\mathrm{Var}[\tilde{x}|r,\theta]=r^2\mathrm{e}^{-\sigma_\theta^2}[\cos^2\theta(\cosh(\sigma_\theta^2)-1)+\sin^2\theta\sinh(\sigma_\theta^2)]\\&+\sigma_r^2\mathrm{e}^{-\sigma_\theta^2}[\cos^2\theta\cosh(\sigma_\theta^2)+\sin^2\theta\sinh(\sigma_\theta^2)]\end{aligned}\tag{4.7.15}$$

$$\begin{aligned}R_t^{yy}&=\mathrm{Var}[\tilde{y}|r,\theta]=r^2\mathrm{e}^{-\sigma_\theta^2}[\sin^2\theta(\cosh(\sigma_\theta^2)-1)+\sin^2\theta\sinh(\sigma_\theta^2)]\\&+\sigma_r^2\mathrm{e}^{-\sigma_\theta^2}[\sin^2\theta\cosh(\sigma_\theta^2)+\cos^2\theta\sinh(\sigma_\theta^2)]\end{aligned}\tag{4.7.16}$$

$$R_t^{xy}=\mathrm{Cov}[\tilde{x},\tilde{y}|r,\theta]=\sin\theta\cos\theta\mathrm{e}^{-2\sigma_\theta^2}[\sigma_r^2+r^2(1-\mathrm{e}^{\sigma_\theta^2})]\tag{4.7.17}$$

式（4.7.11）、式（4.7.17）为式（4.7.9）的转换量测误差的均值（偏差）和协方差阵的精确表达，可以看出，对于大的互斜距误差（远的斜距和大的方位角误差），转换量测的偏差非常显著。

2）平均真实偏差和协方差

从式（4.7.9）～式（4.7.17）还可以看出，真实偏差和协方差要求已知目标真实的斜距和方位。但是在实际当中，目标真实的斜距和方位角是无法得到的。为了使其能在实际中应用，可在量测得到的位置值 r_m,θ_m 已知的条件下对上述的真实均值和协方差阵求数学期望，分别称为平均真实偏差和平均真实协方差，即

$$\begin{cases}\mu_{\mathrm{a}}=\boldsymbol{E}[\boldsymbol{v}^c\mid r_m,\theta_m]=[\mu_a^x\quad \mu_a^y]^{\mathrm{T}}\\ R_{\mathrm{a}}=\mathrm{Cov}[\boldsymbol{v}^c\mid r_m,\theta_m]=\begin{bmatrix}R_a^{xx} & R_a^{xy}\\ R_a^{yx} & R_a^{yy}\end{bmatrix}\end{cases}\tag{4.7.18}$$

利用式（4.7.7）将式（4.7.18）的两个式子分别展开，并利用三角关系式，可得

$$\begin{cases}\mu_{\mathrm{a}}^{x}=r_m\cos\theta_m(\mathrm{e}^{-\sigma_\theta^2}-\mathrm{e}^{-\sigma_\theta^2/2})\\ \mu_{\mathrm{a}}^{y}=r_m\sin\theta_m(\mathrm{e}^{-\sigma_\theta^2}-\mathrm{e}^{-\sigma_\theta^2/2})\end{cases} \tag{4.7.19}$$

$$\begin{aligned}R_a^{xx}&=\mathrm{Var}[\tilde{x}|r_m,\theta_m]=r_m{}^2\mathrm{e}^{-2\sigma_\theta^2}\{\cos^2\theta_m(\cosh(2\sigma_\theta^2)-\cosh(\sigma_\theta^2))+\\ &\sin^2\theta_m[\sinh(2\sigma_\theta^2)-\sinh(2\sigma_\theta^2)]\}+\sigma_r^2\mathrm{e}^{-2\sigma_\theta^2}\{\cos^2\theta_m[2\cosh(2\sigma_\theta^2)-\cosh(\sigma_\theta^2)]\\ &+\sin^2\theta_m[2\sinh(2\sigma_\theta^2)-\sinh(\sigma_\theta^2)]\}\end{aligned} \tag{4.7.20}$$

$$\begin{aligned}R_a^{yy}&=\mathrm{Var}[\tilde{y}|r_m,\theta_m]=r_m{}^2\mathrm{e}^{-2\sigma_\theta^2}\{\sin^2\theta_m(\cosh(2\sigma_\theta^2)-\cosh(\sigma_\theta^2))+\\ &\cos^2\theta_m[\sinh(2\sigma_\theta^2)-\sinh(2\sigma_\theta^2)]\}+\sigma_r^2\mathrm{e}^{-2\sigma_\theta^2}\{\sin^2\theta_m[2\cosh(2\sigma_\theta^2)-\cosh(\sigma_\theta^2)]\\ &+\cos^2\theta_m[2\sinh(2\sigma_\theta^2)-\sinh(\sigma_\theta^2)]\}\end{aligned} \tag{4.7.21}$$

$$R_a^{xy}=R_a^{yx}=\mathrm{Cov}[\tilde{x},\tilde{y}|r_m,\theta_m]=\sin\theta_m\cos\theta_m\mathrm{e}^{-4\sigma_\theta^2}[\sigma_r^2+(r_m^2+\sigma_r^2)(1-\mathrm{e}^{\sigma_\theta^2})] \tag{4.7.22}$$

值得注意的是，由此求得的平均协方差阵大于真实协方差阵，这是由于以量测值为条件求数学期望引入了附加的误差。另外，只有对远斜距或大角度误差时，偏差和协方差矩阵的增大才会显著。

2．三维去偏量测转换

在传感器极坐系中，相对于目标的真实斜矩 r ，方位角 θ 和俯仰角 η ，雷达测量得到的斜矩 r_m ，方位角 θ_m 和俯仰角 η_m 可以定义为：

$$\begin{cases}r_m=r+\tilde{r}\\ \theta_m=\theta+\tilde{\theta}\\ \eta_m=\eta+\tilde{\eta}\end{cases} \tag{4.7.23}$$

式中：假定斜距量测误差 $\tilde{r}$ 、方位角量测误差 $\tilde{\theta}$ 和俯仰角量测误差 $\tilde{\eta}$ 为相互独立、均值为零的高斯噪声，标准差分别为 σ_r、σ_θ和σ_η 。

以上给出的球坐标系中的量测可以通过下式转换成笛卡儿坐标中的量测：

$$\begin{cases}x_m=r_m\cos\eta_m\cos\theta_m\\ y_m=r_m\cos\eta_m\sin\theta_m\\ z_m=r_m\sin\eta_m\end{cases} \tag{4.7.24}$$

与前面的变换一致。

1）真实偏差和协方差

式（4.7.24）可以进一步写为

$$\begin{cases}x_m=x+\tilde{x}=(r+\tilde{r})\cos(\eta+\tilde{\eta})\cos(\theta+\tilde{\theta})\\ y_m=y+\tilde{y}=(r+\tilde{r})\cos(\eta+\tilde{\eta})\sin(\theta+\tilde{\theta})\\ z_m=z+\tilde{z}=(r+\tilde{r})\sin(\eta+\tilde{\eta})\end{cases} \tag{4.7.25}$$

式中：$x = r\cos\eta\cos\theta$；$y = r\cos\eta\sin\theta$；$z = r\sin\eta$。

(x, y, z) 为目标在笛卡儿坐标系中的真实位置。令 $\boldsymbol{\varpi}^c = [\tilde{x}, \tilde{y}, \tilde{z}]^{\mathrm{T}}$，而且

$$\begin{cases} \mu_t = \boldsymbol{E}[\boldsymbol{\varpi}^c | r, \theta, \eta] = [\mu_t^x, \mu_t^y, \mu_t^z]^{\mathrm{T}} \\ R_t = \mathrm{Cov}[\boldsymbol{\varpi}^c | r, \theta, \eta] = \begin{bmatrix} R_t^{xx} & R_t^{xy} & R_t^{xz} \\ R_t^{yx} & R_t^{yy} & R_t^{yz} \\ R_t^{zx} & R_t^{zy} & R_t^{zz} \end{bmatrix} \end{cases} \tag{4.7.26}$$

则由式（4.7.12）可得

$$\begin{cases} \mu_t^x = r\cos\eta\cos\theta(\mathrm{e}^{-\sigma_\eta^2/2}\mathrm{e}^{-\sigma_\theta^2/2} - 1) \\ \mu_t^y = r\cos\eta\sin\theta(\mathrm{e}^{-\sigma_\eta^2/2}\mathrm{e}^{-\sigma_\theta^2/2} - 1) \\ \mu_t^z = r\sin\eta(\mathrm{e}^{-\sigma_\eta^2/2} - 1) \end{cases} \tag{4.7.27}$$

$$\begin{cases} R_t^{xx} = \mathrm{Var}[\tilde{x} | r, \theta, \eta] = [r^2(a_x a_{xy} - \cos^2\theta\cos^2\eta) + \sigma_r^2 a_x a_{xy}]\mathrm{e}^{-\sigma_\theta^2}\mathrm{e}^{-\sigma_\eta^2} \\ R_t^{yy} = \mathrm{Var}[\tilde{y} | r, \theta, \eta] = [r^2(a_y a_{xy} - \sin^2\theta\cos^2\eta) + \sigma_r^2 a_y a_{xy}]\mathrm{e}^{-\sigma_\theta^2}\mathrm{e}^{-\sigma_\eta^2} \\ R_t^{zz} = \mathrm{Var}[\tilde{z} | r, \theta, \eta] = [r^2(a_z - \sin^2\eta) + \sigma_r^2 a_z]\mathrm{e}^{-\sigma_\eta^2} \end{cases} \tag{4.7.28}$$

$$\begin{cases} R_t^{xy} = \mathrm{Cov}[\tilde{x}, \tilde{y} | r, \theta, \eta] = [r^2(a_{xy} - \cos^2\eta \cdot \mathrm{e}^{\sigma_\theta^2}) + \sigma_r^2 a_{xy}]\sin\theta\cos\theta \cdot \mathrm{e}^{-2\sigma_\theta^2}\mathrm{e}^{-\sigma_\eta^2} \\ R_t^{yz} = \mathrm{Cov}[\tilde{y}, \tilde{z} | r, \theta, \eta] = [r^2(1 - \mathrm{e}^{\sigma_\eta^2}) + \sigma_r^2]\sin\theta\sin\eta\cos\eta \cdot \mathrm{e}^{-\sigma_\theta^2/2}\mathrm{e}^{-2\sigma_\eta^2} \\ R_t^{xz} = v[\tilde{x}, \tilde{z} | r, \theta, \eta] = [r^2(1 - \mathrm{e}^{\sigma_\eta^2}) + \sigma_r^2]\cos\theta\sin\eta\cos\eta \cdot \mathrm{e}^{-\sigma_\theta^2/2}\mathrm{e}^{-2\sigma_\eta^2} \end{cases} \tag{4.7.29}$$

式中：

$$\begin{cases} a_x = \sin^2\theta \cdot \sinh\sigma_\theta^2 + \cos^2\theta \cdot \cosh\sigma_\theta^2 \\ a_y = \sin^2\theta \cdot \cosh\sigma_\theta^2 + \cos^2\theta \cdot \sinh\sigma_\theta^2 \\ a_{xy} = \sin^2\eta \cdot \cosh\sigma_\eta^2 + \cos^2\eta \cdot \sinh\sigma_\eta^2 \\ a_z = \sin^2\eta \cdot \sinh\sigma_\eta^2 + \cos^2\eta \cdot \cosh\sigma_\eta^2 \end{cases} \tag{4.7.30}$$

这就是真实偏差和协方差。

2）平均真实偏差和方差

从式（4.7.27）～式（4.7.30）可以看出，计算真实的偏差和协方差要求已知目标真实的斜距、方位角和俯仰角，但是在实际应用时，这些值是无法得到的。为了使它们能够在实际中使用，可在量测得到的位置值 (r_m, θ_m, μ_m) 已知的条件下对上述的真实均值和协方差阵求数学期望，分别称为平均的真实偏差和平均的真实协方差阵，即

$$
\begin{cases}
\mu_a = \boldsymbol{E}[\mu_t \mid r_m, \theta_m, \eta_m] = [\mu_a^x, \mu_a^y, \mu_a^z]^{\mathrm{T}} \\
R_a = \boldsymbol{E}[R_t \mid r_m, \theta_m, \eta_m] = \begin{bmatrix} R_a^{xx} & R_a^{xy} & R_a^{xz} \\ R_a^{yx} & R_a^{yy} & R_a^{yx} \\ R_a^{zx} & R_a^{zy} & R_a^{zz} \end{bmatrix}
\end{cases} \tag{4.7.31}
$$

利用式（4.7.23）将式（4.7.30）各式展开，并利用三角关系式，可得

$$
\begin{cases}
\mu_a^x = r_m \cos\eta_m \cos\theta_m (\mathrm{e}^{-\sigma_\eta^2} \mathrm{e}^{-\sigma_\theta^2} - \mathrm{e}^{-\sigma_\eta^2/2} \mathrm{e}^{-\sigma_\theta^2/2}) \\
\mu_a^y = r_m \cos\eta_m \sin\theta_m (\mathrm{e}^{-\sigma_\eta^2} \mathrm{e}^{-\sigma_\theta^2} - \mathrm{e}^{-\sigma_\eta^2/2} \mathrm{e}^{-\sigma_\theta^2/2}) \\
\mu_a^z = r_m \sin\eta_m (\mathrm{e}^{-\sigma_\eta^2} - \mathrm{e}^{-\sigma_\eta^2/2})
\end{cases} \tag{4.7.32}
$$

$$
\begin{cases}
R_a^{xx} = [r_m^2(\tilde{\beta}_x \tilde{\beta}_{xy} - \tilde{a}_x \tilde{a}_{xy}) + \sigma_r^2(2\tilde{\beta}_x \tilde{\beta}_{xy} - \tilde{a}_x \tilde{a}_{xy})]\mathrm{e}^{-2\sigma_\theta^2} \mathrm{e}^{-2\sigma_\eta^2} \\
R_a^{yy} = [r_m^2(\tilde{\beta}_y \beta_{xy} - \tilde{a}_y \tilde{a}_{xy}) + \sigma_r^2(2\tilde{\beta}_y \tilde{\beta}_{xy} - \tilde{a}_y \tilde{a}_{xy})]\mathrm{e}^{-2\sigma_\theta^2} \mathrm{e}^{-2\sigma_\eta^2} \\
R_a^{zz} = [r_m^2(\tilde{\beta}_z - \tilde{a}_z) + \sigma_r^2(2\tilde{\beta}_z - \tilde{a}_z)]\mathrm{e}^{-2\sigma_\eta^2}
\end{cases} \tag{4.7.33}
$$

$$
\begin{cases}
R_a^{xy} = [r_m^2(\tilde{\beta}_{xy} - \tilde{a}_{xy}\mathrm{e}^{\sigma_\theta^2}) + \sigma_r^2(2\tilde{\beta}_{xy} - \tilde{a}_{xy}\mathrm{e}^{\sigma_\theta^2})]\sin\theta_m \cos\theta_m \mathrm{e}^{-4\sigma_\theta^2} \mathrm{e}^{-2\sigma_\eta^2} \\
R_a^{yz} = [r_m^2(1 - \mathrm{e}^{\sigma_\eta^2}) + \sigma_r^2(2 - \mathrm{e}^{\sigma_\eta^2})]\sin\theta_m \sin\eta_m \cos\eta_m \mathrm{e}^{-\sigma_\theta^2} \mathrm{e}^{-4\theta_\eta^2} \\
R_a^{xz} = [r_m^2(1 - \mathrm{e}^{\sigma_\eta^2}) + \sigma_\eta^2(2 - \mathrm{e}^{\sigma_\eta^2})]\cos\theta_m \sin\eta_m \cos\eta_m \mathrm{e}^{-\sigma_\theta^2} \mathrm{e}^{-4\sigma_\eta^2}
\end{cases} \tag{4.7.34}
$$

式中：

$$
\begin{cases}
\tilde{a}_x = \sin^2\theta_m \cdot \sinh\sigma_\theta^2 + \cos^2\theta_m \cdot \cosh\sigma_\theta^2 \\
\tilde{a}_y = \sin^2\theta_m \cdot \cosh\sigma_\theta^2 + \cos^2\theta_m \cdot \sinh\sigma_\theta^2 \\
\tilde{a}_z = \sin^2\eta_m \cdot \cosh\sigma_\eta^2 + \cos 2\eta_m \cdot \sinh\sigma_\eta^2 \\
\tilde{a}_{xy} = \sin^2\eta_m \cdot \sinh\sigma_\eta^2 + \cos^2\eta_m \cdot \cosh\sigma_\eta^2
\end{cases} \tag{4.7.35}
$$

$$
\begin{cases}
\tilde{\beta}_x = \sin^2\theta_m \cdot \sinh^2 2\sigma_\theta^2 + \cos^2\theta_m \cdot \cosh^2 2\sigma_\theta^2 \\
\tilde{\beta}_y = \sin^2\theta_m \cdot \cosh^2 2\sigma_\theta^2 + \cos^2\theta_m \cdot \sinh^2 2\sigma_\theta^2 \\
\tilde{\beta}_z = \sin^2\eta_m \cdot \cosh^2 2\sigma_\eta^2 + \cos^2\eta_m \cdot \sinh^2 2\sigma_\eta^2 \\
\tilde{\beta}_{xy} = \sin^2\eta_m \cdot \sinh^2 2\sigma_\eta^2 + \cos^2\eta_m \cdot \cosh^2 2\sigma_\eta^2
\end{cases} \tag{4.7.36}
$$

4.8 不同模型下的跟踪滤波方法

基本的目标跟踪滤波方法依赖于两个模型，一是目标的运动状态模型，二是

目标状态的观测模型。在完成该两个模型的建模后，利用线性系统最优滤波方法，可以实现对目标状态的滤波估计。

本节以 4.6 节中描述的目标运动模型和 4.7 节量测模型为基础，分别建立其所对应的离散时间最优线性滤波算法。

4.8.1 基于常速度模型的卡尔曼滤波算法

假设目标做匀速直线运动，以坐标 $x(t)$ 为例推导目标的连续状态方程。坐标 $x(t)$ 对时间 t 的二阶导数为零，即 $x(t)$ 满足方程：

$$\ddot{x}(t)=0 \tag{4.8.1}$$

通常称为 CV 模型。而实际上，是把目标的速度作为随机噪声处理，即

$$\ddot{x}(t)=w(t) \tag{4.8.2}$$

式中：

$$E[\boldsymbol{w}(t)]=0,\quad E[\boldsymbol{w}(t)\boldsymbol{w}^{\mathrm{T}}(\tau)]=q(t)\delta(t-\tau) \tag{4.8.3}$$

由此得到三维空间连续时间系统的状态方程为：

$$\begin{bmatrix}\dot{x}(t)\\ \dot{y}(t)\\ \dot{z}(t)\\ \ddot{x}(t)\\ \ddot{y}(t)\\ \ddot{z}(t)\end{bmatrix}=\begin{bmatrix}0&0&0&1&0&0\\0&0&0&0&1&0\\0&0&0&0&0&1\\0&0&0&0&0&0\\0&0&0&0&0&0\\0&0&0&0&0&0\end{bmatrix}\begin{bmatrix}x(t)\\ y(t)\\ z(t)\\ \dot{x}(t)\\ \dot{y}(t)\\ \dot{z}(t)\end{bmatrix}+\begin{bmatrix}0\\0\\0\\1\\1\\1\end{bmatrix}w(t) \tag{4.8.4}$$

设状态向量 $\boldsymbol{X}(t)=\left[x(t),y(t),z(t),\dot{x}(t),\dot{y}(t),\dot{z}(t)\right]^{\mathrm{T}}$，式（4.8.3）可以写成

$$\dot{\boldsymbol{X}}(t)=\boldsymbol{A}\boldsymbol{X}(t)+\boldsymbol{\Gamma}\boldsymbol{w}(t) \tag{4.8.5}$$

式中：$\boldsymbol{A}=\begin{bmatrix}0&0&0&1&0&0\\0&0&0&0&1&0\\0&0&0&0&0&1\\0&0&0&0&0&0\\0&0&0&0&0&0\\0&0&0&0&0&0\end{bmatrix}$；$\boldsymbol{\Gamma}=\begin{bmatrix}0\\0\\0\\1\\1\\1\end{bmatrix}$。

式（4.8.4）的离散表达式为：

$$\boldsymbol{X}(k+1)=\boldsymbol{\Phi}(k+1,k)\boldsymbol{X}(k)+\boldsymbol{W}(k) \tag{4.8.6}$$

式中：

$$\boldsymbol{\Phi}(k+1,k)=\mathrm{e}^{A(t_{k+1}-t_k)}=\begin{bmatrix}1&0&0&t_{k+1}-t_k&0&0\\0&1&0&0&t_{k+1}-t_k&0\\0&0&1&0&0&t_{k+1}-t_k\\0&0&0&1&0&0\\0&0&0&0&1&0\\0&0&0&0&0&1\end{bmatrix}=$$

$$\begin{bmatrix}1&0&0&T&0&0\\0&1&0&0&T&0\\0&0&1&0&0&T\\0&0&0&1&0&0\\0&0&0&0&1&0\\0&0&0&0&0&1\end{bmatrix} \tag{4.8.7}$$

$$T=t_{k+1}-t_k \tag{4.8.8}$$

$$\boldsymbol{W}(k)=\int_0^T \mathrm{e}^{A(T-\tau)}\boldsymbol{\Gamma}\cdot w(kT+\tau)\mathrm{d}\tau\approx\left[\int_0^T \mathrm{e}^{A(T-\tau)}\boldsymbol{\Gamma}\mathrm{d}\tau\right]w(kT)=\begin{bmatrix}\frac{1}{2}T^2\\\frac{1}{2}T^2\\\frac{1}{2}T^2\\T\\T\\T\end{bmatrix}w(kT) \tag{4.8.9}$$

其统计特性为：

$$\boldsymbol{E}[\boldsymbol{W}(k)]=0\,,\quad \boldsymbol{E}[\boldsymbol{W}(k)\boldsymbol{W}^{\mathrm{T}}(j)]=\boldsymbol{Q}_k\delta_{kj} \tag{4.8.10}$$

式中：$\boldsymbol{Q}_k=\begin{bmatrix}T^4q_x^2/4&0&0&T^3q_x^2/2&0&0\\0&T^4q_x^2/4&0&0&T^3q_x^2/2&0\\0&0&T^4q_x^2/4&0&0&T^3q_x^2/2\\T^3q_x^2/2&0&0&T^2q_x^2&0&0\\0&T^3q_x^2/2&0&0&T^2q_x^2&0\\0&0&T^3q_x^2/2&0&0&T^2q_x^2\end{bmatrix}$。

针对上述的三维空间中的目标跟踪背景，观测方程输出为目标的位置数据，即

$$\boldsymbol{Z}(k)=\begin{bmatrix}1&0&0&0&0&0\\0&1&0&0&0&0\\0&0&1&0&0&0\end{bmatrix}\begin{bmatrix}x(k)\\y(k)\\z(k)\\\dot{x}(k)\\\dot{y}(k)\\\dot{z}(k)\end{bmatrix}+\begin{bmatrix}v_x(k)\\v_y(k)\\v_z(k)\end{bmatrix}=\boldsymbol{H}(k)\boldsymbol{X}(k)+\boldsymbol{V}(k) \tag{4.8.11}$$

式中：$v_x(k)$、$v_y(k)$ 和 $v_z(k)$ 表示观测误差在 X、Y 和 Z 方向上的分量，其统计特性为：

$$\boldsymbol{E}(\boldsymbol{V}(k))=0\text{；}\quad \boldsymbol{R}=\boldsymbol{E}(\boldsymbol{V}(k)\boldsymbol{V}^{\mathrm{T}}(k))=\begin{bmatrix} R_{xx} & R_{xy} & R_{xz} \\ R_{yx} & R_{yy} & R_{yz} \\ R_{zx} & R_{zy} & R_{zz} \end{bmatrix}$$

基于以上假定，可以直接套用标准的卡尔曼滤波方程得到基于常速度模型的滤波算法：

（1）验前状态估计（预测估计）：

$$\hat{X}_{k|k-1}=\varPhi(k,k-1)\hat{X}_{k-1|k-1} \tag{4.8.12}$$

$$P_{k|k-1}=\varPhi(k,k-1)P_{k-1|k-1}\varPhi^{\mathrm{T}}(k,k-1)+\varGamma_{k-1}Q_{k-1}\Gamma_{k-1}^{\mathrm{T}} \tag{4.8.13}$$

（2）最优增益：

$$K_k=P_{k|k-1}H_k^{\mathrm{T}}[H_kP_{k|k-1}H_k^{\mathrm{T}}+R_k]^{-1} \tag{4.8.14}$$

（3）验后状态估计（滤波估计）：

$$\hat{X}_{k|k}=\hat{X}_{k|k-1}+K_k[Z_k-H_k\hat{X}_{k|k-1}] \tag{4.8.15}$$

$$P_{k|k}=[I-K_kH_k]P_{k|k-1} \tag{4.8.16}$$

已知条件：动态系统噪声及观测噪声的统计特性为 Q_{k-1} 和 R_{k-1}。

初值：$\hat{X}(0)$ 即 $\hat{X}_{0|0}$，取 $\hat{X}_{0|0}=E(X_0)=c$，$P(0)=P_{0|0}=E\{X(0)-\hat{X}_{0|0}\}\{X(0)-\hat{X}_{0|0}\}^{\mathrm{T}}$ 取任意假定的非零值即可，c 为任意常数。

如果观测误差在 X、Y 和 Z 方向上的分量互相独立，则该滤波器可以退化成三个方向互相独立的单通道滤波器。

4.8.2 基于常加速度模型的卡尔曼滤波算法

与常速度模型类似，另外一种常加速度模型满足方程：

$$\dddot{x}(t)=0 \tag{4.8.17}$$

通常称为 CA 模型。假定将 $\dddot{x}(t)$ 作为随机噪声处理，即

$$\dddot{x}(t)=w(t) \tag{4.8.18}$$

加速度噪声 $w(t)$ 满足

$$E[\boldsymbol{w}(t)]=0\text{，}\quad E[\boldsymbol{w}(t)\boldsymbol{w}^{\mathrm{T}}(t)]=q(t)\delta(t-\tau) \tag{4.8.19}$$

因此，考虑一维常加速度情况，有

$$\begin{bmatrix} \dot{x}(t) \\ \ddot{x}(t) \\ \dddot{x}(t) \end{bmatrix}=\begin{bmatrix} 0 & 1 & 0 \\ 0 & 0 & 1 \\ 0 & 0 & 0 \end{bmatrix}\begin{bmatrix} x(t) \\ \dot{x}(t) \\ \ddot{x}(t) \end{bmatrix}+\begin{bmatrix} 0 \\ 0 \\ 1 \end{bmatrix}w(t) \tag{4.8.20}$$

考虑三维空间情况，状态变量为：

$$\boldsymbol{X}(t)=[x(t),y(t),z(t),\dot{x}(t),\dot{y}(t),\dot{z}(t),\ddot{x}(t),\ddot{y}(t),\ddot{z}(t)]^{\mathrm{T}} \tag{4.8.21}$$

连续状态方程可以写为：

$$\dot{X}(t)=\boldsymbol{AX}(t)+\boldsymbol{\varGamma}w(t) \tag{4.8.22}$$

式中：$\boldsymbol{A}=\begin{bmatrix}0&0&0&1&0&0&0&0&0\\0&0&0&0&1&0&0&0&0\\0&0&0&0&0&1&0&0&0\\0&0&0&0&0&0&1&0&0\\0&0&0&0&0&0&0&1&0\\0&0&0&0&0&0&0&0&1\\0&0&0&0&0&0&0&0&0\\0&0&0&0&0&0&0&0&0\\0&0&0&0&0&0&0&0&0\end{bmatrix}$；$\boldsymbol{\varGamma}=\begin{bmatrix}0\\0\\0\\0\\0\\0\\1\\1\\1\end{bmatrix}$。

离散表达式为：

$$\boldsymbol{X}(k+1)=\boldsymbol{\varPhi}(k+1,k)\boldsymbol{X}(k)+\boldsymbol{W}(k) \tag{4.8.23}$$

式中

$$\boldsymbol{\varPhi}(k+1,k)=\mathrm{e}^{A(t_{k+1}-t_k)}=\mathrm{e}^{AT}=\begin{bmatrix}1&0&0&T&0&0&T^2/2&0&0\\0&1&0&0&T&0&0&T^2/2&0\\0&0&1&0&0&T&0&0&T^2/2\\0&0&0&1&0&0&T&0&0\\0&0&0&0&1&0&0&T&0\\0&0&0&0&0&1&0&0&T\\0&0&0&0&0&0&1&0&0\\0&0&0&0&0&0&0&1&0\\0&0&0&0&0&0&0&0&1\end{bmatrix} \tag{4.8.24}$$

$$\boldsymbol{W}(k)=\int_0^T \mathrm{e}^{A(T-\tau)}\boldsymbol{\varGamma}\cdot w(kT+\tau)\mathrm{d}\tau\approx\left[\int_0^T \mathrm{e}^{A(T-\tau)}\boldsymbol{\varGamma}\mathrm{d}\tau\right]w(kT)=\begin{bmatrix}\frac{1}{2}T^2\\\frac{1}{2}T^2\\\frac{1}{2}T^2\\T\\T\\T\\1\\1\\1\end{bmatrix}w(kT) \tag{4.8.25}$$

其统计特性为：

$$E[\boldsymbol{W}(k)]=0\text{，}\quad \boldsymbol{E}[\boldsymbol{W}(k)\boldsymbol{W}^{\mathrm{T}}(j)]=\boldsymbol{Q}_k\delta_{kj} \tag{4.8.26}$$

式中：

$$\boldsymbol{Q}_k=\begin{bmatrix} T^4q_x^2/4 & 0 & 0 & T^3q_x^2/2 & 0 & 0 & T^2q_x^2/2 & 0 & 0 \\ 0 & T^4q_y^2/4 & 0 & 0 & T^3q_y^2/2 & 0 & 0 & T^2q_y^2/2 & 0 \\ 0 & 0 & T^4q_z^2/4 & 0 & 0 & T^3q_z^2/2 & 0 & 0 & T^2q_z^2/2 \\ T^3q_x^2/2 & 0 & 0 & T^2q_x^2 & 0 & 0 & T\ q_x^2 & 0 & 0 \\ 0 & T^3q_y^2/2 & 0 & 0 & T^2q_y^2 & 0 & 0 & T\ q_y^2 & 0 \\ 0 & 0 & T^3q_z^2/2 & 0 & 0 & T^2q_z^2 & 0 & 0 & T\ q_z^2 \\ T^2q_x^2/2 & 0 & 0 & T\ q_x^2 & 0 & 0 & q_x^2 & 0 & 0 \\ 0 & T^2q_y^2/2 & 0 & 0 & T\ q_y^2 & 0 & 0 & q_y^2 & 0 \\ 0 & 0 & T^2q_z^2/2 & 0 & 0 & T\ q_z^2 & 0 & 0 & q_z^2 \end{bmatrix} \tag{4.8.27}$$

针对上述的三维空间中的目标跟踪背景，观测方程输出为目标的位置数据，即

$$\boldsymbol{Z}(k)=\begin{bmatrix} x(k) \\ y(k) \\ z(k) \end{bmatrix}=\begin{bmatrix} 1 & 0 & 0 & 0 & 0 & 0 & 0 & 0 & 0 \\ 0 & 1 & 0 & 0 & 0 & 0 & 0 & 0 & 0 \\ 0 & 0 & 1 & 0 & 0 & 0 & 0 & 0 & 0 \end{bmatrix}\begin{bmatrix} x(k) \\ y(k) \\ z(k) \\ \dot{x}(k) \\ \dot{y}(k) \\ \dot{z}(k) \\ \ddot{x}(k) \\ \ddot{y}(k) \\ \ddot{z}(k) \end{bmatrix}+\begin{bmatrix} v_x(k) \\ v_y(k) \\ v_z(k) \end{bmatrix} \tag{4.8.28}$$

$$=\boldsymbol{H}(k)\boldsymbol{X}(k)+\boldsymbol{V}(k)$$

式中：$v_x(k)$、$v_y(k)$和$v_z(k)$表示观测误差在 X、Y 和 Z 方向上的分量，其统计特性为：

$$\boldsymbol{E}(\boldsymbol{V}(k))=0\text{；}\quad \boldsymbol{R}=\boldsymbol{E}(\boldsymbol{V}(k)\boldsymbol{V}^{\mathrm{T}}(k))=\begin{bmatrix} R_{xx} & R_{xy} & R_{xz} \\ R_{yx} & R_{yy} & R_{yz} \\ R_{zx} & R_{zy} & R_{zz} \end{bmatrix} \tag{4.8.29}$$

基于上述假定，可以直接套用标准的卡尔曼滤波方程得到基于常加速度模型的滤波算法，算法公式系形式同上述一致，在此不再赘述。

如果观测误差在 X、Y 和 Z 方向上的分量互相独立的话，则该滤波器可以退化成三个方向互相独立的单通道滤波器。

4.8.3 基于机动目标“当前”统计模型的卡尔曼滤波算法

机动目标“当前”统计模型的状态方程为

$$\begin{bmatrix} \dot{x}(t) \\ \ddot{x}(t) \\ \dddot{x}(t) \end{bmatrix} = \begin{bmatrix} 0 & 1 & 0 \\ 0 & 0 & 1 \\ 0 & 0 & -\alpha \end{bmatrix} \begin{bmatrix} x(t) \\ \dot{x}(t) \\ \ddot{x}(t) \end{bmatrix} + \begin{bmatrix} 0 \\ 0 \\ 1 \end{bmatrix} \overline{a}(t) + \begin{bmatrix} 0 \\ 0 \\ 1 \end{bmatrix} w(t) \tag{4.8.30}$$

观测方程类似前述，针对上述的一维空间中的目标跟踪背景，观测方程输出为目标的位置数据，即

$$\boldsymbol{Z}(k) = \boldsymbol{x}(k) = \begin{bmatrix} 1 & 0 & 0 \end{bmatrix} \begin{bmatrix} x(k) \\ \dot{x}(k) \\ \ddot{x}(k) \end{bmatrix} + \boldsymbol{v}_x(k) = \boldsymbol{H}(k)\boldsymbol{X}(k) + \boldsymbol{v}_x(k) \tag{4.8.31}$$

式中：$\boldsymbol{v}_x(k)$ 表示观测误差在 X 方向上的分量，其统计特性为：$\boldsymbol{E}(v_x(k)) = 0$；$\boldsymbol{R}_{xx} = \boldsymbol{E}(\boldsymbol{v}_x(k)\boldsymbol{v}_x(k)^{\mathrm{T}})$。

因此，基于上述模型的滤波方程为：

（1）验前状态估计（预测估计）：

$$\hat{X}_{k|k-1} = \boldsymbol{\varPhi}(k,k-1)\hat{X}_{k-1|k-1} + \boldsymbol{U}(k-1)\overline{a}(k-1) \tag{4.8.32}$$

$$P_{k|k-1} = \boldsymbol{\varPhi}(k,k-1)P_{k-1|k-1}\boldsymbol{\varPhi}^{\mathrm{T}}(k,k-1) + \varGamma_{k-1}Q_{k-1}\varGamma_{k-1}^{\mathrm{T}} \tag{4.8.33}$$

（2）最优增益：

$$K_k = P_{k|k-1}H_k^{\mathrm{T}}[H_k P_{k|k-1} H_k^{\mathrm{T}} + R_k]^{-1} \tag{4.8.34}$$

（3）验后状态估计（滤波估计）：

$$\hat{X}_{k|k} = \hat{X}_{k|k-1} + K_k[Z_k - H_k\hat{X}_{k|k-1}] \tag{4.8.35}$$

$$P_{k|k} = [I - K_k H_k]P_{k|k-1} \tag{4.8.36}$$

式中：$\overline{a}(k-1) = \ddot{x}_{k|k-1}$，$\sigma_a^2 = \dfrac{4-\pi}{\pi}[a_{\max} - \overline{a}(k)]^2$。$\overline{a}(k-1)$ 为“当前”机动加速度均值；$\ddot{x}_{k|k-1}$ 为状态预测估计的加速度预测分量；σ_a^2 为机动加速度的修正瑞利分布方差；$\boldsymbol{U}(k-1)$ 为状态输入矩阵。

4.9 机动目标跟踪方法

基本的目标跟踪滤波方法，可以实现对多种机动目标运动状态的跟踪。但是，这些跟踪算法的运动模型是事先假定的，并且是以系统噪声和观测噪声已知的条件下得到的。这些前提条件同实际中的目标跟踪环境是不相符的。同时，在目标运动过程中，大气扰动、驾驶员的人为动作还能够使目标产生随机扰动、转弯、

闪避或者其他特殊的攻击态势等机动现象。利用基本的目标跟踪滤波方法，其效果是有限的。如何实现对机动条件下的目标进行跟踪，这就是机动目标跟踪问题。

目前，机动目标跟踪一般有以下两种解决问题的思路：

（1）用尽可能准确的机动运动模型来描述目标的机动情况。上一节中的基本目标跟踪方法就是该种思路的体现。

（2）需要利用自适应滤波的思想，通过状态滤波估计的输出特性，构建信息反馈通道，来实现在机动条件下的目标运动模型或噪声统计特性的估计，从而实现对机动目标的准确跟踪。下面分别从三种自适应滤波的思路出发，介绍机动目标跟踪中的自适应滤波方法。

1）检测自适应滤波

检测自适应滤波的基本思想是：机动发生将使原来的模型变劣，从而造成目标状态估计偏离真实状态，滤波残差（新息）特性发生变化。根据新息过程的变化，可以设计出机动检测准则，一旦检测到机动发生或消除，立即进行模型转换或噪声方差调整。这种方法的关键是设计出合理的检测模式。典型的方法有：Thorp 检测器，输入估计器，变维自适应滤波器（VDF）等。

检测自适应滤波的不足之处是机动发生和检测时刻之间存在时间延迟，因此具有滞后性，不能很好地满足近程防御武器系统的快速反导作战要求。

2）实时辨识滤波

实时辨识滤波是指在线辨识机动加速度或其统计特性（表现为机动噪声和均值等）。典型的方法有：自适应状态估计器和基于机动目标的“当前”统计模型自适应滤波算法。该算法对强机动目标具有很快的反应能力和较高的跟踪精度。但对非机动目标和弱机动目标，跟踪精度损失较大，效果不理想，影响近程防御武器系统的射击精度。

3）全面自适应滤波

全面自适应滤波综合发展了检测自适应滤波和实时辨识自适应滤波的优点。其典型方法就是交互式多模型算法（Interacting Multiple Models，IMM），用来实现对高速机动目标的跟踪。在这种算法中，多个模型并行工作，用马尔可夫过程描述模型间的转换，目标状态估计是多个滤波器交互作用的结果。该方法不需要机动检测，同时具有全面自适应跟踪能力。

4.9.1 机动检测自适应滤波

1. 机动检测算法

机动检测自适应滤波主要是依据某种目标机动检测机制，一旦检测到目标发生机动，就对滤波器的参数或结构进行调整，达到自适应滤波的目的。因此，机动检测算法是实现自适应滤波的基础。

机动检测算法是一种判决机制。如果目标出现机动，就由它来确定机动的开始时间。此外，也可以用来估计实际机动参数的幅度和持续时间。这种算法以处理跟踪滤波器提供的估值的统计新生量（新息过程）为基础。

考虑如下线性系统

$$\begin{cases}\boldsymbol{X}(k+1)=\boldsymbol{\Phi}(k+1,k)\boldsymbol{X}(k)+\boldsymbol{\Gamma}(k)\boldsymbol{W}(k)\\ \boldsymbol{Y}(k)=\boldsymbol{H}(k)\boldsymbol{X}(k)+\boldsymbol{V}(k)\end{cases} \tag{4.9.1}$$

式中：$\boldsymbol{X}(k)\in\boldsymbol{R}^{n\times1}$；$\boldsymbol{\Phi}(k+1,k)\in\boldsymbol{R}^{n\times m}$、$\boldsymbol{\Gamma}(k)\in\boldsymbol{R}^{n\times p}$ 和 $\boldsymbol{H}(k)\in\boldsymbol{R}^{m\times n}$ 分别为状态转移矩阵、输入矩阵和观测矩阵；$\boldsymbol{W}(k)\in\boldsymbol{R}^{P\times1}$ 和 $\boldsymbol{V}(k)\in\boldsymbol{R}^{m\times1}$ 为高斯（Gauss）白噪声。统计特性如下：

$$\begin{matrix}\boldsymbol{E}[\boldsymbol{W}(k)]=0\\ \boldsymbol{E}[\boldsymbol{V}(k)]=0\\ \boldsymbol{E}[X_0\cdot\boldsymbol{W}^{\mathrm{T}}(k)]=0\end{matrix}\ ;\ \begin{matrix}\boldsymbol{E}[\boldsymbol{W}(k)\boldsymbol{W}^{\mathrm{T}}(j)]=\boldsymbol{Q}_k\cdot\delta_{kj}\\ \boldsymbol{E}[\boldsymbol{V}(k)\boldsymbol{V}^{\mathrm{T}}(j)]=\boldsymbol{R}_k\cdot\delta_{kj}\\ \boldsymbol{E}[X_0\cdot\boldsymbol{V}^{\mathrm{T}}(k)]=0\end{matrix}\ ;\ \delta_{kj}=\begin{cases}1 & (k=j)\\ 0 & (k\neq j)\end{cases}$$

则预测残差（又称新息）向量为：

$$\boldsymbol{d}(k)=\boldsymbol{Y}(k)-\boldsymbol{H}(k)\cdot\hat{X}(k/k-1) \tag{4.9.2}$$

均值为：

$$\boldsymbol{E}[\boldsymbol{d}(k)]=\boldsymbol{0} \tag{4.9.3}$$

方差为：

$$\begin{aligned}\boldsymbol{S}_k&=\boldsymbol{E}[\boldsymbol{d}(k)\cdot\boldsymbol{d}^{\mathrm{T}}(k)]\\ &=\boldsymbol{E}[[\boldsymbol{Y}(k)-\boldsymbol{H}(k)\cdot\hat{X}(k/k-1)][\boldsymbol{Y}(k)-\boldsymbol{H}(k)\cdot\hat{X}(k/k-1)]^{\mathrm{T}}]\\ &=\boldsymbol{H}(k)\cdot\boldsymbol{P}(k/k-1)\cdot\boldsymbol{H}^{\mathrm{T}}(k)+\boldsymbol{R}(k)\end{aligned} \tag{4.9.4}$$

因此，检测自适应滤波的基本思想是：目标机动的发生将引起系统模型的失配，从而造成目标状态估计偏离真实状态，滤波残差 $\boldsymbol{d}(k)$（新息）特性发生变化。因此，可根据残差过程的变化，设计出机动检测准则，一旦检测到机动发生或消除，立即进行模型转换或噪声方差调整。此类算法的关键在于设计出合理的检测方式，包括检测门限的选择以及恰当的模型转换调整。一般有如下机动检测方法（也称为机动检测器）。

1）检测器（A）

首先讨论一种最简单的检测方法，也称概率密度检测法。设 d_k 分量具有高斯概率密度，能容易估算出第 i 个分量每次落入区间 $C(\pm\sqrt{\boldsymbol{S}_k(i,i)})$ 的概率，其中 C 是一个正的常数。

例如，当 C=1 时，与该区间关联的概率为 0.6827；当 C=2 时，概率为 0.9545；而当 C=3 时，概率为 0.9973。因此，如果 $d_k(i)$ (i=1, 2, 3, ⋯, m)的所有分量都处在区间 $C(\pm\sqrt{\boldsymbol{S}_k(i,i)})$ 内，则可以认为 d_k 具有零均值和协方差矩阵 $\boldsymbol{S}_k$ 的高斯分布（目标未发生机动）。然而，若 $d_k(i)$ 中至少有一个分量未落在该区间内，则上述假设便不成立（目标发生机动）。

2）检测器（B）

第二种方法是加权平方检测法，该方法基于 d_k 的平方偏差加权，其原理如下。

定义距离函数：

$$D(k)=\boldsymbol{d}_k^{\mathrm{T}}\cdot\boldsymbol{S}^{-1}(k)\cdot d_k \tag{4.9.5}$$

由新息序列的统计特性可知，$D(k)$ 服从自由度为 m 的 x^2 分布。如果目标发生机动，新息 $d(k)$ 将不再是均值为零的高斯（Gauss）白噪声过程，$D(k)$ 将会增大。因此，可用下述方法检测机动的发生与消除。

假定 $D(k)$ 大于某一门限 M 的概率为 a，即：

$$P[D(k)>M]=a \tag{4.9.6}$$

式中：a 为允许的虚警概率；M 为门限。

此时自适应滤波过程为：

当 $D(k)>M$ 时，机动发生，增大 $Q(k)$ 阵；

当 $D(k)\leqslant M$ 时，机动消除，减小 $Q(k)$ 阵。

上述自适应滤波的目的是保持并恢复新息过程的白色高斯（Gauss）性质，并降低状态估计误差。

3）检测器（C）

以上讨论的两种方法，从它们能处理的新生序列的模和极性这个意义上来说，均可称为参量法。统计检验检测法则只处理极性，因此可称为非参量法，其原理如下。

令

$$I_k=\operatorname{sign}(d_k) \tag{4.9.7}$$

为简单起见，式中 d_k 是一个标量，且

$$\operatorname{sign}(d_k)=\begin{cases}+1 & (d_k>0)\\ -1 & (d_k\leqslant 0\ )\end{cases} \tag{4.9.8}$$

检测机动所用的统计检验为：

$$|B_{M,k}|=\left|\sum_{i=0}^{M-1}I_{k-i}\right|\text{大于或小于}T \tag{4.9.9}$$

容易看出，I_k 等效于成功概率为 0.5 的伯努利序列，因此 $B_{M,k}$ 是二项分布随机变量。要注意，$B_{M,k}$ 的平均值为零。门限 T 决定了虚警概率，并且可以从有关二项分布的一般参考文献中得到，这种检测方法实现很简单。

2．实现机动检测自适应滤波的各种方法

通过自适应方法来修改滤波参数或滤波器的结构，实现对机动目标的机动检测的方法有很多。概括起来，主要有以下几种：

（1）重新起始卡尔曼增益序列。

（2）增大输入噪声 $W(k)$ 的方差。

（3）增大目标状态估计的协方差矩阵。

（4）增加目标状态的维数。

（5）在不同的跟踪滤波器之间进行切换。

前三种方法是改变滤波器的参数，特别是使卡尔曼增益发生改变（见图 4.16）。后两种方法则是以某种方式改变滤波器的结构。在第一种方法中，当检测到机动时，强行设置卡尔曼增益为某一较大值。因此，当目标状态改变时，观测值超过预测状态值，滤波器对目标实际机动的响应比对过去直线轨迹的响应更好。第二种方法是以增大扰动输入 $W(k)$ 的协方差矩阵 $\boldsymbol{Q}$ 来增大卡尔曼增益，可以通过控制参数 $\boldsymbol{Q}=2a\sigma_a^2$ 来实现。

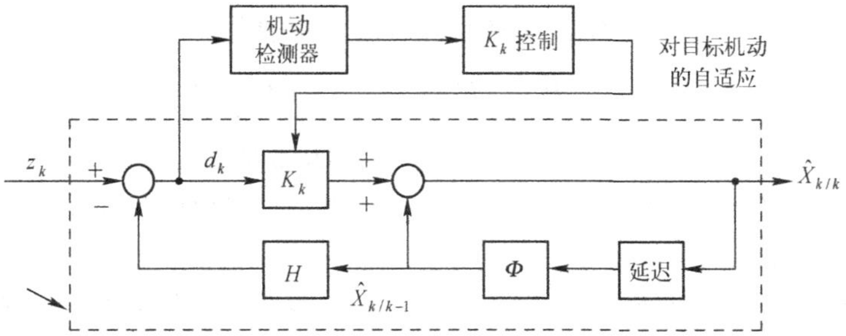

图 4.16　对机动目标的自适应卡尔曼滤波器

第三种方法很简单，适合与检测器（A）一起工作。如果残差 d_k 的两个或更多分量不满足以下检验：

$$-C\sqrt{\theta_K(i,i)}\leqslant d_k(i)\leqslant C\sqrt{\theta_k(i,i)}\quad (i=1,2,\cdots,m)\tag{4.9.10}$$

那么被否决的 d_k：

$$d_k^2(i)\{a_k(i)\Gamma(i,i)+R_k(i,i)\}^{-1}=C^2\tag{4.9.11}$$

式中：$a_k(i)$ 是正标量因子。由式（4.9.11）得参数 $a_k(i)$：

$$a_k(i)=\frac{[d_k(i)/C]^2-R_k(i,i)}{\Gamma(i,i)}\tag{4.9.12}$$

因此 $d_k(i)$ 存在于由式（4.9.10）决定的可接受区域的范围内。在此条件下，当全部分量被否决时，容易看出，$\hat{P}_{k/k-1}$ 可修改为 $[a_{k,M}\hat{P}_{k/k-1}]$，其中 $a_{k,M}$ 为全部 $a_k(i)$ 中的最大值。增大预测误差的协方差能保持对目标的跟踪，但会降低滤波精度。当机动幅度太大时，除协方差校正外，需要引入偏差校正项。为此，若 $a_k(i)$ 中有某些值大于规定的 α 值，则相应的 $d_k(i)$ 值应改变为：

$$\frac{[d_k(i)-b_k(i)]^2}{a\Gamma(i,i)+R(i,i)}=C^2 \tag{4.9.13}$$

式中 $b_k(i)$ 表示偏差项，现重新表示如下：

$$b_k(i)=d_k(i)-C_{sign}[d_k(i)]\sqrt{a\Gamma(i,i)+R(i,i)} \tag{4.9.14}$$

这表明，$\hat{P}_{k/k-1}$ 已改为 $a\hat{P}_{k/k-1}$，$d_k(i)$ 也转移到可接受区域界限之内。总结起来，自适应跟踪滤波器有如下形式：

$$\hat{X}_{k/k}=\hat{X}_{k/k-1}+K_k[d_k-b_k] \tag{4.9.15}$$

$$\hat{P}_{k/k}=a_{k,M}[I-K_K H]\hat{P}_{k/k-1} \tag{4.9.16}$$

$$\hat{X}_{k/k-1}=\Phi\hat{X}_{k-1/k-1} \tag{4.9.17}$$

$$\hat{P}_{k/k-1}=\Phi\hat{P}_{k-1/k-1}\Phi^{\mathrm{T}}+GQG^{\mathrm{T}} \tag{4.9.18}$$

$$K_k=a_{k,M}\hat{P}_{k/k-1}H^{\mathrm{T}}[R_k+a_{k,M}H\hat{P}_{k/k-1}H^{\mathrm{T}}]^{-1} \tag{4.9.19}$$

参数 $b_k(i)(i=1,2,\cdots,m)$ 和 $a_{k,M}$ 可按下列算法选取：

若 d_k 的全部分量被新生量检验式（4.9.10）接纳，则 $a_{k,M}=1$，$b_k(i)=0(i=1,2,\cdots,m)$；

若 d_k 的一个或多个分量被否决，且 $a_k(i)$ 中至少有一个分量大于 α，则 $a_{k,M}=\alpha$；当 $a_k(i)<\alpha$ 时，$b_k(i)=0$；当 $a_k(i)>\alpha$ 时，$b_k(i)$ 由式（4.9.14）给出。

第四种方法并不是把目标机动当作随机过程来描述，而是当检测到机动时，目标状态模型随着跟踪滤波器结构的相应变化而改变。对于直线运动，采用基于状态矢量 $\boldsymbol{X}^{\mathrm{T}}=[x\ \dot{x}\ y\ \dot{y}]$ 的低阶模型。当检验到机动时，便引入高阶分量，例如加速度 $\ddot{x}$、$\ddot{y}$ 或 a_{ε}、a_{η} 来改变目标状态模型，然后递推估计加速度并修正其他状态分量。采用这种结构可变的目标模型，在目标航迹的直线段和加速度段都可以得到良好的跟踪性能，而不是折中。例如，如果目标不再加速，那就用增广第六阶模型来增大位置和速度的估计误差。如要恢复到低阶目标模型，就要把加速度估值与 $\hat{P}_{k/k}$ 相应的分量进行比较。如果比较结果没有超出统计门限，那么机动假设就不成立。使加速度估计有效的检验统计量为：

$$\delta_{a,k}\equiv\hat{\boldsymbol{a}}_{k/k}^{\mathrm{T}}\boldsymbol{P}_{a,k/k}^{-1}\hat{a}_{k/k} \tag{4.9.20}$$

式中：$\hat{a}$ 为加速度分量估计；$\boldsymbol{P}_a$ 是所有目标状态估计协方差矩阵相应的矩阵块。若在 p 次扫描时间内，

$$\mu_{a,k}=\sum_{j=K-p+1}^{K}\delta_{a,j} \tag{4.9.21}$$

低于某一门限，则认为加速度无意义。当机动在k时刻被检验器（B）检测到，则滤波器假定在时间$k-\Delta-1$之后目标具有非零加速度。因此从$k-\Delta-1$到k时刻，在时间窗口内的状态估计需重新处理。然后，观测值按照到达顺序逐一予以处理。

3．变维滤波算法

巴-沙龙和伯密瓦提出的变维滤波是一种比较经典的机动检测自适应算法。该算法不依赖于目标机动的先验假设，把机动看成是目标动态特性的内部变化，而不是状态噪声方差的加入。检测手段采用平均新息法，调整方式采用“开关”型转换，非机动时，滤波器工作在 CV 模型上，一旦检测到机动，滤波器便转到 CA 模型上，再由非机动监测器检测机动消除而转到原来的 CV 模型上。

其检测原理如下：

假设$\mu(k)$为基于 CV 模型滤波残差$d(k)$的衰减记忆平均值，即：

$$\mu(k)=\alpha\mu(k-1)+g(k) \tag{4.9.22}$$

式中：$\alpha=1-1/\Delta$，且$0<\alpha<1$；Δ为机动检测时间；$g(k)$是由残差协方差矩阵$\boldsymbol{S}(k)$归一化的残差距离函数，即：

$$g(k)=d'(k)\boldsymbol{S}^{-1}(k)d(k) \tag{4.9.23}$$

当$\mu(k)$的值超过某一给定的门限值时，便可认为目标发生了机动，目标运动模型由二维 CV 模型转变为三维 CA 模型，实现模型由低维向高维的切换。

而由机动 CA 模型转入非机动 CV 模型的假设测试是检验下式：

$$\mu_a=\sum_{i=k-\Delta+1}^{k} g_a(i) \tag{4.9.24}$$

是否低于另一给定门限值。这里

$$g_a(k)=\hat{a}'(k|k)\boldsymbol{p}_a^{-1}(k|k)\hat{a}(k|k) \tag{4.9.25}$$

式中：$\hat{a}(k|k)$为机动加速度估计值；$\boldsymbol{p}_a(k|k)$为相应协方差矩阵中的子矩阵块。

变维滤波方法用常速、常加速两种模型分别描述非机动和机动特性，且不需要对目标的机动特性做任何先验假设，提高了状态估计精度和跟踪性能。但由于引入检测环节的缘故，使得机动发生时间和检测瞬时二者之间存在不可避免的时间延迟。如果时间延迟和目标的机动加速度常数相差不多，则该方法将不能很好地工作，特别是当机动加速度本身可变时尤其如此。

4.9.2 实时辨识自适应滤波

机动辨识与检测同样是一种机动决策机制，目标如果出现机动，则通过此机制判定目标的机动状态。机动辨识与机动检测相比是一种更为有效的决策机制，它不仅能够确定出机动发生的时刻及持续时间，而且能够辨识出机动强度的大小。机动辨识的作用方式为由新息过程辨识出机动加速度的幅度，或根据滤波过程实时估计和预测出机动加速度的大小。机动辨识的典型范例是机动目标当前统计模型及其自适应算法。

实时辨识自适应滤波方法是指在线辨识出机动加速度或其统计特性（表现为机动噪声均值和方差等），典型的实时辨识自适应滤波方法有协方差匹配法、自适应状态估计法、当前统计模型均值与方差自适应法等。其中基于我国学者周宏仁所提出的当前统计模型均值与自适应算法，是一种较为优越的算法。

在 4.8.3 节我们介绍过“当前”统计模型是建立在加速度连续可变化的基础上的，均值为当前时刻状态估计的加速度分量预测值。采用非零均值和修正瑞利分布描述机动加速度的统计特性。这种假设的分布具有分布随均值变化而变化，方差由均值决定的特点。这使得在目标跟踪过程中，可以通过滤波实时辨识出机动加速度均值，应用均值对加速度概率分布进行修正，并通过系统过程噪声方差的形式反馈到下一个时刻的滤波过程中，从而实现自适应滤波过程。这种模型和算法适用于每一种具体的战术场合和目标机动的当前状态，不存在任何估计滞后和修正问题。其具体概率密度函数如下：

当目标当前加速度为正时，概率密度函数为：

$$P(a)=\begin{cases}0 & (a\geqslant a_{\max}) \\ \dfrac{a_{\max}-a}{\mu^2}\exp\left\{-\dfrac{(a_{\max}-a)^2}{2\mu^2}\right\} & (0<a<a_{\max}) \\ \delta(a) & (a=0) \\ \dfrac{a-a_{-\max}}{\mu^2}\exp\left\{-\dfrac{(a-a_{-\max})^2}{2\mu^2}\right\} & (a_{-\max}<a<0) \\ 0 & (a\leqslant a_{-\max})\end{cases} \tag{4.9.26}$$

式中：$a_{\max}=8\text{m}/\text{s}^2$，$a_{-\max}=-8\text{m}/\text{s}^2$ 分别为目标跟踪加速度正向上限值与向下限值，即当前统计模型的先验假设；$\mu>0$ 为一常数；$\delta(a)$ 为狄拉克 δ 函数；a 为目标的随机加速度，其中 a 的均值与方差分别为：

均值：

$$E(a)=\begin{cases}a_{\max}-\sqrt{\dfrac{\pi}{2}}\mu & (a\geqslant 0) \\ a_{-\max}+\sqrt{\dfrac{\pi}{2}}\mu & (a<0)\end{cases} \tag{4.9.27}$$

方差：

$$\sigma_a^2=\frac{4-\pi}{2}\mu^2 \tag{4.9.28}$$

从其概率密度的形式可以看出，在每一瞬时机动加速度的概率密度是不同的；一旦“当前”加速度及加速度均值给定，加速度的概率密度函数便完全确定。

而应用当前统计模型进行滤波时，就是把 $\ddot{x}(k)$ 的一步预测 $\ddot{x}(k\mid k-1)$ 看作在 kT 瞬时的均值，从而实现了概率密度的更新。

在 4.6.2 节给出了当前统计模型离散系统方程，结合 4.8.3 节给出的滤波算法即可实现滤波跟踪。与标准卡尔曼滤波在形式上相比，该算法多了一步应用当前加速度对过程噪声进行修正，加速度方差 σ_a^2 的变化引起状态噪声 $Q(k)$，状态噪声 $Q(k)$的变化作用于协方差一步预测，从而影响滤波增益 $K(k+1)$，实现机动目标实施辨识自适应滤波跟踪。由于当前统计模型加速度概率密度分布函数的特性，此种算法在一定范围对较强的目标机动具有良好的跟踪性能，但对于非机动或者弱机动的情况跟踪误差较大。

4.9.3 全面自适应滤波

实时辨识自适应滤波比较好地反映机动范围和强度的变化，机动的跟踪效果好，但非机动时性能稍有下降；检测自适应滤波在非机动时跟踪精度比较高，机动时较差。而“全面”自适应滤波综合了上述两类方法的优点，典型的算法有布拉姆（Blom）和巴-沙龙（Bar-shalom）提出的一种具有马尔可夫切换系数的交互式模型（Interacting Multiple Models，IMM）算法。该算法有多种模型并行工作，目标状态估计是多个滤波器交互作用的结果。算法可不进行机动检测，能同时达到全面自适应的能力。

1．多模型（Multiple Models，MM）算法的一般描述

多模型算法使用多个基于不同目标状态模型的一组滤波器，所使用的多个模型应该涵盖所有可能的目标系统行为方式，其基本思想是：给定模型集作为真实模式在某时刻有效的候选集 M，并行地运行一组基本滤波器，每一个基本滤波器唯一地对应模型集 M 中的某一个模型。基于这组基本滤波器产生的滤波结果，通过一定规则产生总估计。

一般来说，MM 滤波器包括以下几项内容：

1）模型集合的确定

MM 滤波器的性能依靠大量模型的使用。设计集合 M 是应用 MM 估计算法最主要的任务。一旦集合 M 被确定下来，那么 MM 方法所隐含的假定，也就是系统模式，就被 M 的元素按设计者的假设表达出来了。

2）滤波器的选择

根据经典估计、滤波理论和实际问题，MM 算法可能会使用多种滤波器，如针对跳跃-线性系统的卡尔曼滤波器，针对已经给出模式的非线性系统的扩展卡尔曼滤波器、自适应滤波器，针对杂波环境下目标跟踪的概率数据互联滤波器等。基于不同模型的滤波器可能是不同的。

3）滤波器的初始化

如何在一个递归循环周期得到滤波器的输入，不同 MM 算法中，各个滤波器的初始化方法不同。后面会具体讨论初始化的方法。

4）估计融合

总体估计结果是各个基础滤波器的估计结果融合后得到的。通常有以下三种融合方法：

（1）软判定或者不判定。总体估计由所有滤波器的估计 $\hat{x}_{k/k}^{(i)}$ 组成，但不按硬性规则来使用各个滤波器估计值，这是 MM 估计融合的主流方法。如果在估计中使用基础状态条件均值，则总体估计是所有滤波器估计值的概率互联加权和：

$$\hat{x}_{k/k}=E[x_k\mid z^k]=\sum_i \hat{x}_{k/k}^{(i)}P\{m_k^{(i)}\mid z^k\} \tag{4.9.29}$$

同时，总体的协方差也可以确定。

（2）硬性判定。总体估计值由基于模型的滤波器的估计值决定，这些模型彼此相似时，由硬性判定方法来决定总体估计值。极端情况下，对于总体的估计值，所有滤波器的估计值都是平等的。

（3）随机判定。随机选择一定数量的模型序列，总体估计值近似地由基于这些模型的滤波器的估计值决定。

此外，还有其他一些估计数据融合的方法，比如上述方法的组合。

图 4.17 显示了大多数含有 M 个模型的递归固定结构 MM 估计器的运作方式，$\hat{x}_{k/k}^{(i)}$ 是 x_k 的估计值，来源于 k 时刻基于第 i 个模型的滤波器；$\bar{x}_{k-1/k-1}^{(i)}$ 是 k−1 时刻的估计值，作为 k 时刻第 i 个滤波器的输入；$\hat{x}_{k/k}$ 是总的估计值；$P_{k/k}^{(i)}$，$\bar{P}_{k-1/k-1}^{(i)}$ 和 $P_{k/k}$ 是相应的协方差。

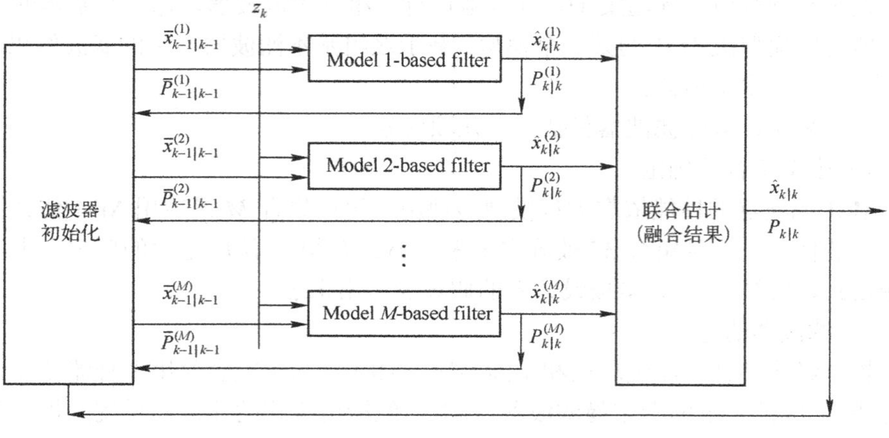

图 4.17　固定结构 MM 估计器的运作方式

在最初的 MM 算法中，各个基本滤波器均独立运行，不与任何其他的滤波器相互作用，由于它假设系统模式不跳变，因此也称为固定结构多模型算法（Static

Multiple Model, SMM)。这种方法对于处理频繁发生模式跳变的系统无效，因为它需要大量时间使总体估计值收敛于真实状态，这是由于它的各个滤波器没有互联造成的。

为了有效地处理模式频繁跳变的系统，学者们研究出了一些新算法，例如，全域伪贝叶斯估计器（Global Pseudobayes, GPB）和 IMM 估计器，它们假定系统模式是一个马尔可夫过程或者半马尔可夫过程，即允许在一个集合里的两个成员中跳变，它们在重新初始化上不同于 SMM 算法。

2．滤波器重新初始化和 IMM 算法

最优 MM 估计器计算量按指数规律增加，这是由于假想的数量随时间按几何指数增长。图 4.18 给出了三个模型的例子，图中不同的路径（也就是模型顺序）会导致得到的估计不同。M 个滤波器中的每一个在 k 时刻都必须运行 $M\times(k-1)$次，每次开始运行都根据不同的估计（输入）$\overline{x}_{k-1/k-1}^{(i)}=E[x_{k-1}\,|\,z^{k-1},m^{k-1,i}]$ 和联合协方差。

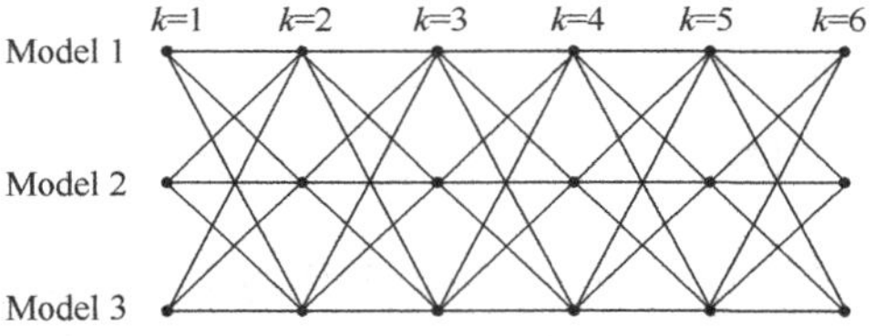

图 4.18　最优固定 MM 估计器的可能模型序列

为了减轻计算负荷，很多 MM 估计器不得不有效地集中状态的“特殊历史模式”信息，通常反映在单元滤波器在每个周期的输入当中。这个过程也就是所谓的“滤波器重新初始化”。

在 SMM 算法中，系统模式被假定为时不变的，从而就没有滤波器的重新初始化（见图 4.19）。每个滤波器都用它本身前一周期的输出作为当前周期的输入：$\overline{x}_{k-1/k-1}^{(i)}=E[x_{k-1}\,|\,z^{k-1},m_1^{(i)},m_2^{(i)},\cdots,m_{k-1}^{(i)}]=\hat{x}_{k-1/k-1}^{(i)}$ 和与其关联的协方差。尽管该算法不适用于跳变的系统，但它对行为方式未知的模式不变的系统却很有效。对于未知的模式时不变线性系统，这种算法估计收敛后最接近真实系统模式。因此，该算法常用于处理参数未知的问题。不过，IMM 算法处理这类问题仍然优于 SMM 算法，因为 IMM 算法的假设更真实。

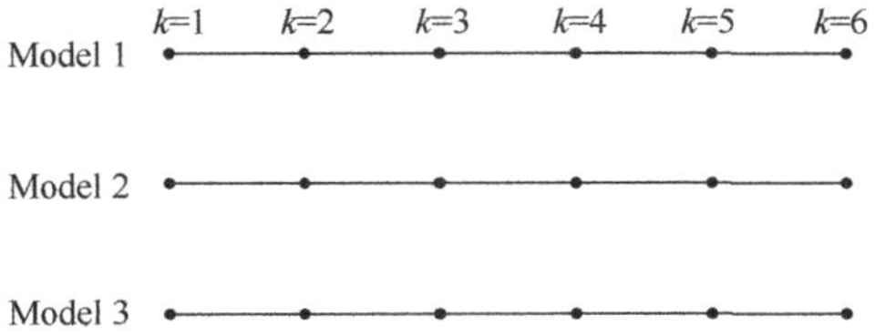

图 4.19　SMM 估计器的可能模型序列

最初的 GPB（GPB1）估计器使用的 $\overline{x}_{k-1/k-1}^{(i)}=E[x_{k-1}\mid z^{k-1}]=\hat{x}_{k-1/k-1}$ 和相应的协方差来重新初始化滤波器。也就是说，它利用公共的单一全概率——前一周期的总体估计作为每个滤波器下一周期的输入，如图 4.20 所示。在每个周期里，单元滤波器以使用公共输入来进行互联，因为总体估计值包含了所有单元滤波器的信息。在 GPB1 估计器中，每个单元滤波器在每个周期只运行一次。

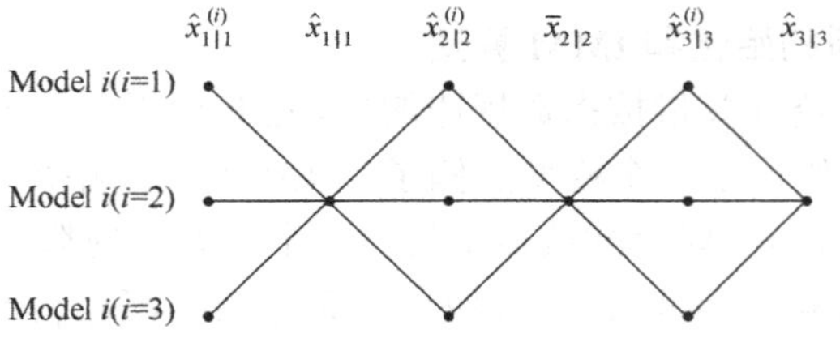

图 4.20　GPB1 估计器

IMM 估计器使用如下重新初始化方法：

$$\overline{x}_{k-1/k-1}^{(i)}=E[x_{k-1}\mid z^{k-1},m_k^{(i)}]=\sum_j \hat{x}_{k-1/k-1}^{(j)}P\{m_{k-1}^{(j)}\mid z^{k-1},m_k^{(i)}\} \tag{4.9.30}$$

IMM 用上式得到的估计和相应的协方差作为下一周期滤波器的输入。

在 IMM 估计器中，每个滤波器 i 在 k 时刻都有自己的输入 $\overline{x}_{k-1/k-1}^{(i)}$ 和 $\overline{P}_{k-1/k-1}^{(i)}$，这些输入来源于最可能的“类似全概率”，包含所有旧时刻的信息，k 时刻模型 i 与真实模式匹配。如图 4.21 所示，所有滤波器的输入都是最近一个周期所有滤波器输出的估计值的加权和。IMM 估计器中每个滤波器在每个周期也只运行一次。

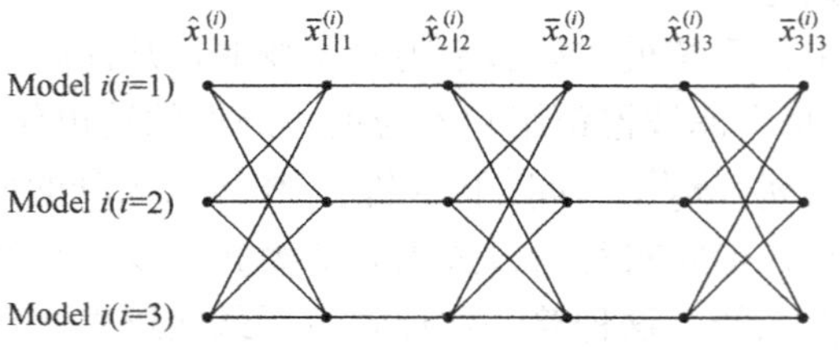

图 4.21　IMM 估计器

与 GPB1 的重新初始化比较，IMM 的重新初始化方法更加合理、有效。因为当计算 $\hat{x}_{k/k}^{(i)}$ 时，$m_k^{(i)}=\{s_k=m_i\}$ 被假定是真实的。此外，因为 $m_k^{(i)}$ 携带着 s_{k-1} 的变化信息，该信息依次影响 x_{k-1}。就是这个特别的“调节”使 IMM 重新初始化相比 GPB1 算法重新初始化有更高的效率。

图 4.22 描述了 IMM 估计器的体系结构，在表 4.7 里列出了 IMM 算法一个周期的计算过程。

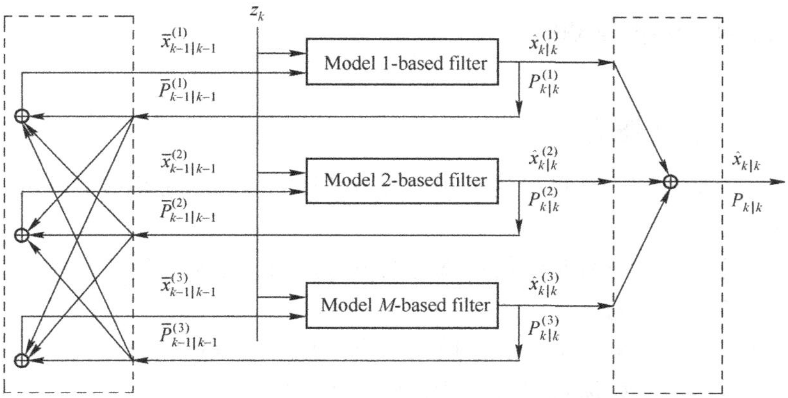

图 4.22　三模型 IMM 估计器体系结构

表 4.7　IMM 估计器的一个计算周期

IMM 估计器的一个周期
1．模型条件初始化和重新初始化(i=1,2,…,M) 预测模式概率：$\hat{\mu}^{(i)}_{k\|k-1} \triangleq P\{m_k^{(i)} \mid z^{k-1}\} = \sum_j \pi_{ji}\mu_{k-1}^{(j)}$ 混合权重：$\mu_{k-1}^{j\|i} \triangleq P\{m_{k-1}^{(j)} \mid m_k^{(i)}, z^{k-1}\} = \pi_{ji}\mu_{k-1}^{(j)} / \hat{\mu}^{(i)}_{k\|k-1}$ 混合估计：$\bar{x}^{(i)}_{k-1\|k-1} \triangleq E[x_{k-1} \mid m_k^{(i)}, z^{k-1}] = \sum_j \hat{x}^{(j)}_{k-1\|k-1}\mu_{k-1}^{j\|i}$ 混合协方差： $\bar{P}^{(i)}_{k-1\|k-1} = \sum_j [P^{(j)}_{k-1\|k-1} + (\bar{x}^{(i)}_{k-1\|k-1} - \hat{x}^{(j)}_{k-1\|k-1})(\bar{x}^{(i)}_{k-1\|k-1} - \hat{x}^{(j)}_{k-1\|k-1})']\mu_{k-1}^{j\|i}$
2．模型条件滤波(i=1,2,…,M) 状态预测：$\hat{x}^{(i)}_{k\|k-1} = F^{(i)}_{k-1}\bar{x}^{(i)}_{k-1\|k-1} + G^{(i)}_{k-1}w^{(i)}_{k-1}$ 协方差预测：$P^{(i)}_{k\|k-1} = F^{(i)}_{k-1}\bar{P}^{(i)}_{k-1\|k-1}(F^{(i)}_{k-1})' + G^{(i)}_{k-1}Q^{(i)}_{k-1}(G^{(i)}_{k-1})'$ 量测残差：$\tilde{z}^{(i)}_k \triangleq z_k - H^{(i)}_k\hat{x}^{(i)}_{k\|k-1} - \bar{v}^{(i)}_k$ 残差协方差：$S^{(i)} = H^{(i)}_k P^{(i)}_{k\|k-1}(H^{(i)}_k)' + R^{(i)}_k$ 滤波增益：$K^{(i)}_k = P^{(i)}_{k\|k-1}(H^{(i)}_k)'(S^{(i)}_k)^{-1}$ 状态更新：$\hat{x}^{(i)}_{k\|k} = \hat{x}^{(i)}_{k\|k-1} + K^{(i)}_k\tilde{z}^{(i)}_k$ 协方差更新：$P^{(i)}_{k\|k} = P^{(i)}_{k\|k-1} - K^{(i)}_k S^{(i)}_k (K^{(i)}_k)'$
3．模型概率更新(i=1,2,…,M) 模型似然：$L^{(i)}_k \triangleq p[\tilde{z}^{(i)}_k \mid m_k^{(i)}, z^{k-1}] \underset{=}{\text{assume}} \frac{\exp[-(1/2)(\tilde{z}^{(i)}_k)'(S^{(i)}_k)^{-1}\tilde{z}^{(i)}_k]}{\|2\pi S^{(i)}_k\|^{1/2}}$ 模型概率：$\mu^{(i)}_k \triangleq p\{m_k^{(i)} \mid z^k\} = \frac{\hat{\mu}^{(i)}_{k\|k-1}L^{(i)}_k}{\sum_j \hat{\mu}^{(j)}_{k\|k-1}L^{(j)}_k}$
4 估计融合 总体估计：$\hat{x}_{k\|k} \triangleq E\{x_k \mid z^k\} = \sum_i \hat{x}^{(i)}_{k\|k}\mu^{(i)}_k$ 总体协方差：$P_{k\|k} = \sum_i [P^{(i)}_{k\|k} + (\hat{x}_{k\|k} - \hat{x}^{(i)}_{k\|k})(\hat{x}_{k\|k} - \hat{x}^{(i)}_{k\|k})']\mu^{(i)}_k$

4.10 航迹质量管理

4.10.1 基本概念

航迹是由来自同一个目标的量测集合所估计的目标状态形成的轨迹。与航迹有关的概念包括：

（1）航迹号。航迹号是给航迹规定的编号，与一个给定航迹相联系的所有参数都以其航迹号作参考。

（2）航迹质量。航迹质量表示航迹可靠性程度的度量。通过航迹质量管理，可以及时、准确地起始航迹以建立新目标档案，也可以及时、准确地撤销航迹以消除多余目标档案。

（3）可能航迹。可能航迹是由单个测量点组成的航迹。

（4）试验航迹。由两个或多个测量点组成的并且航迹质量数较低的航迹统称为试验航迹，它可能是目标航迹，也可能是随机干扰，即虚假航迹。可能航迹完成初始相关后就转化成试验航迹或撤销航迹，也有人把试验航迹称为暂时航迹。

（5）确认航迹。确认航迹是具有稳定输出或航迹质量数据超过某一定值的航迹，也称作可靠航迹或稳定航迹，它通常被认为是真实目标航迹。

（6）撤销航迹。当航迹质量低于某一定值或是由孤立的随机干扰点组成时，称该航迹为撤销航迹，而这一过程称为航迹撤销或航迹终止。航迹撤销的主要任务是及时删除假航迹而保留真航迹。

（7）航迹起始响应时间。航迹起始响应时间是指目标进入雷达威力区到建立该航迹的时间，通常用雷达扫描次数作为单位。快速航迹起始一般为 3～4 个雷达扫描周期，慢速航迹起始一般为 8～10 个扫描周期。

在局部传感器的点迹与航迹完成关联之后，点迹与航迹之间的一对一关系已经完全确定，因而可以进一步确定：

（1）哪些已有起始标志的航迹可以转换为确认航迹。

（2）哪些可能是由杂波剩余等产生的虚假航迹应予以撤销。

（3）哪些点迹在本扫描周期未被录用，而自动变成了下一扫描周期的自由点迹。

（4）哪些航迹头变成起始航迹。

（5）哪些航迹头由于没有后续点迹而被取消。

（6）哪些已确认航迹在本扫描周期中，没有点迹与它关联，即丢失了点迹。

以上这些情况应均能按照给定的规则进行自动分类，给予不同的标志，并将本扫描周期的分类结果送入数据库，实现对它们的管理。总之，按照一定的规则、方法，实现和控制航迹起始、航迹确认、航迹保持与更新和航迹撤销的过程，称为航迹管理。

4.10.2 航迹管理方法

显而易见，完成以上各种功能需要各种规则和算法。目前有经验法、逻辑法、纯数学法、直觉法和记分法等。由于考虑问题的出发点不一样，其性能或效果也就不同。直觉法不是一种独立的方法，纯数学法很少有工程应用价值。因此，这里主要介绍逻辑法和记分法。

1．逻辑法

1）航迹头

每条航迹的第一个点迹称作航迹头。航迹头通常出现在远距离范围内，除非雷达一开机就已经有目标出现在近距离范围内了。除此之外，还有一类航迹头是前一扫描周期没被录用的一些孤立点迹或自由点迹。在雷达实际工作中，不管航迹头、孤立点迹或自由点迹在什么地方出现，均要以它为中心，建立一个由目标最大运动速度和最小运动速度以及雷达扫描周期，即采样间隔决定尺寸的环形波门，我们称其为初始波门。之所以是一个环形波门，是因为该点迹所对应的目标不知道往哪个方向运动。

2）航迹起始

对匀速直线运动的目标，利用同一目标初始的相邻两个点迹的坐标数据推算出第三个扫描周期该目标的预测或外推位置，对可能的一条航迹进行航迹初始化，称作航迹起始。它的问题是如何获得这两个点迹。其中之一是航迹头，这是毫无疑问的；然后在下一个扫描周期中，凡是在初始波门中出现的点迹都要与航迹头点迹构成一对航迹起始点迹对，并将其送入数据库，等待下一周期的继续处理。

3）航迹确认

以预测值为中心设置一个门限，即我们所说的关联门。在关联门内，至少有一个来自相邻第三次扫描周期的观测数据或点迹。初始航迹就可以作为一条新航迹，并加以保存，称其为新航迹确认。在这种情况下，新航迹需要三次扫描的观测数据或点迹便可得到确认，这是建立一条新航迹所需要观测数据或点迹的最小数目。这就是说，一条初始化航迹，经过确认之后，才能建立一条新航迹。也可以将这种方法称作航迹检测。

需要指出的是，只有连续三个扫描周期均出现点迹时，才被确认为这是一个真目标产生的连续点迹，最后建立航迹。这个条件相对苛刻，因为目标的点迹是以概率出现的。因此可以考虑在航迹起始之后，允许第三次扫描中不出现点迹，进行一次盲目外推，在第四次扫描时再出现点迹，这种情况下也将其确认为新航迹。这在远距离范围是十分必要的，因为远区的雷达信号信噪比较小，通常雷达的最大作用距离是按发现概率为 50%定义的。实际上，这就涉及航迹的确认准则。

4）航迹维持/保持

所谓航迹维持或保持是在航迹起始之后，在存在真实目标的情况下，按照给定的规则使航迹得到延续，保持对目标的连续跟踪。这种保持对目标连续跟踪的规则，称为航迹维持准则。这时可以考虑利用信号检测中的小滑窗检测器 N / M 的检测准则使航迹得以维持。假定滑窗宽度 $M=5$，检测门限 $N=3$，这就意味着在滑窗移动的过程中，只要在五个采样周期中至少有三个周期有点迹存在，就判为有航迹存在，继续对目标进行跟踪。

根据排列组合规则可知，满足此种规则的组合计有 16 种。由于组合较多，这也更符合实际跟踪过程中可能出现的情况。

5）航迹撤销

所谓航迹撤销就是在该航迹不满足某种准则时，将其从航迹记录中抹掉，这就意味着它不是一个真实目标的航迹，或者该航迹所对应的目标已经运动出该传感器的威力范围。航迹撤销可分三种情况：第一种是只有航迹头的情况，第二种是对一条初始化航迹，第三种是对已确认的航迹。不同情况下航迹撤销准则上是有所区别的。可采用以下撤销准则：

（1）对只有航迹头的情况，只要其后的第一个周期中没有点迹出现，就将其撤销。

（2）对一条初始化航迹而言，如果在以后连续三个扫描周期中，没有出现任何点迹，这条初始航迹便可以在数据库中被消去。

（3）对一条已确认的航迹，我们以很高的概率确知它的存在，并且已知它的运动方向，当然对它的撤销应该谨慎些。可设定连续 4～6 个扫描周期没有点迹落入相应关联门内作为航迹撤销准则。需要注意的是，这时必须多次利用盲目外推的方法，扩大波门去对丢失目标进行再捕获。当然，也可采用小滑窗检测器，设立一个航迹结束准则，只要满足该准则，就可对该航迹予以撤销。例如，我们令滑窗宽度 $M=5$，航迹撤销门限 $N=4$，这就意味着在连续五个采样周期中，只要有四个周期没有点迹存在，就宣布该航迹被撤销。当然，也可以在连续三个周期没有点迹时，就宣布该航迹被撤销。显然，4/5 准则与连续三个采样周期没有点迹存在的准则相比，前者被撤销得更容易。在对已确认航迹撤销时，可考虑加大滑窗宽度，以便放宽航迹撤销条件。

（4）另外一种情况是一条跟踪很长时间的稳定航迹所对应的目标，在运动出该雷达的威力范围时，该航迹当然也应予以撤销。这时如果存在友邻雷达，就需要完成目标的交接。

这里需要说明的是，在雷达的实际工作中，波门的尺寸可能是变化的，有的种类可能很多，可能还有许多航迹管理方法。究竟采用什么方法，要根据具体情况来确定。

2．计分法

每当新点迹并入航迹时，都要根据该点迹质量对航迹质量贡献的大小，按照一定的规则，给该航迹质量标记 Q 加上或减去一定的分值，或者保持不变。点迹质量在数据关联时是由其所在关联门等级决定的。原则上，按之前所讲的波门种类，可以将其分成四级：初始波门、大波门、中波门和小波门。在小波门中与航迹相关的点迹质量是最高的。这其中原因在于：其一，因为波门小，落入的噪声、杂波剩余等较少；其二，小波门通常用在对目标稳定跟踪阶段，这时已经说明有一条真实目标的航迹存在了，该点迹几乎就是真实目标的点迹。其次是中波门中的点迹，再次是大波门中的点迹。至于丢失点迹进行盲目外推时，不仅对航迹质量没有贡献，反而使其质量降低了，应该减去一定的分值。当然，航迹头也要赋予一定的初始值。最后根据航迹质量的大小和给定的门限来确定航迹起始、航迹确认和航迹撤销。

小结

针对目标跟踪问题，本章完整地介绍了目标跟踪中各主要环节涉及的方法，其中，有些方法在工程实践中已得到运用，有些方法是当前目标跟踪理论领域中的研究热点，特别是机动目标跟踪。当然，实际应用时目标跟踪面对的情况非常复杂，特别是对于大机动、高速、小型化目标，试图用数学方法来准确描述其真实机动情况是非常困难的。因此，机动目标跟踪方法一直是目标跟踪领域中的难点，至今还有许多问题需要解决。

思考题

1．目标跟踪算法是基于哪两个模型的描述？

2．描述目标运动状态变换行为，一般将用哪两种方式来描述？

3．根据目标速度变换情况，目标跟踪算法可分为哪两大类？

4．目标跟踪坐标系的不同是否会影响到跟踪滤波器的性能？试举例说明。

5．何为量测“野点”？如何剔除？

6．航迹头的选择方式有哪几种？

7．什么是数据关联问题？

8．设有两个目标航迹，以这两个航迹的量测预测为中心建立波门，并设下一时刻扫描得到三个回波，这三个回波和相关波门的位置关系如图 4.23 所示，试写出其确认矩阵、互联矩阵，并求取量测与不同目标互联的概率 $\beta_{jt}(k)$。

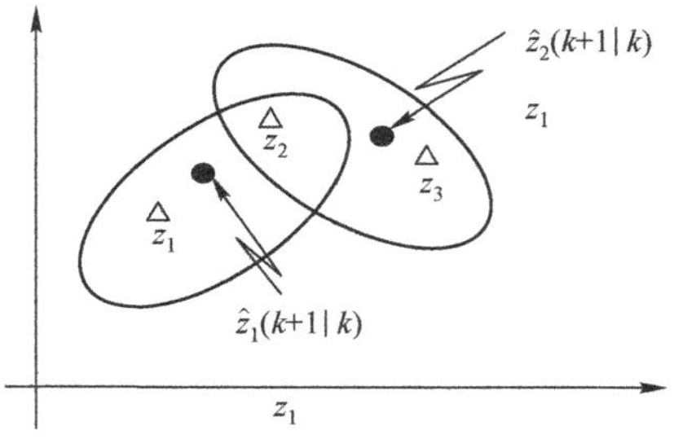

图 4.23　回波与相关波门的位置关系

9．写出离散时间形式的微分多项式目

标运动模型。

10．写出离散时间形式的 CV 目标运动模型。

11．写出离散时间形式的 CA 目标运动模型。

12．写出离散时间形式的辛格目标运动模型。

13．指出辛格目标运动模型中机动强度系数的含义。

14．写出传感器坐标到直角（笛卡儿）坐标的转换关系式。

15．写出离散时间形式的 CV 目标跟踪滤波算法（直角坐标系下）。

16．写出离散时间形式的 CA 目标跟踪滤波算法（直角坐标系下）。

17．写出离散时间形式的辛格目标跟踪滤波算法（直角坐标系下）。

18．试描述机动目标跟踪时自适应滤波基本思想。

19．叙述机动目标跟踪方法中自适应滤波的分类及各自特点，分别列举一个典型算法代表。

20．用计算机程序仿真实现观测数据野点的剔除算法。

21．用计算机程序仿真实现观测数据压缩算法。

22．用计算机程序仿真实现辛格机动模型的滤波算法。

23．用计算机程序仿真实现“当前”统计机动模型的滤波算法。

第五章　基于纯方位的水下目标被动定位跟踪方法

5.1　概述

在第三章我们介绍过，关于目标的定位，可以使用主动声呐等有源设备进行，这类定位技术统称为有源定位。由于有源定位是靠发射大功率信号实现的，因而很容易暴露自身，遭到对方的攻击，影响到潜艇自身的安全。不过，实现对目标的定位，也可以利用目标的有源辐射来进行，它通过测量目标辐射源信号的方位而获得目标的位置和航迹，此类定位方法称为纯方位目标运动分析（Bearings-only Target Motion Analysis, BO-TMA）。随着纯方位目标定位技术的发展，其研究和应用越来越广泛，在航空、航天、航海以及宇航等领域得到广泛应用。尤其在潜艇实施隐蔽攻击时，纯方位目标定位技术对指挥潜艇高效作战至关重要。因此，本章在前文基础上，以潜艇隐蔽作战为背景，对基于纯方位的水下目标被动跟踪方法进行介绍。

利用纯方位目标定位技术，实现目标运动要素的求解，是潜艇实施隐蔽攻击的主要手段。因为方位参数是辐射源最可靠的参数之一，而不用附加的数据通信，特别是在现代战争的复杂环境下，方位参数几乎成了唯一可靠的参数。因此，对利用方位信息进行目标运动分析的研究具有十分重要的军事意义。

对于单站纯方位目标运动分析中，基本的测量是目标辐射源的方位角，通常测向设备的精度有限，单站观测器通过连续测向，可对固定辐射源定位，但需要观测器移动较长的距离，才能获得所需的定位精度。对于水下运动的目标辐射源，只有观测器运动航路符合系统可观测条件的前提下，才可通过观测器的运动，实现目标的定位与跟踪。

所以，单站纯方位目标运动分析所面临的主要问题是系统的可观测问题和定位模型的非线性问题，这两者结合起来决定了定位与跟踪算法初始化困难、收敛速度慢、跟踪滤波器的稳定性差。因此，单站纯方位目标运动分析中存在的主要技术问题有：

（1）单站纯方位目标运动分析中目标状态是否可观测？分析目标状态的可观测性（Observabilty）的充要条件，揭示系统可观测与单站机动航路的联系，提出改善定位系统可观测性的方法，从而提高单站纯方位目标定位与跟踪系统的性能。

（2）单站纯方位目标定位与跟踪中的非线性滤波算法性能如何？提出适用的非线性定位算法，使模型能够更好地反映问题的物理本质，使滤波算法具有更好的定位性能，并且具有更高的稳定性。

（3）单站观测器的机动航路对定位与跟踪精度有多大的影响？怎样实现对单站观测器的机动航路进行优化？结合具体的战术要求，优化潜艇的机动航路，提高定位与跟踪系统的稳定性，改善定位与跟踪的精度。

因此，从理论和实际应用的需要出发，单站纯方位目标运动分析中有很多问题有待研究、亟待解决。本章从单站纯方位目标运动的可观测性、定位与跟踪算法及观测平台航路优化三个关键问题进行分析。

5.2 单站纯方位目标运动的可观测性分析

5.2.1 引言

可观测性在线性系统理论中是一个很清晰、明确的概念，但对于非线性系统理论却有几种不同的定义，具体的讨论和分析是以深奥的微分流形理论和李代数等数学工具为基础，分析过程复杂。工程界许多学者对 BO-TMA 中可观测性的研究是从具体的处理方法着手，得到的结论也很简单、直观。

1981 年，Nordone.S.C 和 Aidala.V.J 等人在观测方程中引入伪观测量（Pesudo-measurement），使观测方程转化为线性形式的伪测量方程，针对目标是匀速直线运动的情形，进行了可观测性分析，从而得到二维平面纯方位目标定位与跟踪的可观测性条件。研究表明，所得到的可观测性条件只是必要条件、非充分条件，而且所给出的伪线性估计器理论上是有偏的（Biased）。后续的研究是在他们研究的基础上，利用复杂的外代数，给出了系统可观测的充分必要条件。从理论上讲，可观测问题得到了解决。但是这些结论是在连续时间系统内讨论得到的。其分析方法复杂，结果不直观，因而很难令人满意。

国内开展单站纯方位目标运动分析的研究始于 1977 年，许多学者对单站目标定位与跟踪问题进行系统的分析。在国外研究的基础上，给出了单站纯方位目标定位与跟踪有解（状态可观测）的条件，其中包括观测方位序列的最低个数和方位变化规律等方程有解的必要条件。董志荣、孙仲康等人分别利用离散非线性系统的方法分析了 BO-TMA 问题的可观测性问题，得到的结论相似，是其充要条件，但结果不直观，仅仅是将利用离散非线性系统的可观测性理论直接应用过来而已。为了加深对纯方位定位与跟踪问题的理解，改进原有的定位与跟踪算法，赵正业利用潜艇隐蔽攻击中常用的图解方法，分析了系统定位有唯一解（系统可观测）的条件，得出了非常简单明了的结论，直接指出了纯方位问题定位有解（系统可观测）的本质。可惜的是，这种图解法得到的结论同利用非线性系统理论研究所得到的充要条件两者之间到底存在何种关系，是否本质上是统一的，这些问题没有做进一步的研究。

本节从常用的确定性四方位法入手，用图解的方式给出了四方位法解的存在性的充要条件，即目标状态可测必须满足方位线原理——四条方位不相关，对其中一些结论和推断给出了数学上的证明，然后，利用非线性系统的可观测性定义，应用到单站纯方位目标跟踪系统中，给出了系统可观测充要条件的数学证明，从而揭示四方位定位中的方位线原理同非线性系统的可观测性理论是统一的，它们只不过是同一问题的两种不同表现形式而已。同时，利用直接、简单、明了的方式给出了“载体作匀速直线运动，系统不可观”这一经典结论的另一证明形式。对系统的可观测性进行研究，目的是为了深入理解单站纯方位目标跟踪系统观测性弱这一问题，丰富研究此问题的思路和途径，并且，为单站纯方位目标跟踪系统的定位与跟踪算法和观测器机动航路的优化研究提供理论依据。

5.2.2 问题描述

目标与潜艇观测平台的几何态势如图 5.1 所示。

直角坐标系的原点定在潜艇初始发现目标的位置。假设目标做匀速直线运动，于是，目标在每一时刻 i 的运动状态可以用位置 $[x_T(i), y_T(i)]$ 和速度 $[v_{Tx}(i), v_{Ty}(i)]$ 来描述。潜艇观测平台能以任意方式进行机动运动，并且在每一时刻 i，它的位置 $[x_O(i), y_O(i)]$ 是已知的。选择 i 时刻的位置和速度为目标状态向量，即 $\boldsymbol{X}_T(i) = (x_T(i), y_T(i), v_{Tx}, v_{Ty})^{\mathrm{T}}$，潜艇在 i 时刻的位置和速度为它的状态向量 $\boldsymbol{X}_O(i) = (x_O(i), y_O(i), v_{Ox}(i), v_{Oy}(i))^{\mathrm{T}}$，$v_{Ox}(i)$、$v_{Oy}(i)$ 表示潜艇观测平台的运动速度，是时变的。

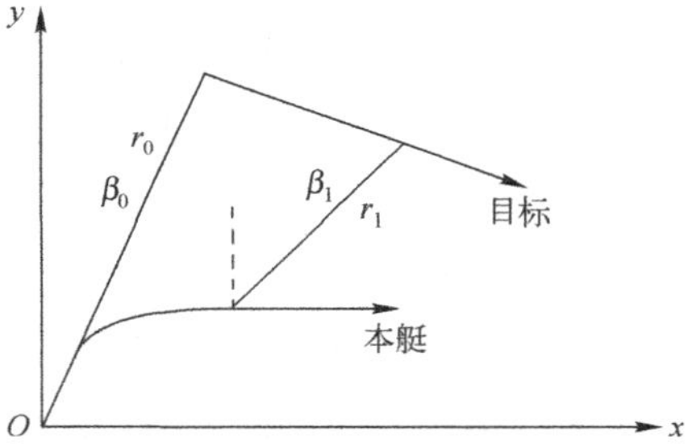

图 5.1 本艇与目标相对运动示意图

根据运动动力学原理，取目标与潜艇观测平台之间的相对状态向量为：

$$\boldsymbol{X}(i) = \boldsymbol{X}_T(i) - \boldsymbol{X}_O(i) = (x(i), y(i), v_x(i), v_y(i))^{\mathrm{T}} \tag{5.2.1}$$

因此，该系统的离散状态方程为：

$$\boldsymbol{X}(i) = \boldsymbol{\Phi}(i, i-1)\boldsymbol{X}(i-1) + \boldsymbol{U}(i) \tag{5.2.2}$$

式中：$\boldsymbol{\Phi}(i,i-1) = \begin{bmatrix} \boldsymbol{I} & (t_i - t_{i-1})\boldsymbol{I} \\ 0 & \boldsymbol{I} \end{bmatrix}$；$\boldsymbol{I} = \begin{bmatrix} 1 & 0 \\ 0 & 1 \end{bmatrix}$；$t_i$ 是第 i 个采样时刻。

若考虑潜艇观测平台的机动，记 $\boldsymbol{U}(i) = [0 \quad 0 \quad u_x(i) \quad u_y(i)]$，为了书写方便，

用 i 表示 t_i。则潜艇观测平台的观测量测方程为：

$$\beta_i = h(X(i)) = \arctan\left(\frac{x(i)}{y(i)}\right) + e_i = \arctan\left(\frac{x_T(i) - x_O(i)}{y_T(i) - y_O(i)}\right) + e_i \qquad (5.2.3)$$

式中：假设 e_i 是零均值方差为 $\delta_{\beta_i}^2$ 的白噪声。

由于目标在每一时刻 i 的状态向量 $[x_T(i), y_T(i)]$ 可以由初始时刻的状态向量来表示，即

$$\begin{cases} x_T(i) = x_T(0) + i \cdot T \cdot v_{Ty} \\ y_T(i) = y_T(0) + i \cdot T \cdot v_{Ty} \end{cases} \qquad (5.2.4)$$

式中：T 是潜艇观测器的采样间隔，$T = t_i - t_{i-1}$。

因此，通过估计目标初始时刻的位置 $r_{tx}(0)$、$r_{yx}(0)$ 和速度 v_{tx}、v_{ty} 可以得到目标任意时刻的运动状态（运动要素），因为目标其他时刻的位置可以由初始位置和速度的估计值利用式（5.2.4）计算出来。所以方位测量方程（5.2.3）可以改写为如下形式：

$$\beta_i = \arctan\left(\frac{x_T(0) + iTv_{Tx} - x_O(i)}{y_T(0) + iTv_{Ty} - y_O(i)}\right) + e_i \qquad (5.2.5)$$

对式（5.2.5）进行展开得：

$$x_O \cos\beta_i - y_O \sin\beta_i = x_T(0)\cos\beta_i - y_T(0)\sin\beta_i + iT\cos\beta_i - iT\sin\beta_i + \varepsilon_i \qquad (5.2.6)$$

式中：

$$\begin{cases} \varepsilon_i = r_i \cdot \tan e_i \\ r_i = (x_T(0) + iTv_{Tx} - x_O(i))\sin\beta_i + (y_T(0) + iTv_{Ty} - y_O(i))\cos\beta_i \end{cases} \quad (i = 1,2,3,\cdots)$$

在观测到 K 个观测方位后，写成向量形式，得到新的观测方程为：

$$\boldsymbol{Z}_K = \boldsymbol{A}_K(\beta) \cdot \boldsymbol{X}_T(0) + \boldsymbol{\varepsilon}_K \qquad (5.2.7)$$

式中：

$$\begin{cases} \boldsymbol{Z}_K = (x_O(i)\cos\beta_1 - y_O(i)\sin\beta_1 \vdots \cdots \vdots x_O(i)\cos\beta_k - y_O(i)\sin\beta_k)^{\mathrm{T}} \\ \quad = (z_0 \cdots z_k)^{\mathrm{T}} \\ \boldsymbol{A}_K(\beta) = \begin{pmatrix} \cos\beta_0 & -\sin\beta_0 & 0 \cdot T\cos\beta_0 & -0 \cdot T\sin\beta_0 \\ \vdots & \vdots & \vdots & \vdots \\ \cos\beta_k & -\sin\beta_k & kT\cos\beta_k & -kT\sin\beta_k \end{pmatrix} = \begin{pmatrix} a_0 \\ \vdots \\ a_k \end{pmatrix} \\ \boldsymbol{\varepsilon}_K = (\varepsilon_0 \cdots \varepsilon_k)^{\mathrm{T}} \quad (k = 0,1,2,\cdots K) \end{cases}$$

对于表达式（5.2.7），我们可以采用最小二乘估计原理，得到目标初始状态 $\boldsymbol{X}_T(0)$ 的最小二乘估计。即

$$\boldsymbol{A}_K^{\mathrm{T}}(\beta)\cdot\boldsymbol{A}_K(\beta)\cdot\boldsymbol{X}_T(0)=\boldsymbol{A}_K^{\mathrm{T}}(\beta)\cdot\boldsymbol{Z}_K \tag{5.2.8}$$

定义矩阵：

$$\begin{aligned}\boldsymbol{G}&=\boldsymbol{A}_K^{\mathrm{T}}(\beta)\cdot\boldsymbol{A}_K(\beta)\\&=\sum_{i=0}^{K}\begin{bmatrix}\cos^2\beta_i & -\sin\beta_i\cos\beta_i & iT\cos^2\beta_i & -iT\sin\beta_i\cos\beta_i\\ -\sin\beta_i\cos\beta_i & \sin^2\beta_i & -iT\sin\beta_i\cos\beta_i & iT\sin^2\beta_i\\ iT\cos^2\beta_i & -iT\sin\beta_i\cos\beta_i & (iT)^2\cos^2\beta_i & -(iT)^2\sin\beta_i\cos\beta_i\\ -iT\sin\beta_i\cos\beta_i & iT\sin^2\beta_i & -(iT)^2\sin\beta_i\cos\beta_i & (iT)^2\sin^2\beta_i\end{bmatrix}\end{aligned} \tag{5.2.9}$$

$$\begin{aligned}\boldsymbol{B}&=\boldsymbol{A}_K^{\mathrm{T}}(\beta)\boldsymbol{Z}\\&=\sum_{i=0}^{K}\begin{bmatrix}x_O(i)\cos^2\beta_i-y_O(i)\sin\ \beta_i\cos\ \beta_i\\ -x_O(i)\sin\ \beta_i\cos\ \beta_i+y_O(i)\sin^2\beta_i\\ iT\cdot x_O(i)\cos^2\beta_i-iT\cdot y_O(i)\sin\ \beta_i\cos\ \beta_i\\ -iT\cdot x_O(i)\sin\ \beta_i\cos\ \beta_i+iT\cdot y_O(i)\sin^2\beta_i\end{bmatrix}\end{aligned} \tag{5.2.10}$$

注意到，$\boldsymbol{G}$ 是一个 4×4 的矩阵，称为 Grammian 矩阵，也称为 Fisher 信息阵（Fisher Information Matrix, FIM）。如果 $\boldsymbol{G}$ 可逆，则方程（5.2.8）有解，因此 $\boldsymbol{G}$ 可以作为观测性的判断矩阵。根据式（5.2.9）和式（5.2.10），代入式（5.2.8）中，得到

$$\boldsymbol{G}\cdot\boldsymbol{X}_T(0)=\boldsymbol{B} \tag{5.2.11}$$

如果 $\boldsymbol{G}$ 可逆的，即 $|\boldsymbol{G}|\neq 0$，或者 $\mathrm{rank}(\boldsymbol{G})=4$，方程（5.2.11）具有唯一解，即有：

$$\boldsymbol{X}_T(0)=\boldsymbol{G}^{-1}\cdot\boldsymbol{B} \tag{5.2.12}$$

根据式（5.2.12），目标初始状态可以唯一确定，就是说 $\boldsymbol{X}_T(0)$ 根据观测的方位序列是可以观测的。因此，纯方位系统的可观测性可以定义为：

纯方位系统的可观测性就是可以唯一确定目标的运动状态向量的判断准则。

有关目标状态是否可观测的判断方法有多种，下面将从确定性方位测量的四方位图解和随机方位测量的非线性系统可观测定义来分析系统的可观测问题，为定位与跟踪算法的研究和潜艇平台机动航路优化提供理论依据和基础。

5.2.3 确定性方位测量的图解分析

四方位法是指潜艇在接敌跟踪过程中，系统利用综合声呐被动测量输入的四条方位及其对应的测量时间，以及在此过程中由导航设备提供的潜艇航向、速度并按时间累积得到的在直角坐标下的潜艇纵移量和横移量等参数作为已知条件，根据目标和潜艇运动及测量的目标方位构成的几何态势图形，按照几何原理建立数学模型，采用几何作图的方法确定目标运动要素的一种确定性参数计算方法。四方位法中假设测量的四条方位是确定性，即方位没有受到测量噪声的污染。

利用目标相对运动原理，通过引入目标位置方位线原理，用图解的方式来确定系统的状态，即解决系统的可观测性问题，给出目标方位线原理就是 BOT 系统中可观测的充要条件。下面通过潜艇做匀速直线运动和非匀速运动两种情形来讨论。

1．等速直航的目标位置方位线

如图 5.2 所示，设潜艇采用等速直航航路进行接敌跟踪，于 t_1、t_2 和 t_3 时刻分别位于 W_1、W_2 和 W_3 点利用声呐测得目标方位线 F_1、F_2 和 F_3。

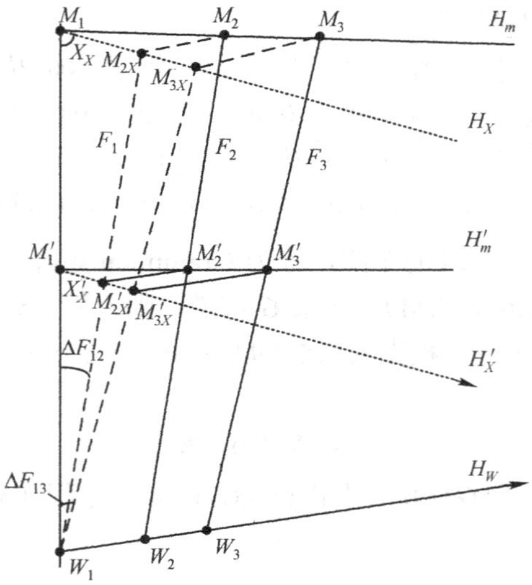

图 5.2　潜艇采用等速直航接敌跟踪航路

首先，在目标方位线上 F_1 上任意假定目标初始距离点 M_1，按确定性参数方法三方位一距离法可图解出对应的目标航向 H_m、目标速度 V_m。

然后，按照相对运动原理即可求出假设潜艇不动而目标做相对运动的目标相对运动航向 H_X、相对速度 V_X 和相对舷角 X_X。

按照同一方法，若在目标方位线上另外假定目标初距点 M'_1，同样可图解出相对应的目标航向 H'_m、目标速度 V'_m 以及假定潜艇不动而目标做相对运动的目标相对航向 H'_X、相对速度 V'_X 和相对舷角 X'_X。

由图 5.3 可见，由于假定的目标初距点不同，$H_m \neq H'_m$、$V_m \neq V'_m$、$V_x \neq V'_x$。但是有如下结论：

（1）如图 5.3 所示，对应于任意不同初始距离点 M_1 和 M'_1 所分别确定的目标相对航向线的舷角大小是相等 $X_X = X'_X$，并且其大小为：

$$\cot X_X = \frac{t_{12}\cot \Delta F_{12} - t_{13}\cot \Delta F_{13}}{t_{23}} \qquad (5.2.13)$$

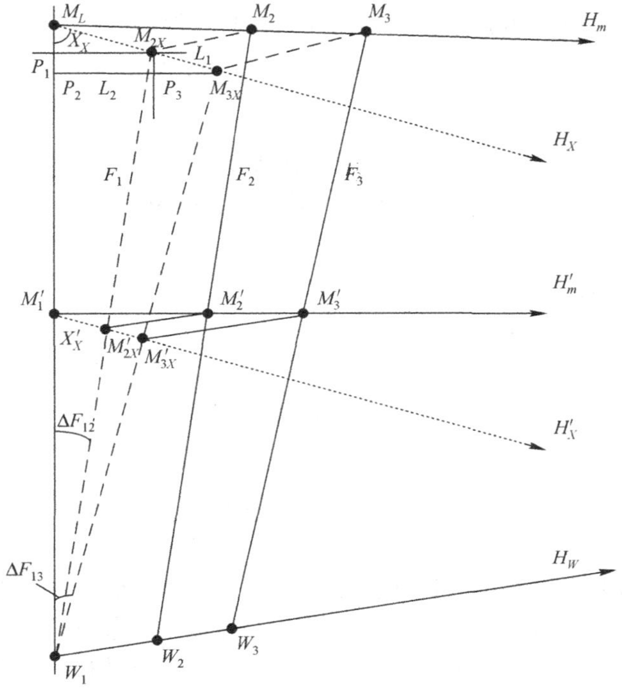

图 5.3　航向线舷角分解图示

并且对应不同初始距离点的目标相对速度与初始距离成比例，其大小由下式确定：

$$V_X = D_1 \frac{\sin \Delta F_{12}}{t_{12} \sin(X_X + \Delta F_{12})} \tag{5.2.14}$$

式中：X_X 为目标相对航向线的舷角；$t_{12} = t_2 - t_1$；$t_{13} = t_3 - t_1$；$t_{23} = t_3 - t_2$；$\Delta F_{12} = F_2 - F_1$；$\Delta F_{13} = F_3 - F_1$；$D_1$ 对应于方位 F_1 上任意取得的距离。

证明：如图 5.3 所示。过相对航向线上的目标相对位置点 M_{2X}、M_{3X}，作垂直于与方位线 F_1 的直线 L_1 和 L_2，记直线 L_1 和 L_2 同方位线 F_1 的两个交点为 P_1 和 P_2，则：

$$\begin{cases} |M_{2X}P_1| = v_x t_{12} \sin X_X \cdot \cot \Delta F_{12} \\ |M_{3X}P_2| = v_x t_{13} \sin X_X \cdot \cot \Delta F_{13} \\ |M_{2X}P_3| = v_x t_{23} \cos X_X \end{cases} \tag{5.2.15}$$

有几何空间封闭原理，有

$$|M_{2X}P_1| - |M_{3X}P_2| = |M_{2X}P_3| \tag{5.2.16}$$

所以：

$$v_x t_{12} \sin X_X \cdot \cot \Delta F_{12} - v_x t_{13} \sin X_X \cdot \cot \Delta F_{13} = v_x t_{23} \cos X_X \tag{5.2.17}$$

一般情况下，$v_x \neq 0$，消去共同的元素，整理得：

$$\cot X_X = \frac{t_{12}\cot\Delta F_{12} - t_{13}\cot\Delta F_{13}}{t_{23}} \tag{5.2.18}$$

同理，对于不同初始距离点的目标相对航向线舷角为：

$$\cot X'_X = \frac{t_{12}\cot\Delta F_{12} - t_{13}\cot\Delta F_{13}}{t_{23}} \tag{5.2.19}$$

因此，可以看出，$X_X = X'_X$。

根据三角形正弦定理，有

$$\frac{v_x t_{12}}{\sin\Delta F_{12}} = \frac{D_1}{\sin(X_X + \Delta F_{12})} \tag{5.2.20}$$

所以

$$V_X = D_1 \frac{\sin\Delta F_{12}}{t_{12}\sin(X_X + \Delta F_{12})} \tag{5.2.21}$$

由结论（1）可以看出，目标相对航向线的舷角大小与目标假定的初始距离点远近是无关的。在潜艇接敌跟踪的过程中，在测量三条方位线的条件下，目标相对航向线的舷角大小仅仅取决于所测量的三个方位以及相对应的时间，并且，对应不同初始距离点的相对航向线是互相平行的。

如图 5.4 所示。假定从 t_3 时刻开始，潜艇仍然按照原来航向、速度进行接敌

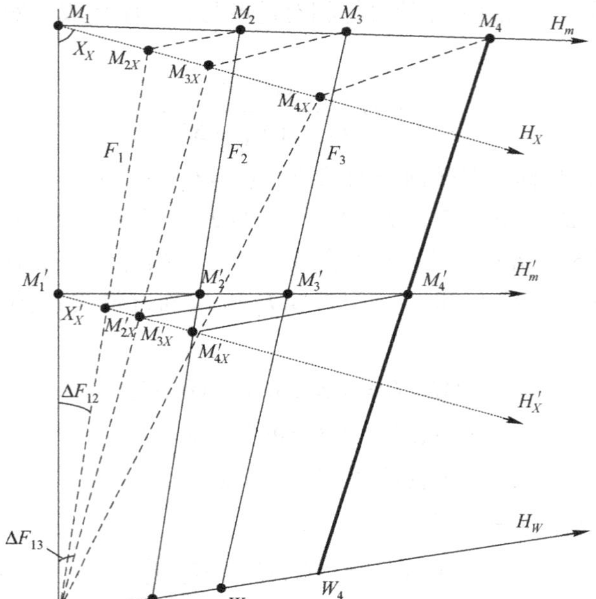

图 5.4　潜艇等速直航接敌跟踪条件下的目标位置方位线

跟踪，并假定潜艇不动而目标做相对运动。按照不同初始距离点对应的目标相对速度并沿着对应的相对航向推算到t_4时刻所得的推算目标位置点为M_4、M_4'和相对位置点为M_{4X}、M_{4X}'，可以知道：相对位置点M_{4X}、M_{4X}'和目标原点W_1在一条直线上。

过原点W_1并按潜艇从t_1时刻至t_4时刻一直执行的航向、速度进行推算，可得潜艇在t_4时刻的推算位置点W_4。则有如下结论：分别过该时刻对应的目标相对位置点M_{4X}、M_{4X}'作连线$M_{4X}M_4$和$M_{4X}'M_4'$，以及直线W_1W_4，它们是互相平行的，即：$M_{4X}M_4 // M_{4X}'M_4' // W_1W_4$，并且，目标推算位置点$M_4$、$M_4'$和潜艇推算位置点$W_4$在同一条直线上。

由此不难得出如下结论：在测量得到的三个方位和输入任意多的初始距离条件下，尽管按照不同初始距离得到的目标航向、速度各不相等，但按各初始距离点对应的目标航向、速度推算得到的推算点M_4、M_4'、W_4等必定在同一条直线上，则该直线称为目标位置方位线。即图中M_4M_4'线是目标位置方位线，也就是说，目标位置点分布在这条直线上。

名义上，尽管潜艇实际位置点W_4是按潜艇原航向、原速度及时间推算的位置点，实际上，它是对应初始距离为零，目标航向、速度与潜艇航向、速度完全一致，且按时间进行推算所得的目标推算位置点。因此，如果要知道目标位置方位线是多少，我们只要任意假定一目标初始距离点，求出对应的目标航向、速度，然后，推算出目标位置点，再推算出潜艇的位置点，该两点的连线，就是目标位置方位线的具体位置。

（2）潜艇在接敌跟踪过程中，当按照一定的时间间隔测量得到三个目标方位，则目标位置方位线对应的方位为：

$$\beta_4 = F_1 + \arctan\frac{t_{14}t_{23}\sin(F_2-F_1)\sin(F_3-F_1)}{t_{13}t_{24}\sin(F_2-F_1)\cos(F_3-F_1)-t_{12}t_{34}\sin(F_3-F_1)\cos(F_2-F_1)} \quad (5.2.22)$$

式中：β_4为t_4时刻的目标位置方位线；F_1、F_2和F_3分别是t_1、t_2和t_3时刻对应测得的方位；$t_{12}=t_2-t_1$；$t_{13}=t_3-t_1$；$t_{23}=t_3-t_2$；$t_{24}=t_4-t_2$；$t_{34}=t_4-t_3$。

证明：如图 5.3 所示，在直角坐标系中投影得到β_4的表达式：

$$\beta_4 = \arctan\frac{D_1\sin F_1+(t_4-t_1)v_x\sin X_X}{D_1\cos F_1+(t_4-t_1)v_x\cos X_X} \quad (5.2.23)$$

根据结论（1），将X_X和v_x的表达式代入，即可得结论（2）。

当按照式（5.2.22）求得目标位置方位线后，即可在以真北方向为纵轴的直角坐标系中，给出用点斜式表示的目标位置方位线方程：

$$y-y_w(t_4)=\cot\beta_4\cdot(x-x_w(t_4)) \quad (5.2.24)$$

式中：β_4由式（5.2.24）计算，$x_w(t_4)$和$y_w(t_4)$是潜艇在t_4时刻的坐标量。

因此，在潜艇保持等速直航的接敌跟踪过程中，当综合声呐测得三个方位后，潜艇仍然保持原来航向、速度进行接敌跟踪，综合声呐随后测量的目标方位必然与同时刻的目标位置方位线相一致，即互相重合。可见，目标位置方位线的实质上是潜艇始终保持等速直航进行接敌跟踪条件下的目标方位变化规律线。如果潜艇做匀速直线运动，则在测量到三个方位后，其余方位可以由这三个表示出来，即后续测量的方位不能提供更多的有用信息，是无效方位。而仅仅依靠三个方位线，只能确定目标的相对运动航向，目标位置分布在一条称为目标位置方位线的直线上，因此目标的位置点有无穷个，无法确定目标的具体位置参数，也就是说系统是不可以观测的。

针对非匀速运动的接敌跟踪航路，系统的方位变化规律线怎样呢？同样存在这样的一条方位变化规律线。在做一定的等效处理后，根据匀速直航航路的情形来处理。如图 5.5 所示。

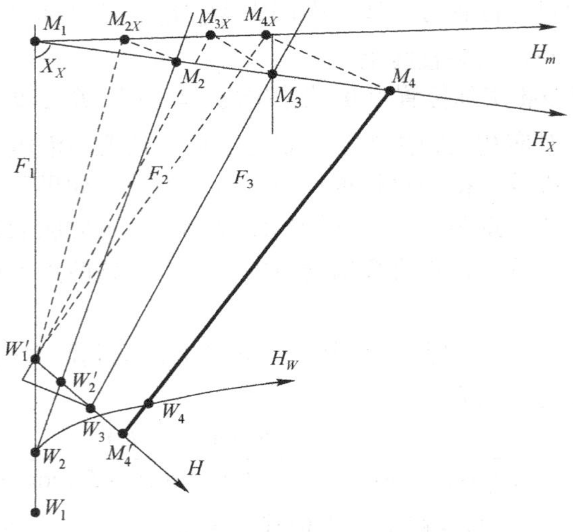

图 5.5　等效处理后的目标相对航向和相对速度

2．非等速航路的目标位置方位线

如图 5.5 所示，按照潜艇的等效航向 H、等效速度 V 和任意初始距离点对应的目标航向、速度和时间间隔推算求出的两推算点 W_4'、M_4 后，过 W_4' 和 M_4 两点的连线就是该时刻的目标位置方位线，目标位置方位线对应的方位角由式(5.2.19)确定。

值得注意的是，对于目标定位而言，当潜艇在接敌跟踪过程中，即使采用了非等速直航接敌跟踪，也不一定能保证测得的四个方位是互不相关的。如图 5.5 所示，在 t_4 时刻的潜艇位置点 W_4，如果恰好落在该时刻的目标位置方位线 $W_4'M_4$ 与潜艇实际航向线 H_m 的交点上，则测量方位 F_4 必定是与方位 F_1、F_2、F_3 相关的

目标位置方位线 F_4''。

可见，在这种情况下，尽管潜艇采用非等速直航接敌跟踪航路，但仍然与一直保持等速直航的接敌跟踪航路一样，只有三条不相关的方位而不能满足目标定位条件。因此，这样的非等速直航接敌跟踪航路是无效接敌跟踪航路。也就是说，潜艇只有执行有效的接敌跟踪航路进行接敌跟踪，才能保证测量得到的四条目标方位互不相关，这就是目标位置方位线原理。

因此，目标位置方位线原理从本质上揭示了潜艇攻击过程中利用纯方位定位方法计算目标运动要素的充要条件。同时，也为实现潜艇接敌跟踪的航路进行优化提供了理论依据。

依据目标位置方位线方程（5.2.21），在 t_3 时刻，可以预测出 t_4 时刻的目标位置方位线的可能分布。根据位置点的分布情况，在 t_4 到来之前，潜艇观测平台进行机动，确保潜艇在 t_4 时刻位置点尽可能远离目标位置方位线，并且 t_4 时刻测得的方位 F_4 与方位线之间夹角越大，系统的可观测程度越大，因此，其思想同要求潜艇的机动满足方位变化率最大的思路是相近的。

在实际环境中，测量的方位都会受到测量噪声污染的，受噪声污染的目标位置方位线会变成一个区域，如图 5.6 所示。该区域分别由两条直线所围成。假设每次测量的方位误差是互相独立的，均值为零，均方差为 σ_β，则由式（5.2.22）知 F_4'' 的预测误差均方差为 σ_β，均值为零，也即 F_4'' 分布在区间 $[F_4''-\sigma_\beta, F_4''+\sigma_\beta]$ 范围内。直线 L_3 和 L_4 的方程为：

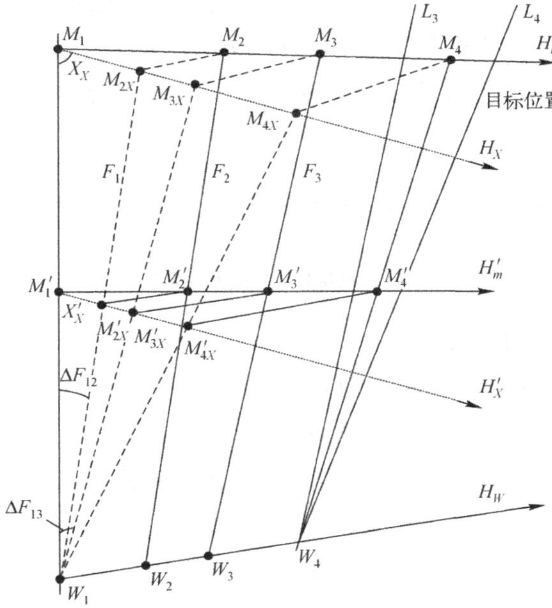

图 5.6　目标位置方位线可能分布

$$L_3: y - y_w(t_4) = \cot(F_4'' - \sigma_\beta)(x - x_w(t_4)) \tag{5.2.25}$$

$$L_4: y - y_w(t_4) = \cot(F_4'' + \sigma_\beta)(x - x_w(t_4)) \tag{5.2.26}$$

从图 5.6 可以看出，BOT 问题是个非常复杂的定位问题，即使潜艇在 t_4 时刻进行了机动，所观测的方位线 F_4 与目标位置方位线相交得到的不是一个点，而是一个区域，同样无法精确确定目标的位置参数。这说明系统的可观测程度非常低，甚至不可观测，这种不可观测的机动一般称为无效机动，从图 5.6 上可以直观看出。

然而，实际上，测量的方位都受到测量噪声的污染，采用这种方法进行系统的可观测性分析，带有很大的随意性。随着，现代非线性系统理论的发展，使用非线性系统中的可观测理论同样可以得到类似的结论，它们反映的问题本质是一致的、统一的。

5.2.4 系统的可观测性

1．可观测性分析

为了便于理论分析，在连续时域内，当目标作匀速直线运动时，目标与观测器之间的相对运动方程为：

$$\dot{\boldsymbol{r}}(t) = \boldsymbol{v}(t) \tag{5.2.27}$$

$$\dot{\boldsymbol{v}}(t) = -\boldsymbol{a}_o(t) \tag{5.2.28}$$

式中：$\boldsymbol{v}(t) = \boldsymbol{v}_T(t) - \boldsymbol{v}_o(t)$ 表示目标与观测器之间的相对速度；$\boldsymbol{r}(t) = [x(t) \quad y(t)]^{\mathrm{T}}$ 表示目标与观测器之间的相对速度；$\boldsymbol{a}_o(t) = [a_{ox}(t) \quad a_{oy}(t)]^{\mathrm{T}}$ 表示观测器的加速度；$\boldsymbol{v}_T(t) = [v_{Tx}(t) \quad v_{Ty}(t)]^{\mathrm{T}}$ 表示目标速度；$\boldsymbol{v}_o(t) = [v_{ox}(t) \quad v_{oy}(t)]^{\mathrm{T}}$ 表述观测器速度。式（5.2.28）经过积分得

$$\boldsymbol{r}(t) = \boldsymbol{r}(t_0) + (t - t_0)\boldsymbol{v}(t_0) - \int_{t_0}^{t} (t - \tau)\boldsymbol{a}_{ox}(\tau)\,\mathrm{d}\tau \tag{5.2.29}$$

$$\boldsymbol{v}(t) = \boldsymbol{v}(t_0) - \int_{t_0}^{t} \boldsymbol{a}_o(\tau)\,\mathrm{d}\tau \tag{5.2.30}$$

式中：t_0 表示初始时间。

目标方位测量满足如下非线性方程。

$$\beta(t) = \arctan(x(t)/y(t)) \tag{5.2.31}$$

式中：$x(t)$、$y(t)$ 表示目标与观测器之间的相对位置，

式（5.2.31）可以等价写成如下的线性形式

$$\boldsymbol{H}(t)\boldsymbol{X}(0) = n(t) \tag{5.2.32}$$

式中：$\boldsymbol{X}(0) = [x(t_0) \quad y(t_0) \quad v_x(t_0) \quad v_y(t_0)]^{\mathrm{T}}$

$$\boldsymbol{H}(t)=[\cos\beta(t) \quad -\sin\beta(t) \quad (t-t_0)\cos\beta(t) \quad -(t-t_0)\sin\beta(t)]$$

$$n(t)=\int_{t_0}^{t}(t-\tau)[a_{ox}\cos\beta(t)-a_{oy}\sin\beta(t)]\,\mathrm{d}\tau$$

可以看出，$\boldsymbol{H}(t)$ 和 $n(t)$ 仅仅依赖于方位角 $\beta(t)$ 和观测器加速度 $\boldsymbol{a}_o(t)$，它们是时间的函数。式（5.2.32）可以看作一个线性时变的测量方程。当且仅当有 $t>t_0$ 时，Grammian 矩阵 $\boldsymbol{G}(t)$

$$\boldsymbol{G}(t)=\int_{t_0}^{t}\boldsymbol{H}^T(\tau)\boldsymbol{H}(\tau)\,\mathrm{d}\tau \tag{5.2.33}$$

正定时，此系统是可观测的。

尽管用式（5.2.33）来判断系统是否可观测，但这种计算方式很烦琐。这里，将式（5.2.33）重复三次微分后，得到如下方程

$$\boldsymbol{G}'(t)\boldsymbol{X}(0)=\boldsymbol{N}(t) \tag{5.2.34}$$

式中：

$$\boldsymbol{G}'(t)=[\boldsymbol{H}(t) \quad \dot{\boldsymbol{H}}(t) \quad \ddot{\boldsymbol{H}}(t) \quad \dddot{\boldsymbol{H}}(t)]^{\mathrm{T}} \tag{5.2.35}$$

$$\boldsymbol{N}(t)=[n(t) \quad \dot{n}(t) \quad \ddot{n}(t) \quad \dddot{n}(t)]^{\mathrm{T}} \tag{5.2.36}$$

如果在某一时刻 $t>t_0$，$\boldsymbol{G}'(t)$ 是满秩时，方程（5.2.28）有唯一解，系统可观测。如果 rank($\boldsymbol{G}'(t)$)<4，方程（5.2.33）有多解，系统不可观测。

应用式（5.2.33）和式（5.2.35），在某些时刻 $\det(\boldsymbol{G}'(t))\neq 0$，可以写成

$$\det[\boldsymbol{G}'(t)]=2\dot{\beta}(t)\dddot{\beta}(t)-3\ddot{\beta}^2(t)+4\dot{\beta}^4(t)\neq 0 \tag{5.2.37}$$

求解微分方程（5.2.37）得如下的等价条件：

$$\beta(t)\neq\arctan\{[x(t_0)+(t-t_0)v_x(t_0)]/[y(t_0)+(t-t_0)v_y(t_0)]\} \tag{5.2.38}$$

由式（5.2.29）和式（5.2.31）可得如下的关系式

$$\beta(t)=\arctan\frac{[x(t_0)+(t-t_0)v_x(t_0)-\int_{t_0}^{t}(t-\tau)a_{ox}(\tau)\,\mathrm{d}\tau]}{[y(t_0)+(t-t_0)v_y(t_0)-\int_{t_0}^{t}(t-\tau)a_{oy}(\tau)\,\mathrm{d}\tau]} \tag{5.2.39}$$

由式（5.2.38）和式（5.2.17）知，当且仅当在某些时刻 t 下式成立，BOT 问题有唯一解，即系统可观测。

$$\arctan\frac{[x(t_0)+(t-t_0)v_x(t_0)-\int_{t_0}^{t}(t-\tau)a_{ox}(\tau)\,\mathrm{d}\tau]}{[y(t_0)+(t-t_0)v_y(t_0)-\int_{t_0}^{t}(t-\tau)a_{oy}(\tau)\,\mathrm{d}\tau]}\neq\arctan\frac{[x(t_0)+(t-t_0)v_x(t_0)]}{[y(t_0)+(t-t_0)v_y(t_0)]} \tag{5.2.40}$$

式（5.2.40）表明了观测器的机动可以提高系统的可观测性。如果观测器不做任何机动，那么式（5.2.40）两边完全相等，这时系统不可观测。然而，并非任何形式的观测器的机动都可以使式（5.2.40）成立，观测器的加速度 $\boldsymbol{a}_o(t)\neq 0$，是

系统可观测的必要条件，而非充分条件；也就是说，某些形式的机动并不能使系统可观测。使式（5.2.40）满足的充要条件为：

对任意的标量函数 $a(t)$ ，使得

$$\int_{t_0}^{t}(t-\tau)\boldsymbol{a}_o(\tau)\,\mathrm{d}\tau \neq a(t)[\boldsymbol{r}(t_0)+(t-t_0)\boldsymbol{v}(t_0)] \tag{5.2.41}$$

在某些时候成立。

式（5.2.41）为分析系统的可观测性提供了一个易于理解的数学表达式。令 $a(t)\equiv 0$ ，式（5.2.41）表明系统的可观测性随观测器的机动而定。同样，即使 $a(t)\neq 0$ ，显然，这时式（5.2.41）所描述的运动约束也有可能不成立，这些机动是无效机动。这些无效机动模式使得观测器在某一时刻的位置总是位于与其相关的常值速度航路的瞬时视线上。因此，这时方位 $\beta(t)$ 的时间特征与观测器做非加速运动时 $\beta(t)$ 的时间特征没有任何区别。

将式（5.2.41）重新写作，在某些时刻

$$\int_{t_0}^{t}(t-\tau)[a_{ox}\cos\beta(t)-a_{oy}\sin\beta(t)]\,\mathrm{d}\tau \neq 0 \tag{5.2.42}$$

因此，满足要求 $\det(\boldsymbol{G}'(t))\neq 0$ 确实可以保证系统可观测。因此，当且仅当观测器做出机动，且机动方式在某些时刻 t 满足约束条件

$$\int_{t_0}^{t}(t-\tau)[a_{ox}\cos\beta(t)-a_{oy}\sin\beta(t)]\,\mathrm{d}\tau \neq 0 \tag{5.2.43}$$

时，系统有唯一解，即可观测。

2．可观测性分析的有关结论

随着非线性系统理论的发展，纯方位系统的可观测性定义有另外一种方式。考虑式（5.2.1）和式（5.2.2）组成的非线性离散系统。显然，状态方程是线性的，而观测方程是非线性的。

在研究系统的可观测性时，一般是在确定性系统的条件下，即不考虑运动噪声和观测噪声的影响。则有下面的可观测结论：

对于式（5.2.1）和式（5.2.2）组成的系统，如果对于凸集 $S\in\mathbf{R}^n$ 上的所有 $\boldsymbol{X}$ ，都有 Grammian 矩阵：

$$\boldsymbol{M}(\boldsymbol{X})=\sum_{k=0}^{N}\boldsymbol{\Phi}^{\mathrm{T}}(k+1,k)\boldsymbol{H}^{\mathrm{T}}(k)\boldsymbol{H}(k)\boldsymbol{\Phi}(k+1,k) \tag{5.2.44}$$

是正定的，则系统在凸集 $S\in\mathbf{R}^n$ 上是可观测的，其中：

$$\boldsymbol{H}(k)=\partial\,\mathrm{h}(\boldsymbol{X}(k)/\partial\boldsymbol{X}(k) \tag{5.2.45}$$

这种以 Grammian 矩阵的正定性来检查非线性系统的可观测性的方法，已经广泛被应用在工程研究中。与之相等价的是，对于初始集 $S\in\mathbf{R}^n$ 中的 $\boldsymbol{X}(k_0)$ ，记：

$$
\boldsymbol{M}(k_0,k_0+N-1)=\begin{bmatrix} \boldsymbol{H}_{k_0} \\ \boldsymbol{H}_{k_0}\boldsymbol{\Phi}_{k_0+1,k_0} \\ \vdots \\ \boldsymbol{H}_{k_0+N-1}\boldsymbol{\Phi}_{k_0+N-1,k_0} \end{bmatrix} \tag{5.2.46}
$$

式中：$\boldsymbol{H}_k=\partial \boldsymbol{h}_k(\boldsymbol{X})/\partial \boldsymbol{X}|_{\boldsymbol{X}=\boldsymbol{X}_k}$，如果存在正整数 N，使得 Grammian 矩阵的秩满足：

$$
\operatorname{rank}(\boldsymbol{M}(k_0,k_0+N-1))=n \tag{5.2.47}
$$

则系统在初始集 $S\in\mathbf{R}^n$ 上是完全可观测的。

当利用观测序列 $\boldsymbol{Z}_{k_0+N-1}=\left\{Z_{k_0} \quad Z_{k_0+1} \quad \cdots \quad Z_{k_0+N-1}\right\}$ 来确定系统在 k 时刻（$k=k_0+N-1$）的状态 $\boldsymbol{X}_k$ 时，如果状态转移矩阵 $\boldsymbol{\Phi}_k$ 可逆，则式（5.2.47）的一个等价判别式为：

$$
\operatorname{rank}(\boldsymbol{M}(k-N+1,k))=n \tag{5.2.48}
$$

式中可观测矩阵为：

$$
\boldsymbol{M}(k-N+1,k)=\begin{bmatrix} \boldsymbol{H}_{k} \\ \boldsymbol{H}_{k-1}\boldsymbol{\Phi}_{k-1,k} \\ \vdots \\ \boldsymbol{H}_{k-N+1}\boldsymbol{\Phi}_{k-N+1,k} \end{bmatrix} \tag{5.2.49}
$$

实际上，矩阵 $\boldsymbol{M}$ 就是系统的可观测矩阵，该矩阵的性质决定了该系统的可观测条件。因为可观测矩阵 $\boldsymbol{M}$ 中每一个元素直接同测量方位相关，而方位直接反映了目标与潜艇观测平台的几何关系，因此，测量方位同系统的可观测矩阵 $\boldsymbol{M}$ 是直接相关的。同过去的系统可观性研究相比，可观测性研究以测量方位作为中介而得到可观测的充要条件，从而这种可观性分析方式比较烦琐。虽然可以用式（5.2.49）来判断 BOT 系统是否可观，但是该充要条件就是非线性系统中可观测的定义，没有同 BOT 问题中机动航路的参数联系在一起，结论不直观，也不简单明了。

（1）单平台纯方位目标跟踪系统是可观的，至少需要测量方位数目 4 个。

证明：结论很显然，如果测量方位少于 4 个，则观测方程的观测阵 $\boldsymbol{A}$ 的行数少于 4，则：

$$
\operatorname{rank}(\boldsymbol{A}(\boldsymbol{\beta}))=\operatorname{rank}(\boldsymbol{A}^{\mathrm{T}}(\boldsymbol{\beta}))<4
$$

所以

$$
\operatorname{rank}(\boldsymbol{G})=\operatorname{rank}(\boldsymbol{A}^{\mathrm{T}}(\boldsymbol{\beta})\boldsymbol{A}(\boldsymbol{\beta}))<4
$$

即 Grammian 矩阵 $\boldsymbol{G}$ 奇异，逆 $\boldsymbol{G}^{-1}$ 不存在，系统不可观测。所以系统至少需要 4 个测量方位。

实际上，这是一种传统的定位方法——四方位法。当然这是一种确定性参数，并且假设不存在方位测量误差。实际上，这种假设条件在测量误差非常小的情况下，做出这种假设是合理的。在一定的条件下，确定参数方法——四方位法具有一定的用途。例如，在要求武器紧急发射的情况下，可作为某些跟踪算法的初始化。这就是为什么在现代潜艇火力控制系统中，还存在四方位法的原因。

（2）如果测量方位的正切是常量，即 $\tan\beta_i = \text{const}$，则系统单平台纯方位目标跟踪系统是不可观的。

证明：由假设知 $\tan\beta_i = \text{const}$，由式（5.2.9）知，系统的观测方阵为：

$$\boldsymbol{A}(\boldsymbol{\beta}) = \begin{pmatrix} \cdots & \cdots & \cdots & \cdots \\ \cos\beta_i & -\sin\beta_i & iT\cos\beta_i & -iT\sin\beta_i \\ \cos\beta_{i+1} & -\sin\beta_{i+1} & (i+1)T\cos\beta_{i+1} & -(i+1)T\sin\beta_{i+1} \\ \cdots & \cdots & \cdots & \cdots \end{pmatrix} \tag{5.2.50}$$

所以 $\boldsymbol{A}(\boldsymbol{\beta})$ 的第 i 行与第 $i+1$ 行分别乘以 $1/\cos\beta_i$ 和 $1/\cos\beta_{i+1}$，得到：

$$\boldsymbol{A}(\boldsymbol{\beta}) = \cos\beta_i\cos\beta_{i+1}\begin{pmatrix} \cdots & \cdots & \cdots & \cdots \\ 1 & -\tan\beta_i & iT\tan\beta_i & -iT\cdot\tan\beta_i \\ 1 & -\tan\beta_{i+1} & (i+1)T\cdot\tan\beta_{i+1} & -(i+1)T\cdot\tan\beta_{i+1} \\ \cdots & \cdots & \cdots & \cdots \end{pmatrix} \tag{5.2.51}$$

因为 $\tan\beta_i = \tan\beta_{i+1} = \text{const}$，所以，第 i 行与第 $i+1$ 行是相关的。

$$\text{rank}(\boldsymbol{A}(\boldsymbol{\beta})) = \text{rank}(\boldsymbol{A}^{\text{T}}(\boldsymbol{\beta})) < 4$$

因此，有：

$$\text{rank}(\boldsymbol{G}) = \text{rank}(\boldsymbol{A}^{\text{T}}(\boldsymbol{\beta})\boldsymbol{A}(\boldsymbol{\beta})) < 4$$

即可观测矩阵 $\boldsymbol{G}$ 奇异，逆 $\boldsymbol{G}^{-1}$ 不存在，系统不可观测。

（3）如果测量方位全是常量，$\beta_i = \text{const}$，则系统是不可观的。

证明：由结论（2）知，可以得证。

图 5.7 描述了 $\tan\beta_i = \text{const}$ 的情形。在航路 1 中，测量方位是常量，跟踪过程中方位值保持不变，可知系统是不可观测的。在航路 2 中，最后一个方位同前三个方位不等，相差 180°。所以测量方位值是不同的，但是它们的正切函数相同，系统同样也是不可观测的。

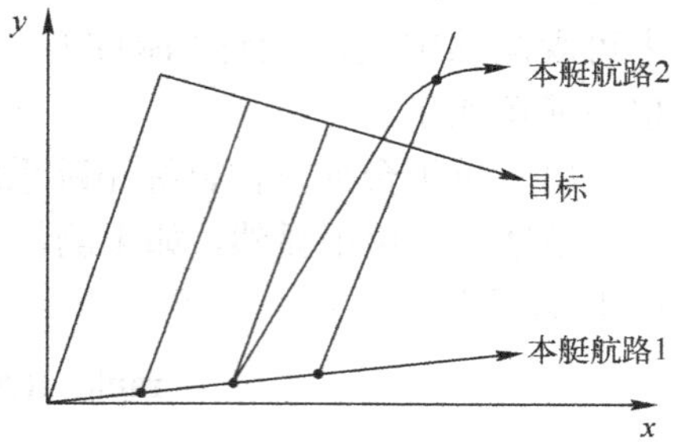

图 5.7　目标与本艇之间的方位恒定不变

从上述的结论可以看出，测量方位的正切函数或方位保持不变，并不意味着潜艇观测平台没有做机动，即使潜艇观测平台进行了机动，有可能使测量方位的正切函数或方位保持不变，系统仍然是不可观测的，这样的机动称为无效机动。

（4）如果潜艇观测平台匀速直线运动，则系统是不可观测的。

这是一个非常著名的结论，过去的证明方法比较复杂。这里给出非常简单明了的证明。

证明：假设系统是可观测的，可以证明目标状态就是等同于潜艇观测平台的运动状态，即可以得到 $\boldsymbol{X}_T(0)=\boldsymbol{X}_o(0)$ 。其中 $\boldsymbol{X}_o(0)$ 是潜艇观测平台的初始状态。取 $\boldsymbol{X}_T(0)=\boldsymbol{X}_o(0)=[0\quad 0\quad v_{ox}\quad v_{ox}]^{\mathrm{T}}$ 。很显然，在实际中，这是伪观测，所以假设不成立，系统是不可观的。

在潜艇观测平台作匀速直线运动的条件下，矩阵 $\boldsymbol{B}$ 可以改写为：

$$\boldsymbol{B}=\sum_{i=0}^{K}\begin{bmatrix}(x_o(0)+iT\cdot v_{ox})\cos^2\beta_i-(y_o(0)+iT\cdot v_{oy})\sin\beta_i\cos\beta_i\\ -(x_o(0)+iT\cdot v_{ox})\cos\beta_i\sin\beta_i+(y_o(0)+iT\cdot v_{oy})\sin^2\beta_i)\\ iT\cdot(x_o(0)+iT\cdot v_{ox})\cos^2\beta_i-iT\cdot(y_o(0)+iT\cdot v_{oy})\sin\beta_i\cos\beta_i\\ -iT\cdot(x_o(0)+iT\cdot v_{ox})\cos\beta_i\sin\beta_i+iT\cdot(y_o(0)+iT\cdot v_{oy})\sin^2\beta_i)\end{bmatrix} \tag{5.2.52}$$

考察可观测性矩阵 $\boldsymbol{G}$，采用列向量的方式表示。有：

$$\boldsymbol{G}=\sum_{i=0}^{K}\begin{bmatrix}\cos^2\beta_i & -\sin\beta_i\cos\beta_i & iT\cos^2\beta_i & -iT\sin\beta_i\cos\beta_i\\ -\sin\beta_i\cos\beta_i & \sin^2\beta_i & -iT\sin\beta_i\cos\beta_i & iT\sin^2\beta_i\\ iT\cos^2\beta_i & -iT\sin\beta_i\cos\beta_i & (iT)^2\cos^2\beta_i & -(iT)^2\sin\beta_i\cos\beta_i\\ -iT\sin\beta_i\cos\beta_i & iT\sin^2\beta_i & -(iT)^2\sin\beta_i\cos\beta_i & (iT)^2\sin^2\beta_i\end{bmatrix}$$

$$\begin{aligned}&=x_o(0)\sum_{i=0}^{K}\begin{bmatrix}\cos^2\beta_i\\ -\sin\beta_i\cos\beta_i\\ iT\cdot\cos^2\beta_i\\ -iT\cdot\sin\beta_i\cos\beta_i\end{bmatrix}+v_{ox}\sum_{i=0}^{K}iT\cdot\begin{bmatrix}\cos^2\beta_i\\ -\sin\beta_i\cos\beta_i\\ iT\cdot\cos^2\beta_i\\ -iT\cdot\sin\beta_i\cos\beta_i\end{bmatrix}\\ &\quad -y_o(0)\sum_{i=0}^{K}\begin{bmatrix}\sin\beta_i\cos\beta_i\\ -\sin^2\beta_i\\ iT\cdot\cos\beta_i\cdot\sin\beta_i\\ -iT\cdot\sin^2\beta_i\end{bmatrix}-v_{oy}\sum_{i=0}^{K}iT\cdot\begin{bmatrix}\sin\beta_i\cos\beta_i\\ -\sin^2\beta_i\\ iT\cdot\cos\beta_i\cdot\sin\beta_i\\ -iT\cdot\sin^2\beta_i\end{bmatrix}\end{aligned} \tag{5.2.53}$$

$$=(\boldsymbol{g}_{11}\quad \boldsymbol{g}_{12}\quad \boldsymbol{g}_{13}\quad \boldsymbol{g}_{14})$$

比较式（5.2.52）和式（5.2.53），可以得到：

$$\boldsymbol{B}=x_o(0)\boldsymbol{g}_{11}+v_{ox}\boldsymbol{g}_{12}-y_o(0)\boldsymbol{g}_{13}-v_{oy}\boldsymbol{g}_{14} \tag{5.2.54}$$

即 $\boldsymbol{B}$ 可以由可观测性矩阵 $\boldsymbol{G}$ 的列向量线性表示出来。

在系统可观的假设下，根据线性方程组的克莱默法则，求解 $\boldsymbol{X}_T$ 向量中的 $x_T(0)$ 的解为：

$$x_T(0)=\frac{|\tilde{\boldsymbol{G}}|}{|\boldsymbol{G}|}=x_o(0)\frac{|\boldsymbol{G}|}{|\boldsymbol{G}|}=x_o(0) \tag{5.2.55}$$

同理得到 $y_T(0)$ 的解为：

$$y_T(0)=\frac{|\tilde{\boldsymbol{G}}|}{|\boldsymbol{G}|}=y_o(0)\frac{|\boldsymbol{G}|}{|\boldsymbol{G}|}=y_o(0)$$

$$v_{XT}(0)=\frac{|\tilde{\boldsymbol{G}}|}{|\boldsymbol{G}|}=v_{xo}\frac{|\boldsymbol{G}|}{|\boldsymbol{G}|}=v_{xo}$$

$$v_{yT}(0)=\frac{|\tilde{\boldsymbol{G}}|}{|\boldsymbol{G}|}=v_{yo}\frac{|\boldsymbol{G}|}{|\boldsymbol{G}|}=v_{yo} \tag{5.2.56}$$

所以，得到：

$$\boldsymbol{X}_T(0)=\boldsymbol{X}_o(0) \tag{5.2.57}$$

（5）在纯方位定位跟踪系统中，如果观测平台测量的方位序列 $\beta_i\ (i=1,2,3,4)$ 是在任意时刻任意测量的四个方位，并且，β_4 方位可以由目标方位线方程来表示，即：

$$\beta_4'=\beta_1+\arctan\frac{t_{14}t_{23}\sin(\beta_2-\beta_1)\sin(\beta_3-\beta_1)}{t_{13}t_{24}\sin(\beta_2-\beta_1)\cos(\beta_3-\beta_1)-t_{12}t_{34}\sin(\beta_3-\beta_1)\cos(\beta_2-\beta_1)} \tag{5.2.58}$$

式中：β_4 为 t_4 时刻的目标位置方位线；β_1、β_2 和 β_3 分别是 t_1、t_2 和 t_3 时刻对应测得的方位；$t_{12}=t_2-t_1$，$t_{13}=t_3-t_1$，$t_{23}=t_3-t_2$，$t_{24}=t_4-t_2$，$t_{34}=t_4-t_3$。则系统是不可观测的。

证明：由目标方位线原理可以知道，采用四方位图解方法分析，系统是可观测的。下面采用非线性系统可观测性理论来说明，系统同样是不可观测的。从另外一个侧面说明了目标方位线原理的正确性，同时说明它们是统一的。

对由式（5.2.1）和式（5.2.2）形成的非线性系统，状态转移矩阵 $\boldsymbol{\Phi}_{k+1,k}$ 是可逆的，因此，我们可以应用上述的可观测性判别式（5.2.49）来判断单站纯方位定位与跟踪系统的可观测性。

由式（5.2.49）知，观测方程的雅可比矩阵 $\boldsymbol{H}_k$ 为：

$$\boldsymbol{H}_k=\left.\frac{\partial \boldsymbol{h}}{\partial \boldsymbol{X}}\right|_{\boldsymbol{X}=\boldsymbol{X}_k}=\frac{1}{r_k}(\cos\beta_k\quad -\sin\beta_k\quad 0\quad 0) \tag{5.2.59}$$

式中：$r_k=\sqrt{r_x^2(k)+r_y^2(k)}$；$\beta_k=\arctan(r_x(k)/r_y(k))$。所以，系统的可观性判别矩阵如下：

$$\boldsymbol{M}(k-N+1,k)=\begin{bmatrix}\boldsymbol{H}_k\\ \boldsymbol{H}_{k-1}\boldsymbol{\Phi}_{k-1,k}\\ \vdots\\ \boldsymbol{H}_{k-N+1}\boldsymbol{\Phi}_{k-N+1,k}\end{bmatrix} \tag{5.2.60}$$

取 $N=4$，即观测到四个方位后，由（5.2.59）式和式（5.2.60）得到：

$$M(k-3,k)=\begin{bmatrix} H_k \\ H_{k-1}\Phi_{k-1,k} \\ H_{k-2}\Phi_{k-2,k} \\ H_{k-3}\Phi_{k-3,k} \end{bmatrix}$$

$$=\begin{bmatrix} \frac{1}{r_k}\cos\beta_k & -\frac{1}{r_k}\sin\beta_k & 0 & 0 \\ \frac{1}{r_{k-1}}\cos\beta_{k-1} & -\frac{1}{r_{k-1}}\sin\beta_{k-1} & -\frac{1}{r_{k-1}}T\cos\beta_{k-1} & \frac{1}{r_{k-1}}T\sin\beta_{k-1} \\ \frac{1}{r_{k-2}}\cos\beta_{k-2} & -\frac{1}{r_{k-2}}\sin\beta_{k-2} & -\frac{1}{r_{k-2}}2T\cos\beta_{k-2} & \frac{1}{r_{k-2}}2T\sin\beta_{k-2} \\ \frac{1}{r_{k-3}}\cos\beta_{k-3} & -\frac{1}{r_{k-3}}\sin\beta_{k-3} & -\frac{1}{r_{k-3}}3T\cos\beta_{k-3} & \frac{1}{r_{k-3}}3T\sin\beta_{k-3} \end{bmatrix} \quad (5.2.61)$$

所以，矩阵 $M(k-3,k)$ 的行列式为：

$$\det M(k-3,k)=\frac{1}{r_k r_{k-1} r_{k-2} r_{k-3}}(3T^2\sin(\beta_{k-2}-\beta_{k-3})\sin(\beta_k-\beta_{k-1}) + T^2\sin(\beta_k-\beta_{k-3})\sin(\beta_{k-2}-\beta_{k-1})) \quad (5.2.62)$$

将式（5.2.58）代入式（5.2.62），经过整理，得到：

$$\det M(k-3,k)=0 \quad (5.2.63)$$

根据非线性系统可观测理论，该系统是不可观测的。

（6）在潜艇观测平台不机动的情况下，系统测得的方位序列只有三个方位是互相独立的，即，其他的方位同这三个方位是相关的。

证明：因为目标与潜艇观测平台均做匀速直线运动，其相对运动态势如图 5.8 所示。v_r、c_r 表示相对运动速度和相对运动航向。$\beta_i\ (i=1,2,3,4)$ 是在任意时刻任意测量的四个方位。

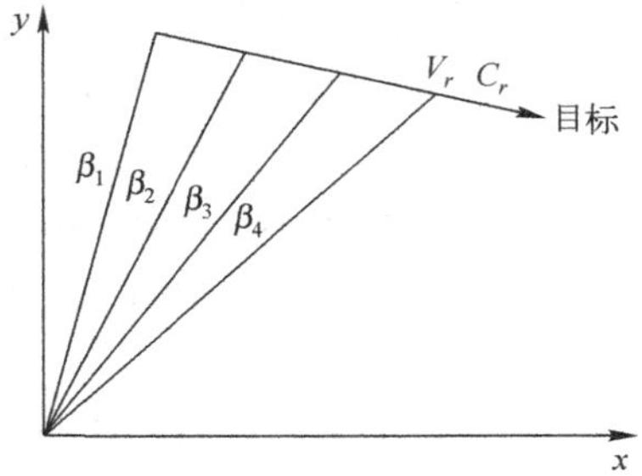

图 5.8　目标与本艇之间的相对态势

假设 β_1、β_2、β_3 是已知，而 β_4 是未知的。下面可以很快证明 β_4 可以用 β_1、β_2、β_3 表示出来。

$$\frac{\sin(\beta_2-c_r)}{\sin(\beta_3-c_r)}=\frac{(t_3-t_1)\sin(\beta_2-\beta_1)}{(t_2-t_1)\sin(\beta_3-\beta_1)} \quad (5.2.64)$$

$$v_r=\frac{r_1\sin(\beta_2-\beta_1)}{(t_2-t_1)\sin(\beta_2-c_r)} \quad (5.2.65)$$

其中 $t_i(i=1,2,3,4)$ 表示对应的时间。于是 β_4 可以表示为：

$$\beta_4=\arctan\frac{r_1\sin\beta_1+(t_4-t_1)v_r\sin c_r}{r_1\cos\beta_1+(t_4-t_1)v_r\cos c_r} \tag{5.2.66}$$

将 v_r、c_r 代入得：

$$\beta_4=\arctan\frac{(t_2-t_1)\sin\beta_1\sin(\beta_2-c_r)+(t_4-t_1)\sin c_r\sin(\beta_2-\beta_1)}{(t_2-t_1)\cos\beta_1\sin(\beta_2-c_r)+(t_4-t_1)\cos c_r\sin(\beta_2-\beta_1)} \tag{5.2.67}$$

从式（5.2.66）可以知道，β_4 由 c_r、β_1、β_2、β_3 唯一确定，而式（5.2.64）知道，c_r 由 β_1、β_2、β_3 确定，所以，β_4 由 β_1、β_2、β_3 唯一确定，即后续方位同前三个方位是相关的。由此可以知道，系统是不可观测的。

结论（6）意味着在跟踪过程中，如果潜艇观测平台保持匀速直线运动，任意多的方位将会退化成三个方位。从可观测性的角度出发，三个独立的测量方位已经足够表达潜艇观测平台不做机动的纯方位跟踪系统的可观测性。也就说，在潜艇观测平台不做机动的情况下，即使测量到更多的方位也不会带来更多的可观测性信息。因此，除了三个独立测量方位之外的其余方位可以称为无效测量方位。当然，如果多余三个测量方位的话，按照结论（6），可以存在三个独立方位的更多选择可能。

其他的一些算法的研究改进可以推论中得到，按照结论（5），可以将每一航路的许多方位压缩在某些方位上，这是改进 PLE 算法有偏的有效方式。后面提出的 PLE 算法中的辅助变量构造方法就是基于此理念的。

按照结论（6），结论（5）可以扩展到更一般的情形：

（7）在单平台纯方位系统中，从测量方位序列中任意抽取三个方位，如果其他测量的方位都是无效方位，则该系统是不可观的。

证明：其他方位式无效方位，即其他方位同任意抽取得的三个方位是相关的，由结论（5）可以从结论（6）得到。

很显然，结论（5）是结论（6）的特殊情况。结论（5）意味着潜艇观测平台不机动的系统不是系统不可观测的必要条件。如果潜艇观测平台即使机动，除了三个独立方位外，其他的都是无效方位，系统同样也是不可观的。

如图 5.9 所示。航路 1 潜艇观测平台不机动，航路 2 潜艇观测平台机动。在航路 1 中无论测量方位多少次，只有三条方位是独立的，其他测量方位是无效的。在航路 2 中，测量的方位值同航路 1 完全一致，尽管潜艇观测平台做了机动。然而，由于只有三个方位是独立的，其他测量方位是无效方位，所以，系统是不可观测的。

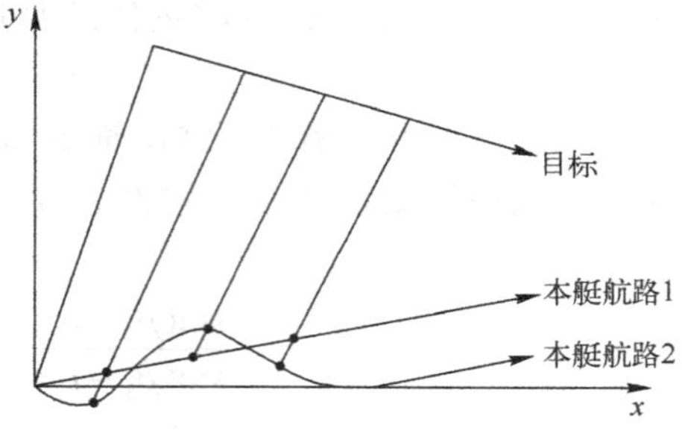

图 5.9　本艇不机动和无效机动示意图

同无效方位相对应，导致系统不可观测的机动是无效机动。从图 5.9 可以知道，对于每一条非机动潜艇观测平台运动航路，都对应无数的无效机动航路。因此，为了确保系统是可观测的，必须去找到机动航路，对航路进行优化。不过，我们可以很容易地找到满足系统可观测性要求的机动航路，这个同连续系统的结论是一致的。

上面的论述主要是确定系统是否可观测的，而事实上，从实用的观点来看，我们更感兴趣的是观测平台怎样机动系统才可观测。从理论上来讲，使系统可观测是不困难的。然而，要是系统可观测也不是那么容易的事，这就是可观测程度的问题，以及如何优化潜艇观测平台机动的问题。

从结论中可以看出，方位是可观测分析中的一个很重要的因素。方位变化率越大，$\boldsymbol{G}$ 矩阵列向量的相关性越弱，意味着系统的可观测程度越高。

然而，结论（6）告诉我们，方位变化率越大不是系统可观测程度越高的充分条件而是必要条件。为了改变方位的变化规律，实时改变某些方位测量（机动）是必要的。从此观点出发，一些传统的机动策略是有一定道理的，广泛使用的两阶段航路机动模式就是这样的一个例子，一段航路是使方位率最大，另一段航路是设法改变该方位率变化规律。

综上所述，从确定性的四方位法入手，用作图的方式给出了四方位定位系统解的存在性的充要条件，即目标状态可观测必须满足目标位置方位线原理——四条方位不相关，对其中一些结论和推断给出了数学上的证明，然后，利用非线性系统的可观测性理论，结合单站纯方位目标跟踪系统，给出了系统可观测充要条件，对四条方位不相关系统可观测这些结论进行了数学证明。通过对单站纯方位目标定位与跟踪系统可观测性的研究，可以得到如下结论：

（1）单平台纯方位目标跟踪系统是可观的，至少需要测量方位数目 4 个，并且至少有 4 个方位无关的。

（2）如果测量方位是不变或方位的正切是常量，即 $\tan\beta_i = \text{const}$，则系统是不可观的。

（3）如果观测平台匀速直线运动，则系统是不可观测的。

（4）如果观测平台测量的方位序列 $\beta_i\ (i=1,2,3,4)$ 是在任意时刻任意测量的 4 个方位，并且，β_4 方位可以由目标位置方位线方程来表示。

对系统可观测性的研究，目的是为了深入理解单站纯方位目标定位与跟踪系统观测性弱这一问题的理解，丰富研究此问题的思路和途径，并且为定位、跟踪算法和载体航路的优化研究提供理论基础和依据。

5.3 单站纯方位目标定位与跟踪算法

纯方位目标跟踪（Bearings-only Tracking，BOT）就是利用目标本身的有源辐射，如电磁辐射、红外辐射、声波辐射等，采用机动单站测向机或观测站测得运动目标的方位信息，并利用这些随时间变化的目标方位序列来实时估计目标运动参数（位置、航向、速度等）的技术。但是，即使是在目标做匀速运动的情况下，单站的 BOT 问题是一个非线性问题，系统的可观测程度很低，在观测站做机动之前，目标的状态是不可完全观测的。因此，BOT 问题一直是人们研究的热点与难点问题。

近年来，应用于单站 BOT 的方法有多种，其中伪线性估计器（Pseudo-Linear Estimator, PLE）、极大似然估计器（Maximum Likelihood Estimator, MLE）、扩展卡尔曼滤波器（Extended Kalman Filter，EKF）是算法中的典型代表。直角坐标系中 EKF 存在协方差崩溃的可能，从而导致滤波器的发散。因此，以 EKF 算法为典型代表的方法中，在跟踪滤波的初始阶段存在以下问题：（1）系统需要先验信息初始设置滤波器的估计均值和估计方差，设置不合适，则非常容易导致估计协方差矩阵奇异，造成滤波器发散；（2）在误差较大的预测值处进行非线性观测方程的线性化，不可避免会产生较大的线性化误差。然而，如果扩展卡尔曼滤波器 EKF 成功地度过了初始跟踪阶段的影响，EKF 能够有效地跟踪目标，为处理有色噪声、机动目标的能力可以提供方便的途径。

因此，BOT 中的滤波算法研究还远远未完全解决实际中的问题，一直是 BOT 研究领域中的重点。追究其原因，主要还是因为这些滤波算法的性能受制于 BOT 问题的特殊特点，即测量信息维数少（只有一维，就是方位测量）、测量函数的非线性强度较大、滤波初始估计的不确定程度很大以及对机动航路的要求较高。

本节针对 EKF 算法在滤波器初始阶段面临的问题，提出了解决措施，利用伪线性化和近似线性化的方法，构建了基于辅助变量的伪线性估计算法（PLE-IV）和基于修正极坐标系下的近似线性最小二乘估计算法（Approximate Linear Filtering ，ALF）。伪线性估计算法是一种理论上是有偏的估计线性算法，为了消除该算法的有偏性，研究人员提出了不同的方法，效果不太理想。通过系统可观测性研究，利用方位线性原理，构建新的辅助变量方法，引入滤波方程中，消除相关性，理论上可以得到无偏的线性估计。在近距离的目标跟踪中，PLE-IV 算法的效果不错，而目标距离较远时，效果比较差。究其原因，目标距离较远时，方位观测误差较大，预测的方位线角度误差也较大，从而致使 PLE-IV 算法的跟踪滤波效果下降。同时，在研究修正极坐标下的 EKF 算法（Modified Polar Extended Kalman Filter, MPEKF）时，研究者发现，MPEKF 算法具有很好的稳定性。因此，本章提出一种新的极坐标下的状态向量表示方式，经过近似化处理后，得到线性的观测方程，直接利用线性最小二估计理论，得到近似的最小二乘估计算法。

5.3.1 系统模型描述

单站纯方位目标跟踪的几何态势如图 5.10 所示。在二维坐标系中存在目标和本艇两个运动体，假设它们在同一水平面上运动。目标以速度 v_t、航向 c_t 匀速直线运动，本艇以速度 v_w、航向 c_w 运动。因此，在直角坐标下，k 时刻的目标的运动状态可以由 $\boldsymbol{X}_T(k)=[r_{xt} \quad r_{yt} \quad v_{xt} \quad v_{yt}]^{\mathrm{T}}$ 确定，k 时刻本艇的运动状态可以由 $\boldsymbol{X}_w(k)=[r_{xw} \quad r_{yw} \quad v_{xw} \quad v_{yw}]^{\mathrm{T}}$ 确定。其中：$v_{xt}=v_t\sin c_t$；$v_{yt}=v_t\cos c_t$；$v_{xw}=v_w\sin c_w$；$v_{yw}=v_w\cos c_w$。

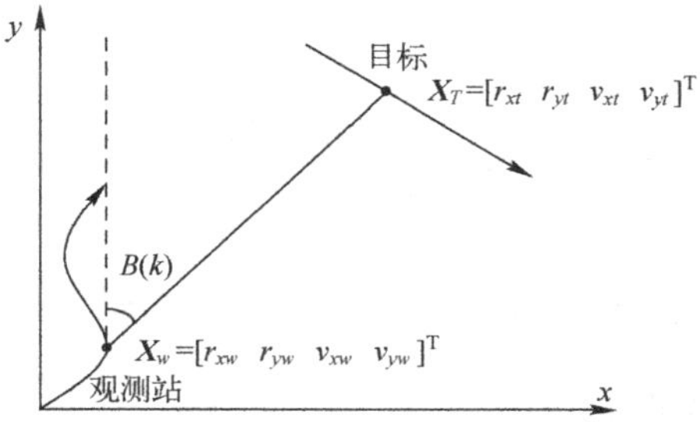

图 5.10　目标与本艇的几何态势关系

因此，k 时刻目标与本艇的相对运动状态记为：$\boldsymbol{X}_k=\boldsymbol{X}_T(k)-\boldsymbol{X}_w(k)$，则系统的离散状态方程为：

$$\boldsymbol{X}_T(k+1)=\boldsymbol{\Phi}(T)\boldsymbol{X}_T(k)+\boldsymbol{U}(k) \tag{5.3.1}$$

式中：$\boldsymbol{\Phi}(T)=\begin{bmatrix}1 & 0 & T & 0\\0 & 1 & 0 & T\\0 & 0 & 1 & 0\\0 & 0 & 0 & 1\end{bmatrix}$ 表示系统的状态转移矩阵；$\boldsymbol{U}(k)$ 表示目标的随机扰动噪声，均值为零，方差为 $\boldsymbol{Q}(k)$；T 表示系统采样间隔。

系统的观测方程由下式确定：

$$Z_k=B_{m,k}=B_k+e_k \tag{5.3.2}$$

$$Z_k=h(\boldsymbol{X}_k)+e_k=\arctan((r_{xt}-r_{xw})/(r_{yt}-r_{yw}))+e_k \tag{5.3.3}$$

式中：e_k 表示方位观测随机噪声，均值为零，方差为 δ_B^2；$r_{xw}=\int_0^{kT}v_{xw}(\tau)\mathrm{d}\tau$ 表示本艇的横坐标；$r_{yw}=\int_0^{kT}v_{yw}(\tau)\mathrm{d}\tau$ 表示本艇的纵坐标。

因此，由式（5.3.1）和式（5.3.3）确定了一个非线性系统，在确定一个滤波初值后，应用非线性滤波算法，进行递推滤波计算，获得目标的状态估计。

5.3.2　基于辅助变量的伪线性递推最小二乘估计算法

1．问题描述

假设目标作匀速直线运动。如图 5.10 所示。

重新选择目标状态向量 $\boldsymbol{X}_T(0)=(x_T(0),y_T(0),v_{Tx},v_{Ty})^{\mathrm{T}}$，本艇观测站状态向量取 $\boldsymbol{X}_w(t)=(x_w,y_w,v_{wx},v_{wy})^{\mathrm{T}}$。其中，$x_T(0),y_T(0)$ 表示目标在 x,y 方向上的初始位置；v_{Tx},v_{Ty} 表示目标在 x,y 方向上的运动速度；x_w,y_w 表示 t 时刻目标在 x,y 上的位置；v_{wx},v_{wy} 表示观测站的运动速度，是时变的。根据方位的观测方程，在直角坐标系中，式（5.3.2）可以改写为：

$$Z_i=\beta_{m,i}=h(X_i)+e_i \tag{5.3.4}$$

$$\beta_{m,i}=\arctan\left(\frac{x_T(0)+iTv_{Tx}-x_o}{y_T(0)+iTv_{Ty}-y_o}\right)+e_i \tag{5.3.5}$$

式（5.3.1）中：$x_w(iT)=x(0)+\int_0^{iT}v_{wx}\,\mathrm{d}t$ 表示本艇的横坐标；$y_w(iT)=y(0)+\int_0^{iT}v_{wy}\mathrm{d}t$ 表示本艇的纵坐标。

对式（5.3.1）进行展开得：

$$\begin{aligned}x_w\cos\beta_{m,i}-y_w\sin\beta_{m,i}=x_T(0)\cos\beta_{m,i}-y_T(0)\sin\beta_{m,i}+\\ iT\cos\beta_{m,i}-iT\sin\beta_{m,i}+\varepsilon_i\end{aligned} \tag{5.3.6}$$

式中：

$$\varepsilon_i=r_i\cdot\tan e_i \tag{5.3.7}$$

$$r_i=(x_T(0)+iTv_{Tx}-x_w)\sin\beta_{m,i}+(y_T(0)+iTv_{Ty}-y_w)\cos\beta_{m,i}$$

$$(i=1,2,3,\cdots)$$

在观测到 K 个观测方位后，得到的观测方程写成向量形式为：

$$\boldsymbol{Z}_K=\boldsymbol{A}_K(\boldsymbol{\beta}_m)\cdot\boldsymbol{X}_K+\boldsymbol{\varepsilon}_K \tag{5.3.8}$$

式中：

$$\begin{cases}\boldsymbol{Z}_K=(x_w\cos\beta_{m,1}-y_w\sin\beta_{m,1}\vdots\cdots\vdots x_w\cos\beta_{m,k}-y_w\sin\beta_{m,k})^{\mathrm{T}}\\ \quad=(z_1\vdots\cdots\vdots z_k)^{\mathrm{T}}\\ \boldsymbol{A}_K(\boldsymbol{\beta}_m)=\begin{pmatrix}\cos\beta_{m,1}\vdots-\sin\beta_{m,1}\vdots T\cos\beta_{m,1}\vdots-T\sin\beta_{m,1}\\ \vdots\\ \cos\beta_{m,k}\vdots-\sin\beta_{m,k}\vdots kT\cos\beta_{m,k}\vdots-kT\sin\beta_{m,k}\end{pmatrix}=\begin{pmatrix}\boldsymbol{a}_1\\ \vdots\\ \boldsymbol{a}_k\end{pmatrix}\\ \varepsilon_K=(\varepsilon_1\cdots\varepsilon_k)^{\mathrm{T}}\end{cases} \tag{5.3.9}$$

方程（5.3.8）采用最小二乘估计算法，得到目标状态 X 的最小二乘估计，即

$$\hat{\hat{\boldsymbol{X}}}_K=(\boldsymbol{A}_K^{\mathrm{T}}(\boldsymbol{\beta}_m)\cdot\boldsymbol{A}_K(\boldsymbol{\beta}_m))^{-1}\boldsymbol{A}_K^{\mathrm{T}}(\boldsymbol{\beta}_m)\cdot\boldsymbol{Z}_K \tag{5.3.10}$$

将式（5.3.8）代入式（5.3.10），则有：

$$\begin{aligned}\hat{\hat{\boldsymbol{X}}}_K &= (\boldsymbol{A}_K^{\mathrm{T}}(\boldsymbol{\beta}_m)\cdot\boldsymbol{A}_K(\boldsymbol{\beta}_m))^{-1}\boldsymbol{A}_K^{\mathrm{T}}(\boldsymbol{\beta}_m)\cdot(\boldsymbol{A}_K(\boldsymbol{\beta}_m)\boldsymbol{X}+\boldsymbol{\varepsilon}_K)\\ &= \boldsymbol{X}+(\boldsymbol{A}_K^{\mathrm{T}}(\boldsymbol{\beta}_m)\cdot\boldsymbol{A}_K(\boldsymbol{\beta}_m))^{-1}\boldsymbol{A}_K^{\mathrm{T}}(\boldsymbol{\beta}_m)\cdot\boldsymbol{\varepsilon}_K\end{aligned} \tag{5.3.11}$$

式（5.3.11）取期望均值得

$$E\hat{\hat{\boldsymbol{X}}} = E\boldsymbol{X}+E((\boldsymbol{A}_K^{\mathrm{T}}(\boldsymbol{\beta}_m)\cdot\boldsymbol{A}_K(\boldsymbol{\beta}_m))^{-1}\boldsymbol{A}_K^{\mathrm{T}}(\boldsymbol{\beta}_m)\cdot(\boldsymbol{\varepsilon}_K)) \tag{5.3.12}$$

因为，$\boldsymbol{A}_K(\boldsymbol{\beta}_m)$中含有带噪声$e_i$的观测方位$\beta_{m,i}$，从而导致$\boldsymbol{A}_K(\boldsymbol{\beta}_m)$与$\boldsymbol{\varepsilon}_K$是相关的，即有：

$$E((\boldsymbol{A}_K^{\mathrm{T}}(\boldsymbol{\beta}_m)\cdot\boldsymbol{A}_K(\boldsymbol{\beta}_m))^{-1}\boldsymbol{A}_K^{\mathrm{T}}(\boldsymbol{\beta}_m)\cdot(\boldsymbol{\varepsilon}_K))\neq 0 \tag{5.3.13}$$

因此，$E\hat{\hat{\boldsymbol{X}}}\neq E\boldsymbol{X}$，这说明基于方程（5.3.8）得到的估计$\hat{\hat{\boldsymbol{X}}}$是有偏的。

2．引入辅助变量的线性最小二乘估计算法

观测站作一次有效的机动后，方程（5.3.8）中的$\boldsymbol{A}_K(\boldsymbol{\beta}_m)$矩阵是满秩的。对方程（5.3.10），我们构造辅助变量的最小二乘估计器，如式（5.3.14）所示：

$$\hat{\boldsymbol{X}} = (\boldsymbol{A}_K^{*\mathrm{T}}(\hat{\boldsymbol{\beta}})\boldsymbol{A}_K(\boldsymbol{\beta}))^{-1}\boldsymbol{A}_K^{*\mathrm{T}}(\hat{\boldsymbol{\beta}})\cdot\boldsymbol{Z}_K \tag{5.3.14}$$

式中：

$$\begin{gathered}\boldsymbol{A}_K^{*} = \boldsymbol{R}_K^{-1}\boldsymbol{A}_K(\hat{\boldsymbol{\beta}}) = (\boldsymbol{a}_1^{*}\vdots\cdots\vdots\boldsymbol{a}_K^{*})^{\mathrm{T}}\\ \boldsymbol{R}_K^{-1} = E(\boldsymbol{\varepsilon}_k\boldsymbol{\varepsilon}_k^{\mathrm{T}}) = \mathrm{diag}(r_1\delta_\beta^2, r_2\delta_\beta^2,\cdots,r_k\delta_\beta^2)^{-1}\end{gathered} \tag{5.3.15}$$

$\hat{\boldsymbol{\beta}}$表示真实方位向量，不带任何观测噪声。由于$\boldsymbol{Z}_K$中元素与带噪声的观测方位β_i有关，而$\boldsymbol{A}_K^{*}$仅同无噪声的真实方位$\hat{\boldsymbol{\beta}}$有关，因此，$\boldsymbol{A}_K^{*}$与$\boldsymbol{Z}_K$是不相关的，则$E\hat{\boldsymbol{X}} = E\boldsymbol{X}$，即得到无偏估计式（5.3.14）。

在真实的系统中，不带噪声的真实方位$\hat{\boldsymbol{\beta}}$是得不到的，因此，我们可以通过选取若干历史方位来推算出当前方位$\hat{\boldsymbol{\beta}}$，同样可以使$\boldsymbol{A}_K^{*}$与$\boldsymbol{Z}_K$是不相关的。

由第三章的目标位置方位线原理知，在目标与观测站做匀速直线运动，并且等间隔采样T的情况下有下列等式成立：

$$\beta_{4k} = \beta_{4k-3}+\pi/2-\Delta\beta_{4k} \tag{5.3.16}$$

$$\tan\Delta\beta_{4k} = \frac{4}{3}\cot\Delta\beta_{4k-1}-\frac{1}{2}\cot\Delta\beta_{4k-2} \tag{5.3.17}$$

式中：

$$\Delta\beta_{4k-1} = \beta_{4k-1}-\beta_{4k-3}；\quad \Delta\beta_{4k-2} = \beta_{4k-2}-\beta_{4k-3}\ (k=1,2,\cdots) \tag{5.3.18}$$

令

$$\hat{\beta} = \beta_{4k} \tag{5.3.19}$$

因此，我们每次计算时，在第 $4k$ 次进行一次估计，$\hat{\beta}$ 由时刻 $4k-1$、$4k-2$、$4k-3$ 的方位 β_{4k-1}、β_{4k-2}、β_{4k-3} 预测得到，并且在观测站机动时，$\hat{\beta}$ 的计算不能按式（5.3.16）计算，而直接采用观测方位。

综上所述，得到递推最小二乘估计算法，递推公式如下所示。

$$\begin{cases} \hat{\boldsymbol{X}}_k = \hat{\boldsymbol{X}}_{k-1} + \boldsymbol{P}_k \cdot \boldsymbol{a}_k^{*\mathrm{T}}(z_k - \boldsymbol{a}_k \hat{\boldsymbol{X}}_{k-1}) \\ \boldsymbol{P}_k^{-1} = \boldsymbol{P}_{k-1}^{-1} + \boldsymbol{a}_k^{*\mathrm{T}} \boldsymbol{a}_k \end{cases} \quad (k=1,2,3\cdots) \tag{5.3.20}$$

5.3.3 近似线性化的两阶段滤波算法

1．扩展卡尔曼滤波算法

系统状态方程和观测方程如式（5.3.21）和式（5.3.22），为了描述的方便，重写如下。系统状态取 $\boldsymbol{X}(k)=[r_{xt} \quad r_{yt} \quad v_{xt} \quad v_{yt}]^{\mathrm{T}}$。

$$\boldsymbol{X}(k+1) = \boldsymbol{\Phi}(k+1,k)\boldsymbol{X}(k) + \boldsymbol{U}(k) + \boldsymbol{W}(k) \tag{5.3.21}$$

$$z(k) = h(\boldsymbol{X}(k)) + v(k) \tag{5.3.22}$$

在状态的预测值 $\boldsymbol{X}(k+1/k)$ 处，对非线性的观测方程进行泰勒级数展开，保留一次项得到：

$$z(k+1) = h(\boldsymbol{X}(k+1/k),k+1) + \left.\frac{\partial h}{\partial \boldsymbol{X}}\right|_{\boldsymbol{X}=\boldsymbol{X}(k+1/k)} [\boldsymbol{X}(k+1) - \boldsymbol{X}(k+1/k)] + O(\boldsymbol{X}(k+1)) + v(k) \tag{5.3.23}$$

式中：$O(\boldsymbol{X}(k+1))$ 是状态 $\boldsymbol{X}(k+1)$ 的高阶项。整理化简得：

$$z(k+1) = \left.\frac{\partial h}{\partial \boldsymbol{X}}\right|_{\boldsymbol{X}=\boldsymbol{X}(k+1/k)} \boldsymbol{X}(k+1) + \{h(\boldsymbol{X}(k+1/k),k+1) - \left.\frac{\partial h}{\partial \boldsymbol{X}}\right|_{\boldsymbol{X}=\boldsymbol{X}(k+1/k)} [\boldsymbol{X}(k+1/k)] + O(\boldsymbol{X}(k+1))\} + v(k) \tag{5.3.24}$$

令

$$\boldsymbol{H}(k+1) = \left.\frac{\partial h}{\partial \boldsymbol{X}}\right|_{\boldsymbol{X}=\boldsymbol{X}(k+1/k)} \tag{5.3.25}$$

$$r(k+1) = \{[h(\boldsymbol{X}(k+1/k),k+1) - \left.\frac{\partial h}{\partial \boldsymbol{X}}\right|_{\boldsymbol{X}=\boldsymbol{X}(k+1/k)} \boldsymbol{X}(k+1/k)] + O(\boldsymbol{X}(k+1))\} + v(k) \tag{5.3.26}$$

所以，将 $\boldsymbol{H}(k+1,k)$、$r(k+1)$ 代入式（5.3.24）中，得到：

$$z(k+1) = \boldsymbol{H}(k+1)\boldsymbol{X}(k+1) + r(k+1) \tag{5.3.27}$$

式（5.3.27）是一个线性的离散观测方程，$r(k)$ 可以认为是一个引入的虚拟观测噪声，其统计特性为：

$$E(r(k)) = \hat{r}(k), \quad E(r(k)r^{\mathrm{T}}(k)) = \hat{R}(k)$$

引入虚拟观测噪声 $r(k)$，是由于观测噪声和线性化处理过程中的线性化误差的影响，通常的做法是将 $r(k)$ 假设为一均值为零、方差为 $\hat{R}(k)$ 已知的随机噪声。直角坐标下的系统运动观测方程经过一阶泰勒级数展开后，直接利用扩展卡尔曼滤波（Extended Kalman Filter, EKF），可以得到直角坐标系下的扩展卡尔曼滤波器算法 EKF。

总结归纳如下：

$$\begin{cases} \text{确定初值 } \boldsymbol{X}(0/0), \quad \boldsymbol{P}(0/0) \\ \text{状态预测：} \boldsymbol{X}(k+1/k) = \boldsymbol{\Phi}(k,k-1)\boldsymbol{X}(k/k) + \boldsymbol{U}(k) \\ \text{预测方差：} \boldsymbol{P}(k+1/k) = \boldsymbol{\Phi}(k+1,k)\boldsymbol{P}(k/k)\boldsymbol{\Phi}^{\mathrm{T}}(k+1,k) + \boldsymbol{Q}(k) \\ \text{新息：} \varepsilon(k+1/k) = z(k+1) - \boldsymbol{H}(k)\boldsymbol{X}(k+1/k) \\ \text{滤波增益：} \boldsymbol{K}(k+1) = \boldsymbol{P}(k+1/k)\boldsymbol{H}(k)(\boldsymbol{H}(k)\boldsymbol{P}(k+1/k)\boldsymbol{H}^{\mathrm{T}}(k) + \boldsymbol{R}(k+1))^{-1} \\ \text{状态滤波：} \boldsymbol{X}(k+1/k+1) = \boldsymbol{X}(k+1/k) + \boldsymbol{K}(k+1)\boldsymbol{\varepsilon}(k+1/k) \\ \text{滤波方差：} \boldsymbol{P}(k+1/k+1) = (\boldsymbol{I} - \boldsymbol{K}(k+1)\boldsymbol{H}(k))\boldsymbol{P}(k+1/k) \end{cases} \tag{5.3.28}$$

式中：

$$\boldsymbol{H}(k) = \left.\frac{\partial h}{\partial \boldsymbol{X}}\right|_{\boldsymbol{X}=\boldsymbol{X}(k+1/k)} \tag{5.3.29}$$

在单站纯方位目标定位、跟踪中，直接利用 EKF 算法，是很方便的，最近几年出现了非常多的探讨基于 EKF 理论应用的文献，它的明显特点总结如下：

（1）EKF 算法对初始值很敏感，初始值设置不恰当，会导致 EKF 滤波发散，它是造成 EKF 不稳定的主要原因之一。

（2）EKF 算法体系中，观测矩阵 $\boldsymbol{H}(k+1)$ 是方位观测函数 $h(\boldsymbol{X}(k))$ 在预测值上的雅可比矩阵。一般来说，预测值的精度很差，会产生很大的线性化误差。

一种克服 EKF 初始化困难的方法就是使用修正极坐标，首先提出的是 A.G.Lindgren 等人，但是 Aidala 和 Hammel 对此做了详细的分析，在极坐标系下，对匀速直线运动的目标推导出了闭式解表达式。在目标做匀速直线运动的前提假设下，取状态向量 $\boldsymbol{X} = [\dot{\beta} \quad \dot{r}/r \quad \beta \quad 1/r]^{\mathrm{T}}$，其中 r 表示目标与观测站之间的相对距离,因此，观测方程是线性的，而状态方程是非线性的，其由一组复杂的高度非线性的方程组成。

2．用于 EKF 初始化的近似线性化方法

假设在 t 时刻，目标速度为 $S_t(t)$、航向为 $C_t(t)$，本艇速度为 $S_w(t)$、航向为 $C_w(t)$，相应地，$r(t)$ 记为相对距离，$\beta(t)$ 记为方位角如图 5.11 所示。

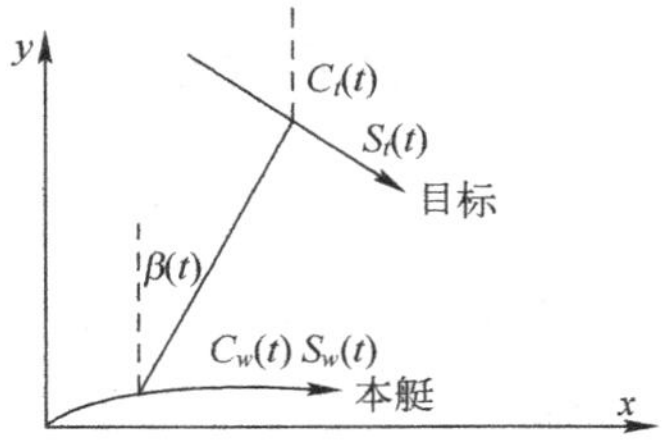

图 5.11　目标与本艇几何态势图

方位变化率由方位线的法线确定。即：

$$\frac{\mathrm{d}\beta(t)}{\mathrm{d}t}=\frac{1}{r(t)}\{S_t(t)\sin[C_t(t)-\beta(t)]-S_w(t)\sin[C_w(t)-\beta(t)]\} \tag{5.3.30}$$

如果在跟踪时间 Δt 内，目标距离是 r，方位的改变量可以近似为：

$$\Delta\beta=\frac{1}{r}\left(\int_0^{\Delta t}\{S_t(t)\sin[C_t(t)-\beta(t)]-S_w(t)\sin[C_w(t)-\beta(t)]\}\,\mathrm{d}t\right)+O\left(\frac{d^2}{r^2}\right) \tag{5.3.31}$$

式中：d 表示本艇与目标在 Δt 时间内运动的距离。

定义目标视线角的平均目标速度为：

$$V_\beta=\frac{1}{\Delta t}\int_0^{\Delta t}S_t(t)\sin[C_t(t)-\beta(t)]\mathrm{d}t \tag{5.3.32}$$

如果在时刻 $\{t_i,i=1,\cdots,k\}$ 上，真方位记为 $\{\beta(t_i),i=1,\cdots,k\}$，观测方位记为 $\{\beta_{m,i},i=1,\cdots,k\}$，则式（5.3.32）中的第二项可以用平方和代替，如下所示：

$$\beta(t_k)=\beta(t_0)+\frac{V_\beta}{r}(t_k-t_0)+\frac{1}{r}\sum_{i=1}^{k}d_i\sin[\beta(t_i)-C_w(t_i)] \tag{5.3.33}$$

式中：d_i 是在时间 t_{i-1} 和 t_i 之间的本艇位置坐标的改变量。

实际上，在本艇的导航系统中，在时刻 t_i，本艇的直角坐标为 (X_i,Y_i)，因此，d_i 和 $C_w(t_i)$ 计算如下：

$$d_i=\sqrt{(X_i-X_{i-1})^2+(Y_i-Y_{i-1})^2} \tag{5.3.34}$$

$$C_w(t_i)=\arctan[(X_i-X_{i-1})/(Y_i-Y_{i-1})] \tag{5.3.35}$$

在整个时间间隔内 $(t_i\sim t_{i-1})$，考虑到航向和距离，为了描述线性最小二乘问题，取状态变量为：$X_1(t_i)=\beta(t_i), X_2=V_\beta/r, X_3=1/r$，则有

$$X_1(t_k)=X_1(t_0)+X_2\cdot(t_k-t_0)+X_3\sum_{i=1}^{k}d_i\sin[X_1(t_i)-C_w(t_i)] \tag{5.3.36}$$

假设真实的测量为 $\{\beta_{m,i},i=1,\cdots,k\}$，则观测方程如下：

$$\beta_{m,k}=X_1(t_k)+v_k=\boldsymbol{H}_k\boldsymbol{X}+v_k \tag{5.3.37}$$

式中：v_k 是零均值的随机噪声。

定义状态向量为 $\boldsymbol{X}=\begin{bmatrix}X_1(t_0) & X_2 & X_3\end{bmatrix}^{\mathrm{T}}$，则观测矩阵为：

$$\boldsymbol{H}_k=\left[1\quad (t_k-t_0)\quad \sum_{i=1}^{k}d_i\sin[X_1(t_i)-C_w(t_i)]\right] \tag{5.3.38}$$

最后需要做的一步就是用测量 $\beta_{m,i}$ 代替状态分量 $X_1(t_i)$，得到新的观测矩阵如下：

$$\boldsymbol{H}_k=\left[1\quad (t_k-t_0)\quad \sum_{i=1}^{k}d_i\sin[\beta_{m,i}-C_w(t_i)]\right] \tag{5.3.39}$$

事实上，这种近似的作用是很明显的，因为由于求和操作而使得观测噪声的影响互相抵消。

3．非递推求解

在观测矩阵中引入实际的方位测量，意味着该方程的解就是将代价函数最小化得到的解。

$$\boldsymbol{J}=[\boldsymbol{B}-\bar{\boldsymbol{H}}(\boldsymbol{B})\cdot\hat{\boldsymbol{X}}]^{\mathrm{T}}[\boldsymbol{B}-\bar{\boldsymbol{H}}(\boldsymbol{B})\cdot\hat{\boldsymbol{X}}] \tag{5.3.40}$$

令

$$\frac{\partial \boldsymbol{J}}{\partial \boldsymbol{X}}=\boldsymbol{0} \tag{5.3.41}$$

求解该方程，得到的解就是最小二乘估计 $\hat{\boldsymbol{X}}$。因此，基于 M 个观测的状态向量 $\boldsymbol{X}$ 的非递推最小二乘解为：

$$\hat{\boldsymbol{X}}=\left[\bar{\boldsymbol{H}}^{\mathrm{T}}\boldsymbol{R}^{-1}\bar{\boldsymbol{H}}\right]^{-1}\bar{\boldsymbol{H}}^{\mathrm{T}}\boldsymbol{R}^{-1}\boldsymbol{B} \tag{5.3.42}$$

式中：$\bar{\boldsymbol{H}}=[\boldsymbol{H}_0\boldsymbol{H}_1\cdots\boldsymbol{H}_M]^{\mathrm{T}}$，$\boldsymbol{B}=[\beta_{m,0}\beta_{m,1}\cdots\beta_{m,M}]^{\mathrm{T}}$，$\boldsymbol{R}=\mathrm{cov}(\boldsymbol{B})$，并且状态估计 $\hat{\boldsymbol{X}}$ 的协方差为：

$$\mathrm{Var}(\hat{\boldsymbol{X}})=\left[\bar{\boldsymbol{H}}^{\mathrm{T}}\boldsymbol{R}^{-1}\bar{\boldsymbol{H}}\right]^{-1} \tag{5.3.43}$$

如果观测误差互相独立，$\boldsymbol{R}$ 是对角阵，元素为 σ_k^2。于是 $\left[\bar{\boldsymbol{H}}^{\mathrm{T}}\boldsymbol{R}^{-1}\bar{\boldsymbol{H}}\right]$ 可以写成 3×3 的三角对称阵

$$[\boldsymbol{H}^{\mathrm{T}}\boldsymbol{R}^{-1}\boldsymbol{H}]=\begin{bmatrix}\sum_{k=0}^{M}\frac{1}{\sigma_k^2} & \sum_{k=0}^{M}\frac{1}{\sigma_k^2}(t_k-t_0) & \sum_{k=0}^{M}\frac{1}{\sigma_k^2}\sum_{i=0}^{M}[d_i\sin(\beta_{m,i}-C_w(t_i))] \\ \vdots & \sum_{k=0}^{M}\frac{1}{\sigma_k^2}(t_k-t_0) & \sum_{k=0}^{M}\frac{1}{\sigma_k^2}(t_k-t_0)\sum_{i=0}^{M}[d_i\sin(\beta_{m,i}-C_w(t_i))] \\ \vdots & \cdots & \sum_{k=0}^{M}\frac{1}{\sigma_k^2}(\sum_{i=0}^{M}[d_i\sin(\beta_{m,i}-C_w(t_i))])^2\end{bmatrix} \tag{5.3.44}$$

如果将 $\left[\bar{\boldsymbol{H}}^{\mathrm{T}}\boldsymbol{R}^{-1}\bar{\boldsymbol{H}}\right]$ 中的观测方位替换为真方位 $\{\beta(t_i),i=1,\cdots,k\}$，则会得到 $\boldsymbol{X}$ 的估计的信息阵，有

$$\mathbf{FIM}_X=\left[\boldsymbol{H}^{\mathrm{T}}\boldsymbol{R}^{-1}\boldsymbol{H}\right] \tag{5.3.45}$$

因此，得到了 $\boldsymbol{X}$ 的估计，得到了所需的参数估计值 $[\hat{\beta}(t_0),\hat{V}_\beta,\hat{r}]$。然而，可以直接得到距离的一个更好的估计。

由概率论的知识知道，如果 x 是一个均值为 μ、方差为 σ^2 的随机变量，则有 $x=\mu+\varepsilon$，其中 $E(\varepsilon)=0$ 和 $\mathrm{Var}(\varepsilon)=\sigma^2$。

因此，则有

$$r=\frac{1}{x}=\frac{1}{\mu+\varepsilon}=\frac{1}{\mu}\cdot\left(1+\frac{\varepsilon}{\mu}+\frac{\varepsilon^2}{\mu^2}+\cdots\right) \tag{5.3.46}$$

求期望值，则有：

$$E(r) \cong \frac{1}{\mu}\left(1+\frac{\sigma^2}{\mu^2}\right) \tag{5.3.47}$$

这个结果是在$|\mu/\sigma| \gg 1$时成立，与随机变量x是独立的。与直接得到的估计相比，可以得到更好的估计。因此，状态参数的所有估计为：

$$\hat{\beta}(t_0)=\hat{X}_1(t_0)\,,\quad \hat{r}=\frac{1}{\hat{X}_3}\left(1+\frac{\mathrm{Var}(\hat{X}_3)}{\hat{X}_3^2}\right),\quad \hat{V}_\beta=\hat{X}_2\hat{r} \tag{5.3.48}$$

4．递推形式的 ALF 算法

当数据达到时，连续更新目标参数的估计是很有用的，实际上可以得到标准的卡尔曼滤波器。记时刻t_k上的状态估计向量为：

$$\hat{\boldsymbol{X}}_k=[\hat{X}_1(t_0)\quad \hat{X}_2\quad \hat{X}_3]_k^{\mathrm{T}} \tag{5.3.49}$$

则 ALF 算法的卡尔曼滤波方程如下：

预测测量：$\beta_k=\boldsymbol{H}_k\hat{\boldsymbol{X}}_k$

残量：$E_k=\beta_{m,k}-\beta_k$

方差：$V_k=\mathrm{Var}(E_k)=\mathrm{Var}(\beta_k)+\boldsymbol{H}_k\boldsymbol{P}_{k-1}\boldsymbol{H}_k^{\mathrm{T}}$

增益：$\boldsymbol{K}_k=\boldsymbol{P}_{k-1}\boldsymbol{H}_k^{\mathrm{T}}/V_k$

状态更新：$\hat{\boldsymbol{X}}_k=\hat{\boldsymbol{X}}_{k-1}+\boldsymbol{K}_kE_k$

协方差更新：$\boldsymbol{P}_k=[\boldsymbol{I}-\boldsymbol{K}_k\boldsymbol{H}_k^{\mathrm{T}}]\boldsymbol{P}_{k-1}$

式中：$\boldsymbol{P}_k=\mathrm{Cov}(\hat{\boldsymbol{X}}_{k-1})$，$\mathrm{Var}(\cdot)$表示方差，$\mathrm{Cov}(\cdot)$表示协方差。

从式（5.3.49）可以看出，$\hat{\beta}(t_k)$表示提供了目标初始方位的初始估计，尽管该方位是已知可测量的。相应地可以简化为：

$$\hat{\beta}(t_k)=\boldsymbol{H}_k\hat{\boldsymbol{X}}_k\,,\quad \mathrm{Var}(\hat{\beta}(t_k))=\boldsymbol{H}_k\boldsymbol{P}_k\boldsymbol{H}_k^{\mathrm{T}} \tag{5.3.50}$$

从而可以得到参数$\beta(t_k)$的概率分布。

该算法具有如下特点：

（1）最显著的特征是状态向量中，没有径向速度V_r这项。如果目标运动描述如下：

$$r(t)=r(t_0)+V_r\mathrm{d}t \quad 或者 \quad \frac{1}{r(t)}=\frac{1}{r(t_0)}\left(1-\frac{V_r\mathrm{d}t}{r(t_0)}+O(r(t_0)^{-2})\right) \tag{5.3.51}$$

参考式（5.3.33），很明显，V_r将会以d^2/τ^2和更高阶项的方式出现在整个表达式中。因此，可以预见，在如下情况下，改变的距离量同径向距离比较起来很小的话，V_r在Δt对真方位改变的影响是很小的，并且同其他的三个参数比较起来，该参数的估计是很不确定的。

（2）同传统的四维状态向量估计相比，特别是在远距离的情况下，估计误差更小。

（3）在一定采样时间内，ALF 提供了目标距离估计的平均值，因此，对目标初始位置敏感的滤波算法比如 EKF、MLE 等来说，利用 ALF 作为 EKF 算法跟踪的第一阶段，初步获得目标的初始位置估计，然后，在第二阶段启用 EKF 跟踪算法，可以降低 EKF 对初值的苛刻要求，提供跟踪精度，加快 EKF 的收敛速度。

因此，根据 ALF 算法的输出来设置 EKF 算法的初始值，来降低 EKF 对滤波初值的敏感性，从而实现获得稳定的高精度的目标跟踪效果。下面利用 ALF 算法和 EKF 算法组成两阶段的扩展卡尔曼滤波算法，用于单站纯方位的目标状态跟踪滤波中。

5．扩展卡尔曼滤波算法的初始化

根据 ALF 算法的自身特点，近似线性化的两阶段扩展卡尔曼滤波算法由两个滤波器组成，第一阶段由 ALF 估计目标初始距离的一个平均值，然后，根据具体的系统需要，跟踪一段时间后，自动过渡到第二阶段的扩展卡尔曼滤波算法 EKF 中，EKF 算法的初始值来自 ALF 算法的输出结果。如图 5.12 所示。

图 5.12　两阶段扩展卡尔曼滤波算法框图

本艇发现目标后，根据战术需要进行接敌跟踪，开始时刻 t_0 到转换时刻 t_{Trans} 利用 ALF 滤波器给出目标距离的初始估计，之后，转换 EKF 算法进行接敌跟踪，用在时刻 t_{Trans} 时的 ALF 估计距离和方位来初始化 EKF 的滤波初值 $\boldsymbol{X}(0/0)$ 和 $\boldsymbol{P}(0/0)$。

利用极坐标和直角坐标下的转换关系，EKF 算法的初值 $\boldsymbol{X}(0/0)$ 设置如下：

$$\begin{cases} r_{xT}(0/0) = \hat{r}\sin(\hat{\beta}(t_{Trans})) \\ r_{yT}(0/0) = \hat{r}\cos(\hat{\beta}(t_{Trans})) \\ v_{xT}(0/0) = v_{yT}(0/0) = V_{T\max}/2 \end{cases} \tag{5.3.52}$$

式中：$\hat{r}$ 是 ALF 给出的初始距离估计；$\hat{\beta}(t_{Trans})$ 表示时刻 t_{Trans} 的方位滤波值；$V_{T\max}$ 表示目标的最大可能值，一般根据被动声呐探测目标的特性而先验确定的。

EKF 算法的初值 $\boldsymbol{P}(0/0)$ 设置如下：

$$\begin{cases} P_{11} = \sin^2(\hat{\beta}(t_{Trans}))\mathrm{Var}(\hat{r}) + \hat{r}^2\cos^2(\hat{\beta}(t_{Trans}))\mathrm{Var}(\hat{\beta}(t_{Trans})) \\ p_{22} = \cos^2(\hat{\beta}(t_{Trans}))\mathrm{Var}(\hat{r}) + \hat{r}^2\sin^2(\hat{\beta}(t_{Trans}))\mathrm{Var}(\hat{\beta}(t_{Trans})) \\ p_{12} = p_{21} = \mathrm{Cov}(x,y) = \sin(\hat{\beta}(t_{Trans}))\cos(\hat{\beta}(t_{Trans}))\mathrm{Var}(\hat{r}) - \hat{r}^2\mathrm{Var}(\hat{\beta}(t_{Trans})) \\ P_{33} = P_{44} = (V_{\max}/2)^2 \\ p_{13} = p_{31} = p_{14} = p_{41} = p_{23} = p_{32} = p_{24} = p_{42} = 0 \end{cases} \tag{5.3.53}$$

式中：$\boldsymbol{P}(0/0)$ 中其余元素均为零；$\mathrm{Var}(\hat{r})$ 表示随机变量的方差。

5.4 纯方位观测器平台机动航路优化

应用于潜艇隐蔽攻击中的纯方位目标定位与跟踪系统，对平台的机动有更高的要求。从可观测性分析可以知道，因为该系统必须要求潜艇观测平台做有效的机动，系统才可观测。目标方位线原理说明系统可观测是比较容易做到的。由于测量噪声的影响，测量的目标方位受到随机噪声的污染，测量的方位一般不会与方位线重合。因而，应尽可能使测量方位线远离目标方位线是潜艇进行机动的必要条件。满足条件的机动航路可能有许多个，它们对定位与跟踪算法的性能的影响是不相同，对这些航路进行优化分析、找到最优或次优的机动航路，是进行机动航路优化研究的主要目的。

从 20 世纪 90 年代开始，在对 BOT 中的定位与跟踪算法进行研究的同时，研究者发现机动航路对定位与跟踪精度有很大的影响，选择优化的机动航路可以进一步改善定位与跟踪算法的性能。Hammel.S.E 、Liu.P.T 和 Helferty.J.P 等人对观测器的航路优化问题进行了深入的研究。他们选用的优化性能指标是最大化定位误差椭圆面积即 Fisher 信息矩阵（Fisher Information Matrix，FIM）的行列式或 CRLB 的迹。他们假设目标是固定的或速度非常小，单站观测器做等速运动，目标的固定位置是已知的，使用数字计算的方法，通过最大化 FIM 矩阵的行列式，得出观测器的优化运动轨迹是追击曲线（Pursuit Curve）。1999 年，Tremois.O 和 Cadre.L.J 一起对观测器的优化航路进行了研究。他们采用外代数理论，从 FIM 矩阵的分解出发，经过复杂的外代数运算，得出最大化 FIM 的行列式，可以近似等价于极大化方位变化率与相对距离平方的比值，并且指出：观测器机动航路的最优速度是该观测器具备的最大速度。这是一个很重要的结论。

上述的研究都是以定位精度的误差下限 CRLB 或 FIM 矩阵以及它们的变形为优化性能指标的。计算 CRLB 的迹或 FIM 的行列式时，必须要求已知目标的运动信息，而这是不能得到的，因此，观测器机动航路的优化同 BOT 的目的之间形成一种悖论，不利用已知的目标运动信息，直接利用 BOT 的估计跟踪结果来对观测器的机动航路进行优化，是 BOT 领域研究的难点。

通过研究理想条件下（已知观测器与目标的运动参数等）的机动优化航路，获得理想条件下观测器的最优航路，以及相关运动准则等，有利于实际的工程应用。同时，我们要另寻研究思路，在一定条件下，避开全局最优的要求，寻找单步的次优的优化方法是有可能的，并且不需要知道目标运动参数，在单步递推计算中，边跟踪边优化，获得次优的优化航路。

5.4.1 定位与跟踪误差的下限

定位与跟踪系统能够达到怎样的定位跟踪精度，目标航迹、测量噪声对跟踪精度的影响怎样，是值得关注的一个重要问题。对于一次同步测量就可以确定位置的无源多站定位系统，通常采用空间位置的不确定区域、不确定椭圆的描述和分析方法，以及由此导出的圆或椭圆概率定位误差。然而在单站无源定位跟踪系统（或称 TMA 系统）中，需要对目标多次顺序测量，目标定位实际上是一个跟踪过程，所以讨论系统的精度，实际上是考察系统对目标某一航迹的跟踪效果，它不但与目标的位置有关，还与它经过的航迹和其运动方向、速度等状态有关。这样的强而有力的评价性能指标是 CRLB。

定义 5.1（CRLB 的定义）：定义 $\boldsymbol{P}$ 为对应于任何未知确定变量无偏估计器的估计误差协方差矩阵。下面不等式成立：

$$\boldsymbol{P}=E\{(\boldsymbol{X}-\hat{\boldsymbol{X}})(\boldsymbol{X}-\hat{\boldsymbol{X}})^{\mathrm{T}}\}\geqslant \boldsymbol{P}^{*}=\mathrm{CRLB}=\mathrm{FIM}^{-1} \tag{5.4.1}$$

式中：FIM 是 Fisher 信息矩阵（Fisher Information Matrix，FIM）。于是，$\boldsymbol{P}^{*}$ 就是无偏估计器的估计误差协方差矩阵的性能极限矩阵，称为克劳美下限（Cramer-Rao Low Bound，CRLB），表示误差的下限或精度的上限。CRLB 是对跟踪估计问题的有意义并且实际的评价，揭示了在所讨论的模型条件下，估计误差的统计平均误差的下限或精度的上限。

下面给出 CRLB 的计算式。

设到 k 时刻止，获得的测量集 $\boldsymbol{Z}^{k}=\{z_{j}\mid j=0,1,\cdots,k\}$，用它对 $\boldsymbol{X}\in\boldsymbol{R}^{n}$ 估计的似然函数为

$$\Lambda_{\boldsymbol{Z}^{k}}(\boldsymbol{X})=p(\boldsymbol{Z}^{k}\mid\boldsymbol{X}) \tag{5.4.2}$$

则 CRLB 为

$$\mathrm{CRLB}=-E\left[\frac{\mathrm{d}^{2}}{\mathrm{d}x^{2}}\ln\Lambda_{\boldsymbol{Z}^{k}}(\boldsymbol{X})\right]^{-1} \tag{5.4.3}$$

式中：记号 $E(\cdot)$ 是统计均值。

下面推导如下测量模型的 CRLB。

设非线性测量方程为

$$\boldsymbol{Z}_{j}=\boldsymbol{h}_{j}(\boldsymbol{X}_{j})+\boldsymbol{n}_{j}\quad(j=0,1,2,\cdots,k) \tag{5.4.4}$$

式中：每次测量的测量噪声 $\boldsymbol{n}_{j}$ 为互相独立的零均值高斯白噪声，其协方差为：$\boldsymbol{R}_{j}=\mathrm{diag}[\sigma_{j1}^{2},\sigma_{j2}^{2},\cdots,\sigma_{jm}^{2}]\ (j=0,1,\cdots,k)$，$\boldsymbol{h}_{j}(\boldsymbol{X}_{j})\in\boldsymbol{R}^{n}\to\boldsymbol{R}^{m}$，是非线性函数矢量，则对于测量集 $\boldsymbol{Z}^{k}$ 的 $\boldsymbol{X}$ 的似然函数为：

$$\Lambda_{Z^k}(\boldsymbol{X}) = C \cdot \exp\left\{-\frac{1}{2}\sum_{j=0}^{k}[\boldsymbol{Z}_j - \boldsymbol{h}_j(\boldsymbol{X}_j)]^{\mathrm{T}} \boldsymbol{R}_j^{-1}[\boldsymbol{Z}_j - \boldsymbol{h}_j(\boldsymbol{X}_j)]\right\} \tag{5.4.5}$$

为简化推导 CRLB 过程，记 $\boldsymbol{f}_j(\boldsymbol{X}) = \boldsymbol{Z}_j - \boldsymbol{h}_j(\boldsymbol{X})$，并且 $\boldsymbol{f}_j(\boldsymbol{X}) = [f_{j1}(\boldsymbol{X}), f_{j2}(\boldsymbol{X}), \cdots, f_{jm}(\boldsymbol{X})]^{\mathrm{T}}$。

所以 $\boldsymbol{f}_j(\boldsymbol{X})$ 的雅克比矩阵为：

$$\boldsymbol{F}_j = \frac{\mathrm{d}\boldsymbol{f}_j(\boldsymbol{X})}{\mathrm{d}\boldsymbol{X}} \tag{5.4.6}$$

则

$$\frac{\mathrm{d}}{\mathrm{d}\boldsymbol{X}} \ln \Lambda_{Z^k} = -\sum_{j=0}^{k} \boldsymbol{F}_j^{\mathrm{T}}(\boldsymbol{X}) \boldsymbol{R}_j^{-1} \boldsymbol{f}_j(\boldsymbol{X}) \tag{5.4.7}$$

若记 $f_{jl}(\boldsymbol{X})$ 的 Hessel 矩阵为：

$$f_{jl}(\boldsymbol{X}) = \frac{\mathrm{d}\, f_{jl}^2(\boldsymbol{X})}{\mathrm{d}\, \boldsymbol{X}^2} \quad (j = 0,1,2,\cdots,k; l = 1,2,\cdots,m) \tag{5.4.8}$$

则对式（5.4.8）进一步求导得

$$\frac{\mathrm{d}^2}{\mathrm{d}\boldsymbol{X}^2} \ln \Lambda_{Z^k} = -\sum_{j=0}^{k} \boldsymbol{F}_j^{\mathrm{T}}(\boldsymbol{X}) \boldsymbol{R}_j^{-1} \boldsymbol{F}_j(\boldsymbol{X}) - \sum_{j=0}^{k}\sum_{l=1}^{m} \frac{1}{\sigma_{jl}^2} f_{jl}(\boldsymbol{X}) \boldsymbol{T}_{jl}(\boldsymbol{X}) \tag{5.4.9}$$

在式（5.4.9）式中只有 $f_{jl}(\boldsymbol{X})$ 一项是随机变量，由 $\boldsymbol{n}_j$ 为零均值的假设，对式（5.4.9）取均值，并代入式（5.4.3）得：

$$\mathrm{CRLB} = -E\left[\frac{\mathrm{d}^2}{\mathrm{d}\, \boldsymbol{X}^2} \ln \Lambda_{Z^k}\right]^{-1} = \left[\sum_{j=0}^{k} \boldsymbol{F}_j^{\mathrm{T}}(\boldsymbol{X}) \boldsymbol{R}_j^{-1} \boldsymbol{F}_j(\boldsymbol{X})\right]^{-1} \tag{5.4.10}$$

在统计理论中，$\sum_{j=0}^{k} \boldsymbol{H}_j^{\mathrm{T}}(\boldsymbol{X}) \boldsymbol{R}_j^{-1} \boldsymbol{H}_j(\boldsymbol{X})$ 又称为 Fisher 信息阵（Fisher Information Matrix，FIM），从而：

$$\mathrm{CRLB} = (\mathrm{FIM})^{-1} \tag{5.4.11}$$

当考虑状态方程时，若状态方程是线性的，并且不考虑系统噪声，方程为：

$$\boldsymbol{X}_{j+1} = \boldsymbol{\Phi}_{j+1,j} \boldsymbol{X}_j \tag{5.4.12}$$

则对任一时刻的状态 $\boldsymbol{X}_i$，总可表达成：

$$\boldsymbol{X}_j = \boldsymbol{\Phi}_{j,i} \boldsymbol{X}_i \tag{5.4.13}$$

如果定义

$$\boldsymbol{H}_j(\boldsymbol{X}_j) = \frac{\mathrm{d}\boldsymbol{h}_j(\boldsymbol{X}_j)}{\mathrm{d}\boldsymbol{X}_j} \quad (j = 0,1,2,\cdots,k) \tag{5.4.14}$$

考虑变换式（5.4.12），则

$$\boldsymbol{F}_i=\frac{\mathrm{d}\boldsymbol{f}_j(\boldsymbol{X}_j)}{\mathrm{d}\boldsymbol{X}_i}=\frac{\mathrm{d}\boldsymbol{h}_j(\boldsymbol{X}_j)}{\mathrm{d}\boldsymbol{X}_j}\frac{\mathrm{d}\boldsymbol{X}_j}{\mathrm{d}\boldsymbol{X}_i}=\frac{\mathrm{d}\boldsymbol{h}_j(\boldsymbol{X}_j)}{\mathrm{d}\boldsymbol{X}_j}\boldsymbol{\Phi}_{j,i}=\boldsymbol{H}_j(\boldsymbol{X}_j)\boldsymbol{\Phi}_{j,i} \tag{5.4.15}$$

把式（5.4.15）代入式（5.4.10），可得对 $\boldsymbol{X}_i$ 的 CRLB 或 Fisher 信息阵 FIM 。

$$\mathrm{CRLB}(i)=\mathrm{FIM}(i)^{-1}=\left[\sum_{j=0}^{k}[\boldsymbol{H}_j(\boldsymbol{X}_j)\boldsymbol{\Phi}_{j,i}]^{\mathrm{T}}\boldsymbol{R}_j^{-1}[\boldsymbol{H}_j(\boldsymbol{X}_j)\boldsymbol{\Phi}_{j,i}]\right]^{-1} \tag{5.4.16}$$

式（5.4.16）可以比较方便地用来评价基于测量 $\boldsymbol{Z}^k$ 对任一状态 $\boldsymbol{X}_i$ $(0\leqslant i\leqslant k)$ 估计或对状态 $\boldsymbol{X}_k$ 跟踪的误差下限。

在每个时刻的 CRLB 是很容易计算的，它可以通过 EKF 的公式形式可以递推计算出来，即：

$$\boldsymbol{P}_{k|k}'^{-1}=\boldsymbol{P}_{k|k-1}'^{-1}+\boldsymbol{H}_k^{\mathrm{T}}(\boldsymbol{X}_k)\boldsymbol{R}_k^{-1}\boldsymbol{H}_k(\boldsymbol{X}_k) \tag{5.4.17}$$

$$\boldsymbol{P}_{k|k-1}'^{-1}=\boldsymbol{\Phi}_{k,k-1}^{-\mathrm{T}}\boldsymbol{P}_{k-1|k-1}'^{-1}\boldsymbol{\Phi}_{k,k-1}^{-1} \tag{5.4.18}$$

初始条件为：

$$\boldsymbol{P}_{0|0}'^{-1}=\begin{cases}\boldsymbol{0} & （没有任何先验信息）\\ \boldsymbol{P}_0'^{-1} & （其他）\end{cases} \tag{5.4.19}$$

所以：

$$\mathrm{CRLB}(k)=\boldsymbol{P}_{k|k}' \tag{5.4.20}$$

计算出 $\boldsymbol{P}_{k|k}$ 即为对 $\boldsymbol{X}_k$ 估计的 CRLB(k)，注意：$\boldsymbol{H}_j(\boldsymbol{X}_j)$ 是在 $\boldsymbol{X}_j$ 的真实值处计算出来的。

事实上，对初始状态没有任何先验信息的条件下，对 $\boldsymbol{X}_i$ 的最小二乘估计协方差就是式（5.4.16）表达的结果形式。另外，从系统噪声 $W_j=0$ 时的 EKF 算法来看，其状态估计的协方差 $\boldsymbol{P}_{k|k}$ 的形式和式（5.4.16）相同。因此在理论上，最小二乘估计和极大似然估计算法均可到达 CRLB。

但在式（5.4.16）中 $\boldsymbol{H}_j(\boldsymbol{X}_j)$ 是在真实点 $\boldsymbol{X}_j$ 处计算的，故可以看出，CRLB(k) 是 EKF 跟踪误差的下限。EKF 如果可以达到 CRLB 下限，则必须系统噪声 $W_j=0$，或者系统噪声尽可能地小，即模型尽可能准确，使得不存在系统噪声误差。同时，$\boldsymbol{H}_j(\boldsymbol{X}_j)$ 在 $\boldsymbol{X}_j$ 的真实值处进行展开计算，但通常的 EKF 是在预测值处计算的，为了改进算法，可以在选在滤波值处计算，使之尽可能接近真实值，从而 EKF 跟踪误差接近 CRLB，这也正是提出 MM-RVEKF 算法的主要原因。

运用 CRLB 的表达式及其递推形式，可以分析目标航迹中任意一时刻的状态的估计精度上限（跟踪误差的下限等同于跟踪精度的上限，说法不同，但本质是一致的）。对于一些几何对称航迹，有可能获得精度上限的解析表达式。因此，选择 CRLB 或相关变型作为机动航路优化的性能指标是合理的。

5.4.2 航路优化问题的提出

在上述模型和测量噪声的条件下，到 k 时刻为止，理想的误差估计下限 CRLB 为：

$$\mathrm{CRLB}=\mathrm{FIM}^{-1}=\left[\sum_{j=0}^{k}\boldsymbol{H}_j^{\mathrm{T}}(\boldsymbol{X})\boldsymbol{R}_j^{-1}\boldsymbol{H}_j(\boldsymbol{X})\right]^{-1} \tag{5.4.21}$$

式中：$\boldsymbol{H}_j=[\cos\beta_j \quad -\sin\beta_j \quad jT\cdot\cos\beta_j \quad -jT\cdot\sin\beta_j]$。

所以到 k 时刻为止，根据式（5.4.21）可以得到 i 时刻状态 $\boldsymbol{X}_T(i)$ 的 $\mathrm{CRLB}_{\boldsymbol{X}_T(i)}$ 理想估计误差下限为：

$$\mathrm{CRLB}(i)=\mathrm{FIM}(i)^{-1}=\left[\sum_{j=0}^{k}[\boldsymbol{H}_j(\boldsymbol{X}_j)\boldsymbol{\Phi}_{j,i}]^{\mathrm{T}}\boldsymbol{R}_j^{-1}[\boldsymbol{H}_j(\boldsymbol{X}_j)\boldsymbol{\Phi}_{j,i}]\right]^{-1}$$

$$=\sum_{j=0}^{k}\boldsymbol{R}_j^{-1}\begin{bmatrix}\cos^2\beta_j & -\sin\beta_j\cos\beta_j & (j-i)T\cos^2\beta_j & -(j-i)T\sin\beta_j\cos\beta_j\\ -\sin\beta_j\cos\beta_j & \sin^2\beta_j & -(j-i)T\sin\beta_j\cos\beta_j & (j-i)T\sin^2\beta_j\\ (j-i)T\cos^2\beta_j & -(j-i)T\sin\beta_j\cos\beta_j & ((j-i)T)^2\cos^2\beta_j & -((j-i)T)^2\sin\beta_j\cos\beta_j\\ -(j-i)T\sin\beta_j\cos\beta_j & (j-i)T\sin^2\beta_j & -((j-i)T)^2\sin\beta_j\cos\beta_j & ((j-i)T)^2\sin^2\beta_j\end{bmatrix} \tag{5.4.22}$$

则目标初始状态 $\boldsymbol{X}_T(0)$ 的理想估计误差下限为：

$$\mathrm{CRLB}_{\boldsymbol{X}_T(0)}=\mathrm{FIM}(0)^{-1} \tag{5.4.23}$$

$$\mathrm{FIM}(0)=$$

$$\sum_{j=0}^{k}\boldsymbol{R}_j^{-1}\begin{bmatrix}\cos^2\beta_j & -\sin\beta_j\cos\beta_j & jT\cos^2\beta_j & -jT\sin\beta_j\cos\beta_j\\ -\sin\beta_j\cos\beta_j & \sin^2\beta_j & -jT\sin\beta_j\cos\beta_j & jT\sin^2\beta_j\\ jT\cos^2\beta_j & -jT\sin\beta_j\cos\beta_j & (jT)^2\cos^2\beta_j & -(jT)^2\sin\beta_j\cos\beta_j\\ -jT\sin\beta_j\cos\beta_j & jT\sin^2\beta_j & -(jT)^2\sin\beta_j\cos\beta_j & (jT)^2\sin^2\beta_j\end{bmatrix} \tag{5.4.24}$$

式中：$\boldsymbol{R}_j=\mathrm{diag}(r_j^2\sigma_{\beta_j}^2) \quad (j=0,1,2,\cdots,k)$；

$r_j=\sqrt{x^2+y^2}=\sqrt{(x_T+jTv_{xT}-x_O)^2+(y_T+jTv_{yT}-y_O)^2}$；

$\beta_j=\arctan\dfrac{x}{y}=\mathrm{tg}^{-1}\dfrac{x_T+jTv_{xT}-x_O}{y_T+jTv_{yT}-y_O}$；

$x_O=\sum\limits_{i=0}^{k}iT\cdot v_O(i)\sin c_O(i)$， $y_O=\sum\limits_{i=0}^{k}iT\cdot v_O(i)\cos c_O(i)$；

$v_O(i)$ 表示 i 时刻潜艇观测平台的速度；

$c_O(i)$ 表示 i 时刻潜艇观测平台的航向。

上述状态变量选为：$\boldsymbol{X}=\boldsymbol{X}_T(0)$，即目标的初始状态。而 EKF 形式计算 CRLB 时，状态变量为每一个时刻的目标状态 $\boldsymbol{X}(k)$。所以，采用 EKF 的形式计算第 i 时刻的理想估计误差下限为：

$$\boldsymbol{P}_{k|k}^{\prime-1}=\boldsymbol{P}_{k|k-1}^{\prime-1}+\boldsymbol{H}_k^{\prime\mathrm{T}}(\boldsymbol{X}_k)\boldsymbol{R}_k^{\prime-1}\boldsymbol{H}_k^{\prime}(X_k) \tag{5.4.25}$$

$$\boldsymbol{P}_{k|k-1}^{\prime-1}=\boldsymbol{\Phi}_{k,k-1}^{-\mathrm{T}}\boldsymbol{P}_{k-1|k-1}^{\prime-1}\boldsymbol{\Phi}_{k,k-1}^{-1} \tag{5.4.26}$$

式中：$\boldsymbol{H}_k^{\prime}=[\cos\beta_k \quad -\sin\beta_k \quad 0 \quad 0]$；$\boldsymbol{R}_k^{\prime}=\mathrm{diag}(r_k^2\sigma_{\beta_k}^2)$。

初始条件为：

$$\boldsymbol{P}_{0|0}^{\prime-1}=\begin{cases}0 & （没有任何先验信息）\\ P_0^{\prime-1} & （其他）\end{cases}$$

所以

$$\mathrm{CRLB}(k)=\boldsymbol{P}_{k|k}^{\prime} \tag{5.4.27}$$

特别地，对于状态 $\boldsymbol{X}_k$ 每个元素的无偏估计器的 CRLB 有

$$\sigma_{iK}^2=E[(\boldsymbol{X}_{Ki}-\hat{\boldsymbol{X}}_{Ki}(Z_K))^2]\geqslant(\mathrm{FIM}_K^{-1})_{ii}=\boldsymbol{P}_{Kii}^{\prime} \tag{5.4.28}$$

式中：$\boldsymbol{P}_{Kii}^{\prime}$ 是 $\boldsymbol{P}_{k|k}^{\prime}$ 中第 (i,i) 元素。

从 CRLB 或 FIM 的元素表达式可以知道，每一个元素同潜艇观测平台的位置坐标相关。因此，潜艇机动航路优化问题可以描述为：怎样确定潜艇机动航路的航向与速度序列 $(v_O(i),c_O(i),i)$，使得某种性能指标达到最优。

在定位问题中，Fisher 信息矩阵的行列式值的倒数 $1/\det[\mathrm{FIM}(T)]$ 是定位误差等概率椭球体积（椭圆面积）。若定位误差等概率椭球（圆）的形状不同，相同 $1/\det[\mathrm{FIM}(T)]$ 下的定位误差差异可能会很大。尤其是对于 BOT 问题，在定位过程的各个阶段，定位误差等概率椭球（圆）的形状差异非常大。因此，这里取几何定位散布精度（Geometric Dilution of Precision，GDOP）为优化的目标函数，即性能指标，GDOP 就是理想估计误差下限 CRLB 的迹的函数。其定义为：

$$\mathrm{GDOP}(k)=\sqrt{\mathrm{trace}(\mathrm{CRLB}(k))}=\sqrt{\mathrm{trace}(\boldsymbol{P}^{\prime}(k/k))} \tag{5.4.29}$$

同时，研究成果表明，观测器取最大的速度值是使系统性能指标达到最优的必要条件。结合潜艇实际的战术需要，保持“隐蔽性”，一般对速度的限制较大。因此，这里在进行航路优化研究的过程中，以潜艇为观测平台，假设它的速度为恒速不变的，这样上述的航路优化问题得到了简化，优化参数只有航向一维参数。

综上所述，潜艇机动航路优化问题可以描述为：如何确定潜艇机动航路的航向序列 $(c_O(i),i)$，使得几何定位散布精度（Geometric Dilution of Precision，GDOP）达到最高？

目标函数写为：

$$J = \underset{[c_O(i)]_{i=0}^{K}}{\mathrm{GDOP}(k)} \to \min \tag{5.4.30}$$

GDOP 同 CRLB 有关，CRLB 的表达式非常复杂，这里采用数值计算的方法来计算单观测器测向无源定位的定位误差下限 CRLB，以找出影响定位精度的主要因素，说明观测器运动轨迹对定位精度的影响。

从最理想的情况进行分析，以理想的误差估计下限 CRLB 或 Fisher 信息阵 FIM 为优化控制的性能指标，采用数字的方法进行统计分析，得出理想条件下，潜艇机动航路中的优化航路，这样有利于制定实际航路时的参考与类比。许多文献已经对此做了许多的论述，得出了很多有关机动航路指导性的建议。在过去有关计算优化轨迹的研究中，以往有关计算优化轨迹的研究是基于最大化估计问题的信息阵 FIM 的行列式值，而 CRLB 就是 FIM 的逆。使与 CRLB 有关的 GDOP 达到最小化，是与使初始位置、初始速度估计的置信椭圆面积达到最小化的思想一致的。使用 FIM 的行列式作为度量性能指标可以有助于求解非奇异的置信椭圆面积。但是，一旦 FIM 矩阵奇异，置信椭圆面积就可能变得非常不确定，这种方法在优化中可能带来很大的不确定性。

然而，计算理想条件下的估计误差下限 CRLB 或 Fisher 信息阵 FIM 必须已知目标的运动状态。实际上，这样理想条件是得不到的，因为目标运动状态一般是未知的，是 BOT 要求解的。因此，观测器机动航路的优化同 BOT 的目的之间形成一种悖论，不利用已知的目标运动信息，直接利用 BOT 的估计跟踪结果来进行对观测器的机动航路进行优化，是 BOT 领域研究的难点。

所以，通过研究理想条件下（已知观测器与目标的运动参数等）的机动优化航路，获得理想条件下观测器的最优航路，以及相关运动准则等，有利于实际的工程应用。同时，我们要另寻研究思路，在一定条件下，避开全局最优的要求，寻找单步的次优的优化方法是有可能的，并且不需要知道目标运动参数，在单步递推计算中，边跟踪边优化，获得次优的优化航路，而选择 GDOP(k) 作为每一步的优化性能指标，进行单步优化求解，为我们提供了解决此问题的途径。

5.4.3 观测器航路对定位精度的影响

1. 匀速直线运动的定位精度分析

以本艇发现目标时的坐标位置为坐标原点，以平行于观测器运动平面为 XY 平面，以观测器初始位置与目标连线为 Y 轴，建立本艇的惯性坐标系。匀速直线的观测器运动轨迹在 XY 平面的投影如图 5.13 所示。

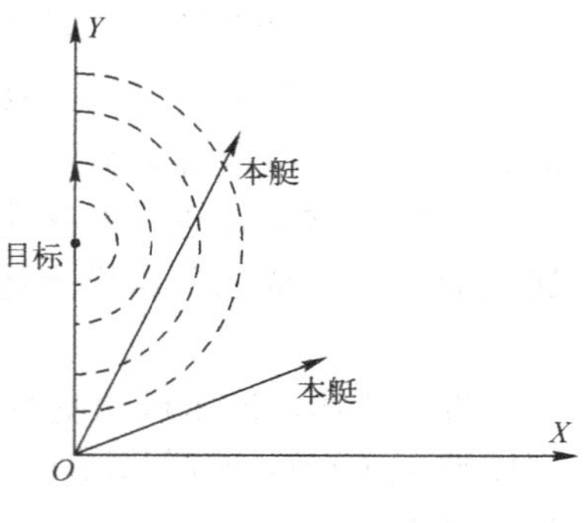

图 5.13 匀速直线运动的观测器运动轨迹示意图

设目标为固定目标，由先验知识确定目标坐

标的初始误差为 10km，即式（5.4.25）中的 $\boldsymbol{P}_0 = \text{diag}((10\times1000)^2 \quad (10\times1000)^2)$，在定位初始时，观测器距目标 35km，计算使用的各参数的典型设置如表 5.1 所示。

表 5.1　单观测器典型参数值表

参数	观测器速度 /（m/s）	测量采样周期 /s	观测器位置精度 /m	方位观测精度 /（°）
典型值	3	1	20	1.5

图 5.14 是观测器匀速直线运动情况下纯方位定位的 GDOP(k) 曲线图，GDOP(k) 根据式（5.4.25）计算。

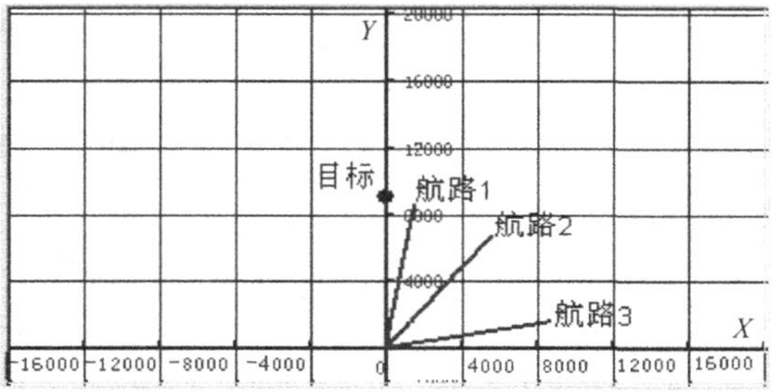

图 5.14　目标匀速直线运动的航路

图 5.14 中直线为观测器运动轨迹，定义此轨迹与 Y 轴所夹的锐角为初始舷角。从图中可以看出，在定位初始阶段，大初始舷角观测器轨迹上的 GDOP(k) 下降明显较快。从图 5.15、图 5.16 中不难看出，观测器运动轨迹是影响定位精度的主要因素之一，并且对比可以看出，对定位误差下界影响较大的还有测向精度、采样时间（测量频率）和观测器速度等参数。

由此可以得到以下结论：要提高无源定位的精度，一是观测器以接近 90° 的初始舷角运动；二是提高传感器的测量精度；三是提高数据的测量频率。

2．恒提前角运动的定位精度分析

由图 5.15、图 5.16 知，对于匀速直线运动的观测器，在定位的初始阶段，大初始舷角轨迹上的定位误差收敛明显较快，但在观测器运行了一段距离后，初始舷角轨迹上 GDOP(k) 的下降速度变得比小初始舷角轨迹上的慢，这是由于观测器逐步远离目标所致。

恒提前角运动的观测器在运动过程中，运动方向与观测器至目标连线的夹角（提前角）恒定不变。在本艇的惯性坐标系中，观测器轨迹就是等角速螺旋线，如图 5.17 和图 5.18 所示。

因此，可以得出结论：观测器以前置追击曲线运动，在运动过程的某一时刻能获得接近最佳的定位精度。当固定目标，前置追击曲线就是等角速螺旋曲线。

图 5.17 中航路 1 是初始方位角为 10° 的匀速直线航路，航路 2 是初始方位角为 40° 的匀速直线航路，航路 3 是提前角为 80° 等角速螺旋曲线航路。图 5.18 中的航路 1 和航路 2 与图 5.4.5 中航路 1 和航路 2 一样，而航路 3 的提前角为 60°。

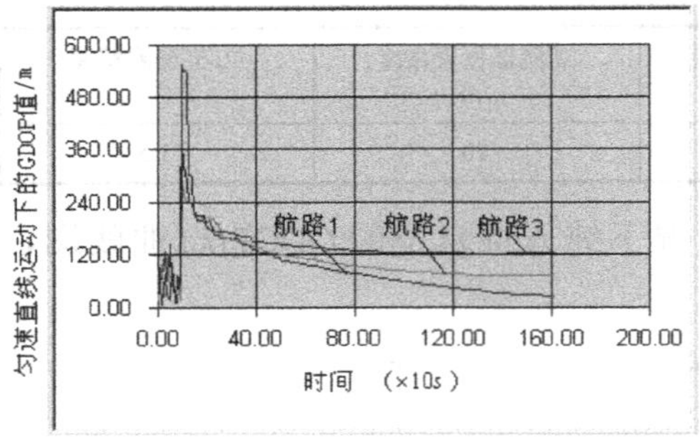

图 5.15 匀速直线运动下的 GDOP 值（$\sigma_\beta=0.5°$）

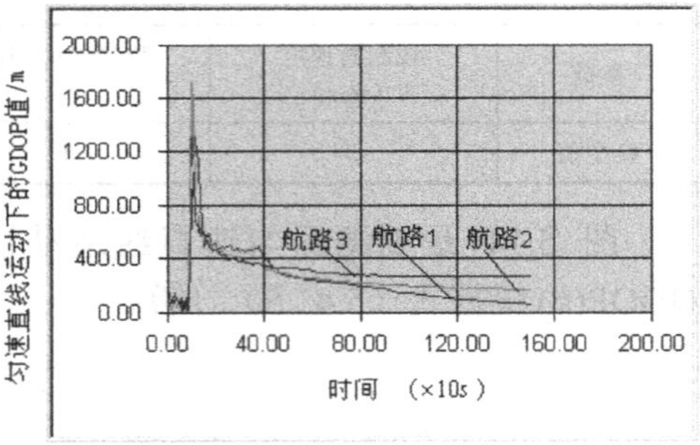

图 5.16 匀速直线运动下的 GDOP 值（$\sigma_\beta=1.5°$）

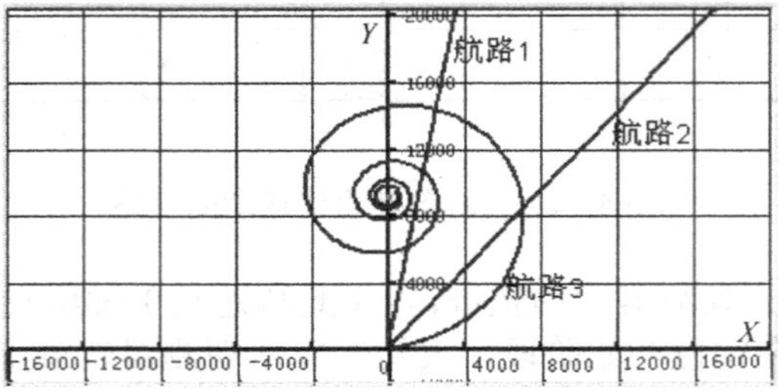

图 5.17 恒定提前角匀速运动和直线匀速运动航路（提前角为 80°）

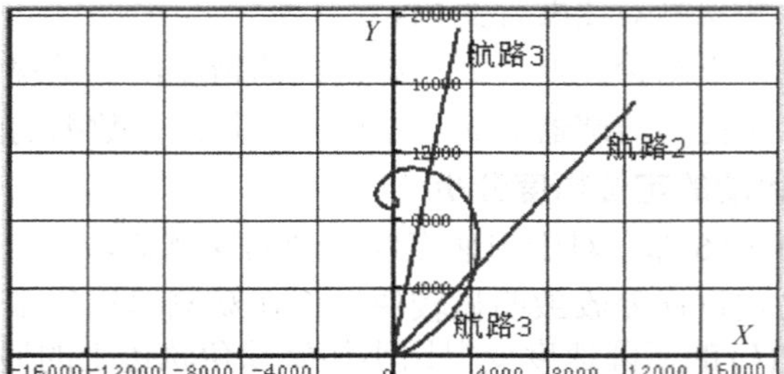

图 5.18 恒定提前角匀速运动和直线匀速运动航路（提前角为 60°）

图 5.19、图 5.20 是惯性坐标系中表示的 GDOP(k) 值曲线图。在这里得出的结论与上一节完全相同，即对定位误差下界影响较大的是观测器运动轨迹、测向精度、采样时间（测量速率）和观测器速度这三个参数。另外，可以看出，若观测器到达同一位置，恒提前角运动观测器的 GDOP(k) 比直线运动观测器的 GDOP(k)

要小，这说明航路机动有利于定位精度的改善。

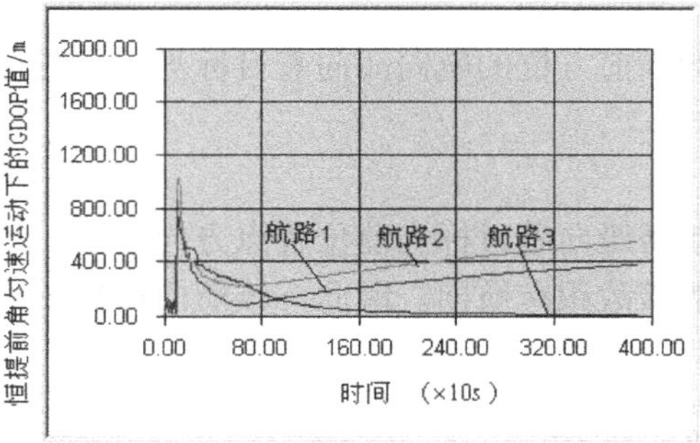

图 5.19　恒提前角匀速运动和直线匀速运动的 GDOP 值（$\sigma_\beta=1.5°$，提前角为 80°）

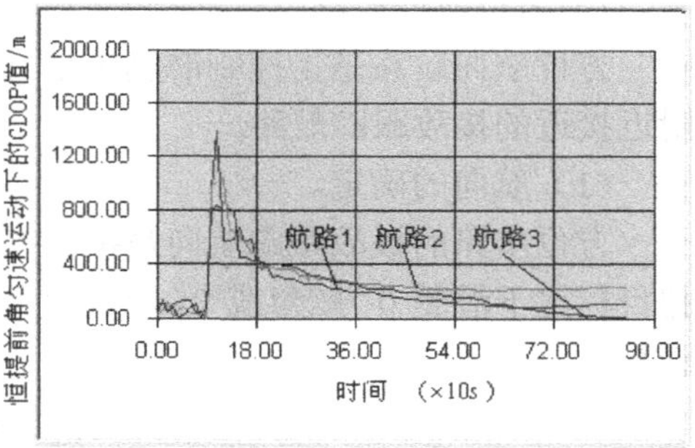

图 5.20　恒提前角匀速运动和直线匀速运动的 GDOP 值（$\sigma_\beta=1.5°$，提前角为 60°）

5.4.4　潜艇典型航路的定位精度分析

隐蔽攻击是潜艇作战的主要方式，确定一条合理的优化的接敌跟踪航路，对于实现定位算法的快速收敛是非常重要的。本节主要介绍潜艇接敌跟踪中几种常用的航路，并讨论航路对应的 GDOP 值的变化，从中得出一些经验和结论。

接敌跟踪航路是指在潜艇攻击过程中，为了达到对初步确定的攻击目标接近（或展开）的目的，同时，也是为了保证使用探测跟踪设备保持对目标的探测跟踪，而控制潜艇作战平台进行航行机动所历经的路径。

接敌跟踪航路包括几个基本航路段。这些接敌跟踪航路段是由潜艇执行的跟踪航向、速度、航行深度以及执行时间四要素构成的。

接敌跟踪航路的确定受到许多因素的影响，比如战术背景、测定目标运动要素的方法、潜艇可用最高航行速度及其噪声水平控制、武器的战术技术性能、作战海区水文气象条件及周边环境等。但是，要确定一条优化的航路是非常困难的，在实际中，一般从实际出发，简化一些因素的影响，突出潜艇本身的作战需求的特点，制定一条可以实现战术需要的次优航路。因此，潜艇在接敌跟踪过程中，为了保持“隐蔽性”，在确定一条航路时一般不对航速做很大的变化（机动），保持在 6～8kn，忽略航行深度，视目标与潜艇在一个水平面上。这样，确定一条次优的航路就是确定不同航路段的航向和执行时间。

下面介绍目前潜艇中几种常用航路段以及各自的特点，并且针对静止目标和运动目标分析了各个航路下的 GDOP 值，指出不同航路的特点和性能。

1．接敌跟踪基本航路

在潜艇攻击中，接敌跟踪航路通常是由两个以上的基本航路段组成的。每一段航路段称为接敌跟踪基本航路。各个接敌跟踪基本航路是由相应的接敌跟踪航向、航速、航行深度和其执行时间构成的。现将三种典型的接敌跟踪航路做简要介绍。

1）方位航向航路

方位航向航路是指控制潜艇转至目标当前方位的航向而向着目标当前位置点附近接近的接敌跟踪航路。

（1）航向的确定。

方位航路的接敌跟踪航向是指：控制潜艇向着目标当前位置点方向接近，且把目标置于潜艇 0° 舷角或 0° 附近舷角的接敌跟踪航向。因此，该航向可按下式计算：

$$H_w = F_0 \tag{5.4.31}$$

式中：F_0 为综合声呐跟踪测量的目标方位。由于该目标方位是综合声呐发现及跟踪目标时测量的，因此，该目标方位称为目标初始方位。

（2）方位航向航路上的速度。

潜艇执行方位航向航路实施接敌跟踪时，通常控制潜艇采用低速或是采用中速接敌，一般不高于 6kn。这样，不但有利于综合声呐保持对目标的稳定跟踪，而且还因距变率较小，有利于争取较充裕的攻击准备时间。

（3）方位航向航路执行时间。

当使用纯方位法计算目标运动要素时，潜艇执行方位航向航路实施接敌跟踪的时间不应太短，以有利于系统计算目标运动要素的尽快收敛。

（4）方位航向航路的特点。

潜艇执行方位航向航路进行接敌跟踪的过程中，应注意以下特点：

① 由于潜艇执行方位航向航路进行接敌跟踪的过程中，潜艇舷角在 0° 附近，则潜艇横移率比很小。因此，对目标方位变化的影响趋近于零。这样就可根据目标方位变化方向准确判断目标舷别。同时，还可根据目标方位变化等参数对目标舷角大小做出基本估计。

② 鉴于潜艇执行方位航向航路进行接敌跟踪过程中潜艇横移率小，因此，只要目标初始舷角不是很小，目标方位变化率均较大，有利于纯方位法计算目标运动要素。

③ 由于目标处于潜艇的舷角很小，则潜艇的声波反射面小，辐射噪声也较弱，因此，既有利于保持潜艇接敌跟踪的隐蔽性，也有利于综合声呐保持对目标的跟踪。当需要控制潜艇转至其他接敌跟踪航路时，执行也很便捷。

目标的方位变化记为 $\partial\beta$，在每一基本航路段，则有下式成立：

$$\frac{\partial\beta(t)}{\partial t} = \frac{r_0 V_T \sin X_m}{r_i^2} \tag{5.4.32}$$

证明： 建立如图 5.14 所示的直角坐标系，根据三角公式不难得到：

$$\beta(t)=\arctan\left(\frac{V_T t\sin X_m}{r_0-V_T t\cos X_m-\int_0^t V_w(t)\,\mathrm{d}t}\right) \tag{5.4.33}$$

则对式（5.4.33）求导得

$$\frac{\partial\beta(t)}{\partial t}=\frac{r_0V_T\sin X_m}{(r_0V_T\sin X_m)^2+\left(r_0-V_T t\cos X_m-\int_0^t V_w(t)\,\mathrm{d}t\right)^2}=\frac{r_0V_T\sin X_m}{r_i^2} \tag{5.4.34}$$

式中：r_0表示目标与潜艇之间的初始距离；r_i表示目标与潜艇之间的i时刻的距离；X_m表示目标舷角；V_T表示目标速度；V_w表示潜艇速度。

从式（5.4.34）可以知道：

（1）$\frac{\partial\beta(t)}{\partial t}>0$时，方位单调递增，此时敌舷角$X_m\in(0\quad 180°)$，右舷；

（2）$\frac{\partial\beta(t)}{\partial t}<0$时，方位单调递减，此时敌舷角$X_m\in(-180°\quad 0)$，左舷；

（3）$\frac{\partial\beta(t)}{\partial t}=0$时，方位不变，说明潜艇与目标在一条直线上运动，做相对运动，方位角保持不变。

从上述分析可得到：

（1）通过走方位航向，可以确定目标所在的目标舷别（左舷或右舷，当方位递增时为右舷，递减时为左舷）。

（2）通过走方位航向可以判断出目标距离很远或目标舷角小，此时，通过二次机动转向，继续观察方位变化，可以确定距离是否很远或舷角是否很小。

（3）当方位角变化很小时，潜艇应根据舷别决定大转角机动转向，迅速展开，以保证方位变化率大。

由此可见，在潜艇攻击中，方位航向航路是发现目标的初期，进行接敌跟踪较为理想的接敌跟踪航路。其可以借助目标方位以及方位变化量来判断敌我初始战术态势。

2）接近航向航路

接近航向航路是指潜艇向着目标航向线近侧不断接近的接敌跟踪航路。

（1）接近航向航路接敌跟踪航向的确定。

接近航向是指控制潜艇向着目标航向线近侧不断接近且把目标置于潜艇异舷别 60°～90°舷角范围内的接敌跟踪航向。因此，接近航向可按下式进行计算：

$$H_w=F_0+\mathrm{sign}(X_{m0})a \tag{5.4.35}$$

式中：F_0为综合声呐跟踪测量的目标初始方位；X_{m0}为初始舷角，$X_{m0}\neq 0$；$\mathrm{sign}(X_{m0})$为符号函数。当目标为右舷角时，$X_{m0}>0$，则$\mathrm{sign}(X_{m0})=1$；当目标

为左舷角时， $X_{m0}<0$ ，则 $\mathrm{sign}(X_{m0})=-1$ 。 a 是指目标初始方位至接近航向之间的夹角，可酌情在 60° ～90° 范围取值。接近航向航路范围见图 5.21。

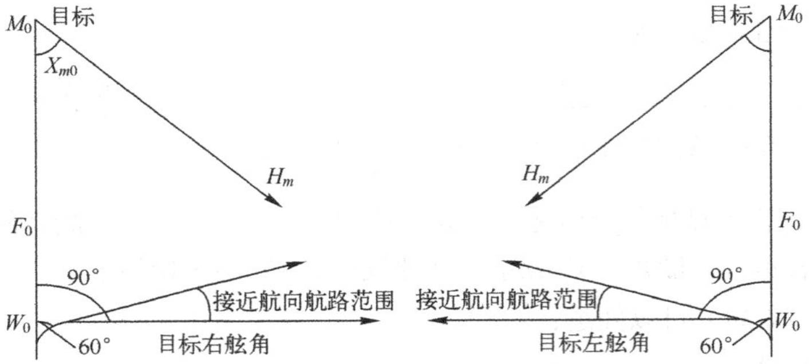

图 5.21　接近航向航路范围

在图 5.21 中，W_0 是观测器起始位置点，M_0 是目标初始位置点，F_0 是初始观测方位，H_m 是目标运动航向，X_{m0} 是目标舷角。

（2）接近航向航路采用速度。

潜艇执行接近航向航路进行接敌跟踪的过程中，原则上应在保持声呐正常跟踪的前提下采用较高的航行速度，通常不应低于 8kn，以便通过增大潜艇横移率而控制目标方位的前移速度以及目标舷角增大过快。

（3）接近航向航路特点。

在接敌跟踪过程中，应注意以下特点：

① 在接敌过程中，敌我处于异舷相对态势且潜艇舷角大，采用的速度高，因此，潜艇的横移率大，且潜艇航速越高、舷角越接近于 90° 时潜艇横移率越大，这样，潜艇执行接近航向航路进行接敌跟踪过程中，能有效地控制目标方位前移速度和减缓目标舷角增大过快，对保证随后占领射击阵位奠定必要的基础。

② 在执行接近航向航路过程中，由于潜艇以较大的舷角对着目标，则声波反射面大，辐射噪声较强，因此，对保持潜艇接敌跟踪的隐蔽性有可能带来不利影响。

3）离开航向航路

离开航向航路是指控制潜艇执行背离目标航向线的航向而向外展开的接敌跟踪航路。

（1）离开航向航路接敌跟踪航行的确定。

离开航向可按下式进行计算：

$$H_w = F_0 - \mathrm{sign}(X_{m0})a \tag{5.4.36}$$

式中：F_0 为综合声呐跟踪测量的目标初始方位；X_{m0} 为初始舷角， $X_{m0}\neq 0$ ； $\mathrm{sign}(X_{m0})$ 为符号函数。当目标为右舷角时， $X_{m0}>0$ ，则 $\mathrm{sign}(X_{m0})=1$ ；当目标

为左舷角时，$X_{m0}<0$，则$\text{sign}(X_{m0})=-1$。a是指目标初始方位至接近航向之间的夹角，可酌情在60°～90°范围取值。

（2）接近航向航路上的速度。

潜艇执行接近航向航路进行接敌跟踪的过程中，原则上应在保持声呐正常跟踪的前提下采用较高的航行速度，通常不应低于 8kn，以便通过增大潜艇横移率而控制目标方位的前移速度以及目标舷角增大过快。

（3）接近航向航路特点。

在接敌跟踪过程中，应注意以下特点：

① 在接敌跟踪过程中，敌我处于同舷相对态势，且潜艇舷角大，采用的航速高，因此，由于潜艇引起的横移率大，且潜艇航速越高，舷角越接近于 90° 时横移率越大。因此，潜艇执行离开航向航路展开跟踪能够快速增大垂距。

② 在执行离开航路的后期，目标有可能进入综合声呐的探测盲区而失去对目标的接触。

在图 5.22 中，W_0是观测器起始位置点，M_0是目标初始位置点，F_0是初始观测方位，H_m是目标运动航向，X_{m0}是目标舷角。

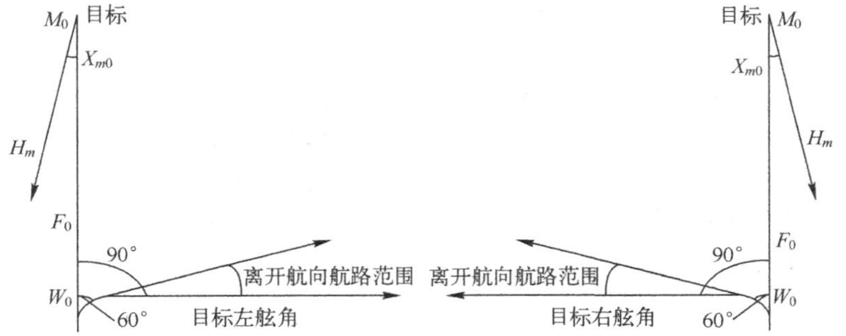

图 5.22　离开航向航路范围

4）反航向航路

反航向航路是指控制潜艇执行与目标航向大致相反的航向而向着目标接近的接敌跟踪航路。

（1）反航向航路航向的确定。

反航向航路是指控制潜艇执行与目标航向大致相反的航向，反航向可按下式计算：

$$H_w = F_0 - X_{m0} - \text{sign}(X_{m0})a \tag{5.4.37}$$

式中：F_0为综合声呐跟踪测量的目标初始方位；X_{m0}为初始舷角，$X_{m0}\neq 0$；$\text{sign}(X_{m0})$为符号函数。当目标为右舷角时，$X_{m0}>0$，则$\text{sign}(X_{m0})=1$；当目标为左舷角时，$X_{m0}<0$，则$\text{sign}(X_{m0})=-1$。a是指目标初始方位至接近航向之间

的夹角，可酌情在 0°～40° 范围取值。

（2）反航向航路采用的速度。

反航向航路采用低、中速接敌，一般不高于 6kn，以便减小距变率而争取较充裕的攻击准备时间。

（3）反航向航路的特点。

在接敌过程中，敌我相对速度高，距变率大，距离减小很快，位变率大。因此，在此过程中，必须及时做出占位射击决策。

2．典型的接敌跟踪航路

基于已经建立了潜艇攻击中接敌跟踪基本航路，下面给出几种典型攻击条件下的潜艇攻击全过程的机动航路模式。

1）典型航路一

典型航路一：方位航向航路→接近航向航路→占位射击航向航路

如图 5.23 所示，发现目标后，通常控制潜艇转至方位航向航路采用低速实施接敌跟踪。当跟踪目标方位变化量估计目标初始舷角很大时，应及时采用较高航速控制潜艇转至接近航向航路进行接敌跟踪。待系统计算的目标运动要素基本收敛后，通常按采用的射击控制方式不同而确定下一攻击阶段的潜艇占位射击航向航路。

图 5.23 中，W_0 是观测器起始位置点；M_0 是目标初始位置点；F_0 是初始观测方位；H_m 是目标运动航向；X_{m0} 是目标舷角；W_i 是观测器在 i 时刻的位置点；D_0 是目标与观测器之间的初始距离；W_g 是观测器的占位射击点；C 是观测器发射的鱼雷武器与目标的相遇点；φ 是鱼雷转角；θ 是鱼雷命中提前角；M_g 是鱼雷发射时的目标位置点；H_1 是鱼雷航向。

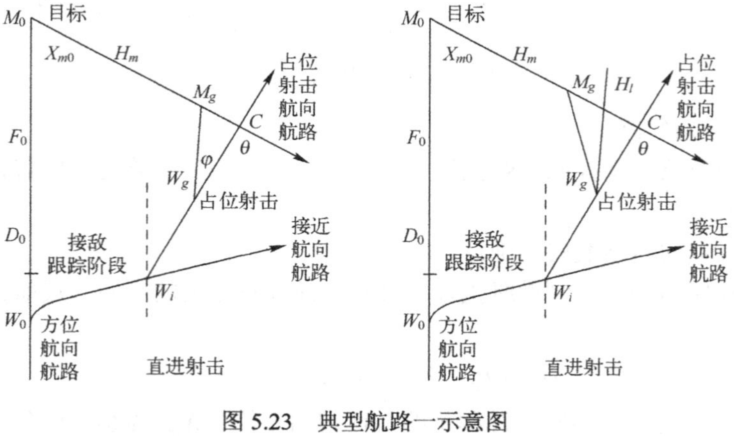

图 5.23 典型航路一示意图

2）典型航路二

典型航路二：方位航向航路→离开航向航路→占位射击航向航路

如图 5.24 所示，发现目标后，通常控制潜艇转至方位航向航路采用低速实施接敌跟踪。当根据目标方位变化量估计目标初始舷角很小时，应及时采用较高速控制潜艇转至离开航向航路实施接敌（展开）跟踪。待系统计算的目标运动要素基本收敛且垂距扩大至预定值附近时，通常应采用高速控制潜艇“逆转”至占位射击航向航路。

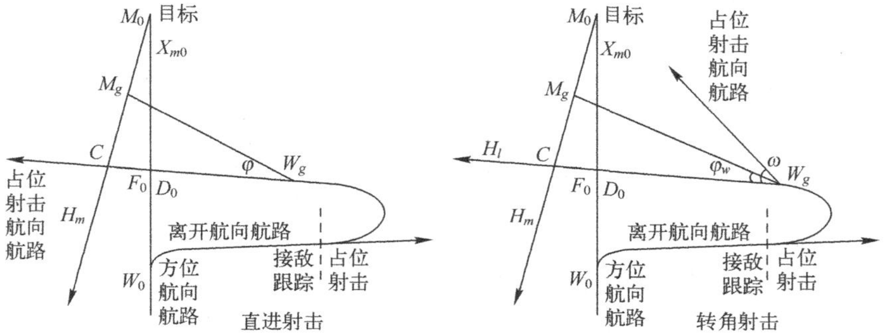

图 5.24　典型航路二示意图

3）典型航路三

典型航路三：方位航向→反航向航路→占位射击航向航路

如图 5.25 所示，发现目标后，通常控制潜艇转至方位航向航路采用低速实施接敌跟踪。当根据目标方位变化量估计目标初始舷角属于中舷角时，控制潜艇转至反航向航路采用低速或中速进行接敌跟踪。待系统计算的目标运动要素基本收敛后，通常根据采用的射击控制方法不同而确定下一攻击阶段的潜艇占位航向航路。

综上所述，根据目标方位变化的大小而估计目标初始舷角的量级是属于大舷角、中舷角或小舷角，依此确定潜艇接敌跟踪航路进行接敌跟踪就可基本保证潜艇进行接敌跟踪的大方向是正确的。需要说明的是，依据目标方位变化量把目标初始舷角区分为“大”“中”“小”，只是定性划分的目标舷角三个量级，三者之间没有明确的分界线。为了便于在具体应用中有所遵循，习惯上把目标初始舷角在几度范围内划归为小舷角 10°～30° 范围。

3．定位精度分析

建立如图 5.13 所示的坐标系，通过数字分析的方法对三种典型航路的定位精度进行计算分析。假设目标是静止的或做匀速直线运动，目标运动参数和航路参数设置如表 5.2～表 5.4 所示，方位的测量误差为 $\sigma_\beta = 1.5°$，GDOP 曲线如图 5.26～图 5.31 所示。

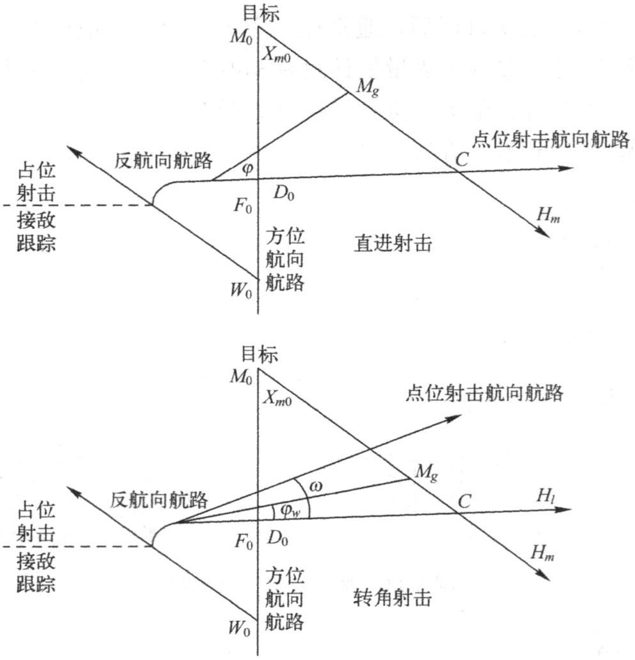

图 5.25　典型航路三示意图

表 5.2　目标运动参数和典型航路一参数表

	目标运动参数			第一航路段			第二航路段		
参数	D_0/km	V_m/（m/s）	K_m/（°）	K_{w1}/（°）	V_{w1}/（m/s）	T_1/s	K_{w2}/（°）	V_{w2}/（m/s）	T_2/s
目标1	21.0	0	0	β_0	4	180	80	4	240
目标2	21.0	10	130	β_0	4	180	80	4	240

表 5.3　目标运动参数和典型航路二参数表

	目标运动参数			第一航路段			第二航路段		
参数	D_0/km	V_m/（m/s）	K_m/（°）	K_{w1}/（°）	V_{w1}/（m/s）	T_1/s	K_{w2}/（°）	V_{w2}/（m/s）	T_2/s
目标1	31.0	0	0	β_0	4	180	100	4	240
目标2	31.0	10	190	β_0	4	180	100	4	240

表 5.4　目标运动参数和典型航路三参数表

	目标运动参数			第一航路段			第二航路段		
参数	D_0/km	V_m/（m/s）	K_m/（°）	K_{w1}/（°）	V_{w1}/（m/s）	T_1/s	K_{w2}/（°）	V_{w2}/（m/s）	T_2/s
目标 1	11.0	0	0	β_0	4	180	330	4	240
目标 2	11.0	10	160	β_0	4	180	330	4	240

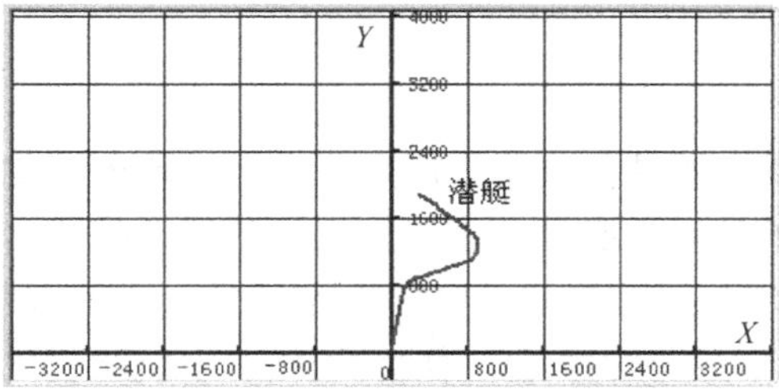

图 5.26　典型航路一本艇运动航路

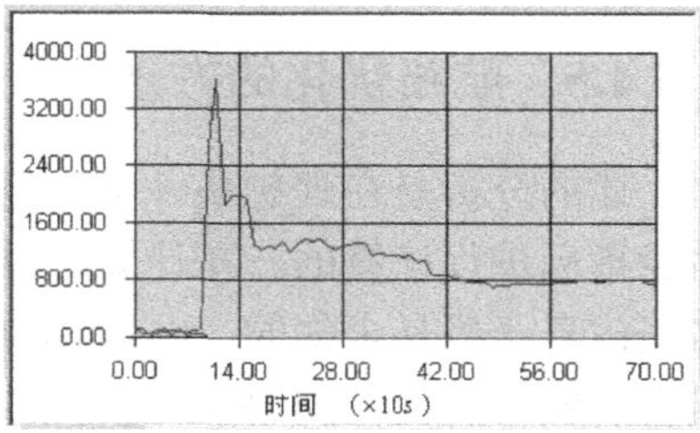

图 5.27　典型航路一对应的 GDOP（目标 1）

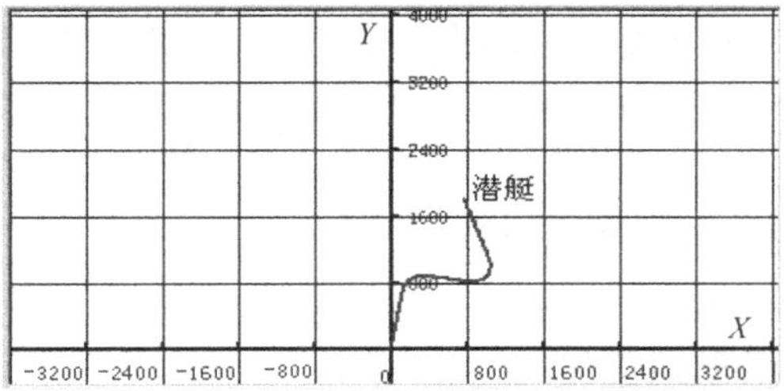

图 5.28　典型航路二本艇运动航路

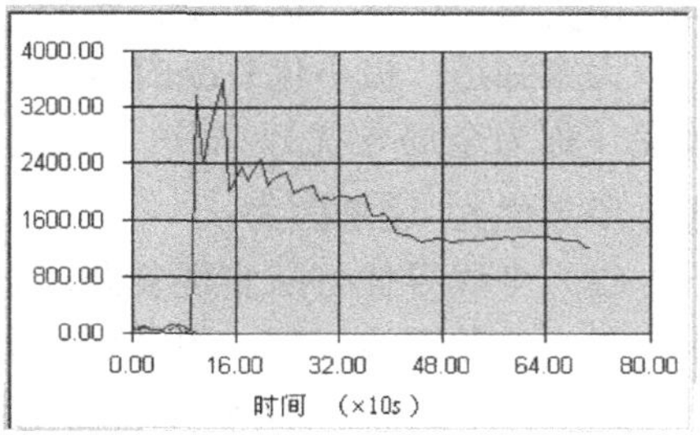

图 5.29　典型航路二对应的 GDOP（目标 1）

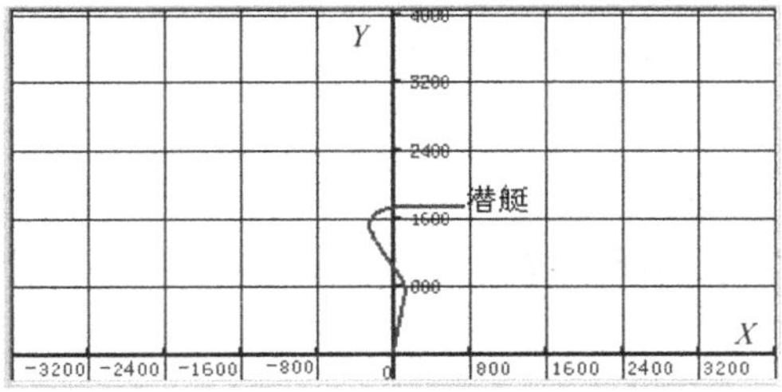

图 5.30　典型航路三本艇运动航路

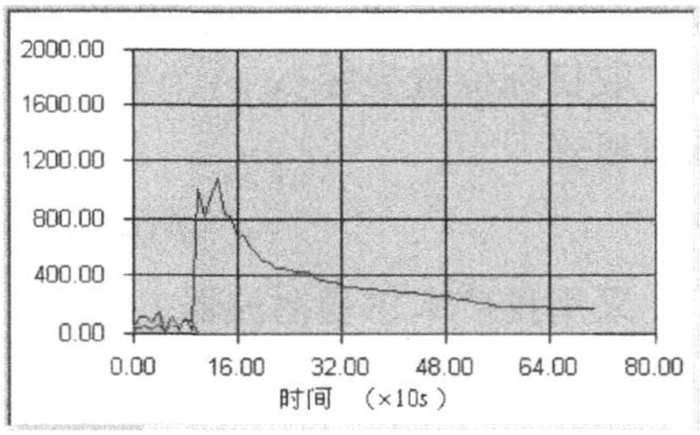

图 5.31　典型航路三对应的 GDOP（目标 1）

从仿真计算的结果来看，三种典型航路具有各自不同的特点，在不知道目标具体位置信息的前提下，按照方位变化规律，确定某一典型航路进行接敌跟踪，对应的 GDOP 值可以很快减小，到达一个稳定值，并且最后时刻的 GDOP 值在上述的态势下，均在 1000m 以内，因此，这三种典型航路是实际经验的总结，具有很好的操作性，不过典型航路只能定性地描述，无法定量给出这些航路参数。

从仿真过程中可以看出，在方位噪声较大，方位变换规律很难判明时，这给典型航路的应用带来了很大的困难，往往出现无效机动航路的情况，造成算法不能收敛。

5.4.5 航路优化的方法

上述的分析是在理想条件下（已知目标的具体位置等信息），以 GDOP 为优化性能指标进行计算的。在计算 CRLB 的迹时，必须要求已知目标的运动信息，而这些信息一般是未知的，也是 BOT 定位与跟踪算法所要解决的问题。因此，观测器机动航路的优化同 BOT 的目的之间形成一种悖论，增加了 BOT 中航路优化研究的困难。

因此，为了避开这个问题，这里提出边跟踪边优化的思想，在单步递推计算中，边跟踪边优化，用数字计算的方式得到次优航路。

大家知道，极小化$1/\det[\text{FIM}(T)]$的寻优方式是在T时刻实现$1/\det[\text{FIM}(T)]$的最优（称为全局寻优），而这里采用极小化$\text{GDOP}(k)$（$k=1,2,\cdots$）的寻优方式（称为单步寻优），这是因为：

（1）全局寻优方法实现复杂，必须知道目标的位置等信息。

（2）边跟踪边优化，不需要知道目标的位置等信息。

1．对固定目标纯方位定位的观测器的航路优化

上一节用数值计算的方法分析了影响定位精度的因素，其结果充分说明了观测器运动轨迹是影响定位精度的重要因素，因而优化观测器的运动轨迹是提高定位精度的有效方法。下面给出优化观测器的运动轨迹的方法。

取目标位置坐标(x,y)为系统状态$\boldsymbol{X}=(x,y)^{\mathrm{T}}$，观测器测量目标的方位角$\beta$，因而得到

$$\beta(k)=\tan(x(k)/y(k)) \tag{5.4.38}$$

采用推广卡尔曼滤波器 EKF 一类的算法实现系统状态的递推更新，状态估计协方差矩阵的递推方程如下：

$$\boldsymbol{P}^{-1}(k/k)=\boldsymbol{P}^{-1}(k/k-1)+\boldsymbol{H}^{\mathrm{T}}(k)\boldsymbol{R}^{-1}(k)\boldsymbol{H}(k) \tag{5.4.39}$$

式中：$\boldsymbol{H}(k)=(-\cos\beta(k)\quad \sin\beta(k))/r(k)$。

$R(k)$为$\beta(k)$的方差（测量精度），$R(k)=\sigma_\beta^2$，$\boldsymbol{H}(k)$为雅克比矩阵，$r(k)$为观测器与目标之间的距离。

式（5.4.39）中$\boldsymbol{P}(k/k-1)$为状态预测的协方差矩阵，它是一个正定对称矩阵，因而它酉相似于对角矩阵，即存在正定的酉矩阵$\boldsymbol{U}$，满足

$$\boldsymbol{P}(k/k-1)=\boldsymbol{U}^{-1}\cdot\begin{pmatrix}\sigma_1^2 & 0\\ 0 & \sigma_2^2\end{pmatrix}\cdot\boldsymbol{U} \tag{5.4.40}$$

因而可依照$\boldsymbol{U}$进行二维坐标旋转变换，得到在新坐标系下的状态变量为$\boldsymbol{X}'=(x'\quad y')^{\mathrm{T}}$，使得其预测量的协方差矩阵为$\boldsymbol{P}'(k/k-1)=\mathrm{diag}(\sigma_1^2\quad \sigma_2^2)$，相应地，在新坐标系下的状态协方差的递推方程为

$$\boldsymbol{P}'(k/k)=\boldsymbol{P}'^{-1}(k/k-1)+\boldsymbol{H}'^{\mathrm{T}}(k)\cdot\boldsymbol{R}^{-1}(k)\cdot\boldsymbol{H}'(k) \tag{5.4.41}$$

经过整理后得到

$$\boldsymbol{P}'^{-1}(k/k)=\frac{1}{r^2(k)\cdot\sigma_\beta^2}\begin{pmatrix}\cos^2\beta'(k)+r^2(k)\cdot\sigma_\beta^2/\sigma_1^2 & -\sin\beta'(k)\cdot\cos\beta'(k)\\ -\sin\beta'(k)\cdot\cos\beta'(k) & \sin^2\beta'(k)+r^2(k)\cdot\sigma_\beta^2/\sigma_1^2\end{pmatrix} \tag{5.4.42}$$

式中：$\beta'(k)$ 是在新坐标系下的目标方位角，坐标旋转不改变距离量 $r(k)$。

经过反方向坐标旋转，就可以由 $\boldsymbol{P}'(k/k)$ 得到 $\boldsymbol{P}(k/k)$。二维定位的 $\mathrm{GDOP}(k)=\sqrt{P_{11}(k/k)+P_{22}(k/k)}=\sqrt{\mathrm{trace}(\boldsymbol{P}(k/k))}$，而酉变换不改变矩阵的迹，因而有

$$\mathrm{GDOP}(k)^2=\mathrm{trace}(\boldsymbol{P}(k/k))=\frac{\sigma_1^2\sigma_2^2r^2(k)\sigma_\beta^2\{1/\sigma_1^2+1/\sigma_2^2+1/(r^2(k)\sigma_\beta^2)\}}{(\sigma_2^2-\sigma_1^2)\cos^2\beta'(k)+\sigma_1^2+r^2(k)\sigma_\beta^2} \tag{5.4.43}$$

式（5.4.43）中，真实的 $r(k)$ 与 $\beta'(k)$ 是未知量，但根据定位算法可以求出对它们的估计，因此，求解极小化 $\mathrm{GDOP}(k)$ 要采用边跟踪边优化的方法。

综上所述，求观测器优化运动的方法为重复进行下列运算步骤：

（1）由 $k-1$ 时刻最优观测器运动和定位算法得到 $r(k-1)$、$\beta(k-1)$ 的估计和 $P(k/k-1)$。

（2）旋转坐标系使 $P(k/k-1)$ 对角化得到 σ_1^2、σ_2^2 和 $\beta'(k-1)$。

（3）求 k 时刻满足 $\min\mathrm{GDOP}(k)$ 的观测器运动，得到 $r(k)$ 和 $\beta'(k)$。

（4）反方向旋转坐标系得到 $r(k)$ 和 $\beta(k)$。

由式（5.4.43）可以看出，极小化 $\mathrm{GDOP}(k)$ 是一个二维非线性最优化问题。通常观测器的速度是有限的，根据图 5.32 知道极小化 $\mathrm{GDOP}(k)$ 应满足约束条件：

$$r^2(k)+r^2(k-1)-2r(k)r(k-1)\cos[\beta'(k)-\beta'(k-1)]\leqslant(V_{\max}T_s)^2 \tag{5.4.44}$$

式中：$V_{\max}$ 是最大观测器速度；T_s 是系统采样周期。

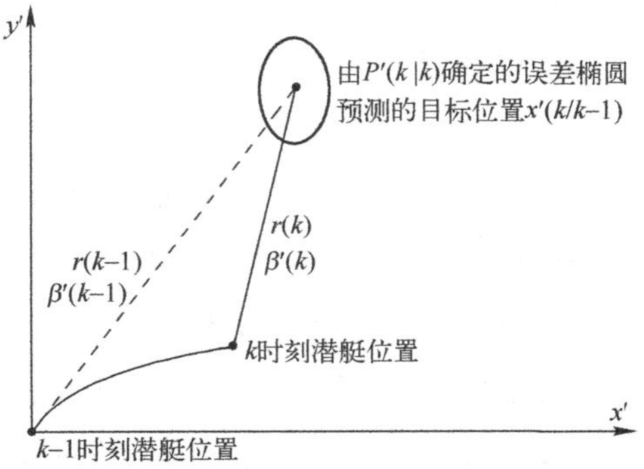

图 5.32　$k-1$ 时刻和 k 时刻的潜艇位置

通常 $V_{\max}\cdot T_s\ll$ 观测器与目标之间的距离，因而要使 $\mathrm{GDOP}(k)$ 取到极小值，

式（5.4.44）的等号必然成立，即观测器必然以最大速度运动，从而验证了以下结论：观测器取最大的速度值是使系统性能指标达到最优的必要条件。

将等式约束式（5.4.44）代入式（5.4.43），满足最大观测器速度约束的极小化 GDOP(k) 就成为一维的非线性最优化问题，该优化问题已经有了很多成熟的优良算法。

2．对运动目标跟踪的观测器的航路优化

在对固定目标或已知速度目标的定位问题建模时，状态变量应为目标位置量。在对运动目标跟踪建模时，需要估计目标的位置和速度，因而状态变量为目标的位置和速度：$\boldsymbol{X} = (x \quad y \quad \dot{x} \quad \dot{y})^{\mathrm{T}}$ 。

将状态变量按位置和速度分块，并将其估计量与观测量的协方差矩阵同样分块如下

$$\boldsymbol{P}(k/k-1) = \begin{pmatrix} \boldsymbol{A}_p & \boldsymbol{B}_p \\ \boldsymbol{C}_p & \boldsymbol{D}_p \end{pmatrix} \qquad \boldsymbol{P}(k/k) = \begin{pmatrix} \boldsymbol{A}_e & \boldsymbol{B}_e \\ \boldsymbol{C}_e & \boldsymbol{D}_e \end{pmatrix} \tag{5.4.45}$$

式中：$\boldsymbol{A}_p$、$\boldsymbol{A}_e$ 就是状态变量位置分量的预测协方差矩阵和估计量协方差矩阵。

由于只对目标测向，方向角测量与当前状态的速度分量无关，雅克比矩阵 $\boldsymbol{H}(k)$ 中对应速度量的部分为 0，所以 $\boldsymbol{H}^{\mathrm{T}}(k)\boldsymbol{R}^{-1}(k)\boldsymbol{H}(k)$ 可以表示如下：

$$\boldsymbol{H}^{\mathrm{T}}(k)\boldsymbol{R}^{-1}(k)\boldsymbol{H}(k) = \begin{pmatrix} \boldsymbol{R}_p^{-1} & \boldsymbol{0} \\ \boldsymbol{0} & \boldsymbol{0} \end{pmatrix} \tag{5.4.46}$$

$\boldsymbol{R}_p$ 与 $\boldsymbol{A}_p$、$\boldsymbol{A}_e$ 同维，它只与状态变量的位置分量有关，因而称其为位置相关测量方差矩阵。将分块矩阵公式(5.4.45)与式(5.4.46)代入状态方差方程式(5.4.40)或式（5.4.41），有

$$\boldsymbol{P}(k/k) = \begin{pmatrix} (\boldsymbol{A}_p^{-1} + \boldsymbol{R}_p^{-1})^{-1} & \boldsymbol{R}_p(\boldsymbol{A}_p^{-1} + \boldsymbol{R}_p^{-1})^{-1}\boldsymbol{B}_p \\ \boldsymbol{C}_p(\boldsymbol{A}_p^{-1} + \boldsymbol{R}_p^{-1})^{-1}\boldsymbol{R}_p & \boldsymbol{D}_p - \boldsymbol{C}_p(\boldsymbol{A}_p^{-1} + \boldsymbol{R}_p^{-1})^{-1}\boldsymbol{B}_p \end{pmatrix} \tag{5.4.47}$$

比较式（5.4.45）与式（5.4.46）的分块方式可得

$$\boldsymbol{A}_e^{-1} = \boldsymbol{A}_p^{-1} + \boldsymbol{R}_p^{-1} \tag{5.4.48}$$

由此可见，跟踪问题位置状态的协方差矩阵 $\boldsymbol{A}_e$ 只与相应的位置预测方差矩阵 $\boldsymbol{A}_p$ 和位置相关测量方程 $\boldsymbol{R}_p$ 有关，因而根据前面 GDOP(k) 的定义有

$$\mathrm{GDOP}(k) = \mathrm{trace}(\boldsymbol{A}_e) = \mathrm{trace}\{(\boldsymbol{A}_p^{-1} + \boldsymbol{R}_p^{-1})^{-1}\} \tag{5.4.49}$$

因此可见，以极小化 GDOP(k) 为优化标准，对于单观测器测向无源定位，跟踪情况下观测器优化运动与速度状态无关，因而解法就与对应的定位问题完全相同。

小结

本章是前述章节的延伸，以潜艇水下作战对目标定位跟踪为背景，将基于纯方位的水下目标定位跟踪方法分解成单站纯方位目标运动的可观测性、单站纯方位目标定位跟踪算法和纯方位观测平台机动航路优化三个问题进行了详细阐述；给出了单站纯方位目标跟踪系统中可观测充要条件的数学证明；在此基础上，利用伪线性化和近似线性化的方法，构建了基于辅助变量的伪线性估计算法和基于修正极坐标系下的近似线性最小二乘估计算法；最后，分别给出了对固定目标和运动目标情况下，观测器航路优化的方法。

思考题

1．单站纯方位目标运动分析中主要存在哪些技术问题？

2．要使单平台纯方位目标跟踪系统是可观的，至少需要测量方位数目是多少？

3．单平台纯方位目标跟踪系统在哪些情况下不可观？

4．近似线性最小二乘估计算法适用于什么情况？

5．为什么引入虚拟观测噪声 $r(k)$？

6．在潜艇攻击中，典型的接敌跟踪航路有哪些？它们各自特点是什么？

第六章 基于多传感器数据融合的目标跟踪

6.1 概述

6.1.1 数据融合的定义

随着科学技术的飞速发展，现代战争已发展成为在陆、海、空、天、电磁五维空间中进行。为了获得最佳的作战效果，在现代 C^3I 作战系统中，依靠单传感器提供信息已无法满足作战需要，必须运用多传感器提供观测数据，实时进行目标发现、优化综合处理，来获取状态估计、目标属性、行为意图、态势评估、威胁分析、火力控制、精确制导、电子对抗、作战模拟、辅助决策等作战信息。为此从 20 世纪 70 年代起，一个新的学科——多传感器数据融合（Multisensor Data Fusion，MSDF）便迅速地发展起来，并在现代 C^3I 系统中和各种武器平台上得到了广泛的应用。

所谓数据融合（Data Fusion），是指对来自多个传感器的数据进行多级别、多方面、多层次的处理，从而产生新的有意义的信息，而这种新信息是任何单一传感器所无法获得的。在军事领域中，数据融合主要包括检测、互联、相关（关联）、目标识别、态势描述、威胁评估、传感器管理和数据库等。它是一个在多个级别上对传感器数据进行综合处理的过程，每个处理级别都反映了对原始数据不同程度的抽象，它包括从检测到威胁判断、武器分配和通道组织的完整过程，其结果表现为在较低级别对状态和属性的评估、在较高层次上对整个态势和威胁的估计。

通过多传感器数据融合，可以带来如下优势：①扩大时空覆盖范围；②增加置信度；③减少模糊性；④改善探测；⑤提高空间分辨力；⑥改善系统可靠性；⑦增加维数；⑧增大电磁谱的侦察范围，可在“全景”电磁环境中执行有源和无源探测任务。

然而，由于融合的信息是来自多个不同的传感器（例如：雷达、IRST、ESM、IFF、EO、电视、激光和声呐等），及系统或平台上的各种技术侦察情报、侦察巡逻情报、战术数据链、机构情报和作战计划等，它们具有不完整、不精确、含糊和矛盾的特性，且会受到敌人有意的干扰和欺骗；同时由于多传感器报告的数据类型、周期等都有很大差别及地理分布位置的不同，使得数据融合变得很复杂。其主要特征是：①具有时变输入状态；②输入各种数据和知识类型；③要求实时操作；④需要很大的知识库；⑤传感器数据的不确定性表现为不精确、不完整、不可靠、模糊和报告冲突等。为此，有关数据融合技术的研究越来越引起人们的兴趣，大有方兴未艾之势。

6.1.2 多源数据融合模型

数据融合模型主要包括功能、结构和数学模型。功能模型从融合过程出发，描述数据融合包括哪些主要功能、数据库，以及进行数据融合时系统各组成部分之间的互相作用过程；结构模型从数据融合的组成出发，说明数据融合系统的软硬件组成，相关数据流、系统与外部环境的人机界面；数学模型则是数据融合算法和综合逻辑。数学模型往往是与结构模型相关的，因此，这里首先介绍数据融合的功能模型和结构模型。

1. 功能模型

数据融合的功能模型如图 6.1 所示，按照数据抽象程度，分为三级，即像素级融合、特征级融合和决策级融合。

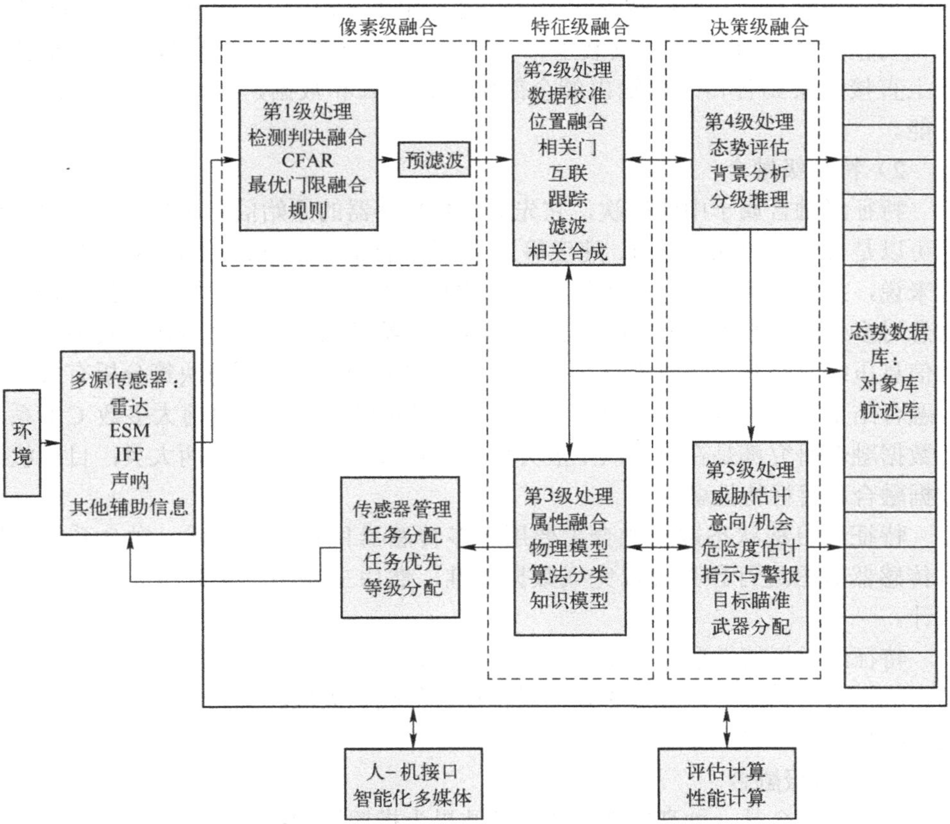

图 6.1　数据融合的功能模型框图

1）像素级融合

像素级融合是直接在采集到原始数据层上进行的融合，在各种传感器的原始测报未经预处理之前即进行数据的综合和分析。这是最低层次的融合，如成像传感器中通过对包含若干像素的模糊图像进行图像处理和模式识别来确认目标属性的过程就属于像素级融合。这种融合的主要优点是能保持尽可能多的现场数据，提供其他融合层次所不能提供的细微信息。但局限性也是很明显的：

（1）它所要处理的传感器数据量太大，故处理代价高，处理时间长，实时性差。

（2）这种融合是在信息的最低层进行的，传感器原始信息的不确定性、不完全性和不稳定性要求在融合时有较高的纠错处理能力；要求各传感器信息之间具有精确到一个像素的校准精度，故要求各传感器信息来自同质传感器；数据通信量较大，抗干扰能力较差。

像素级融合通常用于：多源图像复合、图像分析和理解、同类（同质）雷达波形的直接合成、多传感器数据融合的卡尔曼滤波等。美国海军于 20 世纪 90 年代初在 SSN-691 潜艇上安装了第一套图像融合样机，它可使操作员在最佳位置上直接观察到各传感器输出的全部图像、图表和数据，提高整个系统的战术性能。

2）特征级融合

特征级融合属于中间层次，它先对来自传感器的原始信息进行特征提取（特征可以是目标的边缘、方向、速度等），然后对特征信息进行综合分析和处理。一般来说，提取的特征信息应是像素信息的充分表示量或充分统计量，然后按特征信息对多传感器数据进行分类、汇集和综合。特征级融合的优点在于实现了可观的信息压缩，有利于实时处理，并且由于所提取的特征直接与决策分析有关，因而融合结果能最大限度地给出决策分析所需要的特征信息。目前大多数 C^3I 系统的数据融合研究都是在该层次上展开的。特征级融合可划分为两大类：目标状态数据融合和目标特性融合。

特征级目标状态数据融合主要用于多传感器目标跟踪领域。融合系统首先对传感器数据进行预处理以完成数据校准，然后主要实现参数相关和状态向量估计。

特征级目标特性融合就是特征层次联合识别，具体的融合方法仍是模式识别的相应技术，只是在融合前必须先对特征进行相关处理，把特征向量分类成有意义的组合。

3）决策级融合

决策级融合是一种高层次融合，其结果为指挥控制决策提供依据。因此，决策级融合必须从具体决策问题的需求出发，充分利用特征融合所提取的测量对象的各类特征信息，采用适当的融合技术来实现。决策级融合是三级融合的最终结果，是直接针对具体决策目标的，融合结果直接影响决策水平。

决策级融合的主要优点有：

（1）具有很高的灵活性。

（2）系统对信息传输带宽要求较低。

（3）能有效地反映环境或目标各个侧面的不同类型信息。

（4）当一个或几个传感器出现错误时，通过适当的融合，系统还能获得正确的结果，所以具有容错性。

（5）通信量小，抗干扰能力强。

（6）对传感器的信赖性小，传感器可以是同质的，也可以是异质的。

（7）融合中心处理代价低。

但是，决策级融合首先要对原传感器信息进行预处理以获得各自的判定结果，所以预处理代价高。

按照处理层次，分为五个层次：第 1 层次为检测/判决融合（发现敌人）；第 2 层次为空间（位置）融合（敌人在哪）；第 3 层次为属性数据融合（敌人武器装备）；第 4 层次为态势评估（敌兵力组成与部署）；第 5 层次为威胁估计（敌行动意图）。如图 6.1 所示。

图 6.1 中左边是传感器的监视环境及数据的多传感源。辅助信息包括人工情报、先验信息和环境参数。融合功能主要包括第 1 层次处理、预滤波、采集管理、第 2 层次处理、第 3 层次处理、第 4 层次处理、第 5 层次处理、数据库管理、支持数据库、人-机接口和性能评估。

第 1 层次处理是信号处理级的数据融合，也是一个分布检测问题，它根据所选择的检测准则形成最优化门限，然后融合各传感器或局部节点的决策产生最终的检测输出。

预滤波根据观测时间、报告位置、传感器类型、信息的属性和特征来分选和归并数据；这样可控制进入第 2 层次处理的信息量，以避免造成融合系统过载。

传感器管理用于控制融合的数据收集，包括传感器的选择、分配及传感器工作状态的优选和监视等。传感器任务分配要求预测动态目标的未来位置，计算传感器的指向角，规划观测和最佳资源利用。

第 2 层次处理是为了获得目标的位置和速度，它通过综合来自多传感器的位置信息建立目标的航迹和数据库，主要包括数据校准、互联、跟踪、滤波、预测、航迹-航迹相关及航迹合成等。

第 3 层次处理是属性数据融合，它是指对来自多个传感器的属性数据进行组合，以得到对目标身份的联合估计，用于属性融合的数据包括雷达横截面积、脉冲宽度、重复频率、红外谱或光谱等。

第 4 层次处理包括态势的提取与评估，前者是指由不完整的数据集合建立一般化的态势表示，从而对前几层次处理产生的兵力分布情况有一个合理的解释；后者是通过对复杂战场环境的正确分析和表达，导出敌我双方兵力和分布推断，给出意图、告警、行动计划与结果。

第 5 层次处理是威胁程度处理，即从我军有效地打击敌人的能力出发，来估计敌方杀伤力的危险性，同时还要估计我方的薄弱环节，并对敌方的意图给出提示和告警。

辅助功能包括数据库管理、人-机接口和评估计算，这些功能也是融合系统的重要部分。

从处理对象的层次上看，第 1 层次属于低级融合，它是经典信息检测论的直接发展，是近几年才开始研究的领域，目前绝大多数多源数据融合系统都不存在这一级，仍然保持集中检测，而不是分布式检测，但是分布式检测是未来的发展方向。第 2 层次和第 3 层次属于中间层次，是最重要的两级，它们是进行态势评估和威胁估计的前提和基础。实际上，融合本身主要发生在前三个层次上，而态势评估和威胁估计只是在某种意义上与数据融合具有相似的含义。第 4 层次和第 5 层次则是决策级融合，即高级融合，它们包括对全局态势发展和某些局部形势的估计，是现代作战系统指挥和辅助决策过程中的核心内容。

2．结构模型

由于融合本身主要发生在像素级、特征级，因而在讨论结构模型时，结合指控系统的数据处理需求，只考虑该特征级的融合结构。

从多传感器系统的信息流通形式和综合处理层次上看，在位置融合层次，系统结构模型主要有三种，即集中式、分布式、混合式，如图 6.2 所示。

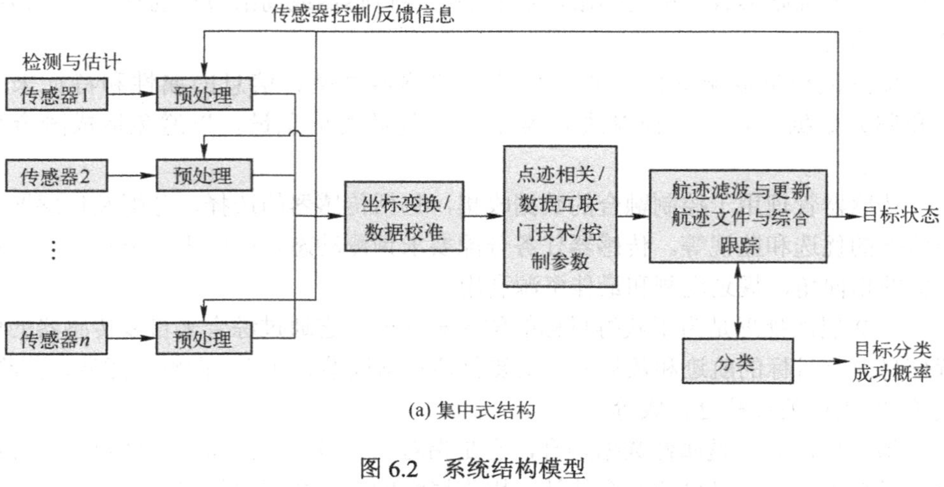

(a) 集中式结构

图 6.2　系统结构模型

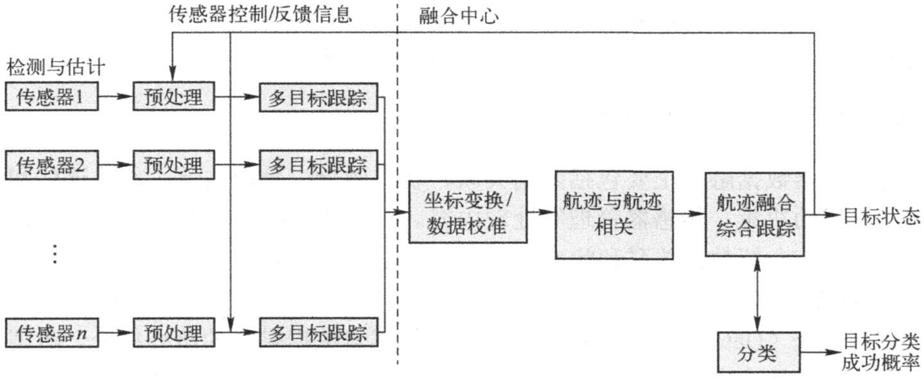

(b) 分布式结构

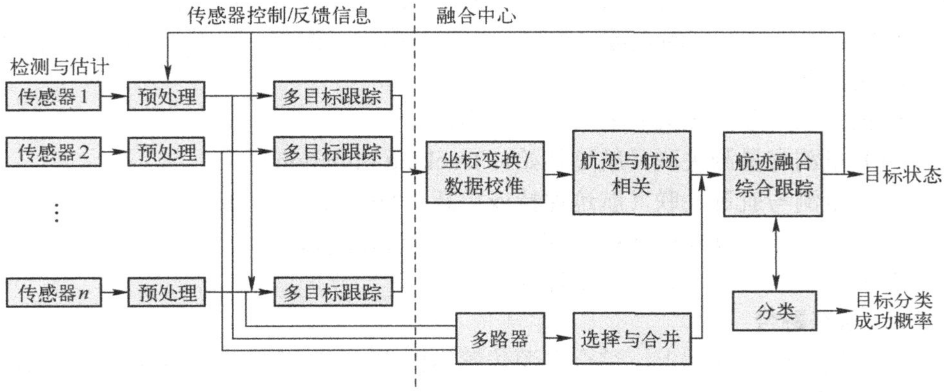

(c) 混合式结构

图 6.2　系统结构模型（续）

集中式结构将传感器录取的检测报告传递到融合中心，在那里进行数据校准、点迹相关、数据互联、航迹滤波、预测与综合跟踪。这种结构的最大优点是信息损失最小，但数据互联比较困难，并且要求系统必须具备大容量的能力，计算负担重，系统的生存能力也较差。

分布式结构的特点是：每个传感器的检测报告在进入融合以前，先由它自己的数据处理器产生局部多目标跟踪航迹，然后把处理过的信息送至融合中心，中心根据各节点的航迹数据完成航迹–航迹关联和航迹合成，形成全局估计，这类系统应用很普遍。特别是在军事 C^3I 系统，它不仅具有局部独立跟踪能力，而且还有全局监视和评估特性，系统的造价也可限制在一定的范围内，并且有较强的自下而上能力。

混合式结构同时传输探测报告和经过局部节点处理过的航迹信息，它保留了上述两类系统的优点，但在通信和计算上要付出昂贵的代价。对于安装在同一平台上的不同类型传感器，如雷达、IFF、红外、ESM 组成的传感器群采用混合式结构更合适。应用实例如机载多传感器数据融合系统。

6.1.3 数据融合的主要处理内容

多传感器数据融合主要包括数据关联、状态融合、身份估计、态势评估和威胁估计、辅助决策、传感器管理等处理内容。针对舰艇指控系统中的数据处理需求，这里重点介绍数据关联和状态融合两个方面的融合处理内容。

1．数据关联

数据关联（Data Association，DA）是多传感器数据融合的核心部分。所谓数据关联，就是把来自一个或多个传感器的观测或点迹与已知或已经确认的事件归并到一起，保证每个事件集合所包含的观测来自同一个实体的概率较大。具体地说，就是要把每批目标的点迹与数据库中各自的航迹配对。因为空间的目标很多，不能将它们配错。

数据关联问题按照关联的对象可分为：

（1）量测与量测关联（航迹初始，Tracking Initiation）；

（2）量测与航迹关联（航迹保持或更新，Tracking Maintenance）；

（3）航迹与航迹关联（航迹综合，Tracking Integrate）。

它们是按照一定的关联度量标准进行的。

2．状态融合

在数据关联的基础上，综合多源传感器的点迹或航迹数据，采用最佳估计滤波理论，对多源传感器的点迹或航迹进行加权综合，实现目标状态的融合估计。

3．身份估计

身份估计就是要利用多传感器信息，通过某些算法，实现对目标的分类与识别，最后给出目标的类型，如目标的大小或具体类型等。

4．态势评估与威胁评估

态势评估是对战场上敌、我、友三方战斗力分配情况的综合评价过程，它是数据融合和军事指挥自动化系统的重要组成部分。作为战场信息提取和处理的最高形式，态势评估和威胁评估是指挥员了解战场上敌我双方兵力对比及部署、武器配备、战场环境、后勤保证及其变化、敌方对我方威胁程度和等级的重要手段，是指挥员作战决策的主要信息源。

态势提取、态势分析和态势预测是态势估计的主要内容。

威胁评估是在态势评估的基础上，综合敌方的破坏力、机动能力、运动模式及行为企图的先验知识，得到敌方的战术含义，估计出作战事件出现的程度或严重性，并对敌作战意图做出指示与警告，其重点是定量地表示出敌方作战能力和对我方的威胁程度。威胁评估也是一个多层视图的处理过程，包括对我方薄弱环节的估计等。

5．辅助决策

辅助决策包括给出决策建议供指挥员参考和对战斗结果进行预测。

6．传感器管理

一个完整的数据融合系统还应包括传感器管理系统，以科学地分配能量和传感器工作任务，包括分配时间、空间和频谱等，使整个系统的效能更高。

6.1.4 一个典型的数据关联-状态融合跟踪环

图 6.3 表示最通用的递推数据关联和目标跟踪环中的基本功能，环的输入是传感器观测报告。为了在环的输出端产生目标航迹文件，必须完成以下一些功能：

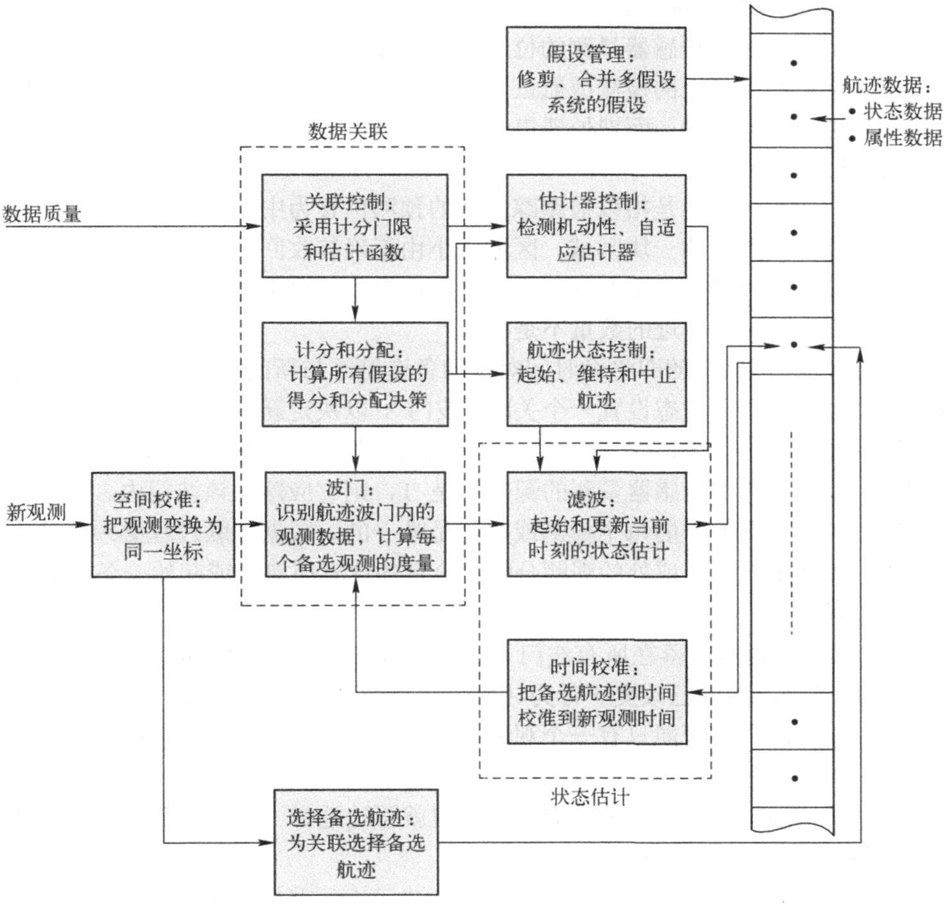

图 6.3 通用的递推数据关联和目标跟踪环

1．空间校准

所谓空间对准就是把接收到的传感器数据变换到一个公共的空间参考系上，

以便与目标数据库或航迹文件中的其他量测关联。文件中存有两种类型的数据：

（1）报告。它们是独立的量测，并且已被确认为真实的，但没有与前面的量测进行关联过，常用于初始化一个航迹。

（2）航迹。它们代表目标运动的模型，是从前面相互关联的量测集合导出的。

2．时间校准

考虑到最后的估计时间与正在接收的传感器量测时间之差，必须首先在时间上将每条航迹与当前传感器量测进行对准。对于这些航迹，需要使用状态估计（目标运动导数和位置）在时间上向前延伸，以预测在新的传感器量测时刻的目标状态。

3．选择关联的备选对象

经过空间对准的传感器量测的位置及其属性数据，用来从目标数据库中选择与关联备选量测相邻近的检测或航迹。使用邻近准则可以消除每个新量测与所有检测和航迹的无穷关联，而把处理集中在最可能的备选关联上。

4．波门

波门（或相关域）是指以被跟踪目标的预测位置为中心，用来确定该目标的观测值可能出现范围的一块区域。区域大小由正确接收回波的概率来确定，也就是在确定波门的形状和大小时应使真实量测以很高的概率落入波门内，同时又要使相关波门内的无关点迹的数量不是很多。

选择关联对象后，随即将经时间对准的备选航迹与新的传感器量测进行比较，并对每个预测的目标状态设置一个关联"波门"，以决定新量测是否符合某个空间（以及可能的属性）准则，以表明它是处在已有数据的邻域内。目标界的波门是空间测量区域，若当前传感器量测的源确实是 T，则它应落入该波门内。波门是确认区域，对航迹文件中的每个检测或航迹是唯一的。数据关联过程必须能确定最优方法，以便把波门内或外的观测分配给合适的现有航迹，或起始一条新航迹。

必须考虑的波门条件有：

（1）某些观测可能落在所有波门（轮廓线）的外面，从而决定它们是噪声（虚警）、新航迹的起始或已改变了行为（如目标机动）的现有航迹。

（2）某些波门内可能只有一个观测，一般认为它是该波门的航迹所期望的后续观测，往往就把它分配给该航迹。

（3）某些波门内可能有多个观测，这时就强迫选择一个最佳观测或选择能照顾到波门内所有观测的某种方法。

（4）由于多个比较接近的目标而使几个波门相互重叠，观测值可能落入重叠区域内，从而引起多个航迹之间备选观测的冲突。

图 6.4 表示用于点迹-点迹和点迹-航迹关联的二维关联波门，该图说明，波门是如何同时考虑估计器和量测的方差的，以及可能需要用折中方法去模仿量测误差包络线的真实形态（如椭圆误差分布的矩形表示）。

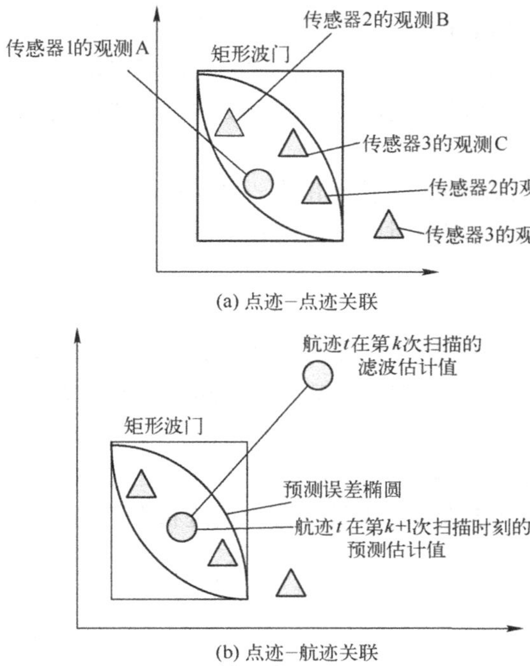

图 6.4　典型二维关联波门

5．计分和分配

对于每个现有航迹或检测来说，当新的观测数据是其近邻（处于关联波门内）时，就计算基于位置、运动、测量到的目标属性或其他参数的关联度量，然后针对每一种可能的情况把各个备选对的度量合并计分。在每一种情况下，都可以把互不相容的配对集合用来说明传感器的观测。这些假设的得分就可以用来形成对新的传感器数据的几种可能的分配：

（1）虚警。该量测不是一个真实目标，应删除它。

（2）新的探测（航迹起始）。该量测不可能与任何当前目标关联，于是，假定它是某个新目标的首次探测（或是为确认某个航迹需要的多次序贯探测中的第 N 次），把它保存起来，以便根据随后的量测确定是一个新航迹。

（3）航迹确认。将量测与属于某个目标的从前的检测相关联：目标的运动估计被初始化，并将结果估计作为一个新航迹保存起来。

（4）航迹连续。将量测与某个当前航迹关联起来，并用于更新那个航迹的估计。

6．航迹滤波或估计

对于一个新量测与一个现有检测（产生一个航迹起始）或一个现有航迹（产生一个航迹连续）的每个配对，都要重新计算状态估计。估计器可能是一个递推或批处理模型，它完成两项功能：一是平滑量测数据，使某个误差准则（如与进一步测量相比较的均方误差）极小；二是预测与随后量测时间对准的目标的未来位置。为支持这种跟踪环的处理，可能还需要其他一些功能。

7．关联控制

测量方差、测量之间的时间以及其他一些因素，都可用于调节计分处理或关联波门的维数，这就能适应随时间变化的数据质量，或控制必须适应各种传感器观测的一般关联处理。

8．估计器控制

在航迹估计器模型中，除了稳态行为外，必须把航迹行为的实际变化（如目标机动）检测出来，用以调整模型参数，以便跟随瞬时行为。

9．航迹状态控制

计分和分配的结果用于控制目标航迹的状态，这些控制功能包括航迹起始（检测）、连续和删除。图 6.5 表示一个控制四个航迹状态的简单状态转移图。

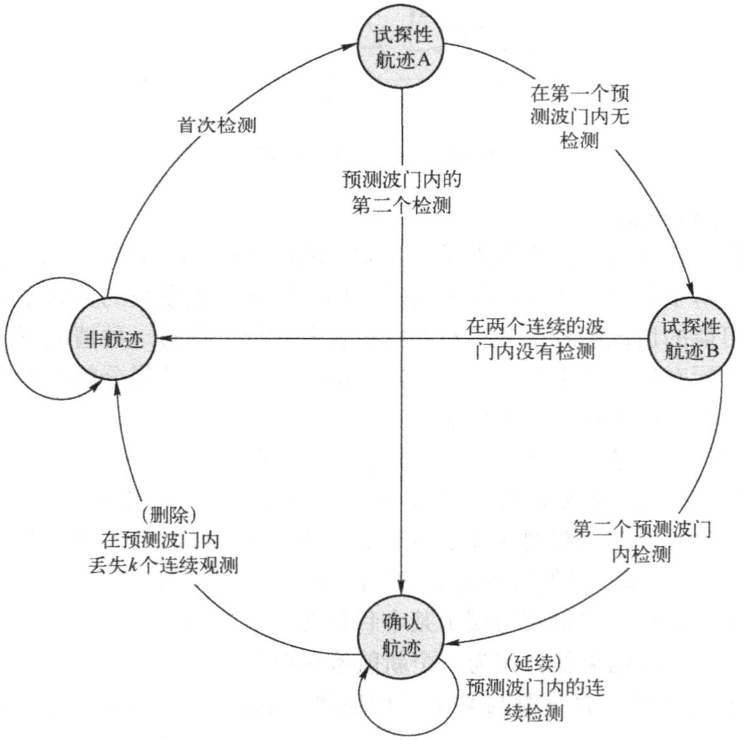

图 6.5　航迹状态转移图

（1）非航迹。把观测说明为虚警。

（2）试探性航迹 A。检测到单个观测 A。

（3）试探性航迹 B。由于第一个预测波门内没有出现观测，故把试探性航迹确认为失败的。

（4）确认的航迹。两个连续的或三个观测中有两个落入预测波门内，则确认该观测序列是一条航迹。若在随后的观测中被连续丢失的观测不多于 k 个，则延续这条航迹。

状态转移准则可按统计估计选择，以平衡关联速度和使错误关联到最小。

10．假设管理

在延迟判定的多假设系统中，必须对迅速增长的假设进行管理，其方法是剪除或删去得分低于某个可接受标准的假设，合并已被确认为同一航迹的假设，以及将不是同一航迹的假设分割开。

6.2　时间与空间配准

6.2.1　问题描述

在多传感器目标跟踪系统中，来自多个传感器的数据通常要变换到相同的时空参照系中。但由于存在传感的偏差和量测误差，直接进行转换很难保证精度和发挥多传感器的优越性，因此在对多传感器数据进行处理时需要寻求一些传感器的配准算法。

传感器的配准是指多传感器数据“无误差”转换时所需要的处理过程，一般主要包括时间配准和空间配准两个方面。所谓时间配准，就是关于同一目标的各传感器不同步的量测信息同步到同一时刻。由于各传感器（平台）对目标的量测是相互独立进行的，且采样周期往往不同（如光学传感器和雷达传感器），所以它们向数据处理中心报告的时刻往往是不同的。另外，由于通信网络的不同延迟，各传感器（平台）和处理中心之间传送信息所需的时间也各不相同，因此，各传感器报告间有可能存在时间差。所以跟踪处理前需将不同步的信息配准到相同的时刻，所谓空间配准，又称为传感器配准（Sensor Registration），就是借助于多传感器对空间共同目标的量测来对传感器的偏差进行估计和补偿。对于同一平台内采用不同坐标系的各传感器的量测，跟踪时必须将它们转换成同一坐标系中的数据，对于多个不同平台，各平台采用坐标系是不同的，所以在融合处理各平台间信息前，也需要将它们转换到同一量测坐标系中，而处理后还需将结果转换成各平台坐标系的数据后，再传送给各个平台。因此传感器空间配准又可以分为平台级配准和系统级配准。多传感器配准误差的主要来源有：

（1）传感器的配准误差，也就是传感器本身的偏差。

（2）各传感器参考坐标中量测的方位角、高低角和斜距偏差。通常是由传感器的惯性量测单元的量测仪器引起的。

（3）相对于公共坐标系的传感器的位置误差和计时误差。位置误差通常由传感器导航系统的偏差引起，而计时误差由传感器的时钟偏差所致。

（4）各传感器采用的跟踪算法不同，所以其局部航迹的精度不同。

（5）各传感器本身的位置不确定，从而在由各传感器向数据处理中心进行坐标转换时产生偏差。

（6）坐标转换公式的精度不够，为了减少系统的计算负担而在投影变换时采用了一些近似方法（如将地球视为标准的球体等）。

（7）雷达天线的正北参考方向本身不够精确。

由于以上原因，同一个目标由不同传感跟踪产生的航迹就有一定的偏差。这种偏差不同于单传感器跟踪时对目标的随机量测误差，它是一种固定的偏差（至少在较长一段时间内不会改变）。对于单传感器来说，目标航迹的固定偏差对各个目标来说都是一样，只是产生一个固定的偏移，并不会影响整个系统的跟踪性能。而对于多传感器系统来说，配准误差造成同一目标不同传感器的航迹之间有较大偏差。本来是同一个目标的航迹，却由于相互偏差较大而可能被认为是不同的目标，从而给航迹关联和融合带来了模糊和困难，使融合处理得到的系统航迹的准确性下降，丧失了多传感器处理本身应有的优点。

和跟踪系统中的随机误差不同，配准误差是一种固定的误差。对于随机误差，用航迹跟踪滤波技术就能够较好地消除。而对于固定的配准误差，就必须首先根据各个传感器的数据估计出各传感器在中心系统的配准误差，然后对自航迹进行误差补偿，从而消除配准误差。

配准可以考虑为一个包含两个阶段的过程：传感器初始化和相对配准。传感器初始化相对于系统坐标独立地配准每一个传感器。一旦完成了传感器初始化，就可以利用共同的目标来开始相对的传感器配准过程。在相对的传感器配准过程中，收集足够的数据点以计算系统偏差，计算得到的系统偏差用来调整随后得到的传感器数据以做进一步的处理。

6.2.2 时间配准算法

时间配准的一般做法是将各传感器数据统一到扫描周期较长的一个传感器数据上，目前，常用的方法有两种：W.D.Blair 教授等人提出的最小二乘准则配准法和内插外推法，但这两种方法都对目标的运动模型做了匀速运动的假设，对于做机动运动的目标，效果往往很差。下面仅对基于最小二乘准则的时间配准法做简单介绍。

假设有两类传感器，分别表示为传感器 a 和传感器 b，其采样周期分别为 τ 和 T，且两者之比为 τ ： T=n，如果第一类传感器 a 对目标状态最近一次更新时刻为 $(k-1)\tau$ ，下一次更新时刻为 $k\tau=(k-1)\tau+nT$ ，这就意味着在传感器 a 连续两次目标状态更新之间传感器 b 有 n 次量测值。因此可采用最小二乘法，将传感器 b 这 n 次量测值进行融合，就可以消除由于时间偏差引起的对目标状态量测的不同步，从而消除时间偏差对多传感器数据融合造成的影响。

用 $Z_n=[z_1,z_2,\cdots,z_n]^{\mathrm{T}}$ 表示（k−1）至 k 时刻的传感器 b 的 n 个位置量测构成的集合，z_n 和 k 时刻传感器 a 的量测值同步，若用 $\boldsymbol{U}=[z,\dot{z}]^{\mathrm{T}}$ 表示 $z_1,z_2\cdots,z_n$ 融合以后的量测值及其导数构成的列向量，则传感器 b 的量测值 z_i 可以表示成

$$z_i=z+(i-n)\cdot\dot{z}+\upsilon_i\quad(i=1=1,2\cdots,n) \tag{6.2.1}$$

式中：υ_i 表示量测噪声，将上式改写为向量形式为

$$\boldsymbol{Z_n}=\boldsymbol{W_nU}+\boldsymbol{V}_n \tag{6.2.2}$$

式中：$\boldsymbol{V}_n=[\upsilon_1,\upsilon_2,\cdots,\upsilon_n]^{\mathrm{T}}$，其均值为零，协方差阵为

$$\mathrm{Cov}(V_n)=\mathrm{ding}\{\sigma_r^2,\sigma_r^2,\cdots,\sigma_r^2\} \tag{6.2.3}$$

而 σ_r^2 为融合以前的位置量测噪声方差，同时有

$$\boldsymbol{W}_n=\begin{bmatrix}1 & 1 & 1\\(1-n)T & (2-n)T & (n-n)T\end{bmatrix}^{\mathrm{T}} \tag{6.2.4}$$

根据最小二乘准则有目标函数

$$\boldsymbol{J}=V_n^{\mathrm{T}}V=[Z_n-W_n\hat{U}]T[Z_n-W_n\hat{U}] \tag{6.2.5}$$

要使 J 为最小，J 两边对 $\hat{U}$ 求偏导数并令其等于零得

$$\frac{\partial J}{\partial\hat{U}}=-2(W_n^{\mathrm{T}}Z_n-W_n^{\mathrm{T}}W_n\hat{U})=0 \tag{6.2.6}$$

从而有

$$\hat{U}=[\hat{z},\hat{\dot{z}}]=(W_n^{\mathrm{T}}W_n)^{-1}W_n^{\mathrm{T}}Z_n \tag{6.2.7}$$

相应的误差协方差阵为

$$\boldsymbol{R}_{\hat{U}}=(W_n^{\mathrm{T}}W_n)^{-1}\sigma_r^2 \tag{6.2.8}$$

将 Z_n 的表达式及式（6.2.4）代入式（6.2.7）、式（6.2.8），可得融合以后的量测值及量测噪声方差分别为

$$\hat{Z}_k=c_1\sum_{i=1}^{n}z_i+c_2\sum_{i=1}^{n}i\cdot z_i \tag{6.2.9}$$

$$\mathrm{Var}(\hat{z}_k)=\frac{2\sigma_r^2(2n+1)}{n(n+1)} \tag{6.2.10}$$

式中：$c_1=-2/n,c_2=6/[n(n+1)]$。

6.2.3 空间配准算法

下面通过对几种典型空间配准算法具体说明空间配准问题的解决思路。

1. 二维空间配准算法

1）二维配准问题描述

如图 6.6 所示，由于传感器 a（传感器 b）有斜距和方位角偏差 Δr_a 、$\Delta\theta_a$（Δr_b 、$\Delta\theta_b$），结果在系统平面上报告有两个目标，而实际上只有一个真实目标。

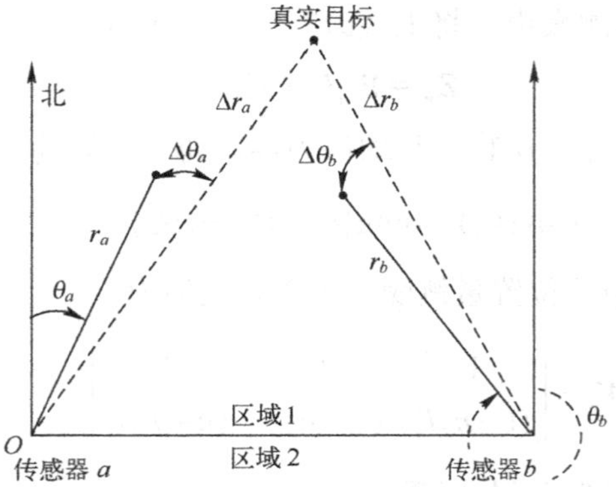

图 6.6 相对于真实目标的传感器斜距、方位角偏差和量测得到的目标位置

在图 6.7 中，r_a,θ_a 和 r_b,θ_b 分别表示传感器 a 和 b 的斜距和方位角量测；x_{sa},y_{sa} 和 $x_{sb}y_{sb}$ 分别表示传感器 a 和 b 在全局坐标系平面上的位置；x_a,y_a 和 x_b,y_b 分别表示传感器 a 和 b 在全局坐标平面上的量测。

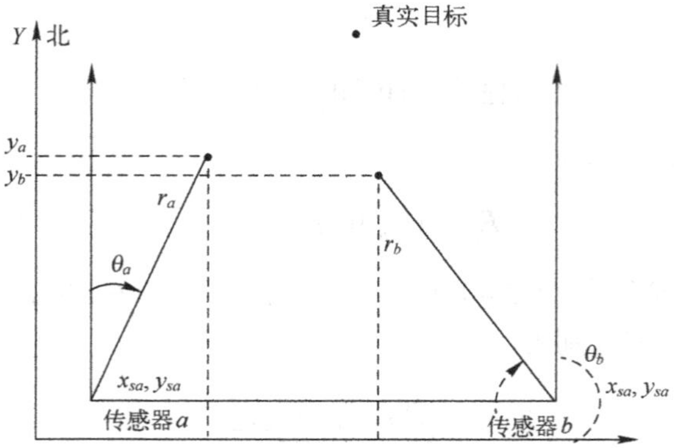

图 6.7 在系统平面上的偏差估计配置

从这一配置可以推导出如下的基本方程：

$$
\begin{cases}
x_a = x_{sa} + r_a \sin\theta_a \\
y_a = y_{sa} + r_a \cos\theta_a \\
x_b = x_{sb} + r_b \sin\theta_b \\
y_b = y_{sb} + r_b \cos\theta_b
\end{cases}
\tag{6.2.11}
$$

如果忽略掉噪声项，则有

$$
\begin{cases}
r_a = r_a' + \Delta r_a \\
\theta_a = \theta_a' + \Delta\theta_a \\
r_b = r_b' + \Delta r_b \\
\theta_b = \theta_b' + \Delta\theta_b
\end{cases}
\tag{6.2.12}
$$

式中：r_a',θ_a' 和 r_b',θ_b' 分别表示目标相对于传感器 a 和 b 的真实斜距和方位角；$\Delta r_a,\Delta\theta_a$ 和 $\Delta r_b,\Delta\theta_b$ 分别表示传感器 a 和 b 的斜距和方位角偏差。将式（6.2.11）代入式（6.2.12），并且将得到的方程相对于 $\Delta r_a,\Delta\theta_a$ （Δr_b 和 $\Delta\theta_b$）进行一阶泰勒级数展开可以得到

$$
\begin{cases}
x_a - x_b \approx \sin\theta_a\Delta r_a - \sin\theta_b\Delta r_b + r_a\cos\theta_a\Delta\theta_a - r_b\cos\theta_b\Delta\theta_b \\
y_a - y_b \approx \cos\theta_a\Delta r_a - \cos\theta_b\Delta r_b - r_a\sin\theta_a\Delta\theta_a + r_b\sin\theta_b\Delta\theta_b
\end{cases}
\tag{6.2.13}
$$

式（6.2.13）对下面将要介绍的几种与目标运动航迹无关的偏差估计方法提供了基础。

2）实时质量控制法

实时质量控制法（Real Time Quality Control，RTQC）是一个简单的平均方差。在 RTQC 方法中，式（6.2.13）重写为

$$
\begin{cases}
(x_a - x_b)\sin\theta_a + (y_a - y_b)\cos\theta_a = \Delta r_a - \cos(\theta_a - \theta_b)\Delta r_b - r_b\sin(\theta_a - \theta_b)\Delta\theta_b \\
(x_b - x_a)\sin\theta_a + (y_b - y_a)\cos\theta_b = -\cos(\theta_a - \theta_b)\Delta r_b + \Delta r_b + r_a\sin(\theta_a - \theta_b)\Delta\theta_a
\end{cases}
\tag{6.2.14}
$$

式中有两个分量，而且左边为量测的函数，右边有四个未知数，即 Δr_a、$\Delta\theta_a$、Δr_b、$\Delta\theta_b$，所以式（6.2.14）是欠定的。RTQC 方法试图通过下面的机制来解决这一问题，并且反过来改善数值条件。如图 6.6 所示，在传感器 a 和 b 之间画一条虚构的直线。这样就将二维平面划分成两个区域，一个位于连接两个传感器的直线之上（区域 1），一个位于连接两个传感器的直线之下（区域 2）。数据点根据其在区域 1 还是区域 2 而被分成两组。每次当传感器 a 和 b 报告区域 1 中的一条航迹的位置时，式（6.2.14）便产生两个方程，分别都是 Δr_a、$\Delta\theta_a$、Δr_b、$\Delta\theta_b$ 的函数。类似地，区域 2 中的位置报告导致了另外两个方程。这四个方程用来计算 Δr_a、$\Delta\theta_a$、Δr_b 和 $\Delta\theta_b$。这一方法的主要局限性是数据必须沿连接两个传感器的直线对称分布。如果一条航迹中的数据完全位于这条直线的一边，则 RTQC 方法不好应用，原因是从数据当中只能构造两个方程。此外，当数据集只包含很少的量测时，

这一方法也不能产生可以接受的结果。

3）最小二乘法

LS 方法通过下面的机制来消除 RTQC 方法的局限性。假定目标始终位于两个传感器的重叠区域，考虑不同时刻的传感器量测，也就是说，$k=1,2,\cdots,N$，在每个时刻 k，式（6.2.14）产生如下的一对方程：

$$\begin{cases} x_{a,k}-x_{b,k}\approx\sin\theta_{a,k}\Delta r_a-\sin\theta_{b,k}\Delta r_b+r_{a,k}\cos\theta_{a,k}\Delta\theta_a-r_{b,k}\cos\theta_{b,k}\Delta\theta_b \\ y_{a,k}-y_{b,k}\approx\cos\theta_{a,k}\Delta r_a-\cos\theta_{b,k}\Delta r_b-r_{a,k}\sin\theta_{a,k}\Delta\theta_a+r_{b,k}\sin\theta_{b,k}\Delta\theta_b \end{cases} \tag{6.2.15}$$

在 N 个量测之后，总共就有 $2N$ 个方程，它们足以（如果 $N\geqslant 2$）用来求解上面给出的四个未知量。相应地，就可以得到如下的一个线性方程：

$$\boldsymbol{z}=\boldsymbol{Ax} \tag{6.2.16}$$

式中

$$\begin{cases} \boldsymbol{z}=[\cdots,x_{a,i}-x_{b,i},y_{a,i}-y_{b,i},\cdots]^{\mathrm{T}} \quad (i=1,2,\cdots,N) \\ \boldsymbol{x}=[\Delta r_a,\Delta\theta_a,\Delta r_b,\Delta\theta_b]^{\mathrm{T}} \end{cases} \tag{6.2.17}$$

$$\boldsymbol{A}=\begin{bmatrix} \sin\theta_{a,1} & r_{a,1}\cos\theta_{a,1} & -\sin\theta_{b,1} & -r_{b,1}\cos\theta_{b,1} \\ \cos\theta_{a,1} & -r_{a,1}\sin\theta_{a,1} & -\cos\theta_{b,1} & r_{b,1}\cos\theta_{b,1} \\ \sin\theta_{a,2} & r_{a,2}cin\theta_{a,2} & -\sin\theta_{b,2} & -r_{b,2}\cos\theta_{b,2} \\ \cos\theta_{a,2} & -r_{a,2}\sin\theta_{a,2} & -\cos\theta_{b,2} & -r_{b,2}\cos\theta_{b,2} \\ \vdots & \vdots & \vdots & \vdots \\ \sin\theta_{a,N} & r_{a,N}\cos\theta_{a,N} & -\sin\theta_{b,N} & -r_{b,N}\cos\theta_{b,N} \\ \cos\theta_{a,N} & -r_{a,N}\sin\theta_{a,N} & -\cos\theta_{b,N} & r_{b,N}\sin\theta_{b,N} \end{bmatrix} \tag{6.2.18}$$

由式（6.2.16）可以看出，这一线性系统是超定的，在最小二乘意义下，可以得到传感器偏差向量 $\boldsymbol{x}$ 的估计为

$$\hat{\boldsymbol{x}}=(\boldsymbol{A}^{\mathrm{T}}\boldsymbol{A})^{-1}\boldsymbol{A}^{\mathrm{T}}\boldsymbol{z} \tag{6.2.19}$$

4）极大似然方法

LS 方法为极大似然（Maximum Likelihood，ML）方法的一个特例，在 ML 方法和 GLS 方法中，考虑了传感器的随机量测噪声。假定传感器相应于偏差向量 $\boldsymbol{x}$ 的随机量测噪声向量为

$$\boldsymbol{\upsilon}=[\upsilon_{r_a},\upsilon_{\theta_a},\upsilon_{r_b},\upsilon_{\theta_b}]^{\mathrm{T}} \tag{6.2.20}$$

式中：$\upsilon_{r_a},\upsilon_{\theta_a}$ 和 $\upsilon_{r_b},\upsilon_{\theta_b}$ 分别表示传感器 a 和 b 的斜距和方位角量测噪声，$\boldsymbol{\upsilon}$ 服从 Gauss 分布，且

$$\begin{cases} E[\boldsymbol{\upsilon}]=0 \\ \sum=\mathrm{cov}[\boldsymbol{\upsilon}]=\mathrm{diag}(\upsilon_{r_a}^2,\upsilon_{\theta_a}^2,\upsilon_{r_b}^2,\upsilon_{\theta_b}^2) \end{cases} \tag{6.2.21}$$

考虑传感器的随机量测噪声时，式（6.2.12）就可以重写为

$$\begin{cases} r_a = r'_a + \Delta r_a + \upsilon_{r_a} \\ \theta_a = \theta'_a + \Delta_{\theta_a} + \upsilon_{\theta_a} \\ r_b = r'_b + \Delta r_b + \upsilon_{r_b} \\ \theta_b = \theta'_b + \Delta_{\theta_b} + \upsilon_{\theta_b} \end{cases} \tag{6.2.22}$$

对于偏差向量 $\boldsymbol{x}$ 和量测噪声向量 $\boldsymbol{\upsilon}$ 进行线性化，可得 N 次量测后的线性方程

$$\boldsymbol{z} = \boldsymbol{A}(\boldsymbol{x} + \boldsymbol{\upsilon}) = \boldsymbol{A}\boldsymbol{x} + \boldsymbol{A}\boldsymbol{\upsilon} \tag{6.2.23}$$

进一步由式（6.2.21）可知

$$\begin{cases} E[\boldsymbol{A}\boldsymbol{\upsilon}] = 0 \\ \boldsymbol{C} = \mathrm{cov}[\boldsymbol{A}\boldsymbol{\upsilon}] = \boldsymbol{A}\Sigma\boldsymbol{A}^{\mathrm{T}} \end{cases} \tag{6.2.24}$$

则传感器偏差向量 $\boldsymbol{x}$ 的 ML 估计为

$$\hat{\boldsymbol{x}} = (\boldsymbol{A}^{\mathrm{T}}\Sigma^{-1}\boldsymbol{A})^{-1}\boldsymbol{A}^{\mathrm{T}}\Sigma^{-1}\boldsymbol{z} \tag{6.2.25}$$

5）广义最小二乘法

广义最小二乘（Generalized Least Square，GLS）方法也考虑了传感器的随机量测噪声，传感器偏差向量 $\boldsymbol{x}$ 的 GLS 估计结果与式（6.2.25）完全相同，只是在计算协方差阵 $\boldsymbol{C}$ 时令所有的非对角块为零，即

$$\boldsymbol{C} = \mathrm{diag}\{C_1, C_2, \cdots, C_N\} \tag{6.2.26}$$

式中

$$C_i = A_i \Sigma A_i^{\mathrm{T}} \quad (i = 1, 2, \cdots, N) \tag{6.2.27}$$

而 A_i 为式（6.2.18）的矩阵 $\boldsymbol{A}$ 的第 $2i-1$ 行与第 $2i$ 行构成的分块阵。

6）基于卡尔曼滤波器的空间配准算法

仅仅考虑传感器 a 和 b 在 k 时刻的量测，则式（6.2.23）可以写为

$$\boldsymbol{z}_k = \boldsymbol{A}_k(\boldsymbol{x}_k + \boldsymbol{\upsilon}_k) = \boldsymbol{A}_k\boldsymbol{x}_k + \boldsymbol{A}_k\boldsymbol{\upsilon}_k \tag{6.2.28}$$

式中

$$\begin{cases} \boldsymbol{z}_k = [x_{a,k} - x_{b,k}, y_{a,k} - y_{b,k}]^{\mathrm{T}} \\ \boldsymbol{A}_k = \begin{bmatrix} \sin\theta_{a,k} & r_{a,k}\cos\theta_{a,k} & -\sin\theta_{b,k} & -r_{b,k}\cos\theta_{b,k} \\ \cos\theta_{a,k} & -r_{a,k}\sin\theta_{a,k} & -\cos\theta_{b,k} & r_{a,k}\sin\theta_{a,k} \end{bmatrix} \\ \boldsymbol{x}_k = [\Delta r_a, \Delta\theta_a, \Delta r_b, \Delta\theta_b]^{\mathrm{T}} \\ \boldsymbol{\upsilon}_k = [\upsilon_{r_a}, \upsilon_{\theta_a}, \upsilon_{r_b}, \upsilon_{\theta_b}]^{\mathrm{T}} \end{cases}$$

而且假定传感器偏差向量时不变，且与噪声无关，则可以构造状态方程

$$x_k = x_{k-1} \tag{6.2.29}$$

这样，利用式（6.2.29）的状态方程和式（6.2.28）的量测方程，就可以应用卡尔曼滤波器对传感器的偏差向量进行估计，即

$$
\begin{cases}
\hat{x}_{k|k-1} = x(k-1|k-1) \\
P_{k|k-1} = P_{k-1|k-1} \\
x_{k|k-1} = \hat{x}_{k|k-1} + K_k(z_k - A_k\hat{x}_{k|k-1}) \\
K_k = P_{k|k-1}A_k^{\mathrm{T}}(A_kP_{k|k-1}A_k^{\mathrm{T}} + C_k)^{-1} \\
P_{k|k} = (I_4 - K_kA_k)P_{k|k-1}
\end{cases}
\tag{6.2.30}
$$

其中，由式（6.2.27）可得

$$
C_k = A_k\Sigma A_k^{\mathrm{T}} \tag{6.2.31}
$$

2．精确极大似然空间配准算法

在上面给出的几种算法中，RTQC 法和 LS 完全忽略掉了传感器量测噪声的影响，把公共坐标系中的差异过错全归咎于传感器配准误差（传感器偏差）；ML 法、GLS 法和基于卡尔曼滤波器的方法虽然考虑了传感器量测噪声的影响，但只有在量测噪声相对很小时才会产生好的性能。下面介绍一种新的方法以克服以上方法的局限性，称为精确极大似然空间配准（Exact Maximum Likelihood，EML）算法。

考虑两个传感器 a 和 b 对同一目标的斜距和方位角进行量测，配准误差的几何关系如图 6.8 所示。不失一般性，假定传感器 a 位于坐标原点，传感器 b 在公共坐标系中的位置为（u,υ）。用 T_k 表示第 k 个目标，$\{r_{a,k},\theta_{a,k}\}$ 和 $\{r_{b,k},\theta_{b,k}\}$ 分别表示传感器 a 和 b 对第 k 个目标的斜距和方位角量测，$\{\Delta r_a,\Delta\theta_a\}$ 和 $\{\Delta r_b,\Delta\theta_b\}$ 分别表示传感器 a 和 b 的斜距和方位角偏差。

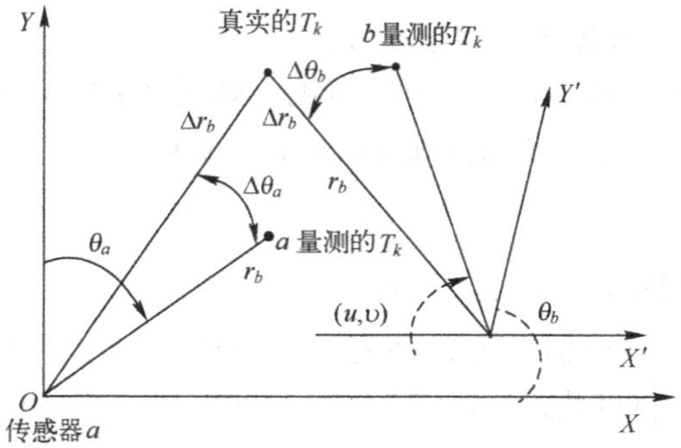

图 6.8　配准误差几何关系

1）配准模型描述

令 $\{x_{a,k},y_{a,k}\}$ 和 $\{x_{a,k},y_{a,k}\}$ 分别表示传感器 a 和 b 在系统平面对 T_k 的量测，$(r'_{a,k},\theta'_{a,k})$ 和 $(r'_{b,k},\theta'_{b,k})$ 分别表示传感器 a 和 b 对 T_k 的真实斜距和方位角。由图 6.8

所示的配准误差几何关系可得

$$\begin{cases} x_{a,k}=(r'_{a,k}+\Delta r_a)\sin(\theta'_{a,k}+\Delta\theta_a)+n_k^1 \\ y_{a,k}=(r'_{a,k}+\Delta r_a)\cos(\theta'_{a,k}+\Delta\theta_a)+n_k^2 \\ x_{b,k}=(r'_{b,k}+\Delta r_b)\sin(\theta'_{b,k}+\Delta\theta_b)+n_k^3 \\ y_{b,k}=(r'_{b,k}+\Delta r_b)\cos(\theta'_{b,k}+\Delta\theta_b)+n_k^4 \end{cases} \tag{6.2.32}$$

式中：$\{n_k^i, i=1,2,3,4\}$ 表示随机量测噪声。假定量测噪声为高斯独立同分布，且共同的方差为 σ_n^2。

对于小的系统偏差，式（6.2.32）可以进行一阶线性展开得

$$\begin{cases} x_{a,k}\approx r'_{a,k}\sin\theta'_{a,k}+\Delta r_a\sin\theta'_{a,k}+r'_{a,k}\cos\theta'_{a,k}\Delta\theta_a+n_k^1 \\ y_{a,k}\approx r'_{a,k}\cos\theta'_{a,k}+\Delta r_a\cos\theta'_{a,k}-r'_{a,k}\sin\theta'_{a,k}\Delta\theta_a+n_k^2 \\ x_{b,k}\approx r'_{b,k}\sin\theta'_{b,k}+\Delta r_b\sin\theta'_{b,k}+r'_{b,k}\cos\theta'_{b,k}+\Delta\theta_b+u+n_k^3 \\ y_{b,k}\approx r'_{b,k}\cos\theta'_{b,k}+\Delta r_b\cos\theta'_{b,k}-r'_{b,k}\sin\theta'_{b,k}+\Delta\theta_b+\upsilon+n_k^4 \end{cases} \tag{6.2.33}$$

而且令 $\{x'_k, y'_k\}$ 表示 T_k 在系统平面上的真实笛卡儿坐标，则

$$\begin{cases} x'_k=r'_{a,k}\sin\theta'_{a,k}=r'_{b,k}\sin\theta'_{b,k}+u \\ y'_k=r'_{a,k}\cos\theta'_{a,k}=r'_{b,k}\cos\theta'_{b,k}+\upsilon \end{cases} \tag{6.2.34}$$

将式（6.2.34）代入式（6.2.33），可得

$$\begin{cases} x_{a,k}=x'_k+\dfrac{\Delta r_a}{r'_{a.k}}x'_k+y'_k\Delta\theta_a+n_k^1 \\ y_{a,k}=y'_k+\dfrac{\Delta r_a}{r'_{a.k}}x'_k+y'_k\Delta\theta_a+n_k^2 \\ x_{b,k}=x'_k+\dfrac{\Delta r_b}{r'_{b.k}}x'_k+y'_k\Delta\theta_b-\dfrac{\Delta r_b}{r'_{b.k}}u-\upsilon\Delta\theta_b+n_k^3 \\ y_{b,k}=y'_k+\dfrac{\Delta r_b}{r'_{b.k}}x'_k+x'_k\Delta\theta_b-\dfrac{\Delta r_b}{r'_{b.k}}\upsilon-u\Delta\theta_b+n_k^4 \end{cases} \tag{6.2.35}$$

或者用紧凑的矩阵形式也可以写为

$$\boldsymbol{x}_k=\boldsymbol{A}_k\boldsymbol{\eta}+\boldsymbol{b}_k+\boldsymbol{n}_k \tag{6.2.36}$$

式中：$\boldsymbol{x}_k=[x_{a,k},y_{a,k},x_{b,k},y_{b,k}]^{\mathrm{T}}$、$\boldsymbol{b}_k=[x'_k,y'_k,x'_k,y'_k]^{\mathrm{T}}$、$\boldsymbol{n}_k=[n_k^1,n_k^2,n_k^3,n_k^4]^{\mathrm{T}}$、$\boldsymbol{\eta}=[\Delta\theta_a,\Delta r_a,\Delta\theta_b,\Delta r_b]^{\mathrm{T}}$。称 $\boldsymbol{x}_k$ 为目标量测向量；$\boldsymbol{n}_k$ 为 T_k 的随机量测误差向量；$\boldsymbol{\eta}$ 为系统偏差向量；$\boldsymbol{n}_k$ 的协方差阵为 $\sigma_n^2\boldsymbol{I}_4$，其中 $\boldsymbol{I}_4$ 为 4×4 单位阵，$\boldsymbol{A}_k=\mathrm{diag}\{\boldsymbol{A}_k^{11}, \boldsymbol{A}_k^{22}\}$，且

$$A_k^{11}=\begin{bmatrix} y'_k & \dfrac{x'_k}{r'_{a,k}} \\ -x'_k & \dfrac{y'_k}{r'_{a.k}} \end{bmatrix}, A_k^{22}=\begin{bmatrix} y'_k-\upsilon & \dfrac{x'_k-u}{r'_{b,k}} \\ -(x'_k-u) & \dfrac{y'k-\upsilon}{r'_{b,k}} \end{bmatrix} \tag{6.2.37}$$

值得注意的是，$\boldsymbol{A}_k$ 和 $\boldsymbol{b}_k$ 不依赖于系统偏差，而是由 T_k 在系统平面的真实位置确定。

2）EML 配准算法

EML 配准算法是基于传感器量测的似然函数工作的。假定量测噪声服从正态分布，则 $\{x_k; k=1,2,\cdots,K\}$ 的条件密度函数就可以写为

$$p(x_1,x_2,\cdots,x_K)=\prod_{k=1}^{K}\frac{1}{(2\pi)2\sigma_n^4}\exp\left\{-\frac{1}{2\sigma_n^2}(x_k-A_k\eta-b_k)T(x_k-A_k\eta-b_k)\right\} \tag{6.2.38}$$

忽略常数项，则相应的负对数似然函数为

$$J=-\log p=2K\log(2\pi\sigma_n^2)+\frac{1}{2\sigma_n^2}\sum_{k-1}^{K}\|x_k-A_k\eta-b_k\|_F^2 \tag{6.2.39}$$

式中：$\|\cdot\|_F$ 表示 Frobenius 范数。极大似然估计的原理就是相对于未知参数对似然函数求极大化。令 $\xi_k=[x'_k,y'_k]^{\mathrm{T}}$，很明显，$J$ 是 ξ_k,η 和 σ_n^2 的函数。在式（6.2.39）中，如果固定 ξ_k 和 η，并且相对于 a_n^2 对 J 求极小化，可得噪声方差的估计为

$$\hat{\sigma}_n^2=\frac{1}{4K}\sum_{k=1}^{K}\|x_k-A_k\eta-b_k\|_F^2 \tag{6.2.40}$$

然后，将 $\hat{\sigma}_n^2$ 反代入式（6.2.39）中就可以对 ξ_k 和 η 进行求解

$$[\hat{\xi}_k,\hat{\eta}]=\arg\min_{\xi_k,\eta} J \tag{6.2.41}$$

式中

$$J=\frac{1}{K}\sum_{k=1}^{K}\|x_k-A_k\eta-b_k\|_F^2 \tag{6.2.42}$$

3）EML 准则函数的优化

一般来说，J 是 ξ_k 和 η 的非线性函数，通常得不到解析解。然而，由于在式（6.2.42）中，ξ_k 和 η 是分离的，可以利用交替优化技术对 $\{\xi_k\}$ 和 η 进行序贯优化。这一算法在这两步之间来回交替，直到收敛。第一步，通地固定真实的目标位置向量 $\{\xi_k\}$ 来估计偏差向量 $\boldsymbol{\eta}$。由于 $\boldsymbol{\eta}$ 为给定 $\{\xi_k\}$ 时 J 的最小化点，有

$$\frac{\partial J}{\partial \boldsymbol{\eta}}=0 \tag{6.2.43}$$

即

$$\frac{\partial J}{\partial \boldsymbol{\eta}} = -2\sum_{k=1}^{K} A_k^{\mathrm{T}}(x_k - A_k\boldsymbol{\eta} - b_k) = 0 \tag{6.2.44}$$

这样一来，$\boldsymbol{\eta}$ 的估计值可以通过求解式（6.2.44）得到

$$\hat{\eta} = \left(\sum_{k=1}^{K} A_k^{\mathrm{T}} A_k\right)^{-1} \sum_{k=1}^{K} A_k^{\mathrm{T}}(x_k - b_k) \tag{6.2.45}$$

在第二步，真实的目标位置向量通过下式来估计

$$\hat{\xi}_k = \arg\min_{\xi_k} J \qquad (k = 1,2,\cdots,K) \tag{6.2.46}$$

式中：系统偏差用上一步的估计值来代替，即 $\eta = \hat{\eta}$。令

$$J_k = \|x_k - A_k\eta - b_k\|_F^2 \tag{6.2.47}$$

由于 J_k 非负且与 ξ_k 有关，所以式（6.2.46）就等价于

$$\hat{\xi}_k = \arg\min_{\xi_k} J_k \quad (k = 1,2,\cdots,K) \tag{6.2.48}$$

式（6.2.48）是一个非线性优化问题，其解析解一般是得不到的。可以采用收敛性较好的牛顿迭代法。当用于式（6.2.48）时，ξ_k 第 $p+1$ 步的迭代可通过下式计算：

$$\hat{\xi}_k^{(p+1)} = \hat{\xi}_k^{(p)} - \mu_p \boldsymbol{H}_k^{-1}\boldsymbol{G}_k \tag{6.2.49}$$

式中：μ_p 为第 P 次迭代的步长；$\boldsymbol{H}_k$ 为 J_k 相对于 ξ_k 的 Hessian 阵；$\boldsymbol{G}_k$ 为梯度。梯度和 Hessian 阵都是在 $\xi_k^{(p)}$ 处计算的，而梯度 $\boldsymbol{G}_k$ 为

$$\boldsymbol{G}_k = 2\boldsymbol{R}_k\gamma_k \tag{6.2.50}$$

其中

$$\gamma_k = \boldsymbol{x}_k - \boldsymbol{A}_k\eta - \boldsymbol{b}_k \tag{6.2.51}$$

$$\boldsymbol{R}_k = \begin{bmatrix} -1 - \dfrac{\Delta r_a (y_k')^2}{(r_{a,k}')^3} & -\Delta\theta_a + \dfrac{\Delta r_a x_k' y_k'}{(r_{a,k}')^3} \\ \Delta\theta_a + \dfrac{\Delta r_a x_k' y_k'}{(r_{a,k}')^3} & -1 - \dfrac{\Delta r_a (y_k')^2}{(r_{a,k}')^3} \\ -1 - \dfrac{\Delta r_b (y_k' - \upsilon)^2}{(r_{b,k}')^3} & -\Delta\theta_b + \dfrac{\Delta r_b (x_k' - u)(y_k' - \upsilon)}{(r_{b,k}')^3} \\ \Delta\theta_b + \dfrac{\Delta r_b (x_k' - u)(y_k' - \upsilon)}{(r_{b,k}')^3} & -1 - \dfrac{\Delta r_b (x'k - u)^2}{(r_{b,k}')^3} \end{bmatrix} \tag{6.2.52}$$

$\boldsymbol{R}_k$ 为 $\boldsymbol{\gamma}_k$ 相对于 ξ_k 的 Jacobian 阵，注意所有的量都是基于上一步得到的值计算的。

$$\boldsymbol{H}_k=\frac{\partial^2 \boldsymbol{J}_k}{\partial\xi_k\partial\xi_k}=2\left[\frac{\partial\gamma_k}{\partial\xi_k}\left(\frac{\partial\gamma_k}{\partial\xi_k}\right)^{\mathrm{T}}+\frac{\partial^2\gamma_k}{\partial\xi_k\partial\xi_k}\gamma_k\right] \tag{6.2.53}$$

Hessian 阵的作用是修正梯度以实现更快的收敛。由于负梯度表示准则函数下降的方向，为了收敛，在每次迭代时 Hessian 阵都必须为正定的。在实际当中，这一条件不能被保证，我们通常不得不用一个半正定阵来近似 Hessian 阵。由于η的 EML 估计对于大量的量测都是一致的，所以与式（6.2.53）的第一项相比，残差$|\gamma_k|$很小（注意在没有随机量测误差时，残差等于零）并且可以忽略。这样一来，可以用下式来近似 Hessian 阵

$$\boldsymbol{H}_k=2\boldsymbol{R}_k\boldsymbol{R}_k^{\mathrm{T}} \tag{6.2.54}$$

该矩阵为半正定阵。Hessian 阵的这一近似就是高斯对牛顿法的修正（或者叫作高斯-牛顿法），它可以保证准则函数的下降。

EML 配准算法可被总结为以下几个步骤：

（1）设定一个门限ε，并且令$p=0$。

（2）对于$k=1,2,\cdots,K$，获取真实目标位置向量$\hat{\boldsymbol{\xi}}_k^{(p)}$的一个初始估计，并且按照式（6.2.44）来计算估计$\hat{\eta}^{(p)}$。

（3）用高斯-牛顿法解使准则函数J_k最小的ξ_k，并且得到估计$\hat{\boldsymbol{\xi}}_k^{(p+1)}$。

（4）按照式（6.2.45）估计$\hat{\eta}^{(p+1)}$。计算$d\triangleq\left\|\eta^{(p+1)(p+1)}-\hat{\eta}^{(p)}\right\|_F^2$，并且检查不等式 $d\leqslant\varepsilon$。如果不等式成立，就将估计的系统偏差向量赋值为$\hat{\eta}=\hat{\eta}^{(p+1)}$。如果不等式不成立，令$p=p+1$，并且继续第（3）步。

值得注意的是，最后两步的顺序可以颠倒一下。如果沿着ξ_k的方向开始，则初始的估计可以通过将传感器a和b报告的量测变换到系统平面，并对它们取平均得到。如果算法从η调用，则η的初始估计可以设为零或上一步的估计。

3．基于地心坐标系的空间配准算法

尽管前面已经介绍了多种不同的配准算法，但它们都是基于立体投影（Stereographic Projection）在一个二维区域平面上实现的。更确切地说，首先利用立体投影技术把传感器量测投影到与地球正切的局部传感器坐标上，然后变换到区域平面，并利用不同传感器报告量测之间的差异来估计传感器偏差。尽管立体投影能够减轻一个配准算法的计算复杂度，但这一方法还有一些缺点。首先，立体投影给局部传感器和区域平面的量测都引入了误差。尽管更高阶的近似可以将变换的精度保证到几米，但由于地球本身是一个椭球而不是一个圆球，所以海里误差仍然存在。其次，立体投影扭曲了数据。值得注意的是立体投影是保角的，但这一保角性只能保留方位角，而不能保留斜距。由此可以断定系统偏差将会依赖于量测，而不再是时不变的。这样，在区域平面上的二维配准模型就不能正确地表示实际的传感器模型。下面介绍一种直接在三维空间

中对传感器偏差进行估计的方法，即基于地心坐标系的空间配准（Earth-Centered Earth-Fixed，ECEF）算法。

1）大地坐标转换

在大地坐标系下，一个传感器在椭圆形地球上的位置可以表示为（L,λ,H），其中 L 为地理纬度，λ 为地理经度，H 表示距参考椭球的高度。纬度 L 定义为地球表面上的法线与其在赤道平面上的投影之间的夹角。ECEF 笛卡儿坐标系的原点在地球中心，它的 x 轴穿过了格林威治子午线，它的 z 轴与地球的旋转轴重合，它的 y 轴位于赤道平面形成了一个右手坐标轴系。给定一个传感器的大地坐标（L_s,λ_s,H_s），则它的 ECEF 笛卡儿坐标（x_s,y_s,z_s）可以用下式确定：

$$\begin{cases} x_s=(C+H_s)\cos L_s\cos\lambda_s \\ y_s=(C+H_s)\cos L_s\sin\lambda_s \\ z_s=[(C(1-e^2)+H_s)\sin L_s \end{cases} \tag{6.2.55}$$

式中：e 和 E_q 分别表示地球的偏心率和赤道半径，而 C 定义为

$$C=\frac{E_q}{(1-e^2\sin^2 L_s)^{1/2}} \tag{6.2.56}$$

给定一个雷达的量测 (r_t,θ_t,η_t)，其中 r_t 为斜距，θ_t 为相对于正北的方位角，η_t 为俯仰角，则局部笛卡儿坐标可以写为

$$\begin{cases} x_t=r_t\sin\theta_t\cos\eta_t \\ y_t=r_t\cos\theta_t\cos\eta_t \\ z_t=r_t\sin\eta_t \end{cases} \tag{6.2.57}$$

在一些应用中，目标距平均海平面的高度 H_t 用来描述目标的位置。图 6.9 给出了将 H_t 转换成局部俯仰角的例子，其中地球近似为球体，平均半径为 E。利用余弦定律，可得

$$\cos\phi=\frac{(H_s^2+E)^2+(H_t+E)^2-r_t^2}{2(E+H_s)(E+H_t)} \tag{6.2.58}$$

由几何学可得

$$(E+H_t)\cos\phi=r_t\sin\eta_t+H_s+E \tag{6.2.59}$$

并且俯仰角 η_t 通过

$$\eta_t=\arcsin\left[\frac{H_t^2-H_s^2+2E(H_t-H_s)-r_t^2}{2r_t(E+H_s)}\right] \tag{6.2.60}$$

计算，其与距平均海平面的高度相关。

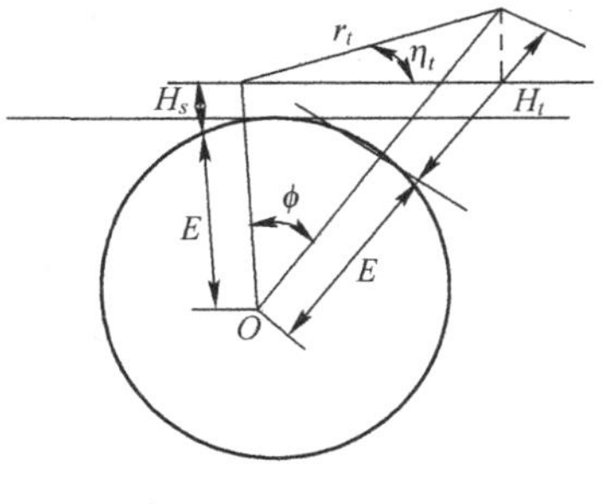

图 6.9　局部俯仰角和距平均海平面的高度之间转换的几何关系

由局部笛卡儿坐标系到 ECEF 坐标系的转换可以通过旋转和平移局部笛卡儿坐标系来实现。所以可以通过下式将目标的局部笛卡儿坐标 (x_l, y_l, z_l) 转换成 ECEF 坐标 (x_t, y_t, z_t)

$$\begin{bmatrix} x_t \\ y_t \\ z_t \end{bmatrix} = \begin{bmatrix} x_s \\ y_s \\ z_s \end{bmatrix} + \begin{bmatrix} -\sin\lambda_s & -\sin L_s \cos\lambda_s & \cos L_s \cos\lambda_s \\ \cos\lambda_s & -\sin L_s \sin\lambda_s & \cos L_s \sin\lambda_s \\ 0 & \cos L_s & \sin L_s \end{bmatrix} \cdot \begin{bmatrix} x_l \\ y_l \\ z_l \end{bmatrix} \tag{6.2.61}$$

2）配准算法

令（L_a, λ_a, H_a）和（L_b, λ_b, H_b）分别表示传感器 a 和 b 的大地坐标，（x_a, y_a, z_a）和（x_b, y_b, z_b）分别表示传感器 a 和 b 的 ECEF 坐标，T_k 表示第 k 个目标，$(r_{a,k}, \theta_{a,k}, \eta_{a,k})$ 和 $(r_{b,k}, \theta_{b,k}, \eta_{b,k})$ 分别表示传感器 a 和 b 对于第 k 个目标的斜距、方位角和俯仰角量测，$(\Delta r_a, \Delta\theta_a, \Delta\eta_a)$ 和 $(\Delta r_b, \Delta\theta_b, \Delta\eta_b)$ 分别表示传感器 a 和 b 的传感器偏差。

T_k 在传感器 a 和 b 的局部笛卡儿坐标系中的坐标可以写为

$$\begin{cases} x'_{al,k} = (r_{a,k} - \Delta r_a)\sin(\theta_{a,k} - \Delta\theta_a)\cos(\eta_{a,k} - \Delta\eta_a) \\ y'_{al,k} = (r_{a,k} - \Delta r_a)\cos(\theta_{a,k} - \Delta\theta_a)\cos(\eta_{a,k} - \Delta\eta_a) \\ z'_{al,k} = (r_{a,k} - \Delta r_a)\sin(\eta_{a,k} - \Delta\eta_a) \end{cases} \tag{6.2.62}$$

$$\begin{cases} x'_{bl,k} = (r_{b,k} - \Delta r_b)\sin(\theta_{b,k} - \Delta\theta_a)\cos(\eta_{b,k} - \Delta\eta_b) \\ y'_{bl,k} = (r_{b,k} - \Delta r_b)\cos(\theta_{b,k} - \Delta\theta_b)\cos(\eta_{b,k} - \Delta\eta_b) \\ z'_{bl,k} = (r_{b,k} - \Delta r_b)\sin(\eta_{b,k} - \Delta\eta_b) \end{cases} \tag{6.2.63}$$

根据式（6.2.61）、式（6.2.62）和式（6.2.63）的坐标可以通过下式转换成 ECEF 坐标：

$$\begin{bmatrix} x_{t,k} \\ y_{t,k} \\ z_{tk} \end{bmatrix} = \begin{bmatrix} x_a \\ y_a \\ z_a \end{bmatrix} + \begin{bmatrix} -\sin\lambda_a & -\sin L_a \cos\lambda_a & \cos L_a \cos\lambda_a \\ \cos\lambda_a & -\sin L_a \sin\lambda_a & \cos L_a \sin\lambda_a \\ 0 & \cos L_a & \sin L_a \end{bmatrix} \cdot \begin{bmatrix} x'_{al,k} \\ y'_{al,k} \\ z'_{al,k} \end{bmatrix} \tag{6.2.64}$$

$$\begin{bmatrix} x_{t,k} \\ y_{t,k} \\ z_{tk} \end{bmatrix} = \begin{bmatrix} x_b \\ y_b \\ z_b \end{bmatrix} + \begin{bmatrix} -\sin\lambda_b & -\sin L_b \cos\lambda_b & \cos L_b \cos\lambda_b \\ \cos\lambda_b & -\sin L_b \sin\lambda_b & \cos L_b \sin\lambda_b \\ 0 & \cos L_b & \sin L_b \end{bmatrix} \cdot \begin{bmatrix} x'_{bl,k} \\ y'_{bl,k} \\ z'_{bl,k} \end{bmatrix} \tag{6.2.65}$$

由于式（6.2.64）和式（6.2.65）表示同一目标 T_k 的 ECEF 坐标，令其相等可得

$$\overline{x}_a + \boldsymbol{R}_a \overline{x}'_{al,k} = \overline{x}_b + \boldsymbol{R}_b \overline{x}'_{bl,k} \tag{6.2.66}$$

式中 $\boldsymbol{R}_a$ 和 $\boldsymbol{R}_b$ 表示式（6.2.64）和式（6.2.65）中的旋转矩阵，且

$$
\begin{cases}
\overline{x}_a = [x_a, y_a, z_a]^{\mathrm{T}} \\
\overline{x}_b = [x_b, y_b, z_b]^{\mathrm{T}} \\
\overline{x}'_{al,k} = [x'_{al,k}, y'_{al,k}, z'_{al,k}]^{\mathrm{T}} \\
\overline{x}'_{bl,k} = [x'_{bl,k}, y'_{bl,k}, z'_{bl,k}]^{\mathrm{T}}
\end{cases}
\tag{6.2.67}
$$

这就是得到的结果。令 $\xi_a = [\Delta r_a, \Delta\theta_a, \Delta\eta_a]^{\mathrm{T}}$，$\xi_b = [\Delta r_b, \Delta\theta_b, \Delta\eta_b]^{\mathrm{T}}$，并且假定系统偏差相对很小，则式（6.2.66）用一阶近似可以展开为

$$
\overline{x}_{ae,k} + R_a \boldsymbol{J}_{a,k} \overline{\xi}_a = \overline{x}_{be,k} + R_b \boldsymbol{J}_{b,k} \overline{\xi}_b
\tag{6.2.68}
$$

式中：$\overline{x}_{ae,k}$ 和 $\overline{x}_{be,k}$ 分别表示传感器 a 和 b 报告的目标 T_k 的 ECEF 笛卡儿坐标；$\boldsymbol{J}_{a,k}$ 和 $\boldsymbol{J}_{b,k}$ 分别表示 $\overline{x}'_{al,k}$ 和 $\overline{x}'_{bl,k}$ 相对于 ξ_a 和 ξ_b 在 ξ_a=0 和 $\xi_b = 0$ 处计算得到的 Jacobian 矩阵，为

$$
\boldsymbol{J}_{a,k} = \begin{bmatrix}
\dfrac{\partial x'_{al,k}}{\partial \Delta r_a} & \dfrac{\partial x'_{al,k}}{\partial \Delta \theta_a} & \dfrac{\partial x'_{al,k}}{\partial \Delta \eta_a} \\
\dfrac{\partial y'_{al,k}}{\partial \Delta r_a} & \dfrac{\partial y'_{al,k}}{\partial \Delta \theta_a} & \dfrac{\partial y'_{al,k}}{\partial \Delta \eta_a} \\
\dfrac{\partial z'_{al,k}}{\partial \Delta r_a} & \dfrac{\partial z'_{al,k}}{\partial \Delta \theta_a} & \dfrac{\partial z'_{al,k}}{\partial \Delta \eta_a}
\end{bmatrix}
\tag{6.2.69}
$$

$$
\boldsymbol{J}_{b,k} = \begin{bmatrix}
\dfrac{\partial x'_{bl,k}}{\partial \Delta r_b} & \dfrac{\partial x'_{bl,k}}{\partial \Delta \theta_b} & \dfrac{\partial x'_{bl,k}}{\partial \Delta \eta_b} \\
\dfrac{\partial y'_{bl,k}}{\partial \Delta r_b} & \dfrac{\partial y'_{bl,k}}{\partial \Delta \theta_b} & \dfrac{\partial y'_{bl,k}}{\partial \Delta \eta_b} \\
\dfrac{\partial z'_{bl,k}}{\partial \Delta r_b} & \dfrac{\partial z'_{bl,k}}{\partial \Delta \theta_b} & \dfrac{\partial z'_{bl,k}}{\partial \Delta \eta_b}
\end{bmatrix}
\tag{6.2.70}
$$

$$
\begin{cases}
\dfrac{\partial x'_{al,k}}{\partial \Delta r_a} = -\sin\theta_{a,k}\cos\eta_{a,k} \\
\dfrac{\partial x'_{bl,k}}{\partial \Delta r_b} = -\sin\theta_{b,k}\cos\eta_{b,k} \\
\dfrac{\partial y'_{al,k}}{\partial \Delta r_a} = -\cos\theta_{a,k}\cos\eta_{a,k} \\
\dfrac{\partial y'_{bl,k}}{\partial \Delta r_b} = -\cos\theta_{b,k}\cos\eta_{b,k} \\
\dfrac{\partial z'_{al,k}}{\partial \Delta r_a} = -\sin\eta_{a,k} \\
\dfrac{\partial z'_{bl,k}}{\partial \Delta r_b} = -\sin\eta_{b,k}
\end{cases}
\tag{6.2.71}
$$

$$
\begin{cases}
\dfrac{\partial x'_{al,k}}{\partial \Delta\theta_a} = -r_{a,k}\cos\theta_{a,k}\cos\eta_{a,k} \\
\dfrac{\partial x'_{bl,k}}{\partial \Delta\theta_b} = -r_{b,k}\cos\theta_{b,k}\cos\eta_{b,k} \\
\dfrac{\partial y'_{al,k}}{\partial \Delta\theta_a} = r_{a,k}\sin\theta_{a,k}\cos\eta_{a,k} \\
\dfrac{\partial y'_{bl,k}}{\partial \Delta\theta_b} = r_{b,k}\sin\theta_{b,k}\cos\eta_{b,k} \\
\dfrac{\partial z'_{al,k}}{\partial \Delta\theta_a} = 0 \\
\dfrac{\partial z'_{bl,k}}{\partial \Delta\theta_b} = 0
\end{cases} \tag{6.2.72}
$$

$$
\begin{cases}
\dfrac{\partial x'_{al,k}}{\partial \Delta\eta_a} = r_{a,k}\sin\theta_{a,k}\sin\eta_{a,k} \\
\dfrac{\partial x'_{bl,k}}{\partial \Delta\eta_b} = r_{b,k}\sin\theta_{b,k}\sin\eta_{b,k} \\
\dfrac{\partial y'_{al,k}}{\partial \Delta\eta_a} = r_{a,k}\cos\theta_{a,k}\sin\eta_{a,k} \\
\dfrac{\partial y'_{bl,k}}{\partial \Delta\eta_b} = r_{b,k}\cos\theta_{b,k}\sin\eta_{b,k} \\
\dfrac{\partial z'_{al,k}}{\partial \Delta\eta_a} = -r_{a,k}\cos\eta_{a,k} \\
\dfrac{\partial z'_{bl,k}}{\partial \Delta\eta_b} = -r_{b,k}\cos\eta_{b,k}
\end{cases} \tag{6.2.73}
$$

将式（6.2.68）表示成矩阵形式，可得

$$
\boldsymbol{L}_k\bar{\boldsymbol{\xi}} = \Delta\bar{\boldsymbol{x}}_k \tag{6.2.74}
$$

式中：$\bar{\boldsymbol{\xi}} = [\bar{\xi}_a^{\mathrm{T}}, \bar{\xi}_b^{\mathrm{T}}]^{\mathrm{T}}$；$\Delta\bar{\boldsymbol{x}}_k = \bar{\boldsymbol{x}}_{be,k} - \bar{\boldsymbol{x}}_{ae,k}$；$\boldsymbol{L}_k = [R_a J_{a,k} - R_b J_{b,k}]$。

式（6.2.74）为 ECEF 配准算法的基本方程。理论上来说，对于单一的量测，式（6.2.74）的解不是唯一的，需要更多的目标报告。当有 K（$K>1$）个量测时，传感器偏差可以通过如下方程的最小二乘解来求得：

$$
\boldsymbol{L}\cdot\bar{\boldsymbol{\xi}} = \Delta\bar{\boldsymbol{x}} \tag{6.2.75}
$$

式中：$\boldsymbol{L} = [L_1^{\mathrm{T}}, L_2^{\mathrm{T}}, \cdots, L_K^{\mathrm{T}}]^{\mathrm{T}}$；$\Delta\bar{\boldsymbol{x}} = [\Delta\bar{x}_1^{\mathrm{T}}, \Delta\bar{x}_2^{\mathrm{T}}, \cdots, \Delta\bar{x}_K^{\mathrm{T}}]^{\mathrm{T}}$；$\boldsymbol{\xi} = [\bar{\xi}_a^{\mathrm{T}}, \bar{\xi}_b^{\mathrm{T}}]^{\mathrm{T}}$，也就是

$$
\hat{\bar{\boldsymbol{\xi}}}_{LS} = (\boldsymbol{L}^{\mathrm{T}}\boldsymbol{L})^{-1}\boldsymbol{L}^{\mathrm{T}}\Delta\bar{\boldsymbol{x}} \tag{6.2.76}
$$

式中：假定 $\boldsymbol{L}$ 列满秩以保证 $\bar{\xi}$ 可以被唯一地求解得到。

6.3 航迹及其融合

6.3.1 基本概念

不管是集中式数据融合系统还是分布式数据融合系统，都存在航迹处理的问题，只不过这一工作是在不同的节点上完成的。在航迹处理过程中，一个非常重要的问题是航迹建立、航迹保持和航迹撤销的规则问题，它们是保持对目标连续跟踪的最关键的技术。

前面已经指出，在集中式融合系统中，最佳融合方法是点迹融合。尽管每个传感器都有自己的数据处理系统，可以形成局部航迹，但每个传感器的局部航迹实际上并没有被利用，而是直接将每个传感器的点迹/观测送给融合节点，即融合中心，在融合中心进行点迹与航迹的融合。用线性卡尔曼滤波器就会得到估计误差最小的全局估计结果。这种方法的主要缺点是它需要传送大量的点迹/观测和缺乏鲁棒性。点迹/观测的变化范围很宽，如红外、电视、雷达等非同质传感器的数据，在同一时间对它们进行处理是比较复杂的，特别是在融合中心不能得到可靠的“点迹/观测”时。如果要处理的目标量很大，并且在强杂波区，由杂波剩余产生的点迹远远超过目标所产生的点迹，计算量和通信量都很大时，全局估计就不得不利用局部航迹进行航迹到航迹的融合。这时，通信量和计算量就是我们选择分布式融合系统进行全局融合的主要因素。

需要强调的是，分布式融合系统的信息源是各个传感器，分布式融合系统的源信息是各个传感器给出的航迹。航迹融合通常是在融合节点或融合中心进行的。

现在，让我们定义两个术语：

在多传感器融合系统中，每个传感器的跟踪器所给出的航迹称为局部航迹或传感器航迹。

航迹融合系统将各个局部航迹/传感器航迹融合后形成的航迹称为系统航迹或全局航迹。当然，将局部航迹与系统航迹融合后形成的航迹仍然称为系统航迹。

航迹融合是多传感器数据融合中一个非常重要的方面，得到了广泛的应用。所谓航迹融合，实际上就是传感器的状态估计融合，它包括局部传感器与局部传感器状态估计的融合以及局部传感器与全局传感器状态估计的融合。由于公共过程噪声的原因，在应用状态估计融合系统中，来自不同传感器的航迹估计误差未必是独立的，这样，航迹与航迹关联和融合问题就复杂化了。多年来，许多科技工作者在此领域做了大量的研究工作。当前在各种融合系统中用得比较多的主要有以下几类：加权协方差融合法、信息矩阵融合法、伪测量融合法和基于模糊集理论的模糊航迹融合法等。其中研究得最充分的是加权协方差融合法，它也得到了广泛应用。这里，我们以加权协方差航迹融合法为主，同时也兼顾一些其他融合方法，以扩展知识面。

图 6.10 是一个典型的分布式融合系统。图中有 n 个独立工作的传感器，每个传感器不仅有自己的信号处理系统能够给出目标的点迹，并且有自己的数据处理系统（局部目标跟踪器）。首先，各个传感器将各自的观测/点迹送往本身的跟踪器形成局部航迹，或称传感器航迹，然后将各个跟踪器所产生的局部航迹周期性地送往融合中心进行航迹融合，以形成系统航迹，或称全局航迹。系统航迹是该系统的输出。

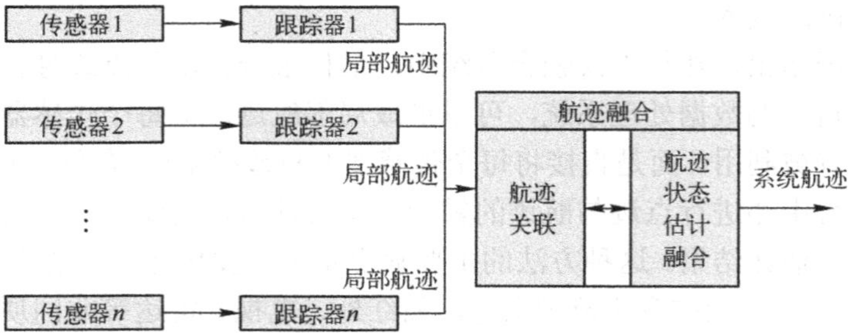

图 6.10　分布式航迹融合系统

由图 6.10 可以看出，航迹融合是以传感器航迹为基础的。只有各个传感器的跟踪器对目标形成稳定的跟踪之后，才能够把它们的状态送给融合中心，以便对各个传感器送来的航迹进行航迹融合。通常，航迹融合分两步。

1．航迹关联

航迹关联在航迹融合中有两层含义：一是把各个传感器送来的目标的状态按照一定的准则，将同一批目标的状态归并到一起，形成一个统一的航迹，即系统航迹或全局航迹；二是把各个传感器送来的局部航迹的状态与数据库中已有的系统航迹进行配对，以保证配对以后的目标状态与系统航迹中的状态源于同一批目标。

2．航迹融合

融合中心把来自不同局部航迹的状态，或把局部航迹的状态与系统航迹状态关联之后，把已配对的局部状态分配给对应的系统航迹，形成新的系统航迹，并计算新的系统航迹的状态估计和协方差，实现系统航迹的更新。

6.3.2　航迹关联

在对航迹状态估计进行融合之前，必须完成传感器航迹与传感器航迹的关联或传感器航迹与系统航迹的关联，也就是航迹配对。航迹关联由两个关键的步骤组成：计算关联矩阵和选择最好的关联假设，通常用分配算法来实现。

1. 序贯航迹关联法

1）状态空间模型

为了推导序贯航迹关联算法，首先给出目标运动模型、传感器量测方程和局部节点的状态估计方程等。

目标运动方程可以表示为

$$\boldsymbol{X}(k+1)=\boldsymbol{\Phi}(k)\boldsymbol{X}(k)+\boldsymbol{G}(k)\boldsymbol{W}(k) \tag{6.3.1}$$

式中：$\boldsymbol{X}(k)\in R^n$ 是 k 时刻的状态向量；$\boldsymbol{W}(k)\in R^h$ 是具有零均值和正定协方差矩阵 $\boldsymbol{Q}(k)$ 的白高斯过程噪声向量；$\boldsymbol{\Phi}(k)\in R^{n\times n}$ 是状态转移矩阵；$\boldsymbol{G}(k)\in R^{n\times h}$ 是过程噪声分布矩阵。假设初始条件随机向量 $\hat{\boldsymbol{X}}(0)$ 是一个具有均值 $\boldsymbol{X}(0)$ 和正定协方差矩阵 $\boldsymbol{P}(0)$ 的高斯分布向量，于是有

$$E[\boldsymbol{W}(k)]=0\text{，}\quad E[\boldsymbol{W}(k)\boldsymbol{W}^{\mathrm{T}}(l)]=\boldsymbol{Q}(k)\delta_{kj} \tag{6.3.2}$$

传感器 i 的测量方程为

$$\boldsymbol{Z}^i(k)=\boldsymbol{H}^i(k)\boldsymbol{X}(k)+\boldsymbol{V}^i(k) \tag{6.3.3}$$

式中：$\boldsymbol{Z}^i(k)\in R^m$ 是第 i 个传感器在 k 时刻的测量向量；$\boldsymbol{V}^i(k)\in R^m$ 是具有零均值和正定协方差矩阵 $\boldsymbol{R}^i(k)$ 的测量噪声向量；$\boldsymbol{H}^i(k)$ 是与第 i 个测量子系统相联系的测量矩阵。$i=1,2,\cdots,M$，M 是传感器数或局部节点个数。进一步假定测量噪声向量在不同时刻是不相关的，即：

$$E[\boldsymbol{V}(k)]=0\text{，}\quad E[\boldsymbol{V}(k)\boldsymbol{V}^{\mathrm{T}}(l)]=\boldsymbol{R}(k)\delta_{kj} \tag{6.3.4}$$

传感器或局部节点的航迹滤波和预测（多目标跟踪）利用传统的跟踪方法，例如卡尔曼或 $\alpha-\beta-\gamma$ 滤波器。现假定传感器级的多目标航迹已经用卡尔曼滤波和某种多目标算法建立，并以状态估计的形式送至空间数据融合中心，于是来自第 j 个目标航迹的状态估计为

$$X_j^i(k+1/k+1)=\hat{X}_j^i(k+1/k)+K_j^i(k+1)\mu_j^i(k+1) \tag{6.3.5}$$

其中新息为

$$\mu_j^i(k+1)=Z_j^i(k+1)-H^i(k+1)\hat{X}_j^i(k+1/k) \tag{6.3.6}$$

状态方程一步预测为

$$X_j^i(k+1/k)=\Phi(k)X_j^i(k/k) \tag{6.3.7}$$

状态预测协方差为

$$P_j^i(k+1/k)=\Phi(k)P_j^i(k/k)\Phi(k)^{\mathrm{T}}+G(k)Q(k)G^{\mathrm{T}}(k) \tag{6.3.8}$$

新息协方差为

$$S_j^i(k+1/k)=H^i(k+1)P_j^i(k+1/k)H^i(k+1)^{\mathrm{T}}+R^i(k+1) \tag{6.3.9}$$

滤波增益为

$$K_j^i(k+1)=P_j^i(k+1/k)H^i(k+1)^{\mathrm{T}}S_j^i(k+1/k)^{-1} \tag{6.3.10}$$

更新状态协方差为

$$P_j^i(k+1/k+1)=[I-K_j^i(k+1)H^i(k+1)]P_j^i(k+1/k)$$

$$(i=1,2,\cdots,M\;;\quad j=1,2,\cdots,n_i) \tag{6.3.11}$$

为了讨论问题的方便，假设送至融合中心的所有状态估计 $X_j^i(i=1,2,\cdots,M;$ $j=1,2,\cdots,n_i)$ 都在相同的坐标系里，并且各传感器同步采样。对于特殊应用，为了满足这一假设，可以定义需要的坐标变换和恰当的时间校正，另外，还假设数据的传输延迟时间为零。统一的坐标变换是容易实现的工作，时间延迟可以通过延迟修正和外推补偿，而采样与更新的不同步可通过平滑、插值及外推完成目标状态估计点的时间校准。为了进一步简化分析，如果没有特别声明，均假定 $M=2$，对于 $M>2$ 的情况，将在后续章节中讨论。

2）序贯航迹关联准则

为了便于分析和讨论，先引入一些基本表示和描述方法。设局部节点 1、2 的航迹号集合分别为

$$U_1=\{1,2,\cdots,n_1\}\text{，}\quad U_2=\{1,2,\cdots,n_2\} \tag{6.3.12}$$

将

$$t_{ij}(l)=\hat{X}_i^1(l)-\hat{X}_j^2(l) \tag{6.3.13}$$

记为 $t_{ij}^*(l)=X_i^1(l)-X_j^2(l)$（$i\in U_1,j\in U_2$）的估计，式中分别是第 i 个和第 j 个目标的真实状态，而 $\hat{X}_i$ 和 $\hat{X}_j$ 分别为其估计值。

设 H_0 和 H_1 是下列事件（$i\in U_1$，$j\in U_2$）：

H_0： $\hat{X}_i^1(l)$ 和 $\hat{X}_j^2(l)$ 是同一目标的航迹估计；

H_1： $\hat{X}_i^1(l)$ 和 $\hat{X}_j^2(l)$ 不是相同目标的航迹估计。

这样航迹关联问题便转换成了假设检验问题。

3）局部节点间估计误差独立情况下的序贯航迹关联准则

两局部节点估计误差独立是指，当 $X(l)=X_i(l)=X_j(l)$ 时，估计误差 $\tilde{X}_i^1(l)=X_i^1(l)-\hat{X}_i^1(l)$ 与 $\tilde{X}_j^2(l)=X_j^2(l)-\hat{X}_j^2(l)$ 两随机向量统计独立，即在 H_0 假设下，式（6.3.13）的协方差为

$$\begin{aligned}C_{ij}(l)&=E[t_{ij}(l)t_{ij}(l)^{\mathrm{T}}]=E[\hat{X}_i^1(l)-\hat{X}_j^2(l)]\,[\hat{X}_i^1(l)-\hat{X}_j^2(l)]^{\mathrm{T}}\\&=E[\hat{X}_i^1(l)-X(l)-\hat{X}_j^2(l)+X(l)]\,[\hat{X}_i^1(l)-X(l)-\hat{X}_j^2(l)+X(l)]^{\mathrm{T}}\\&=E[\tilde{X}_i^1(l)-\tilde{X}_i^2(l)]\,[\tilde{X}_i^1(l)-\tilde{X}_i^2(l)]^{\mathrm{T}}=p_i^1(l)+p_j^2(l)\end{aligned} \tag{6.3.14}$$

在上式中，$E[\tilde{X}_i^1(l)]=E[\tilde{X}_i^2(l)]=0$ 是显然的假设，其中 $p_i^1(l)$ 是节点 1 对目标 i 的估计误差协方差，而 $p_j^2(l)$ 是节点 2 在 l 时刻对目标的状态估计协方差。

设两个局部节点直到 k 时刻对目标 i 和 j 状态估计之差的经历为

$$t_{ij}^k=\{t_{ij}(l)\} \quad (l=1,2,\cdots,k;i\in U_1;j\in U_2) \tag{6.3.15}$$

其联合概率密度函数（pdf）在 H_0 假设下可写成

$$\begin{aligned} f_0[t_{ij}^k\mid H_0]&=f_0[t_{ij}(k),t_{ij}^{k-1}\mid H_0]=f_0[t_{ij}(k)\mid t_{ij}^{k-1},H_0]f_0[t_{ij}^{k-1}(k)\mid H_0] \\ &=\prod_{l=1}^{k} f_0[t_{ij}(l)\mid t_{ij}^{l-1},H_0] \end{aligned} \tag{6.3.16}$$

式中：$t_{ij}^0=\hat{X}_i^1(0)-\hat{X}_j^2(0)$ 是先验信息。通常假设在 H_0 条件下，两局部节点在 l 时刻的估计误差服从 $N[t_{ij}(l);0;C_{ij}(l)]$ 分布，于是

$$f_0[t_{ij}^k\mid H_0]=\left[\prod_{l=1}^{k}|2\pi C_{ij}(l)|^{-1/2}\right]\exp\left[-\frac{1}{2}\sum_{l=1}^{k}t_{ij}(l)^{\mathrm{T}}C_{ij}^{-1}(l)t_{ij}(l)\right] \tag{6.3.17}$$

方程（6.3.16）被称作假设 H_0 的似然函数。

在 H_1 假设下，其联合 pdf 定义为 $f_1[t_{ij}^k\mid H_1]$。这里我们假设不同目标的位置坐标估计差、速度估计差和航向估计差均匀地穿过某些可能的区域，即假设 $f_1[t_{ij}^k\mid H_1]$ 在某些可能区域是均匀分布的。这一假设可以通过一个粗关联过程来实现。由于最强有力的检验是似然比检验，即

$$L(t_{ij}^k)=f_0[t_{ij}^k\mid H_0]/f_1[t_{ij}^k\mid H_1] \tag{6.3.18}$$

与上式对应的对数似然比为

$$\ln L(t_{ij}^k)=-\frac{1}{2}\sum_{l=1}^{k}t_{ij}^{\mathrm{T}}(l)C_{ij}^{-1}(l)t_{ij}(l)+\text{constant} \tag{6.3.19}$$

现在定义一个修正的对数似然函数

$$\lambda_{ij}(k)=\sum_{l=1}^{k}t_{ij}^{\mathrm{T}}(l)C_{ij}^{-1}(l)t_{ij}(l)=\lambda_{ij}(k-1)+t_{ij}^{\mathrm{T}}(k)C_{ij}^{-1}(k)t_{ij}(k) \tag{6.3.20}$$

这时显然有 $\lambda_{ij}(0)=0$。按照上述高斯分布假设，称归一化估计误差平方的各项

$$\varepsilon_{ij}(k)=t_{ij}(k)^{\mathrm{T}}C_{ij}^{-1}t_{ij}(k) \tag{6.3.21}$$

都是具有 n_x 自由度的 Chi 方分布。这里 n_x 是状态估计向量的维数。于是 $\lambda_{ij}(k)$ 便是具有 $k\cdot n_x$ 个自由度的 Chi 方分布随机变量，其均值为 $k\cdot n_x$，方差为 $2k\cdot n_x$。这样便可对 H_0 和 H_1 进行假设检验，即：如果

$$\lambda_{ij}(k)\leqslant\delta(k) \quad （i\in U_1，\ j\in U_2） \tag{6.3.22}$$

则接受H_0，否则接受H_1。其中阈值满足

$$p\{\lambda_{ij}(k)>\delta(k)\mid H_0\}=\alpha \tag{6.3.23}$$

式中α通常取0.05。阈值的选择是基于这样一个事实：即按照上述高斯分布假设，α是具有$k\cdot n_x$个自由度的Chi方分布，即H_0为真时，错误概率为5%。于是对于给定的α，α随着k的增加而变大，且需实时修正。对于某一n_x值，当k大于某一值时，$\delta(k)$近似为一递推式。例如，n_x=4，α=0.05，当$k\geqslant 8$时，$\delta(k)=\delta(k-1)+5$。

如果在式（6.3.20）中取$l=k$，即令$\lambda_{ij}(k-1)=0$，则这时独立序贯航迹关联算法便退化成加权法。由于式（6.3.20）是一种递推结构，没有明显增加计算负担和存储量，并且可获得比加权法更好的效果，因为它考虑了整个航迹历史。

4）局部节点间估计误差相关情况下的序贯航迹关联准则

对同一个目标，在两个航迹文件中初始估计分别取$\hat{X}_i^1(0/0)$和$\hat{X}_j^2(0/0)$，对应的协方差为$P_i^1(0/0)$和$P_j^2(0/0)$。由于共同的过程噪声进入了评价方程，来自两个航迹文件的估计误差$\tilde{X}_i(l)$、$\tilde{X}_j(l)$间并不总是独立的。也就是说两个传感器量测噪声序列不相关这一事实不能充分地产生独立的估计误差。在l时刻，由航迹文件m可得：

$$\hat{X}^m(l)=\Phi(l-1)\ \hat{X}^m(l-1)+S^m(l)[Z^m(l)-H^m(l)\Phi(l-1)\ \hat{X}^m(l-1)]\quad (m=1,2) \tag{6.3.24}$$

这样估计误差为

$$\begin{aligned}\tilde{X}^m(l)&=X(l)-\hat{X}^m(l)\\&=[I-S^m(l)H^m(l)][\Phi(l-1)\tilde{X}^m(l-1)+G(l-1)W(l-1)]-S^m(l)V^m(l)\end{aligned} \tag{6.3.25}$$

于是可得估计误差协方差矩阵的递推式为

$$\begin{aligned}P_{ij}^{12}(l)&=E[\tilde{X}_i^1(l)\ \tilde{X}_i^2(l)^{\mathrm{T}}]\\&=[I-S_i^1(l)H^1(l)][\Phi(l-1)P_{ij}^{12}(l-1)+G(l-1)Q(l-1)G(l-1)^{\mathrm{T}}][I-S_j^2(l)H^2(l)]\end{aligned} \tag{6.3.26}$$

它是具有初始状态$P_{ij}^{12}(0/0)=0$的线性递推式。那么，两局部节点对同一目标的估计误差协方差为

$$B_{ij}(l)=E\{[\tilde{X}_i^1-\tilde{X}_j^2]\ [\tilde{X}_i^1-\tilde{X}_j^2]^{\mathrm{T}}\}=P_i^1(l)+P_j^2(l)-P_{ij}^{12}(l)-P_{ji}^{12}(l)^{\mathrm{T}} \tag{6.3.27}$$

仿照上述的推导过程可得新的检验统计量为

$$\rho_{ij}(k)=\sum_{l=1}^{k}t_{ij}^{\mathrm{T}}(l)B_{ij}^{-1}(l)t_{ij}(l)=\rho_{ij}(k-1)+t_{ij}^{\mathrm{T}}(k)B_{ij}^{-1}(k)t_{ij}(k) \tag{6.3.28}$$

并且 $\rho_{ij}(0)=0$， $\rho_{ij}(k)$ 也是具有 $k \cdot n_x$ 自由度的分布。由式（6.3.22）可完成接受 H_0 或 H_1 的假设检验，但这里有较小的协方差。在式（6.3.22）中，当 i,j 对应于同一目标时，过程噪声协方差为 $Q_i(l-1)$，但当对应不同目标时，通常假定 $Q_{ij}(l-1)=0$。然而由于假设检验原理要求，无论对任意 j，式（6.3.26）中均取 $Q_{ij}(l-1)=Q_i(l-1)$，当 i,j 对应同一目标时这是完全正确的；当 i,j 对应于不同目标时，式（6.3.26）使 $B_{ij}(l)$ 变小，即 $B_{ij}^{-1}(l)$ 变大，进而使 $\rho_{ij}(k)$ 变大，故进一步提高了正确区分不同目标航迹的概率。因而式（6.3.26）对上述几种情况都是正确的。

如果在式（6.3.28）中取 $l \equiv k$，即 $\rho_{ij}(k-1) \equiv 0$，则相关序贯航迹关联算法便退化成修正法，这也说明修正法是这里提出的相关序贯航迹关联算法的特例。

5）航迹关联质量设计与多义性处理

关联质量是关于航迹关联历史情况的度量，它以数值形式表示，类似于单传感器或集中式多传感器的数据互联质量，其大小反映了两个航迹正确相关的可靠程度。来自局部节点 1 的航迹 i 和节点 2 的航迹 j 在 l 时刻的关联质量用 $m_{ij}(l)$ 表示，其计算式为

$$m_{ij}(l)=m_{ij}(l-1)+\Delta m_{ij}(l) \quad (i \in U_1, j \in U_2) \tag{6.3.29}$$

式中：$\Delta m_{ij}(l)=1$（当航迹 i 、 j 间的检验统计量满足式（6.3.22）时）或-1（当 i 、 j 间的检验统计量不满足式（6.3.22）时）；$\Delta m_{ij}(l)=0$， $\max\{m_{ij}(l)\}=6$，如果航迹 i 、j 在 l 时刻第一次关联，则 $m_{ij}(l-1)=0$。为了减少计算量，当 $m_{ij}(l)=6$ 时，规定航迹 i 、 j 为固定关联对，在后续的关联检验中，航迹 i 、 j 不再进入关联检验，直接进入航迹合成阶段。也就是说这时航迹 i 、 j 的对应关系不再变化，直至它们中有一个被撤销或离开公共监视区为止。

所谓多义性是指，对局部节点 1 的航迹 i 在式（6.3.22）的检验中，有一个以上的 i 满足 Chi 方分布检验，于是需要进行最终的关联对判决。设局部节点 2 有多条航迹与 i 满足关联检验，那么选择使航迹关联质量 $m_{ij}(l)$ 最大的 j^* 为关联对。如果使关联质量最大的 j^* 不止一个，则取使航迹间位置差矢量序列的平均范数最小的 j^* 为最终关联对，即选使下式成立的 j^* 为 i 的关联对

$$\min_{j^* \in \{j=1,\cdots,j=q\}} \frac{1}{k}\left(\sum_{l=1}^{k}\left\|\tilde{x}_{ijp}(l)\right\|\right) \quad (i \in U_1, j \in U_2) \tag{6.3.30}$$

式中：$\tilde{x}_{ijp}(l)$ 是航迹 i 、 j 在 l 时刻位置差；$\{j=1,\cdots,j=q\}$ 是使 $m_{ij}(l)$ 相等的航迹的编号集合。

6）关联处理效果的度量

作为对关联检验效果的评价，本书考虑三类概率：第一类为正确关联概率 E_c，即正确区分来自两局部节点相同目标的概率；第二类为错误关联概率 E_e，即把来自不同目标的两条航迹判为关联的概率；第三类为漏关联概率 E_s，它表示航迹 $i(i \in U_1)$ 和 $j(j \in U_2)$ 本来是来自一个目标，但关联检验判决航迹 $i(i \in U_1)$ 没有相关对，即 i 漏关联了，这类事件产生的概率为漏关联概率。那么显然有 $E_c + E_e + E_s = 1$，在航迹关联检验分析中要想真正获得 E_c、E_e 和 E_s 的解析表达式通常是很困难的，有时能获得其中某些量的估计值，为此在仿真中选用相对频率代替概率。现取 $N_l = \max(n_{1l}, n_{2l})$，$N_c$ 为正确关联的航迹数，N_e 为错误关联的航迹数，N_s 为漏关联航迹数，其中 n_{1l} 和 n_{2l} 分别为 l 时刻局部节点 1、2 参与关联检验的航迹数。于是有

$$E_c = \frac{N_c}{N_l}, E_e = \frac{N_e}{N_l}, E_s = \frac{N_s}{N_l} \tag{6.3.31}$$

显然，对不同的 l 值，上述结果是不同的，但随着 l 增加，E_c、E_e 和 E_s 将趋近于某一稳定值。

2．广义经典分配法

当对 $i = 1,2,\cdots,n_1$ 与 $j = 1,2,\cdots,n_2$ 按式（6.3.28）计算完所有的 $\rho_{ij}(k)$ 时，我们可以用这些元素构成一个 $n_1 \times n_2$ 维的最优加权统计距离阵 $\boldsymbol{\rho}(k)$。那么，我们可考虑全体航迹的分类问题。把 $\boldsymbol{\rho}(k)$ 扩展成方阵，设 $N = \max\{n_1, n_2\}$，用零元素将 $\boldsymbol{\rho}(k)$ 补齐成 N 阶方阵，所补的零元素行或列被认为是虚拟目标。

令

$$\eta_{ij} = \begin{cases} 1 & (\hat{X}_i^1(k)\text{和}\hat{X}_j^2(k)\text{来自同一目标航迹}) \\ 0 & (\hat{X}_i^1(k)\text{和}\hat{X}_j^2(k)\text{来自不同目标航迹}) \end{cases} \tag{6.3.32}$$

目标函数为

$$L(k) = \sum_{i=1}^{N}\sum_{j=1}^{N}\eta_{ij}\rho_{ij}(k) \tag{6.3.33}$$

从而形成整数规划问题：

$$\begin{cases} \min\limits_{\eta_{ij}} \sum\limits_{i=1}^{N}\sum\limits_{j=1}^{N}\eta_{ij}\rho_{ij}(k) \\ \text{s.t} \quad \sum\limits_{i=1}^{N}\eta_{ij} = 1 \quad (j \in \{1,2,\cdots,N\}) \\ \qquad \sum\limits_{j=1}^{N}\eta_{ij} = 1 \quad (i \in \{1,2,\cdots,N\}) \end{cases} \tag{6.3.34}$$

约束的意义是航迹间的关联是一对一映射，也就是局部节点 1 的一条航迹只能与局部节点 2 的一条航迹关联或与虚拟目标航迹配对。

显然式（6.3.34）是运筹学中的经典分配问题，故我们称其为广义经典分配航迹关联法。其求解方法可用 Munkre 或 Burgeois 算法。对式（6.3.20）我们还可获得与上述类似的结果，这时只需把 $\rho_{ij}(k)$ 换成 $\lambda_{ij}(k)$ 即可。

对于某一固定的 i，如果按照广义假设检验法选择其关联对 j 满足

$$\min_{j\in\{1,2,\cdots,n_2\}} \rho_{ij}(k) \quad (\text{对于一个固定的} i) \tag{6.3.35}$$

则式（6.3.28）的序贯航迹关联准则便转化成包含整个航迹历史的极大似然关联法。在上式中，把 $\rho_{ij}(k)$ 换成 $\lambda_{ij}(k)$ 可获得类似的结论。

3．基于滑窗全邻近距离关联方法

目前，工程上处理航迹关联主要存在以下几个方面的不足：

（1）采用了不同传感器航迹估计误差互相独立的错误假设来计算航迹的正规化距离。

（2）只根据当前的正规化距离矩阵进行相关判断，忽略了相关的历史信息，导致相关不稳定。

（3）采用正规化距离最小优化的相关规则，导致航迹互联的错误相关率和漏相关率随着航迹密集度的增加而上升。

针对密集环境下的航迹互联问题，采用一种基于滑窗累积的正规化距离（WCND）的全局寻优航迹与航迹互联技术，具有以下三个特点：

（1）在计算正规化距离时，假定估计误差具有相关性。

（2）在相关时，采用滑窗累积正规化距离替代当前的瞬时正规化距离。

（3）采用全局寻优的相关算法替代次优的最近邻方法。

根据航迹关联问题特点，数学模型如下：

$$\min \sum_{i=1}^{m(k)} \sum_{j=1}^{n(k)} \boldsymbol{c}_{ij}(k) d'_{ij}(k) \tag{6.3.36}$$

式中：矩阵 $\{\boldsymbol{c}_{ij}(k)\}$ 表示来自两个不同的传感器航迹 i 和航迹 j 之间的关联分配矩阵，即

$$c_{ij}(k) = \begin{cases} 1 & (H_0) \\ 0 & (H_1) \end{cases} \tag{6.3.37}$$

满足：

$$\begin{cases} \text{s.t} \ \sum_{i=1}^{m(k)} c_{ij} \leqslant 1 \quad (j\in\{1,2,\cdots,n(k)\}) \\ \sum_{j=1}^{n(k)} c_{ij} \leqslant 1 \quad (i\in\{1,2,\cdots,m(k)\}) \end{cases} \tag{6.3.38}$$

此外，$\{d'_{ij}(k)\}$ 为滑窗累积正规化距离矩阵，通过下式计算

$$d'_{ij}(k)=\sum_{l=k-N}^{k}[\rho^{k-l}d_{ij}(k)]\Big/\sum_{l=k-N}^{k}\rho^{k-l} \tag{6.3.39}$$

式中：若某个 $d_{ij}(k)$ 不存在，取其为 0；$0<\rho\leqslant 1$ 为衰减系数，$\rho=1$ 时，表示没有衰减；N 为滑窗长度，通常取 4 或 5。

因此，不同传感器之间的航迹关联问题转变为，根据式（6.3.36）表示的极小化问题求关联矩阵 $c_{ij}(k)$ 的解。即能够使得两个传感器航迹与航迹之间的累积正规化距离最小化的分配矩阵即为问题的解。

当 $m=n$ 时，式（6.3.36）表示线性规划中的一个标准分配问题；若 $m>n$，我们可以在传感器 j 中引入 $m-n$ 条虚拟航迹，并设

$$d'_{ij}(k)=2\cdot\max_{1\leqslant j\leqslant n}(d'_{ij}(k))\quad(j>n) \tag{6.3.40}$$

从而将其化为标准分配问题；当 $m<n$ 时，处理方法类同。这样，对于两个传感器的航迹关联问题，总可以通过添加虚拟航迹的方法将式（6.3.38）变换为一个标准分配问题。然后再利用匈牙利方法求出 k 时刻最优关联矩阵。下面给出基于 WCND 全局寻优航迹互联技术的处理步骤。

（1）k 时刻根据传感器 i 的 m 条航迹和传感器 j 的 n 条航迹计算出该时刻正规化距离矩阵 $\boldsymbol{A}(k)$。

（2）选定滑窗 N 和衰减系数 ρ，再计算出滑窗正规化距离矩阵 $\boldsymbol{A}'(k)=\{d'_{ij}(k)\}$。

（3）构造式（6.3.36）所示的极小化问题，若不相等，通过添加虚拟航迹，将问题化为标准分配问题。

（4）将矩阵 $\boldsymbol{A}'(k)$ 进行约化（矩阵的每一行的元素减去该行的最小的元素，同时将每一列的元素减去该列的最小的元素），得到矩阵 $\boldsymbol{A}''(k)$。

（5）根据矩阵 $\boldsymbol{A}''(k)$ 寻找独立分配子集（或最大分配元集）C'。

（6）若 $|C'|=m$，计算停止，已找到关联问题的最优解 $c_{ij}^{*}=1,(i,j)\in C'$，其他 $c_{ij}^{*}=0$，转（7）；否则，采用修改约化矩阵的方法对 $\boldsymbol{A}''(k)$ 进行进一步约化，转（4）。

（7）对于所有 $c_{ij}^{*}=1$ 对应的航迹对 (i,j)，认为传感器 i 和传感器 j 对应的这两条航迹相关。

（8）采用式（6.3.31）和式（6.3.32）估计相关航迹的融合值和协方差阵。

4．多局部节点情况下的航迹关联算法研究

前面已经详细研究了两局部节点情况下的航迹关联算法，关于多局部节点（$M>2$）情况下的航迹关联问题，这里给出两类可能的解决方法：一类是直接法；另一类是基状态估计的多维分配方法。

1）直接法

对于 $M>2$ 的多局部节点情况，各局部节点不但存在着共同的公共监视区，而且各局部节点间也可能存在局部公共区，图 6.11 表示了 $M=3$ 情况下的公共监视区示意图。

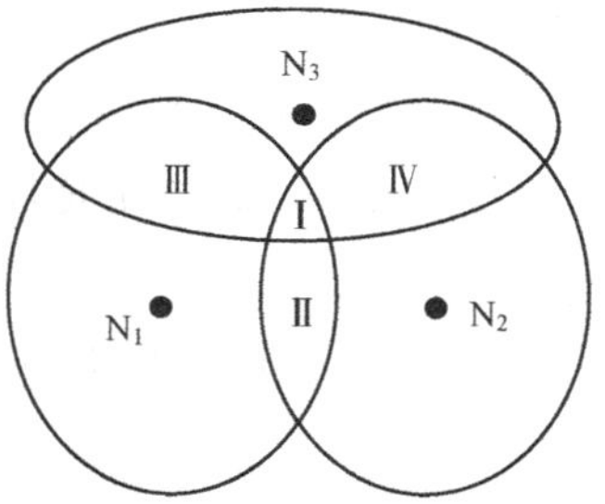

图 6.11　三个局部节点情况下的监视区示意图

其中Ⅰ区为三个局部节点的公共监视区，Ⅱ区为局部节点 1 和局部节点 2 间的公共区，Ⅲ区为 N_1 与 N_3 的公共区，而Ⅳ区为 N_2 与 N_3 的公共区。这样，一种直接的方法是 N_1 分别与 N_2 和 N_3 进行关联检验，然后是 N_2 与 N_3 间的关联检验，在这一过程中，Ⅰ区的航迹多关联了一次。由于关联在数学上是一种等价关系，也就是说，对Ⅰ区的航迹，N_1 与 N_2 关联检验一次，然后 N_2 与 N_3 再进行一次关联检验即可。由等价关系可知，如果航迹 $j\in U_1(j\in I)$ 和航迹 $j\in U_2(j\in I)$ 满足关联检验，并且航迹 $j\in U_2(j\in I)$ 与航迹 $j\in U_3(j\in I)$ 也满足关联条件，那么根据等价关系的可传递性，航迹 $j\in U_1(j\in I)$ 与航迹 $j\in U_2(j\in I)$ 也是关联航迹。因此在进行 N_1 与 N_3 的关联检验时可不考虑Ⅰ区的航迹，而只检验它们之间的局部公共区（Ⅲ区）的航迹。对于Ⅰ区各局部节点公共区的航迹也可以单独处理，一种方法是 N_1 与 N_2 关联，然后 N_2 与 N_3 关联，以后依此类推，最后运用等价关系的可传递性形成 M 个局部节点间的共同关联航迹。另外两种可能方法是化成多维分配问题，这是下一节要研究的问题。共同监视区的航迹处理完后，再分别处理两局部节点间或部分局部节点间的重叠区中的航迹。

以上主要是针对 M=3 情况讨论的直接方法，对 M>3 的情况，其处理方法完全相同，只是随着 M 的增加两两关联检验的次数增多了。有两种特殊情况必须考虑：①所有局部节点的监视区完全重合；②部分局部节点的监视区完全重合，另一部分局部节点的监视区部分重合。对①可运用等价关系的可传递性依次进行两两关联检验，对 M 个局部节点只需进行 $M-1$ 次关联检验。对②，完全重合区用①的方法，部分重叠区分别用两两关联的方法。

直接法的特点是简单、直观、工程上容易实现，当 M 较小时其处理速度也比较高，并且具有普遍适用性，前几章介绍的几种方法都可以直接使用，这也就是我们把它称作直接法的原因。这种方法的问题是，当 M 较大时，出现了两两分别关联检验的组合爆炸问题。可喜的是，在实际应用中普遍存在着 $M\leqslant 6$ 的情况，并且 M=2 是最常见的情况。直接法的另一个缺点是缺乏统一和严格的数学描述。为此，下面研究多维分配方法。

2）基于状态估计的多维分配方法

（1）多局部节点情况下的相关序贯航迹关联算法。

对于 M 个局部节点的公共监视区，根据上一节提出的相关序贯算法，可以构

造充分统计量

$$\rho_{i_{s-1}i_s}(k)=\rho_{i_{s-1}i_s}(k-1)+[\hat{X}_{i_{s-1}}(k)-\hat{X}_{i_s}(k)]^{\mathrm{T}}A_{i_{s-1}i_s}^{-1}(k)[\hat{X}_{i_{s-1}}(k)-\hat{X}_{i_s}(k)] \tag{6.3.41}$$

式中：$s=1,2,\cdots,M$ 是局部节点编号；$i_s=1,2,\cdots,n_s$ 是局部节点 s 的航迹编号，并且

$$A_{i_{s-1}i_s}(k)=P_{i_{s-1}}(k/k)+P_{i_s}(k/k)-P_{i_si_{s-1}}(k/k)-P_{i_si_{s-1}}(k/k)^{\mathrm{T}} \tag{6.3.42}$$

现在构造全局统计量

$$\alpha_{i_1i_2\cdots i_M}(k)=\sum_{s=2}^{M}\rho_{i_{s-1}i_s}(k) \tag{6.3.43}$$

定义一个二进制变量

$$\eta_{i_1i_2\cdots i_M}(k)=\begin{cases}1 & (H_0)\\ 0 & (H_1)\end{cases} \tag{6.3.44}$$

式中：$i_s=1,2,\cdots,n_s$；$s=1,2,\cdots,M$；H_0 是零假设，表示航迹 $i_1i_2\cdots i_M$ 对应同一个目标；H_1 是对立假设，表示航迹 $i_1i_2\cdots i_M$ 对应于不同的目标。

于是多局部节点相关序贯航迹关联问题，便化成了多维分配问题，即

$$\min_{\eta_{i_1i_2\cdots i_M}}\sum_{i_1=1}^{n_1}\sum_{i_1=2}^{n_2}\cdots\sum_{i_M=1}^{n_M}\eta_{i_1i_2\cdots i_M}(k)\alpha_{i_1i_2\cdots i_M}(k) \tag{6.3.45}$$

上式的约束条件为

$$\begin{cases}\sum\limits_{i_2=1}^{n_2}\sum\limits_{i_3=1}^{n_3}\cdots\sum\limits_{i_M=1}^{n_M}\eta_{i_1i_2\cdots i_M}(k)=1 \quad (i_1=1,2,\cdots,n_1)\\ \sum\limits_{i_1=1}^{n_1}\sum\limits_{i_3=1}^{n_3}\cdots\sum\limits_{i_M=1}^{n_M}\eta_{i_1i_2\cdots i_M}(k)=1 \quad (i_2=1,2,\cdots,n_2)\\ \cdots\\ \sum\limits_{i_1=1}^{n_1}\sum\limits_{i_2=1}^{n_2}\cdots\sum\limits_{i_{M-1}=1}^{n_{M-1}}\eta_{i_1i_2\cdots i_M}(k)=1 \quad (i_M=1,2,\cdots,n_M)\end{cases} \tag{6.3.46}$$

当 $M=2$ 时，式（6.3.45）退化成二维分配问题，可用于局部节点间的两两关联检验。

（2）多局部节点情况下独立序贯航迹关联算法。

当假设各局部节点估计误差独立时，式（6.3.42）的充分统计量就变成了

$$\lambda_{i_{s-1}i_s}(k)=\lambda_{i_{s-1}i_s}(k-1)+[\hat{X}_{i_{s-1}}(k)-\hat{X}_{i_s}(k)]^{\mathrm{T}}C_{i_{s-1}i_s}^{-1}(k)[\hat{X}_{i_{s-1}}(k)-\hat{X}_{i_s}(k)]$$

$$(i_s=1,2,\cdots,n_s;\quad s=1,2,\cdots,M) \tag{6.3.47}$$

式中

$$C_{i_{s-1}i_s}(k)=P_{i_{s-1}}(k/k)+P_{i_s}(k/k) \tag{6.3.48}$$

那么，新的全局统计量为：

$$b_{i_1 i_2 \cdots i_M}(k)=\sum_{s=2}^{M}\lambda_{i_{s-1}i_s}(k) \tag{6.3.49}$$

令

$$\tau_{i_1 i_2 \cdots i_M}(k)=\begin{cases}1 & (H_0)\\ 0 & (H_1)\end{cases} \tag{6.3.50}$$

式中：$i_s=1,2,\cdots,n_s$；$s=1,2,\cdots,M$。

于是多局部节点情况下的独立序贯航迹关联方法便被描述成如下的多维分配问题：

$$\min_{\eta_{i_1 i_2 \cdots i_M}}\sum_{i_1=1}^{n_1}\sum_{i_1=2}^{n_2}\cdots\sum_{i_M=1}^{n_M}\tau_{i_1 i_2 \cdots i_M}(k)b_{i_1 i_2 \cdots i_M}(k) \tag{6.3.51}$$

其约束条件为

$$\begin{cases}\displaystyle\sum_{i_2=1}^{n_2}\sum_{i_3=1}^{n_3}\cdots\sum_{i_M=1}^{n_M}\eta_{i_1 i_2 \cdots i_M}(k)=1 \quad (i_1=1,2,\cdots,n_1)\\ \displaystyle\sum_{i_1=1}^{n_1}\sum_{i_3=1}^{n_3}\cdots\sum_{i_M=1}^{n_M}\eta_{i_1 i_2 \cdots i_M}(k)=1 \quad (i_2=1,2,\cdots,n_2)\\ \qquad\cdots\\ \displaystyle\sum_{i_1=1}^{n_1}\sum_{i_2=1}^{n_2}\cdots\sum_{i_{M-1}=1}^{n_{M-1}}\eta_{i_1 i_2 \cdots i_M}(k)=1 \quad (i_M=1,2,\cdots,n_M)\end{cases} \tag{6.3.52}$$

显然，当 $M=2$ 时，式（6.3.51）退化成二维整数规划问题。这时它可用于局部节点间的两两关联检验。

3）评价与讨论

多维分配航迹关联算法直接利用各局部节点的状态估计，它们是两局部节点算法在多节点情况下的推广。当 $M>3$ 时，多维分配方法只适用于各局部节点公共监视区中的航迹关联检验，对各局部节点间的局部公共区则要利用 $M=2$ 时的各种航迹关联算法或是使用二维分配模型求解。

对二维分配问题可以利用 Munkre 或 Burgeoi 方法求解，但对多维分配问题的求解是 NP 问题（求解复杂度随着问题规模的增大呈指数增长）。目前还没有找到一种有效和实用的求解方法。对多维分配问题一种可能的求解方法是：通过合理地构造能量函数，并建立适当的神经元网络，然后用人工神经元网络方法求解；另一种可能的途径是用遗传算法求解多维分配问题。

6.3.3 航迹融合

1．航迹融合结构

对航迹融合来说，可以有两种结构：一种是局部航迹与局部航迹融合结构，或称传感器航迹与传感器航迹融合结构；另一种是局部航迹与系统航迹融合结构。

1）局部航迹与局部航迹融合

局部航迹与局部航迹融合的信息流程见图 6.12。图中上一行和下一行的圆圈表示两个局部传感器的跟踪外推节点，中间一行的圆圈表示融合中心的融合节点。图中由左到右表示时间前进的方向。不同传感器的局部航迹在公共时间上在融合节点进行关联、融合形成系统航迹。由图 6.12 可以看出，这种融合结构在航迹融合的过程中并没有利用前一时刻的系统航迹的状态估计。这种结构不涉及相关估计误差的问题，因为它基本上是一个无存储运算，关联和航迹估计误差并不由一个时刻传送到下一个时刻。这种方法运算简单，不考虑信息去相关的问题，但由于没有利用系统航迹融合结果的先验信息，其性能可能不如局部航迹与系统航迹融合结构。

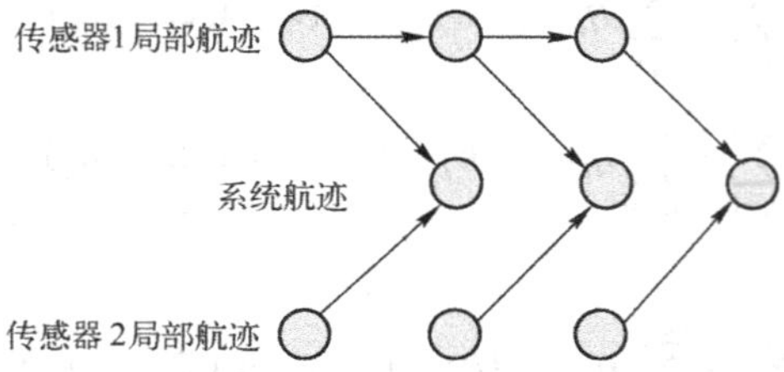

图 6.12　局部航迹与局部航迹的航迹融合

2）局部航迹与系统航迹的融合

局部航迹与系统航迹融合的信息流程见图 6.13。不管什么时候，只要融合中心节点收到一组局部航迹，融合算法就把前一时刻的系统航迹的状态外推到接受局部航迹的时刻，并与新收到的局部航迹进行关联和融合，得到当前的系统航迹的状态估计，形成系统航迹。当收到另一组局部航迹时，重复以上过程。然而，在对局部航迹与系统航迹进行融合时，必须面对相关估计误差的问题。由图 6.13 可以看出，在 A 点的局部航迹与在 B 点的系统航迹存在相关误差，因为它们都与 C 点的信息有关。实际上，在系统航迹中的任何误差，由于过去的关联或融合处理误差，都会影响未来的融合性能。这时必须采用去相关算法，将相关误差消除。

2．航迹融合中的相关估计误差问题

如果两个被融合航迹的估计误差是不相关的，融合相对来说比较简单。估计可以被看作是具有独立误差的观测，跟其他的估计进行融合。它们可以利用标准的方法，如关联和卡尔曼滤波法进行航迹融合运算。但有时两条航迹的估计误差之间往往存在相关性，相关的原因如下。

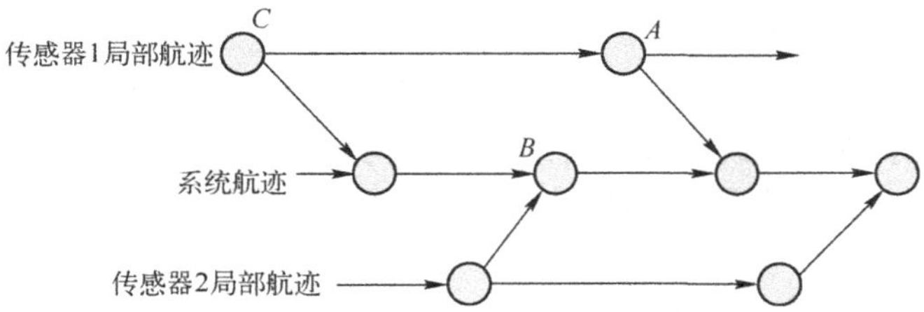

图 6.13　局部航迹与系统航迹的航迹融合

1）两条航迹存在先验的公共信息源

在局部航迹与系统航迹关联的时候往往出现两条航迹存在先验的公共信息源的情况，见图 6.14，该图给出了一个航迹融合问题的信息流程，假定航迹已经被送到公共的时间节点。图中融合节点包含了预处理的全部信息，即包括点迹/观测和航迹。在这个例子中，传感器航迹估计 $\hat{x}_j$ 和系统航迹估计 $\hat{x}_i$ 均包括以前送过来的传感器航迹估计 $\bar{x}_j$ 在信息图流程中，只要由点迹/观测到融合节点存在多个路径的话，就存在与该信息源的相关。

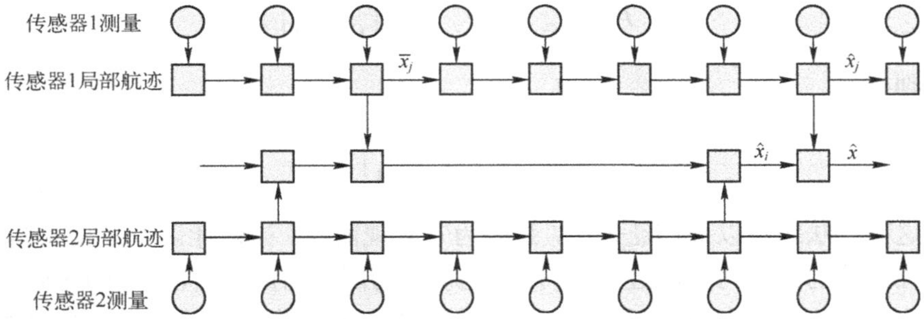

图 6.14　航迹估计中的相关性

2）由于公共过程噪声而产生的相关估计误差

在传感器航迹与传感器航迹融合过程中，当目标动态特性不确定时，就形成了公共的过程噪声，使来自两个传感器航迹的测量不独立，导致了来自两个传感器的估计误差不独立。在对航迹进行关联以及在对已关联上的状态进行组合时，必须考虑相关的估计误差，否则，系统的性能便会下降。

3．航迹状态估计融合

如前面指出的，航迹融合包含两部分，即航迹关联、航迹状态估计与融合协方差计算。航迹关联只说明两条航迹以较大的概率来自同一目标，然后对已关联上的航迹按照一定的准则进行合并，以形成系统航迹；并对融合以后的航迹状态和协方差进行计算，以便对航迹更新。

假定现在有两条航迹 i 和 j，它们分别有状态估计 $\hat{x}_i$、$\hat{x}_j$，误差协方差 p_i、p_j 和互协方差矩阵 $\boldsymbol{p}_{ij}=\boldsymbol{p}_{ji}^{\mathrm{T}}$。估计融合问题就是寻找最好的估计 $\hat{x}$ 和误差协方差矩阵 $\boldsymbol{p}$。在传感器到传感器融合结构中，被融合的两条航迹均应来自两个不同的传感器；在传感器航迹到系统航迹融合结构中，两条航迹中一条是系统航迹，另一条是传感器航迹。我们这里只介绍几种在分布式融合结构中与协方差有关的方法和模糊融合方法。

1）简单航迹融合（SF）

当两条航迹状态估计的互协方差可以忽略的时候，即 $\boldsymbol{p}_{ij}=\boldsymbol{p}_{ji}^{\mathrm{T}}=0$ 的融合算法可以由下式给出。

系统状态估计

$$\hat{x}=p_j(p_i+p_j)^{-1}\ \hat{x}_i+p_i(p_i+p_j)^{-1}\ \hat{x}_j=p(p_i^{-1}\ \hat{x}_i+p_j^{-1}\hat{x}_j) \tag{6.3.53}$$

系统误差协方差

$$p=p_i(p_i+p_j)^{-1}p_j=(p_i^{-1}+p_j^{-1})^{-1} \tag{6.3.54}$$

假定

$$\boldsymbol{p}_1=\begin{bmatrix}10 & 0\\ 0 & 2\end{bmatrix},\quad \boldsymbol{p}_2=\begin{bmatrix}2 & 0\\ 0 & 10\end{bmatrix}$$

则有

$$\boldsymbol{p}=\begin{bmatrix}5/3 & 0\\ 0 & 5/3\end{bmatrix}$$

这种方法之所以被广泛采用，是因为它实现简单。当估计误差是相关的时候，它是准最佳的；当两个航迹都是传感器航迹，并且不存在过程噪声的时候，则融合算法是最佳的，它与利用传感器观测直接融合有同样的结果。应当指出的是，这时的融合网络不应该有反馈。从式（6.3.53）和式（6.3.54）可以看出，如果该融合系统是由 $\boldsymbol{n}$ 个传感器组成的，很容易将其推广到一般形式。

状态估计

$$\hat{x}=p(p_1^{-1}\ \hat{x}_1+p_2^{-1}\hat{x}_2+\cdots+p_n^{-1}\hat{x}_n)=p\sum_{i=1}^{n}p_i^{-1}\hat{x}_i \tag{6.3.55}$$

每个传感器估计的权值

$$W_k^i=p\cdot p_i^{-1} \tag{6.3.56}$$

误差协方差：

$$p=(p_1^{-1}+p_2^{-1}+\cdots+p_n^{-1})^{-1}=\left(\sum_{i=1}^{n}p_i^{-1}\right)^{-1} \tag{6.3.57}$$

这里需说明的是，有些文献中认为这是两种方法，前者用于时序融合，后者用于并行融合，但有相同的精度。从前面的推导可以看出，它们实际上是一种方法，当然要有相同的精度。由于表达式结构不同，其计算机开销是不一样的。在传感器数目相同的情况下，时序算法要比并行算法运算速度快，因为时序算法只需要 $n-1$ 次协方差矩阵求逆运算，而并行算法则需要 $2n-1$ 次协方差矩阵求逆运算。当然，从这个意义上说它们是两种方法也未尝不可。

2）协方差加权航迹融合（WCF）

当两条航迹估计的互协方差不能忽略的时候，即 $\boldsymbol{p}_{ij}=\boldsymbol{p}_{ji}^{\mathrm{T}}\neq 0$ 时，假定两个传感器 i 和 j 的两个估计之差用下式表示：

$$\boldsymbol{d}_{ij}=\hat{\boldsymbol{x}}_i-\hat{\boldsymbol{x}}_j \tag{6.3.58}$$

则 d_{ij} 的协方差矩阵

$$E\{\boldsymbol{d}_{ij}\boldsymbol{d}_{ij}^{\mathrm{T}}\}=E\{(\hat{\boldsymbol{x}}_i-\hat{\boldsymbol{x}}_j)(\hat{\boldsymbol{x}}_i-\hat{\boldsymbol{x}}_j)^{\mathrm{T}}\}=\boldsymbol{p}_i+\boldsymbol{p}_j-\boldsymbol{p}_{ij}-\boldsymbol{p}_{ji} \tag{6.3.59}$$

式中：$\boldsymbol{p}_{ij}=\boldsymbol{p}_{ji}^{\mathrm{T}}$ 为两个估计的互协方差。

系统状态估计

$$\hat{x}=\hat{x}_i+(p_i-p_{ij})(p_i+p_j-p_{ij}-p_{ji})^{-1}\left(\hat{x}_j-\hat{x}_i\right) \tag{6.3.60}$$

系统误差协方差

$$p=p_j-(p_i-p_{ij})(p_i+p_j-p_{ij}-p_{ji})^{-1}(p_i-p_{ji}) \tag{6.3.61}$$

当采用卡尔曼滤波器作为估计器的时候，其中的互协方差 $\boldsymbol{p}_{ij}$ 和 $\boldsymbol{p}_{ji}$ 可以由下式求出：

$$\boldsymbol{p}_{ij}(k)=(\boldsymbol{I}-\boldsymbol{KH})[\boldsymbol{\Phi P}_{ij}(k-1)\boldsymbol{\Phi}^{\mathrm{T}}+\boldsymbol{Q})](\boldsymbol{I}-\boldsymbol{KH})^{\mathrm{T}} \tag{6.3.62}$$

式中：$\boldsymbol{K}$ 是卡尔曼滤波器增益；$\boldsymbol{\Phi}$ 是状态转移矩阵；$\boldsymbol{Q}$ 是噪声协方差矩阵；$\boldsymbol{H}$ 是观测矩阵。这种方法只是在最大似然（ML）意义下是最佳的，而不是在最小均方误差（MMSE）意义下是最佳的。由下面的推导可以得到证明。

让我们首先假设融合系统有 n 个传感器，来自传感器 S_i 和传感器 S_j 的稳态估计分别为 $\hat{x}_i$、$\hat{x}_j$，协方差分别为 p_i、p_j，其互协方差为 p_{ij}、p_{ji}。假设系统是高斯的，则可建立对数似然函数。由于概率值小于或等于 1，故取负值。

$$L(x)=-\ln p(\hat{x}_1,\cdots,\hat{x}_n/x)=c+\frac{1}{2}\left(\begin{bmatrix}\hat{x}_1\\ \hat{x}_2\\ \vdots\\ \hat{x}_n\end{bmatrix}-\begin{bmatrix}\boldsymbol{I}\\ \boldsymbol{I}\\ \vdots\\ \boldsymbol{I}\end{bmatrix}x\right)^{\mathrm{T}}\boldsymbol{p}^{-1}\left(\begin{bmatrix}\hat{x}_1\\ \hat{x}_2\\ \vdots\\ \hat{x}_n\end{bmatrix}-\begin{bmatrix}\boldsymbol{I}\\ \boldsymbol{I}\\ \vdots\\ \boldsymbol{I}\end{bmatrix}x\right) \tag{6.3.63}$$

式中：x 是目标的真实状态；c 是常数；$\boldsymbol{I}$ 是 $n\times n$ 的单位矩阵；$\boldsymbol{p}$ 是协方差矩阵，其表达式为

$$\boldsymbol{p}=\begin{bmatrix} p_{11} & p_{12} & \cdots & p_{1n} \\ p_{21} & p_{22} & \cdots & p_{2n} \\ \vdots & \vdots & & \vdots \\ p_{n1} & p_{n2} & \cdots & p_{nn} \end{bmatrix} \tag{6.3.64}$$

值得注意的是，由于存在公共过程噪声，$p_{ij}\neq 0$。将上式对 x 求导，并令其等于 0，最后有最大似然意义下的状态估计，

$$\begin{cases} \hat{\boldsymbol{x}}_{ml}=[\boldsymbol{E}^{\mathrm{T}}\boldsymbol{P}^{-1}\boldsymbol{E}]^{-1}\boldsymbol{E}^{\mathrm{T}}\boldsymbol{P}^{-1}\hat{\boldsymbol{X}} \\ \boldsymbol{P}=[\boldsymbol{E}^{\mathrm{T}}\boldsymbol{P}^{-1}\boldsymbol{E}]^{-1} \end{cases} \tag{6.3.65}$$

式中：$\boldsymbol{E}=(I\quad I\quad \cdots\quad I)^{\mathrm{T}}$，$\hat{\boldsymbol{X}}=\left(\hat{x}_1\quad \hat{x}_2\quad \cdots\quad \hat{x}_n\right)^{\mathrm{T}}$。这是在 n 个传感器时，最大似然意义下的最佳通用表达式。当 n=2 时，$\hat{\boldsymbol{x}}_{ml}$ 化简为

$$\hat{\boldsymbol{x}}_{ml}=\left([\boldsymbol{I}\quad \boldsymbol{I}]\boldsymbol{P}^{-1}\begin{bmatrix}\boldsymbol{I}\\ \boldsymbol{I}\end{bmatrix}\right)^{-1}[\boldsymbol{I}\quad \boldsymbol{I}]\boldsymbol{P}^{-1}\begin{bmatrix}\hat{x}_i\\ \hat{x}_j\end{bmatrix} \tag{6.3.66}$$

其中

$$\boldsymbol{p}=\begin{pmatrix} p_i & p_{ij} \\ p_{ji} & p_j \end{pmatrix} \tag{6.3.67}$$

对其求逆，代入式（6.3.66），有

$$\begin{aligned} \hat{x}_{ml} &= (p_j-p_{ji})(p_i+p_j-p_{ij}-p_{ji})^{-1}\,\hat{x}_i+(p_i-p_{ij})(p_i+p_j-p_{ij}-p_{ji})^{-1}\,\hat{x}_j \\ &= \hat{x}_i+(p_i-p_{ji})(p_i+p_j-p_{ij}-p_{ji})^{-1}\left(\hat{x}_j-\hat{x}_i\right) \end{aligned} \tag{6.3.68}$$

显然，当忽略互协方差时，协方差加权融合就退化为简单融合。

这种方法的优点是能够控制公共过程噪声，缺点是要计算互协方差矩阵。如果系统是线性时不变的，则互协方差可以脱机计算。另外，这种方法需要卡尔曼滤波器增益和观测矩阵的全部历史，必须把它们送往融合中心。

3）自适应航迹融合

在多传感器融合系统设计时，不仅要考虑系统的性能，采用好的算法，同时还要考虑运算量、计算机承受能力和系统的通信能力等很多因素，特别是系统特性和要求的变化。而好的算法通常都比较复杂。有时采用简单的融合方法，也可能会得到和采用复杂算法一样的结果。这也是我们考虑自适应算法的原因。自适应航迹融合模型结构如图 6.15 所示。

这种航迹融合的原理如下：

传感器 1 和传感器 2 向两个局部跟踪器送出点迹/观测，与局部跟踪器一起构

成两个局部融合节点，形成局部航迹估计，然后将它们送往融合中心节点。融合中心节点分两部分：一部分是决策逻辑，它根据某些规则选择融合算法；另一部分是根据选定的算法对局部节点送来的局部航迹进行融合计算，最后给出全局估计。决策逻辑是根据两个决策统计距离 D_1、D_2 和一个决策树来进行算法选择的。决策树见图 6.16。

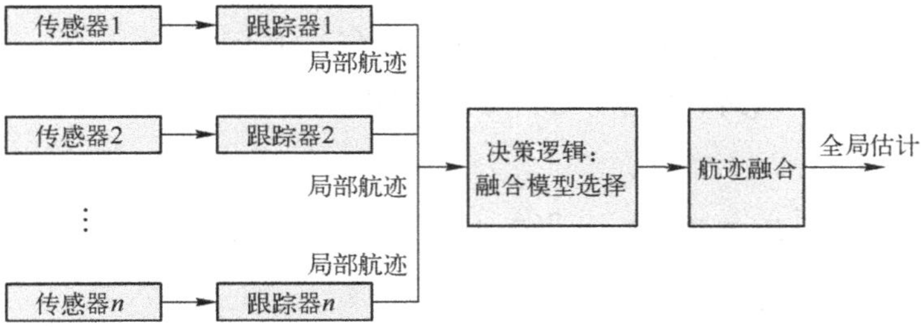

图 6.15　自适应航迹融合模型结构

由图 6.16 可以看到，这里进行了两次决策。首先，根据局部节点送来的局部航迹计算统计距离 D_1，如果 D_1 小于预先给定的门限 T_1，全局估计就等于局部估计中的一个；否则就计算统计距离 D_2，将 D_2 与预先给定的门限 T_2 进行比较，如果小于 T_2，将 SF 的结果作为全局估计，否则利用 WCF 结果作为全局估计。实际上，这种自适应方法是以简单航迹融合和协方差加权航迹融合算法为基础的。

统计距离 D_1 定义为局部航迹和采用 SF 算法所得到的系统航迹估计之间的距离：

$$D_1 = (\hat{x}_1 - \hat{x}_{SF})^{\mathrm{T}}(P_1 + P_{SF})^{-1}(\hat{x}_1 - \hat{x}_{SF}) \tag{6.3.69}$$

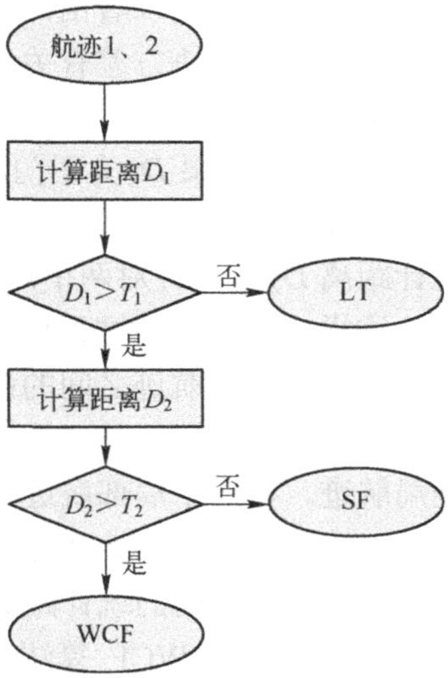

图 6.16　多模型融合决策树

从上述表达式我们可以看出，由于融合估计 $\hat{x}_{SF}$ 是两个局部估计和它们的误差协方差的函数，统计距离 D_1 最后演化为只与两个局部估计和它们的误差协方差有关。可见，统计距离 D_1 实际上是度量局部航迹 1 和局部航迹 2 接近程度的一个量。如果两条局部航迹点迹/观测源于同一个目标，则统计距离 D_1 小于某个门限，这就意味着两个局部传感器所给出的两条航迹非常接近，不需要再进行航迹融合运算了，用其中之一作为全局估计已经足够了；如果两个传感器的分辨率不同，则选择分辨率高的传感器给出的航迹作为全局航迹。门限 T_1 是人们根据两条局部航迹相距的最大允许程度确定的，如果统计距离大于它，就需要进行融合运算了。

统计距离 D_2 定义为局部航迹和采用 WCF 算法所得到的系统航迹估计之间的距离，即：

$$D_2 = \left(\hat{x}_1 - \hat{x}_{WCF}\right)^{\mathrm{T}} \left(p_1 + p_{WCF}\right)^{-1} \left(\hat{x}_1 - \hat{x}_{WCF}\right) \tag{6.3.70}$$

利用

$$\begin{cases} \left(\hat{x}_1 - \hat{x}_{WCF}\right) = \left(p_1 - p_{12}\right) p_E^{-1} \left(\hat{x}_1 - \hat{x}_2\right) \\ p_1 + p_{WCF} = \left(p_1 - p_{12}\right) p_E^{-1} p_A \end{cases} \tag{6.3.71}$$

其中

$$\begin{cases} p_A = p_1 + p_{21} + 2(p_2 + p_{21})(p_1 - p_{12})^{-1} p_1 \\ P_E = p_1 + p_2 - p_{12} - p_{21} \end{cases} \tag{6.3.72}$$

最后，有

$$D_2 = \left(\hat{x}_1 - \hat{x}_2\right)^{\mathrm{T}} p_E^{-1} (p_1 - p_{12})^{-1} p_A^{-1} \left(\hat{x}_1 - \hat{x}_2\right) \tag{6.3.73}$$

从上述公式可以看出，D_2 不仅与两个局部航迹的估计和其误差协方差矩阵有关，而且与其互协方差有关。决策树中的第二个判决，即如果 D_2 小于门限 T_2，就采用 SF 方法对两个局部航迹进行融合。这意味着，两条航迹的互协方差很小，甚至等于 0。如果 D_2 大于门限 T_2，则采用 WCF 方法对两个局部航迹进行融合。这意味着，两条航迹之间存在着互协方差，这正是应用 WCF 方法的条件。因此，统计距离 D_2 是一种对两个局部航迹之间是否存在互协方差的一种度量。

这样，就可以把这种自适应方法所完成的任务概括如下：

在两个局部航迹之间的统计距离 D_1 小于 T_1 时，没有必要再对两条局部航迹进行融合了。可选择其一作为全局航迹，或从两条航迹中选择一条优质航迹作为全局航迹。在两个局部航迹之间的统计距离 D_2 小于 T_2 时，说明两个局部航迹之间的互协方差很小，甚至等于 0，便可采用 SF 算法对两个局部航迹进行融合。在两个局部航迹之间的统计距离 D_2 大于 T_2 时，说明两个局部航迹之间存在着互协方差，便可采用 WCF 算法对两个局部航迹进行融合。这样，就达到了系统对环境的自适应。

小结

本章围绕目标跟踪中的多传感器数据融合理论及其应用，首先介绍了多传感器数据融合的基本概念、功能模型和结构模型。而后，介绍了数据融合的关键步骤：时间配准和空间配准问题，给出了解决方法。最后，针对状态融合问题，重点介绍了航迹关联方法及航迹融合方法。

思考题

1．数据融合的定义是什么？
2．数据融合会带来哪些数据处理上的好处？
3．数据融合模型包括几种模型？
4．数据融合中的功能模型分哪几类和几个处理层次？分别详细描述。
5．数据融合中的结构模型分哪几类，其特点如何？
6．局部航迹、系统航迹的概念如何？
7．航迹关联的主要内容有哪些？
8．有哪几种典型的航迹融合方法？其模型如何？
9．设时刻 k 航迹 i 的状态为 $\boldsymbol{x}_i(k)=\begin{bmatrix}10\\20\end{bmatrix}$，航迹 j 的状态为 $\boldsymbol{x}_j(k)=\begin{bmatrix}20\\40\end{bmatrix}$，其互协方差 $p_{ij}=p_{ji}=0$，协方差为 $\boldsymbol{p}_i=\begin{bmatrix}10 & 0\\0 & 2\end{bmatrix}$，$\boldsymbol{p}_j=\begin{bmatrix}2 & 0\\0 & 10\end{bmatrix}$。试计算融合航迹数值和协方差。

第七章　目标定位跟踪方法应用

7.1　概述

“没有理论指导的实践是盲目的实践，没有实践验证的理论是空洞的理论”。在前面的章节里，我们学习了关于定位和跟踪的相关理论方法，这些方法应用到工程实践或者某一具体问题的时候，受各种条件限制，或是无法满足其应用的前提条件影响了其使用范围，或是受噪声干扰等因素影响了其使用效果，因此，往往需要结合实际问题，具体分析，寻求合适的定位跟踪方法。本章我们将结合相关研究课题，介绍一些目标定位方法在其中的典型应用。这些应用的场景与传统的目标定位跟踪有所区别，但涉及的本质方法却是一致的，希望对读者有所启发。

7.2　火炮射击协同式检靶系统

火炮射击的检靶问题，其核心是确定炮弹的落点位置，因此，可以看作一个对目标（炮弹）的定位问题。炮弹弹丸具有体积小、速度快、飞行时间短等特点，使得对其准确检靶存在较大的困难。特别是在多门、多管火炮同时射击时，检靶问题变得更加复杂。

7.2.1　现有检靶手段及分析

常用的检靶测量手段包括无线电波、光波、声波等，各种测量手段都有其应用局限性，应根据实际情况和具体需求进行选择。在表 7.1 中，对不同测量手段进行了对比分析。

表 7.1　不同测量手段对比分析

测量手段	技术体制	优　点	缺　点
光学	电视、红外、激光等	（1）可测量、记录目标的运动轨迹、姿态； （2）可评估毁伤效果	（1）受气象、爆烟等环境条件的影响大； （2）数据处理繁杂； （3）难以实现多发齐射情况下弹丸流落点的定位测量

续表

测量手段	技术体制	优　　点	缺　　点
声学	声压传感器	（1）设备相对简单； （2）测量精度较高	（1）受大气、周边噪声环境影响大； （2）难以实现多发齐射情况下弹丸落点的测量
遥外测	GPS/北斗	（1）卫星有效覆盖范围大、精度高； （2）具备多弹丸流测量能力	（1）定位需要较长的启动准备过程，不适合短时间火炮弹丸飞行定位； （2）定位设备体积大，难以在弹丸上安装使用
无线电	多普勒雷达	（1）能克服低空或地面、海面工作时杂波等的影响； （2）可实现大脱靶量测量	（1）受目标特性影响大； （2）对高机动弹丸测量能力弱； （3）难以实现多发齐射情况下弹丸流落点测量
	冲击雷达	（1）分辨率高； （2）可用于高机动目标的测量	（1）受目标特性影响大； （2）难以实现多发齐射情况下弹丸流落点的测量； （3）难以实现大脱靶量测量
	超宽带（UWB）无线定位技术	（1）落点测量精度高； （2）抗干扰能力强； （3）可实现多发齐射情况下弹丸落点的测量	（1）需要按一定的拓扑结构在靶区布设多个定位基站； （2）需要在弹丸上加装微型无线电信标

从工作体制上分析，以上检靶手段可分为协同式检靶和非协同式检靶。所谓非协同式检靶是通过对弹丸的观测，提取目标特征信息，实现落点位置的计算。表 7.1 中提到的电视、红外、激光、声压传感器、雷达等手段，均属于非协同式检靶。这类检靶方式的优点是不需要在弹丸上加装设备，但是测量精度受目标特性和环境的影响较大，且多管多炮同时射击时难以区分不同弹丸。协同式检靶则需要弹上设备与观测者之间的信息交互，通常在弹上加装信号发射器，产生一个稳定度较高的标准信号，由地面观测设备接收，并对接收信号进行处理得到弹丸落点位置。这种工作方式的优点是测量精度受被测目标特性的影响小，测量精度高，且易分辨不同弹丸。其缺点在于在弹上加装设备增加了检靶系统的复杂度和成本，但随着电子技术和元器件的飞速发展，大量信息化弹药出现，协同式检靶的优势逐渐显现。下面我们介绍一种采用超宽带（Ultra Wide Band，UWB）定位技术的协同式检靶系统。

7.2.2　基于 UWB 定位的协同式检靶系统

1．超宽带定位简介

所谓超宽带，指的是带宽大于 500MHz，或相对带宽大于 20%的无线电技术。它采用极窄的脉冲信号实现无线通信，在诸多民用和军事领域都具有良好的应用前景，因此成为目前研究的一个热点。

UWB 技术在无线定位领域的优势主要体现在以下几个方面：

（1）系统结构简单，实现成本低。UWB 不需要产生正弦载波，直接用脉冲波形激励天线，不需要普通发射器所需的变频、功率放大及混频等环节，而且 UWB 接收机也不需要中频处理，UWB 终端结构简单，实现成本更加低廉。

（2）定位精度高。在无线定位技术中，距离分辨力与信号带宽成反比，由于 UWB 无线电直接发射窄脉冲，其脉冲宽度为纳秒级，甚至可以小于 1ns，能够方便地实现定位功能，定位精度可以达到厘米级。

（3）穿透力强。UWB 对障碍物具有良好的穿透能力，使得 UWB 定位系统在一般定位系统的覆盖盲区也能正常工作。

（4）隐蔽性好。UWB 技术将信息符号映射为占空比很低的脉冲串，其功率谱密度很低，带宽很宽，有较好的信号隐蔽性，使该项通信技术具有低截获能力（Low Probability of Detection，LPD）的优点，极大地提高了其在军事应用中的生存能力。

（5）处理增益高。脉冲无线电中的处理增益主要取决于脉冲的占空比和发送每个比特所用脉冲数目，很容易就能做到比目前的扩频系统高得多的处理增益。

（6）抗多径能力强。超宽带无线电发射的是持续时间极短的单周期脉冲且占空比极低，多径信号在时间上可分离，可以充分利用发射信号的能量。实验证明，在常规信号多径衰落高达 10～30dB 的环境中 UWB 信号的衰落最多不到 5dB。

（7）功耗低。UWB 的脉冲持续时间一般为 0.20～2ns，且占空比很低，故系统的耗能很低，在高速通信时系统耗电量仅为几百 μW 至几十 mW，因此 UWB 设备在电池寿命和电磁辐射上都具有传统无线技术无法媲美的优越性。

（8）便于功能集成化。采用 UWB 技术，可以在高精度定位的同时实现数据传输，这种功能上的融合极大地扩展了系统的应用范围。

UWB 定位通常采用到达时间差（Time difference of Arrival，TDOA）的目标定位方法，该方法在本书第三章已详细介绍，因此不再赘述。下面着重介绍基于 UWB 定位的协同式检靶系统的系统组成和工作原理。

2．系统组成

检靶系统主要由弹上 UWB 标签和地面设备组成，如图 7.1 所示。其中，地面设备包括：多个定位基站、控制基站、定位处理机。

1）弹上 UWB 标签

UWB 标签是一个产生和发送纳秒或亚纳秒级极窄脉冲的无线电发射设备，具有 GHz 量级的带宽，抗干扰、体积小、功耗低、穿透力强，加固处理后加装集成到弹丸头部风帽中，在检靶系统的协同控制下，发射 UWB 脉冲序列编码信号，实现弹丸身份的识别与定位。

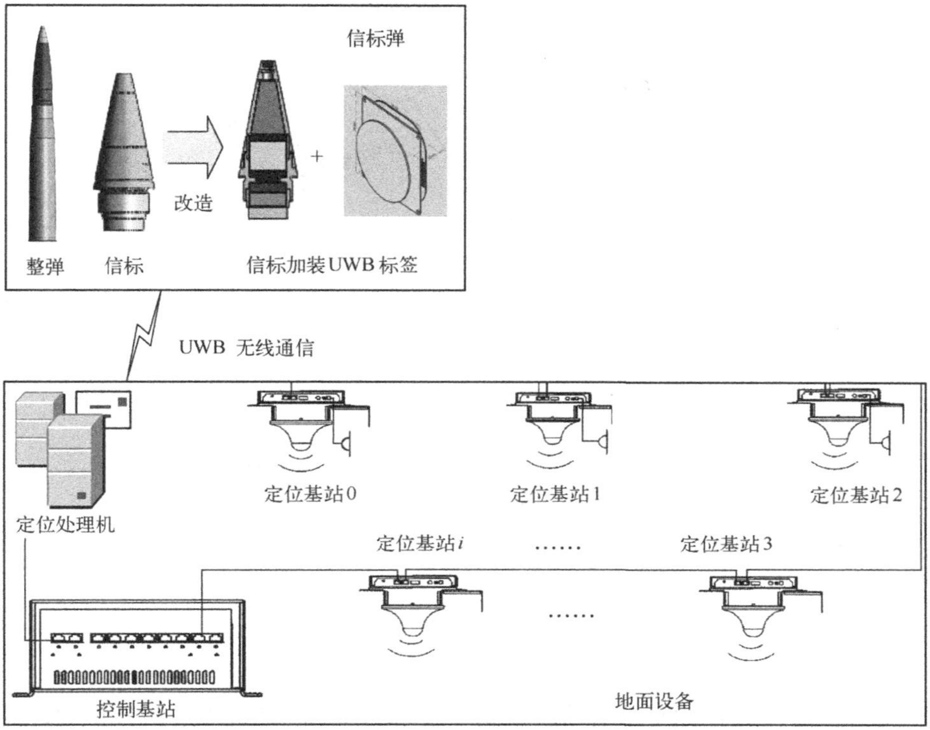

图 7.1　系统组成框图

2）控制基站

控制基站协调整个定位网络，向地面定位基站发送同步控制命令，实现定位基站时钟同步；发送“启动定位”指令信号唤醒进入靶区的信标弹，并安排信标弹定位时序；汇集各定位基站的观测数据，传输到定位处理机，供定位处理机计算信标弹落点。

3）定位基站

定位基站接收信标弹发出的 UWB 脉冲序列编码信号，精确检测 UWB 信号到达各个定位基站的时间 T_i，为定位处理机 TDOA 定位算法提供输入信息；对 UWB 脉冲序列信号进行通信解码，完成信标弹的身份识别。

4）定位处理机

利用控制基站输入的 UWB 信号到达各定位基站的时刻值 T_i，实现对信标弹的 TDOA 定位。

3．工作原理

该系统综合采用 TDOA 多站联合定位技术、UWB 通信与检测技术、网络精确时钟同步技术及抗干扰技术，能够实现对多管、多平台齐射弹丸流的自动身份识别和脱靶量精确定位，系统工作原理如图 7.2 所示。

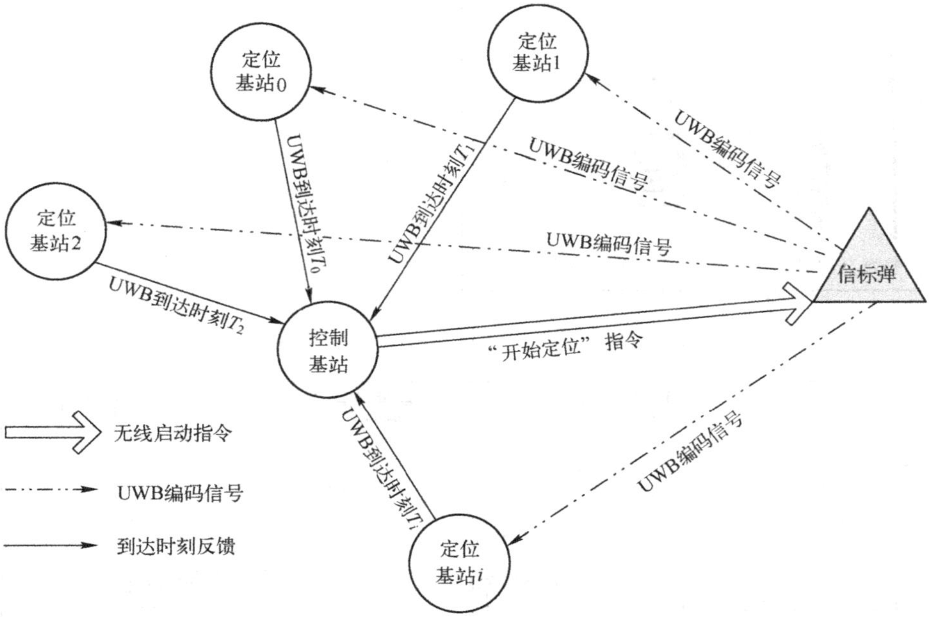

图 7.2　系统工作原理示意图

第一步：地面控制基站借助高精度时间同步技术，通过电缆信号传输延迟修正、统一授时，可以实现地面各定位基站时间的精确时钟同步（误差$\pm 80\times 10^{-12}$s）。

第二步：同步之后，控制基站通过 2.4GHz 的无线通信信道，连续向靶区空域发送“启动定位”指令。

第三步：接近到靶区的信标弹收到“启动定位”指令后，发送一组 UWB 脉冲序列编码信号。

第四步：发射的 UWB 编码信号经过不同的传播时延 τ_i 后，被靶区各个定位基站接收，各个基站 0，1，…，i 通过 UWB 信号检测技术，根据自身已同步的时钟，可以确定该 UWB 编码信号到达各个定位基站的时刻 T_i。

第五步：各个定位基站将到达时刻 T_i 通过有线电缆传输给控制基站，控制基站将 UWB 编码信号到达不同定位基站的时刻相减，得到一组 TDOA 算法所需的到达时延差 ΔT_i。系统信号传递时序示意图如图 7.3 所示，其中 τ 是“启动定位”指令从控制基站到信标弹的传输时延，τ_i 是信标弹发送 UWB 编码信号到达各个定位基站传输时延，T_i 是各个定位基站检测到的 UWB 信号到达时刻，UWB 信号到达各定位基站的时间差 $\Delta T_i=\tau_i-\tau_0=T_i-T_0$。

第六步：利用 TDOA 算法实现对信标弹位置的精确定位。

第七步：在对同一弹丸多次测量的基础上，利用滤波平滑算法对其落点进行精确估计。

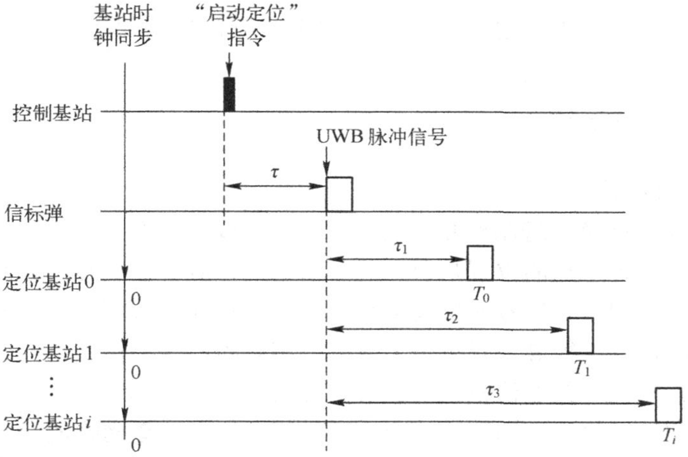

图 7.3　信号传递时序图

7.3　无线声呐浮标网络目标跟踪系统

无线声呐浮标网络是一种应用于水下侦察的传感器网络，如图 7.4 所示，网络中的节点是一种具备无线自组网能力的智能声呐浮标，它具有一定的计算、通信和存储能力，称为网络声呐浮标。通过舰船、飞机等载体将大量的网络声呐浮标部署在指定海域后，这些浮标节点通过相互通信，自发地协作完成对监测区域内敏感目标的检测、定位与跟踪任务，定位跟踪结果将由网络内的节点发送回数据处理中心（水面舰船、飞机）。

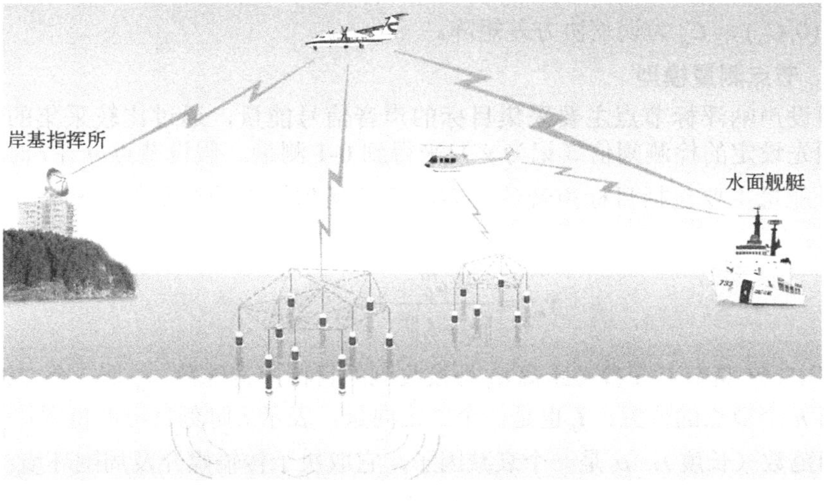

图 7.4　无线声呐浮标网络示意图

本节主要介绍利用上述无线声呐浮标网络实现目标跟踪涉及的调度策略和跟踪算法。

7.3.1 问题描述

1. 声呐浮标网络

考虑由 N 个同类二进制检测声呐浮标节点组成的静态无线声呐浮标网络部署在监测区域上，各节点的位置是已知的。二进制检测节点只有两种测量状态，如果节点测量目标的声音信号能量大于阈值，状态则为 1，否则为 0。假设每个节点都具有相同的检测半径 R_s，且每个节点具有相同的通信半径 R_c，其大小为检测半径的两倍。在节点一跳通信范围内的节点称为该节点的邻居节点。每个传感器节点都具备一定的计算能力和存储能力，可以相互通信。该网络的目的是跟踪监测区域内的单个机动目标，估计出目标的位置、速度和航向并汇报给外部中继（如无人机）。

2. 目标运动模型

为便于研究，选取二维平面上常用的匀速运动目标模型为研究对象，假设 t 时刻目标位置的横纵坐标为（$x_{1,t}, x_{2,t}$），对应速度分量为（$\dot{x}_{1,t}, \dot{x}_{2,t}$），定义状态变量为 $\boldsymbol{X}_t = [x_{1,t}, x_{2,t}, \dot{x}_{1,t}, \dot{x}_{2,t}]^{\mathrm{T}}$，目标的状态方程如下：

$$\boldsymbol{X}_t = \begin{bmatrix} 1 & 0 & T_s & 0 \\ 0 & 1 & 0 & T_s \\ 0 & 0 & 1 & 0 \\ 0 & 0 & 0 & 1 \end{bmatrix} \boldsymbol{X}_{t-1} + \begin{bmatrix} T_s^2/2 & 0 \\ 0 & T_s^2/2 \\ T_s & 0 \\ 0 & T_s \end{bmatrix} \boldsymbol{u}_{t-1} \tag{7.3.1}$$

式中：T_s 为固定采样间隔；$\boldsymbol{u}_t = [u_{1,t}, u_{2,t}]^{\mathrm{T}}$ 为状态噪声过程，这里假设 $\boldsymbol{u}_t \sim N(0, \boldsymbol{C}_u)$，$\boldsymbol{C}_u$ 为误差协方差矩阵。

3. 节点测量模型

假设声呐浮标节点主要采集目标的声音信号能量，通过比较采集的信号能量和预先设定的检测阈值（记为 γ）来得到 0-1 测量。假设节点 n 在 t 时刻采集的信号能量主要包括目标声音信号衰减后传播到节点的信号能量和背景噪声信号能量：

$$y_{n,t} = \frac{\Psi d_0^{\alpha}}{\|\boldsymbol{r}_n - \boldsymbol{l}_t\|^{\alpha}} + v_{n,t} \tag{7.3.2}$$

式中：Ψ 是节点在参考距离 d_0 处接收到的目标声音能量；$\boldsymbol{r}_n$ 是一个二维向量，表示第 n 个节点的位置；$\boldsymbol{l}_t$ 也是一个二维向量，表示 t 时刻目标的位置；$\|\cdot\|$ 表示向量的范数（长度）；α 是一个衰减因子，它取决于传输媒介及周围环境；$v_{n,t}$ 是一个已知方差为 σ_v^2 的高斯白噪声过程。假设各节点的观测独立，各节点的测量噪

声过程 $v_{n,t}$ 是独立同分布的且与 $\boldsymbol{u}_t$ 无关。节点通过如下比较获得二进制测量：

$$z_{n,t}=\begin{cases}1 & (y_{n,t}>\gamma)\\ 0 & (y_{n,t}<\gamma)\end{cases} \tag{7.3.3}$$

式中：$z_{n,t}$ 表示第 n 个节点在 t 时刻的测量。

7.3.2 目标跟踪算法

1．动态分簇

由于这里选择的是二进制检测声呐浮标节点，本节在相关研究的基础上，设计动态分簇的组织过程如下：

（1）当目标进入网络的监测区域，检测到目标的节点 i 随机延时 τ_i（s），若在延时结束前还没有收到“簇头当选消息”，节点在延时结束时发出“簇头当选消息”，成为簇头。“簇头当选消息”包括节点编号、节点坐标、激活半径和时间同步标签。其他处于休眠状态或正处于延时过程中的节点，若收到“簇头当选消息”并且判断自身处于簇头节点的激活半径内，转入激活状态，存储簇头节点的编号和坐标，调整本地时钟同步于簇头节点，成为簇成员。其中 $\tau_i=\tau_{\max}f(1-p_i/p_{\max})$，函数 $f(\cdot)$ 是定义域和值域都为[0,1]的单调递增函数，p_i 表示节点的剩余电池能量，$p_{\max}$ 表示节点的最大电池能量。通常，激活半径可设置为节点的通信半径；当节点分布较为密集、节点探测半径较大、目标运动速度较慢时，激活半径可适当减小，避免在较长时间内始终由一个簇头节点跟踪目标，使得网络内节点的能量消耗不均衡。

（2）簇头节点作为本地的数据处理中心，接收来自各成员节点的观测数据，并通过粒子滤波算法估计目标的状态。

（3）随着目标的运动，当簇头节点到所估计的目标位置的距离超过一定的阈值（称为簇转换距离，记为 D）时，进行簇的转换。此时，簇头节点通过目标运动的状态方程预测下一采样时刻的目标位置，判断目标是否离开监测区域，若离开，则停止跟踪，解散簇；否则，根据与预测位置最近且剩余能量较充足的原则，从原簇的成员节点中选择新的簇头节点。将需要传递的跟踪参数发送给新的簇头节点，同时使原簇节点进入休眠状态。

（4）新的簇头节点发送“簇头当选消息”，处于休眠状态的成员节点收到“簇头当选消息”并且判断自身处于簇头节点的激活半径内，转入激活状态，存储簇头节点编号和坐标，调整本地时钟同步于簇头节点，成为簇成员。新簇建立完成，转步骤（2）。

在整个跟踪过程中，粒子滤波算法随着簇的转换，依次运行在动态变化的簇头节点上。因此，对目标的跟踪过程是在多个簇头节点上完成的，所应用的粒子滤波算法是一种分布式粒子滤波算法。它的基本过程与集中式的粒子滤波算法大体相同，但是它涉及簇转换时粒子及其权值的传递。由于直接传递大量的粒子及其权值需要较大的通信代价，因此只传递通过粒子及其权值估计的均值和协方差给新的簇头节点，新的簇头节点通过近似高斯分布的采样获得粒子及其权值。

2．分布式粒子滤波算法

粒子滤波方法通过一种随机数支持的离散测量方法从数值上近似目标状态的后验分布，其原理在 2.3 节已经做过介绍。在有多个传感器的观测时，主要通过似然函数来联合多个节点的观测以计算权值。假设传感器网络中，在 t 时刻，簇头编号为 a_1，簇内成员编号为 $a_2,\cdots,a_n$；簇头节点接收到的簇成员测量为 $\{z_{a_i,t} \mid i=1,\cdots,n\}$。分布式粒子滤波算法的具体步骤如下：

（1）初始化。先判断，本簇是否是新建立的簇。如果是新建立的簇，利用上一时刻的旧簇簇头传送过来的均值和协方差，从高斯分布 $N(\hat{\boldsymbol{X}}_{t-1},\hat{\boldsymbol{P}}_{t-1})$ 中抽取粒子 $\boldsymbol{X}_{t-1}^{(m)}$（$m=1,\cdots,M$）；否则，将上一时刻重采样后的粒子集作为当前的粒子集。若是第一个建立的簇，因为没有上一时刻传来的均值和协方差，根据经验得到均值和协方差，从高斯分布抽取粒子。

（2）粒子繁殖：从建议分布获得粒子 $\boldsymbol{X}_t^{(m)}$，$\boldsymbol{X}_t^{(m)} \sim \pi(\boldsymbol{X}_t \mid \boldsymbol{X}_{t-1}^{(m)})$。先生成随机过程噪声样本 $\boldsymbol{u}_{t-1}^{(m)} \sim N(0,\boldsymbol{C}_u)$，再利用式（5.4.1）得到 $\boldsymbol{X}_t^{(m)}$。

（3）权值计算：

$$\tilde{w}_t^{(m)} = \prod_{i=1}^{n} p(z_{a_i,t} \mid \boldsymbol{X}_t^{(m)}) \tag{7.3.4}$$

式中：$p(z_{a_i,t}=1 \mid \boldsymbol{X}_t) = Q(\gamma - g_{a_i}(\boldsymbol{X}_t)/\sigma_v)$；$p(z_{a_i,t}=0 \mid \boldsymbol{X}_t) = 1 - Q(\gamma - g_{a_i}(\boldsymbol{X}_t)/\sigma_v)$；$g_{a_i}(\boldsymbol{X}_t) = \Psi d_0^{\alpha} / \left\| \boldsymbol{r}_{a_i} - \boldsymbol{l}_t \right\|^{\alpha}$；$Q(\cdot)$ 是标准累积分布函数的补，即 $Q(\cdot) = 1 - \Phi(\cdot)$，$\Phi(\cdot)$ 为标准累积分布函数。

（4）权值归一化：

$$w_t^{(m)} = \tilde{w}_t^{(m)} / \sum\nolimits_{k=1}^{M} \tilde{w}_t^{(k)} \tag{7.3.5}$$

（5）重采样。通过该步骤，具有可忽略权值的粒子被消除，并且具有较大权值的粒子被复制。这里推荐采用系统重采样，重采样后的粒子为 $\boldsymbol{X}_t^{\prime(m)}$，权值都为 $1/M$。

（6）估计目标状态的均值和协方差。以目标状态的均值作为该时刻对目标状态的估计：

$$\hat{\boldsymbol{X}}_t = \sum_{m=1}^{M} \boldsymbol{X}_t^{\prime(m)} / M, \quad \hat{\boldsymbol{P}}_t = \sum_{m=1}^{M} (\boldsymbol{X}_t^{\prime(m)} - \hat{\boldsymbol{X}}_t)(\boldsymbol{X}_t^{\prime(m)} - \hat{\boldsymbol{X}}_t)^{\mathrm{T}} \tag{7.3.6}$$

（7）判断簇是否转换。计算所估计目标位置到自身（当前簇头）的距离，若该距离大于 D，则进行簇的转换，转步骤（8）；否则不进行簇的转换，转步骤（1）。

（8）挑选新簇头。原簇头根据估计的目标状态外推目标至下一时刻的位置，从邻居节点中选择离目标下一时刻位置最近且能量充裕的节点（能量值不小于一定的阈值即可）作为新的簇头。转步骤（9）。

（9）参数传递。将当前目标状态的均值和协方差发送给新簇头。转步骤（1）。

3．簇转换距离和激活半径的设置

簇转换距离和激活半径是本算法需要设置的两个关键参数，这直接影响到算法的跟踪效果和网络的能量消耗。簇转换距离太小，会导致簇的频繁切换；太大，会导致动态簇跟不上目标的运动和网络能量消耗不均衡。簇激活半径过大，会激活过多的传感器节点参与跟踪，从而增大网络能量消耗；太小，激活节点的数目太少，会降低算法的跟踪精度。因此需要合理设置这两个参数。通常可设置簇转换距离为节点的检测半径，激活半径为节点的通信半径。当需要减少能耗时，可适当降低激活半径的大小；当需要使能耗更均衡时，可适当降低簇转换距离的大小。

由于设置参数为固定值会使算法的灵活性较差，进一步可将激活半径根据算法估计的协方差信息进行自适应调整。在声呐浮标网络进行网格部署情况下，可自适应地调节激活半径的大小。由于粒子滤波方法每次可以得出目标状态估计的协方差，可以综合利用网格部署的间隔和协方差信息来调整激活半径。当簇头判断需要进行簇转换时，调整激活半径如下：

$$R_a = \text{interval} + \sqrt{\hat{\boldsymbol{P}}_t(1,1) + \hat{\boldsymbol{P}}_t(2,2)} \tag{7.3.7}$$

式中：interval 为网格部署的间隔，$\hat{\boldsymbol{P}}_t$ 为粒子滤波算法所估计的目标状态的协方差矩阵。

7.3.3 仿真分析

为验证基于动态分簇的分布式粒子滤波算法在无线声呐浮标网络中对目标进行跟踪的有效性并观察跟踪效果，进行了仿真分析。仿真分析主要从跟踪精度和能量消耗两个方面对算法进行评价。在跟踪精度的比较上，进行了蒙特卡罗仿真，统计目标位置估计的均方根误差；在网络的能量消耗上，间接地从每一时刻激活的节点数目这一指标进行了比较分析。

仿真场景描述如下：N=100 个声呐浮标节点以方形网格的形式部署在 270m×270m 的监测海域，网格间隔 interval 为 30m，仿真时长为 100s，采样间隔 T_s=1s，粒子数 M=500。关于节点和目标的相关参数详见表 7.2，目标的运动轨迹由单次运动模型的计算机仿真获得，如图 7.5 所示。

表 7.2　节点和目标的相关参数

参数	取值	描述
R_s/m	50	节点的检测半径大小
R_c/m	100	节点的通信半径大小
γ	2	检测门限
σ_v^2	0.01	测量噪声的方差
$\boldsymbol{X}_0$	$[0,0,2,1.5]^{\mathrm{T}}$	目标的初始状态
$\boldsymbol{C}_u$	diag(0.05,0.01)	状态噪声过程的协方差
$\boldsymbol{\Psi}$	5000	目标辐射的声音能量
d_0/m	1	参考距离

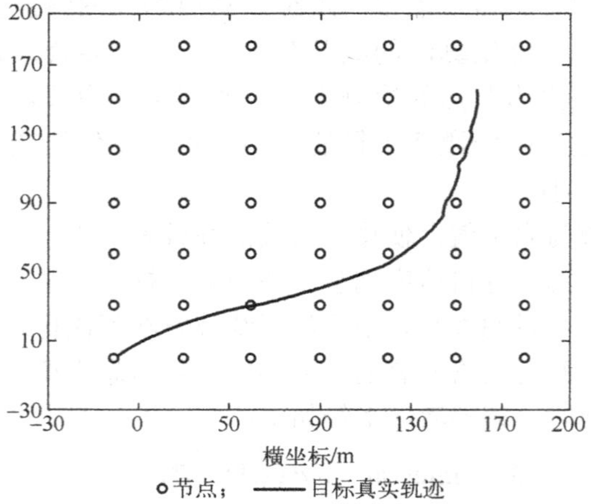

图 7.5　声呐浮标网络的部署与目标的运动轨迹

1．与集中式粒子滤波方法的比较

首先，设置本算法的激活半径为节点的通信半径，簇转换距离为节点的检测半径。在 $t=0$ 时刻，取决于目标位置先验信息的均值和协方差分别为 $\hat{\boldsymbol{X}}_0=[2,5,1,1]^{\mathrm{T}}$ 和 $\hat{\boldsymbol{P}}_0=\mathrm{diag}(25^2,25^2,2^2,2^2)$。采用集中式粒子滤波算法时，由每个节点直接将测量发送给融合中心（如无人机），由融合中心执行集中式粒子滤波跟踪算法。图 7.6 为经过 100 次蒙特卡罗仿真得到的本算法与集中式粒子滤波方法估计的目标位置均方根误差曲线的对比，可以看出本算法与集中式粒子滤波算法的跟踪效果相当。从理论上讲，集中式的粒子滤波算法融合了所有传感器节点的测量信息，它将比分布式的粒子滤波算法具有更高的跟踪精度。之所以跟踪效果相当，我们将它归功于动态分簇的好处。由于激活半径和簇转换距离设置较为合理，因而簇的切换较为及时，在每个时刻的跟踪簇都恰好激活了目标周围的节点。该仿真表明在合理设置参数的情况下，本算法可达到与集中式粒子滤波器相当的精度。

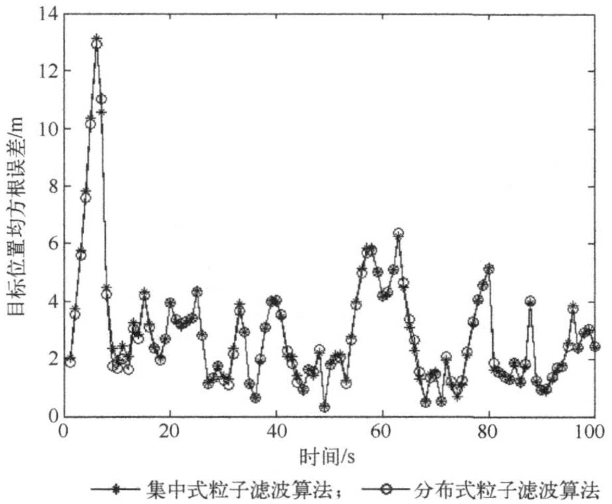

图 7.6　目标位置均方根误差曲线对比

2．参数调整

参数调整的目的主要是为了减少网络能量消耗和均衡网络能量消耗。首先对激活半径和簇转换距离设置为固定值的情况进行了仿真对比，然后对激活半径自适应调整的情况进行了仿真分析。

1）参数设置为固定值的情况

参数调整前，激活半径设置为 100m，簇转换距离设置为 50m。参数调整后，设置激活半径为 50m、簇转换距离为 25m。对参数调整前后的本算法进行 100 次蒙特卡罗仿真。图 7.7 给出了参数调整前后估计的目标位置均方根误差曲线，可以看出，调整后跟踪精度稍有降低。但并不影响算法在一段时间后跟踪上目标（$t = 20\,\mathrm{s}$ 左右）。为给出参数调整前后算法跟踪的直观效果，图 7.8 给出了单次仿真中参数调整前后的跟踪轨迹对比，图 7.9 和图 7.10 分别给出了调整参数前后算法对目标速度的横纵坐标分量的估计值与其真实值的对比。可以看出，调整参数后，跟踪轨迹同样能够拟合真实的目标轨迹，对目标速度的估计也在其真实值附近波动，虽然精度略有下降，但不影响跟踪效果。同时，我们考察了参数调整对网络能量消耗的影响。图 7.11 为参数调整前后每一时刻网络内激活的节点个数的比较，可以看出，参数调整后，每一时刻网络内激活的节点个数大为减少，这将降低网络内节点总的能耗，从而延长网络寿命。表 7.3 对参数调整前后动态簇的切换次数进行了统计，可以看出，参数调整后，簇切换次数增加，使粒子滤波算法运行在更多的簇头节点上，促进了网络内节点能量消耗的均衡。

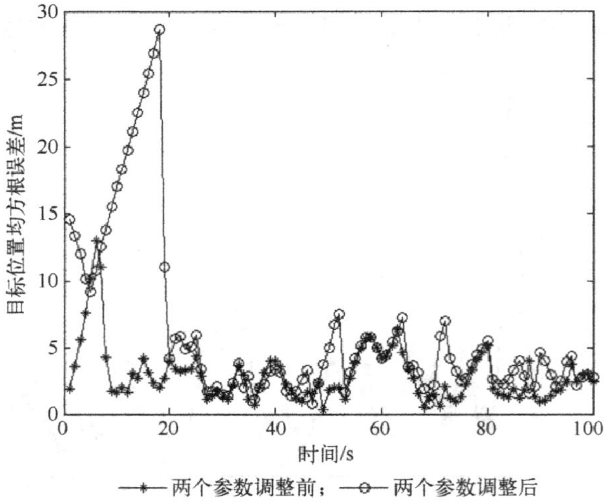

图 7.7 调整参数前后跟踪精度比较

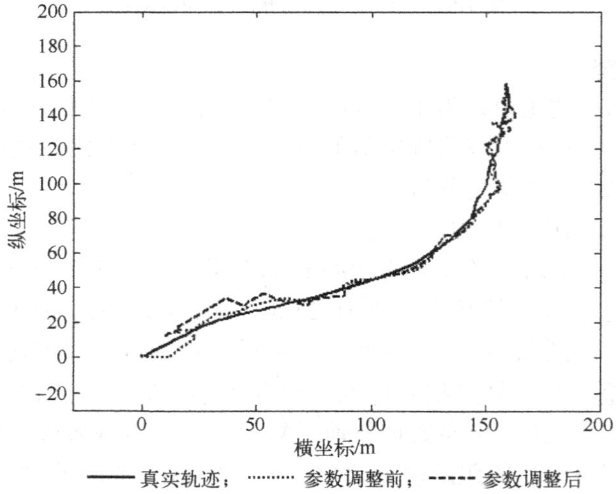

图 7.8 调整参数前后跟踪轨迹对比

表 7.3 参数调整前后动态簇的切换次数

参数设置		动态簇的切换次数
激活半径/m	簇转换距离/m	
100	50	4
50	25	7

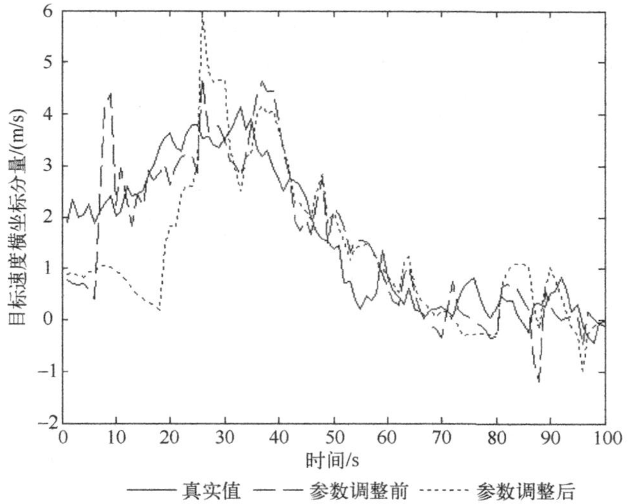

图 7.9　调整参数前后算法所估计出的目标速度横坐标分量与其真实值的对比

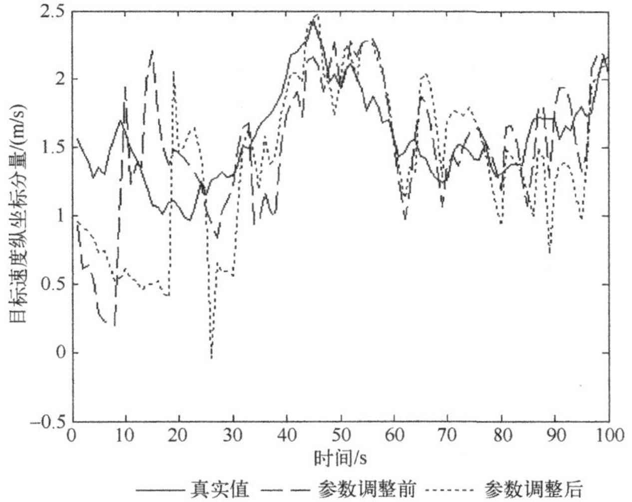

图 7.10　调整参数前后算法所估计出的目标速度纵坐标分量与其真实值的对比

2）自适应调整的情况

初始设定激活半径为 100m，簇转换距离设置为 50m，在跟踪过程中自适应调节激活半径。仿真主要将跟踪结果与未进行自适应调节激活半径的情况进行了比较。图 7.12 为算法在未进行自适应调整和进行自适应调整两种情况下的跟踪轨迹与目标真实轨迹的对比。可以看出，进行自适应调整后，算法的跟踪精度与不进行自适应调整时相当，具有较好的跟踪效果。在自适应调整的情况下动态簇进行了四次切换，激活半径依次为 77.81m、60.71m、84.66m、83.63m，激活的节点数目依次为 13、18、12、21。与未进行自适应调整的激活节点数目（依次是 13、26、34、37）相比，自适应调整后激活节点数目明显减少，减少了网络能量消耗。

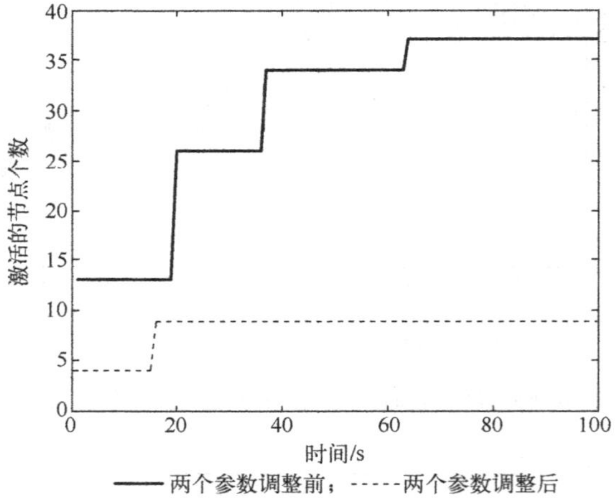

图 7.11　参数调整前后网络内激活节点数目

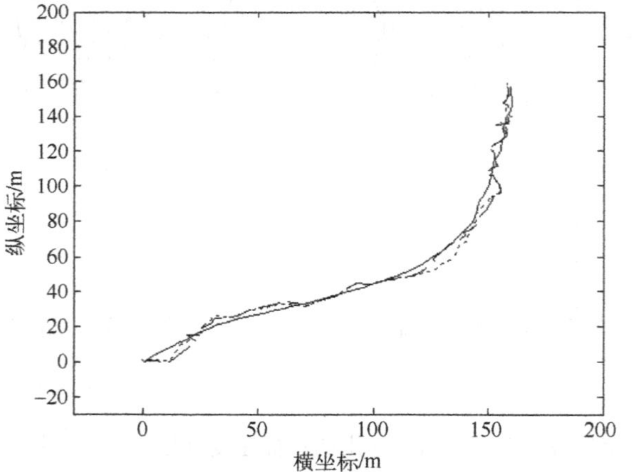

图 7.12　自适应调整对算法跟踪效果的影响

7.4　无人机姿态误差对目标定位精度影响研究

近年来，美海军作战思想着重强调了海上火力支援的能力，发展了“垂直包围”“舰对目标的机动”“超视距登陆”“空海一体登陆”等一系列战法。在舰艇大口径火炮对岸进行精确打击时，受制于传统传感器的限制，不能对目标进行实施跟踪定位，因此采用无人侦察机对远程目标进行前沿侦察，为舰载武器提供精确的目标位置信息，引导制导弹药实施精确的对岸打击。无人机对制导弹药进行保障射击主要有如下优势：

（1）能在终端屏幕上不间断地为指挥员提供目标信息。

（2）利用无人机传感器侦察确定目标坐标的精度高。

（3）能够保障舰炮实现对地面不能观察目标及敌纵深目标的打击任务等。

（4）结合精确制导弹药，弥补了各类武器由于侦察手段不足所导致的打击毁耗弹量大、伤概率低等问题。

然而，由于无人机姿态角度误差（航向角、俯仰角、滚转角）的存在，测量得到的目标位置与实际位置存在一定偏差，导致远程大口径舰炮对目标不能进行精确打击，为解决上述问题，本节主要针对无人机姿态误差对目标定位误差的影响进行了定量研究，并得出了相关结论，为舰艇制导弹药的远程打击提供了目标依据和指标参考，对无人机及惯导器件的安装、生产也起到了一定的借鉴意义。

7.4.1 无人机姿态对测量目标点位置误差影响的数学模型

1．相关坐标系定义

1）T 系——地理坐标系

地理坐标系 $O_tX_tY_tZ_t$ 是指无人机载体在飞行时，为表示当前位置的东向、北向和垂直方向的姿态而固结在载体之上的坐标系。本节所采用的是东北天地理坐标系，该坐标系的原点 O_t 选在了载体的重心处，其中，O_tX_t 指向东，O_tY_t 指向北，O_tZ_t 沿垂直方向指向天。

2）N 系——导航坐标系

导航坐标系 $O_nX_nY_nZ_n$ 是无人机载体因导航计算机系统工作需要而选择的作为当前基准的一种坐标系。导航坐标系其实只是一种功能性概念意义上的定义，本书导航坐标系用的与地理坐标系相重合的东北天坐标系。其中，原点 O_n 选在无人机载体的重心，O_nX_n 指向东、O_nY_n 指向北、O_nZ_n 根据右手法则指向与地表垂直向上的方向。

3）b 系——载体坐标系

各传感器因为是固定安装在无人机载体上的，故存在一个坐标系来表示所测量的信息。载体坐标系 $O_bX_bY_bZ_b$ 是与载体固定连接的直角坐标系。其中。原点坐标 O_b 位于无人机载体重心、O_bX_b 沿载体横轴向右、O_bY_b 沿载体的纵轴向前、O_bZ_b 则沿载体的竖轴向上。如图 7.13 所示，依据地理坐标系与载体坐标系所构成的角度关系可知导航计算时用到的无人机载体的姿态及航向。

2．姿态角的表示方法

无人机姿态角是通过其导航坐标系各坐标轴与载体坐标系各个轴之间的夹角关系来定义的。其中，从一个坐标系变换到另一个坐标系有两种方式：转动和平移。平移不改变坐标系的方向，故对于姿态测量来讲我们只需要研究无人机在空间上的姿态角和飞行航向角（统称姿态角），可用载体坐标系相对地理坐标系的转动关系来表示出来。其中假定载体坐标系与导航坐标系原点处于同一位置（方向不同），那么可以通过三次不同方向的坐标轴转动使载体坐标系与导航坐标系相重合，每次转动的角度大小称为欧拉角，即姿态角，如图 7.14 所示。本节分别用 Φ、θ、γ 表示无人机的三个姿态角。

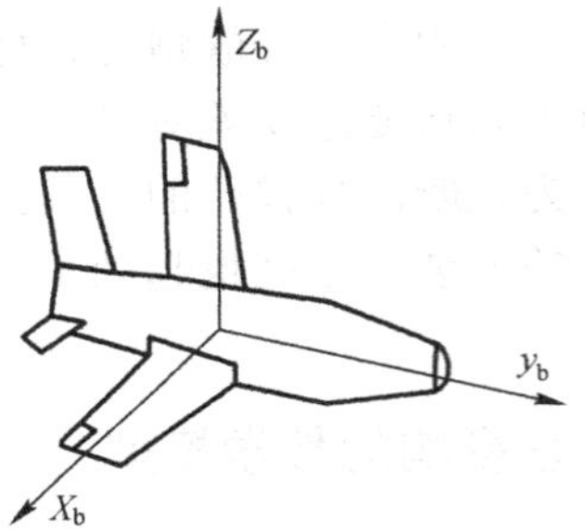

图 7.13　b 系——载体坐标系

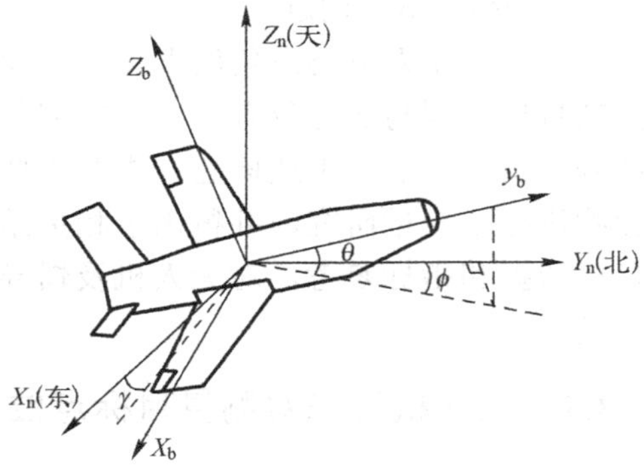

图 7.14　姿态角度的表示方法

航向角 Φ：定义为绕 Z 轴转动的角度，是指在空间载体纵轴方向在水平面上的投影与地球子午线之间的夹角，即为载体坐标系 Y_b 轴在地理坐标系中水平面的投影与地理坐标系 Y_t 的夹角。并以地理北向为起点，以顺时针转动方向为正，定义角度范围是（0°～360°）。定义无人机载体的 Y_b 轴在地理坐标系水平面上的投影和地磁子午线的夹角为磁航向角，用 Φ_m 来表示。

俯仰角 θ：定义为绕 X 轴转动的角度，即在空间上是指无人机载体的 Y_b 轴与地理坐标系中水平面之间的夹角，同时也是载体纵轴 Y_b 与其在地理水平面上的投影之间的夹角。以载体抬头向上为正，向下为负，定义范围是-90°～90°。

滚转角 γ：定义为绕 Y 轴转动的角度，是指无人机载体的横轴 X_b 与地理坐标系水平面之间的夹角，即为载体横轴 X_b 与其在地理水平面上投影的夹角。该角以载体右边抬起为正，左边抬起为负，定义范围是-180°～180°。

转动是有方向的，故按上述定义中用欧拉角转动法表示姿态时，顺序不同的转动 Φ、θ、γ 三个角所得到的姿态方位是不同的。每一次转动过程可以用一个矩阵来表示，称为姿态矩阵。按照上面的方法定义的欧拉角可以确定一个姿态矩阵。

绕 X 轴转动 θ 角时，得到：

$$C_x = \begin{bmatrix} 1 & 0 & 0 \\ 0 & \cos\theta & \sin\theta \\ 0 & -\sin\theta & \cos\theta \end{bmatrix} \tag{7.4.1}$$

绕 Y 轴转动 γ 角时，得到：

$$C_y = \begin{bmatrix} \cos\gamma & 0 & -\sin\gamma \\ 0 & 1 & 0 \\ \sin\gamma & 0 & \cos\gamma \end{bmatrix} \tag{7.4.2}$$

绕 Z 轴转动 $\varPhi$ 角时，得到：

$$C_z = \begin{bmatrix} \cos\varPhi & \sin\varPhi & 0 \\ -\sin\varPhi & \cos\varPhi & 0 \\ 0 & 0 & 1 \end{bmatrix} \tag{7.4.3}$$

定义转动顺序为 $\varPhi \to \theta \to \gamma$，那么从地理坐标系到载体坐标系（导航坐标系）的变换可表示为：

$$C_n^b = \begin{bmatrix} \cos\varPhi\cos\gamma - \sin\varPhi\sin\theta\sin\gamma & \cos\theta\sin\varPhi + \sin\gamma\sin\theta\cos\varPhi & -\sin\gamma\cos\theta \\ -\sin\varPhi\cos\theta & \cos\varPhi\cos\theta & \sin\theta \\ \sin\gamma\cos\varPhi + \sin\varPhi\sin\theta\cos\gamma & \sin\gamma\sin\varPhi - \cos\gamma\sin\theta\cos\varPhi & \cos\gamma\cos\theta \end{bmatrix} \tag{7.4.4}$$

由该式可以看出，如果一个向量在地理坐标系中表示为 R^n，则在地理坐标系中 R^b 可表示为：

$$R^b = C_n^b \cdot R^n \tag{7.4.5}$$

7.4.2 目标点位置误差的表示方法

1．姿态角度的误差研究

无人机航向姿态测量系统采用了多种传感器件，计算和算法过程较多，故不可避免地存在各种误差，其中按照引起误差的原因分类，可以大体分两类：特有误差和固有误差。固有误差指的是传感器或测试系统在设计、装配及生产过程中就所固有的误差，它的产生不因工作环境、工作地点的改变而改变。特有误差则是指与当前工作状态、工作环境相关，由于特定的运动形式或状态所导致测量结果的误差。

固定误差是在实际应用中，因航向姿态测量系统在开始工作之前，传入导航计算机的数据参数存在一定误差，并由于惯性测量系统各组成部分存在缺陷，加之计算方法不同，因而航姿系统的工作精度受到影响，主要包括有惯性敏感器件的误差、计算机的算法误差、初始对准误差等，这其中惯性敏感器件的误差因出厂时便固有，且不同个体误差不同，难以控制，通常该误差占系统固有误差的 80%左右。

特有误差是在姿态测量系统实际测算过程中，与载体运动有关的系统所特有的误差，大部分误差产生原因涉及捷联惯性系统，以及与加速度计、陀螺仪在运动状态下的工作性能相关的误差源。由于特有误差占整体误差比重较小，故暂不考虑。

由于惯性敏感器件的误差占系统固有误差的 80%左右，因此主要考虑该误差，根据无人机厂家提供的指标估算惯导器件测量精度选择在航向角 0～0.2°，俯仰角 0～0.1°，滚转角为 0～0.1°。

2．目标点位置误差的表示方法

为了方便统一，选取载体坐标系来研究目标位置误差，在地理坐标系下实际点设为 M_0（X_n^0、Y_n^0、Z_n^0），该点可由其他传感器测量获得，为已知，假定不存在测量误差，由于地理坐标系原点选在载体重心 O，故目标相对无人机位置 $\overline{OM_0}=(X_n^0、Y_n^0、Z_n^0)$。

在载体坐标系下设目标实际点坐标为 M_0^*，则：$M_0^* = C_n^b \cdot M_0$

当存在姿态误差时，地理坐标系下，目标相对载体位置并未发生变化，仍为 $\overline{OM_0}=(X_n^0、Y_n^0、Z_n^0)$，但从地理坐标系（导航坐标系）到载体坐标系的变换矩阵应当考虑角度误差，即：

$$\varPhi^* = \varPhi + \Delta\varPhi \tag{7.4.6}$$

$$\theta^* = \theta + \Delta\theta \tag{7.4.7}$$

$$\gamma^* = \gamma + \Delta\gamma \tag{7.4.8}$$

$$\boldsymbol{C}_n^b = \begin{bmatrix} \cos\varPhi^*\cos\gamma^* - \sin\varPhi^*\sin\theta^*\sin\gamma^* & \cos\theta^*\sin\varPhi^* + \sin\gamma^*\sin\theta^*\cos\varPhi^* & -\sin\gamma^*\cos\theta^* \\ -\sin\varPhi^*\cos\theta^* & \cos\varPhi^*\cos\theta^* & \sin\theta^* \\ \sin\gamma^*\cos\varPhi^* + \sin\varPhi^*\sin\theta^*\cos\gamma^* & \sin\gamma^*\sin\varPhi^* - \cos\gamma^*\sin\theta^*\cos\varPhi^* & \cos\gamma^*\cos\theta^* \end{bmatrix} \tag{7.4.9}$$

在地理坐标系下设目标测量点为 M_1^*，则：

$$M_1^* = C_n^{b*} \cdot M_0 \tag{7.4.10}$$

那么在地理坐标系下，目标定位误差可以用目标实际点与测量点之间的距离来表示，即：

$$\left|M_0{}^*M_1{}^*\right| = \left|M_0^* - M_1^*\right|_2 \tag{7.4.11}$$

7.4.3 仿真分析

假设现有某中小型无人侦察机位于高空对某地面目标实施侦察，假定某时刻该目标及无人机实时位置可由其他传感器准确测量获得（本书暂不考虑其他传感器的目标定位误差），经测算，在载体坐标系下，该目标位置相对无人机的坐标为

(10,10, −10)，单位为 km。下面，主要从三个角度及相应误差对目标定位的影响分别进行仿真实验。

1．航向角 Φ 及其误差$\Delta\Phi$ 对目标定位精度的影响

分别设俯仰角、滚转角为 0°，且暂不考虑两个角度误差的影响，在此情况下对实验进行仿真计算。仿真参数设置如下：航向角 Φ 变化范围为 0～360°，误差$\Delta\Phi$ 取 0～0.2°，以$\Delta\Phi$ 为 X 轴、目标定位误差为 Y 轴（单位：km），得出在随 Φ、$\Delta\Phi$ 变化，定位误差的变化范围（见图 7.15），同时任取一固定$\Delta\Phi$ 值，研究随 Φ 变化，对目标定位精度的影响（见图 7.16）。

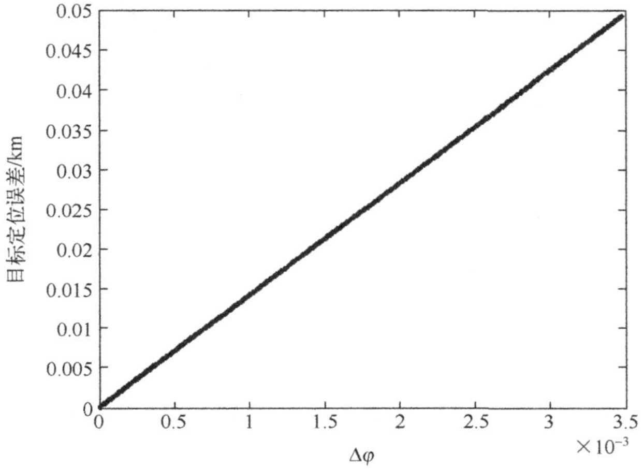

图 7.15　航向角 Φ 及其误差$\Delta\Phi$ 对目标定位精度的影响

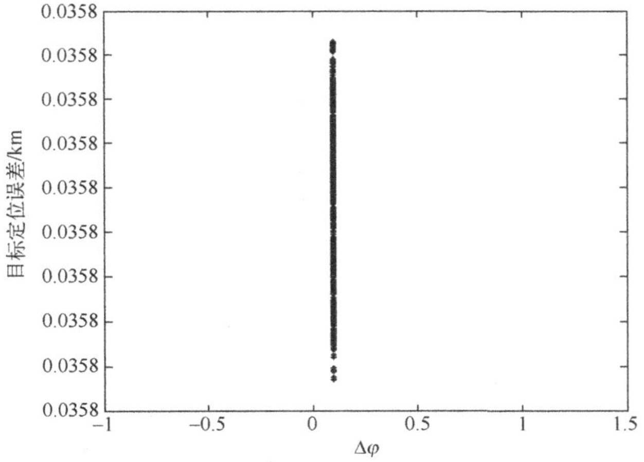

图 7.16　某$\Delta\Phi$ 角度下 Φ 对目标定位精度的影响

2．俯仰角 θ 及其误差 $\Delta\theta$ 对目标定位精度的影响

分别设航向角、滚转角为 0°，且暂不考虑两个角度误差的影响，在此情况下对实验进行仿真计算。仿真参数设置如下：俯仰角 θ 变化范围为-90°～90°，误差 $\Delta\theta$ 取 0～0.1°，以 $\Delta\theta$ 为 X 轴、目标定位误差为 Y 轴（单位：km），得出在随 θ、$\Delta\theta$ 变化，定位误差的变化范围（见图 7.17），同时任取一固定 $\Delta\theta$ 值，研究随 θ 变化，对目标定位精度的影响（见图 7.18）。

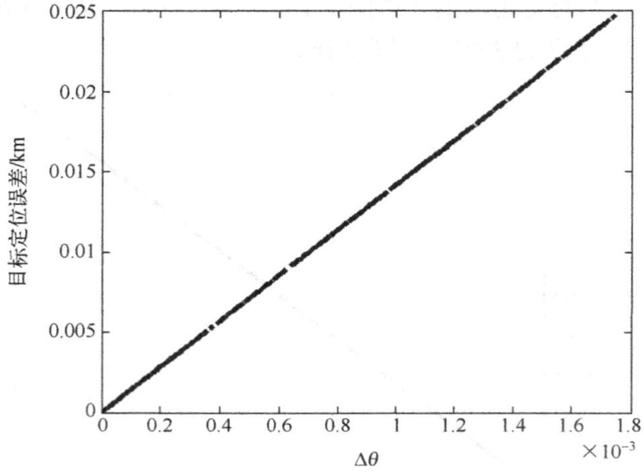

图 7.17　俯仰角 θ 及其误差 $\Delta\theta$ 对目标定位精度的影响

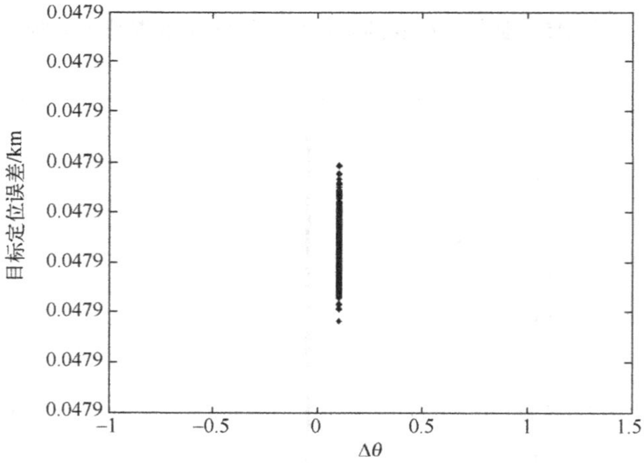

图 7.18　某 $\Delta\theta$ 角度下 θ 对目标定位精度的影响

3．滚转角 γ 及其误差 $\Delta\gamma$ 对目标定位精度的影响

分别设航向角、俯仰角为 0°，且暂不考虑两个角度误差的影响，在此情况下对实验进行仿真计算。仿真参数设置如下：滚转角 γ 变化范围为-180°～180°，误差$\Delta\gamma$取0～0.1°，以$\Delta\gamma$为X轴、目标定位误差为Y轴（单位：km），得出在随γ、$\Delta\gamma$变化，定位误差的变化范围（见图7.19），同时任取一固定$\Delta\gamma$值，研究随γ变化，对目标定位精度的影响（见图7.20）。

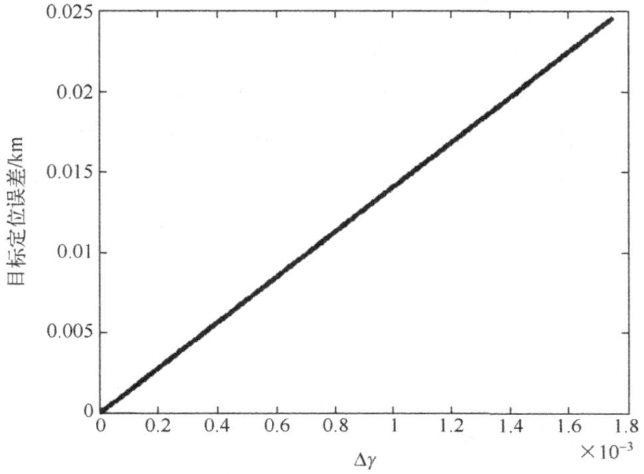

图 7.19　滚转角γ及其误差$\Delta\gamma$对目标定位精度的影响

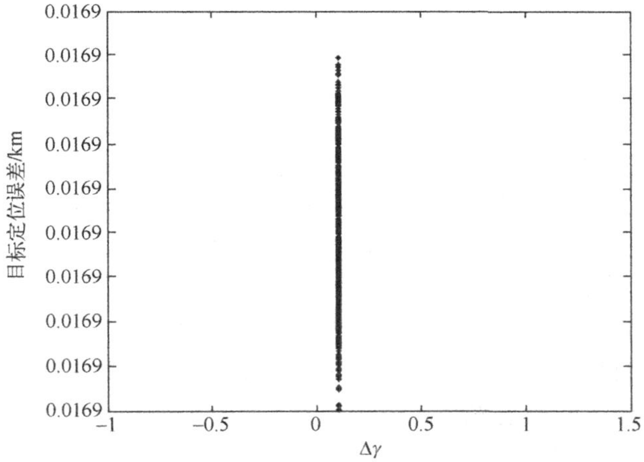

图 7.20　某$\Delta\gamma$角度下γ对目标定位精度的影响

从图7.15～图7.20中可以看出，在设另外两个姿态角及其误差为0的情况下，研究某一姿态角及其误差对目标定位精度的影响时，有以下两个结论：一是在角度误差固定的情况下，某一姿态角的变化对无人机定位误差无影响；二是当角度误差很小的情况下，无人机定位误差与姿态角度误差成线性关系，姿态角度误差越大，无人机定位误差也就越大。

为了实现远程大口径舰炮对岸精确打击，充分利用火力资源，研究无人机载体姿态角度误差引起的目标定位精度的情况，本节利用地理坐标系和载体坐标系之间的转换关系，提出并建立了无人机姿态误差与目标定位精度相互关系的数学模型，仿真实验表明，三个姿态角度对目标定位精度无影响，同时在角度误差较小的情况下，定位精度与误差角度大小成正比关系，该中小型无人机定位精度大致在 0～50m 范围内，据此，舰艇指挥员可根据目标点误差的分布情况及大口径火炮的射弹散布情况，决定毁伤目标所需的弹药数量，确保有效攻击。但就上述情况来看，无人机载体姿态误差对目标定位精度的影响依然较大，毁伤目标所需弹药数量仍较多，故如何消减误差，进一步提升无人机定位及舰艇大口径舰炮打击精度，仍是未来重点研究的内容。

小结

本章我们介绍了几个目标定位跟踪的应用案例，涉及的领域从陆上到水下各有不同，但所用到的定位跟踪算法在之前的章节均已有过介绍，这里将其放置于特定场景之下，旨在使读者对定位跟踪理论在实际中如何运用有所启发，同时，能够认识到不同的方法有不同的适用范围，要灵活选取合适的方法解决不同领域的定位跟踪问题。

思考题

1. 常见的火炮射击检靶手段有哪些？它们存在哪些问题？
2. 从工作体制上检靶手段可分为哪两类？它们的特点是什么？
3. 与传统无线定位方式相比，超宽带定位有哪些优势？
4. 基于超宽带定位的检靶系统的工作流程是怎样的？
5. 基于超宽带定位的检靶系统由哪些部分组成？各自实现什么功能？
6. 在跟踪目标时，无线声呐浮标网络是如何选举出簇头的？
7. 簇转换距离和激活半径两个参数的不同设置会产生怎样的影响？
8. 无人机姿态测量涉及哪些常见坐标系？它们如何定义？
9. 无人机姿态角的表示方法有哪些？
10. 无人机姿态误差对目标定位影响如何？

参 考 文 献

[1] 董志荣. 舰艇指控系统的理论基础[M]. 北京: 国防工业出版社, 1995.

[2] 周宏仁, 敬忠良, 王培德. 机动目标跟踪[M]. 北京：国防工业出版社, 1991.

[3] Wax N. Signal-to-noise improvement and the statistics of track populations [J]. Applied physics, 1955, 26(5): 586-595.

[4] Sittler R W. An optimal data association problem in surveillance theory [J]. IEEE Trans. Military Electronics Vol. MIL-8, 1964(4):125-139.

[5] 戴自立. 现代舰载作战系统（下册）[M]. 北京: 兵器工业出版社, 1990.

[6] A.费利那, F.A.斯塔德. 雷达数据处理（上、下）[M]. 北京: 国防工业出版社, 1992.

[7] Blackman S S. Design and analysis of modern tracking systems [M]. Artech House, Boston, London, 1999.

[8] Hall D L. Mathematical techniques in multisensor data fusion[M]. Artech House, Boston, London, 1992.

[9] Hall D L, Llinas J. Handbook of multi-sensor data fusion [M]. Boca Raton, FL, USA, CRC Press, 2001.

[10] 中国科学院数学研究所概率组. 离散时间系统滤波的数学方法[M]. 北京: 国防工业出版社, 1975.

[11] 何友, 修建娟, 张晶炜, 等. 雷达数据处理及其应用[M]. 北京: 电子工业出版社, 2006.

[12] 杨万海. 多传感器数据融合及其应用[M]. 西安: 西安电子科技大学出版社, 2004.

[13] 刘忠, 周丰, 石章松, 等. 纯方位目标运动分析[M]. 北京: 国防工业出版社, 2009.

[14] 杨露菁, 余华. 多源信息融合理论与应用[M]. 北京: 北京邮电大学出版社, 2006.

[15] 康耀红. 数据融合理论与应用[M]. 西安: 西安电子科技大学出版社, 1997.

[16] 刘同明, 夏祖勋, 解洪成. 数据融合技术及其应用[M]. 北京: 国防工业

出版社, 1998.
[17] 孙仲康, 周一宇, 何黎星. 单多基地有源无源定位技术[M]. 北京: 国防工业出版社, 1998.
[18] 何友, 王国宏, 陆大金, 等. 多传感器信息融合及应用[M]. 北京: 电子工业出版社, 2000.
[19] Magill D T. Optimal adaptive estimation of sampled stochastic processes[J]. IEEE Trans. Automatic Control, 1965:434-439.
[20] Li X R, Bar-Shalom Y. Model-set adaptation in multiple-model estimator for hybrid system[C]. American Control Conference, 1992:1794-1799.
[21] Li X R, Bar-Shalom Y. Multiple-model estimator with variable structure[J]. IEEE Trans.on Automatic Control,1996:478-493.
[22] 王志贤. 最优状态估计与系统辨识[M]. 西安: 西北工业大学出版社, 2004.
[23] 邓自立. 最优估计理论及其应用——建模、滤波、信息融合估计[M]. 哈尔滨: 哈尔滨工业大学出版社, 2005.
[24] 杨露菁, 郝威, 刘志坤, 等. 战场情报信息综合处理技术[M]. 北京: 国防工业出版社, 2017.
[25] Li X R. Model-set sequence conditioned estimation in multiple-model estimation with variable structure[C]. Proc. 1998 SPIE Conf. Signal and Data Processing of Small Targets, 1998(4): 546–558.
[26] Li X R., Zhi X R, Zhang Y M. Multiple-model estimation with variable structure-part III: model-group switching algorithm[J]. IEEE Trans. Aerospace and Electronic Systems, 1999(1): 225-241.
[27] Li X R, Zhang Y M, Zhi X R. Multiple-Model Estimation With Variable Structure-Part IV: Design and Evaluation of Model-Group Switching Algorithm[J].IEEE Trans. on Aerospace and Electronic Systems, 1999(1): 242-254.
[28] Lin H, Atherton D P. An investigation of the SFIMM algorithm for tracking maneuvering targets[C]. in Proc. 32nd IEEE Conf. Decision and Control, 1993(12):930–935.
[29] 程国采. 战术导弹导引方法[M]. 北京:国防工业出版社,1996.
[30] 蒋希帅. 雷达目标跟踪算法的研究[D]. 大连: 大连海事大学, 2008.
[31] 赵智勇. 机动目标跟踪理论的算法研究[D]. 无锡: 江南大学, 2008.
[32] 沈莹. 机动目标跟踪算法与应用研究[D]. 西安: 西北工业大学, 2007.
[33] 王洋. 基于自适应滤波的机动目标跟踪算法研究[D]. 哈尔滨: 哈尔滨工业大学, 2008.

[34] 党玲，许江湖，王永斌. 自适应网格交互多模型算法[J]. 火力与指挥控制, 2004, 29(4): 51-54.
[35] 潘泉，戴冠中，张洪才. 交互式多模型滤波器及并行实现研究[J]. 控制理论与应用, 1997, 14(4):544-549.
[36] 梁彦，潘泉，贾宇岗. 基于模型空间分解的交互式多模型算法[J]. 西北工业大学学报, 2001, 19(3): 394-397.
[37] 陈康，嵇成新，颜仲新. 雷达跟踪机动目标的多模型算法研究[J]. 舰船科学技术, 2004, 26(1): 53-57.
[38] 李鸿艳，冯新喜，王芳. 一种新的机动目标模型及其自适应跟踪算法[J]. 电子与信息学报, 2004, 26(6):966-970.
[39] Liu C M, Wu K G. A single kalman filtering algorithm for maneuvering target tracking [J]. Acoustics, Speech, and Signal Processing, 1994: 193-196.
[40] Blackman S S, Dempster R J, Busch M T. IMM/MHT solution to radar benchmark tracking problem [J]. IEEE Trans. AES, 1999:730-738.
[41] 周朝晖，嵇成新. 多种滤波器方案对机动目标跟踪自适应性比较[J]. 情报指挥控制系统与仿真技术, 2003, 10: 24-36.
[42] Daeipour E, Bar-Shalom Y. IMM tracking of maneuvering targets in the presence of glint[J]. IEEE Trans. Aerospace and Electronic Systems, 1998(34): 996-1003.
[43] Jilkov V P, Angelova D S, Semerdjiev T A. Mode-set adaptive IMM for maneuvering target tracking[J]. IEEE Trans. on AES, 1999(35):343–350.
[44] Kirubarajan T, Bar-Shalom Y, Pattipati K R, et al. Ground target tracking with topography-based variable structure IMM estimator [J]. IEEE Trans. on AES, 2000(36): 26-46.
[45] Li X R, He C. Model-set design, choice and comparison for multiple-model estimation [J]. Proceedings of SPIE-The International Society for Opticel Engineering, 1999, 3809: 501-513.
[46] Mazor E, Averbuch A, Bar-Shalom Y, et al. Interacting multiple model methods in target tracking: A Survey [J]. IEEE Trans. on AES, 1998, 34(1): 103-123.
[47] 左东广，韩崇昭. 基于时变马尔可夫转移概率的机动目标多模型跟踪[J]. 西安交通大学学报, 2003, 37(8):825-828.
[48] 段战胜，韩崇昭. 最大加速度未知的“当前”统计模型机动目标跟踪[J]. 计算机工程与应用, 2003, 29:19-22.
[49] Li X R, Bar-Shalom Y. Design of an interacting multiple model algorithm

for air traffic control tracking [J]. IEEE Trans. Control Systems Technology, Special issue on air traffic control, 1993, 1:186-194.
[50] 任光，朱利民，于成，等．多模型卡尔曼滤波器的研究[J]．大连海事大学学报, 1999, 25(4): 2-5.
[51] 韩兴斌．雷达低空目标跟踪技术研究[D]．长沙：国防科技大学, 2002.
[52] 韩兴斌，胡卫东，杨世海．应用交互多模(IMM)算法跟踪低空目标[J]．火力与指挥控制, 2003, 28(5):48-51.
[53] Singer R A. Estimating optimal tracking filter performance for manned maneuvering targets[J]. IEEE Trans. AES 1970, 6(4): 473-483.
[54] Pearson J B, Sear E B. Kalman filter applications in airborne radar tracking. IEEE Transactions on Aerospace and Electronic Systems, 1972(10): 319-329.
[55] Singer R A, Stein J J. An optimal tracking filter for processing sensor data of imprecisely determined origin in surveillance systems[J]. IEEE Conf. on Decision &Control, 1971: 171-175.
[56] 何友，关欣．纯方位二维运动目标的不可观测性问题研究[J]．系统工程与电子技术, 2003, 25(1): 11-14.
[57] 何友，谭庆海，蒋蓉蓉．多传感器综合系统中的航迹相关算法[J]．火力与指挥控制, 1989, 14(1): 1-12.
[58] 敬忠良．神经网络跟踪理论及应用[M]．北京：国防工业出版社, 1995.
[59] 蔡希尧．雷达目标的航迹处理[J]．国外电子技术, 1979, 1:8-12.
[60] 权太范．信息融合神经网络——模糊推理理论及应用[M]．北京：国防工业出版社, 2002.
[61] 孙仲康，郭福成，冯道旺，等．单站无源定位跟踪技术[M]．北京：国防工业出版社, 2008.
[62] Richard A P. 电子战目标定位方法[M]．北京：电子工业出版社, 2008.
[63] 权太范．目标跟踪新理论与技术[M]．北京：国防工业出版社, 2009.
[64] 赵登平．现代舰艇火控系统[M]．北京：国防工业出版社, 2008.
[65] 石章松，王树宗，刘忠，自适应 Kalman 滤波器在水下被动目标跟踪中的应用[J]．数据采集与处理, 2004, 19(2): 150-154.
[66] 石章松．单站纯方位目标运动分析与机动航路优化研究[D]．武汉：海军工程大学, 2004.
[67] 胡来招．无源定位[M]．北京：国防工业出版社, 2004.
[68] 程咏梅，潘泉，张洪才，等．基于推广卡尔曼滤波的多站被动式融合跟踪[J]．系统仿真学报, 2003, 15(4): 548-550.

[69] 李硕，曾涛，龙腾，等. 基于推广卡尔曼滤波的机载无源定位改进算法[J]. 北京理工大学学报, 2002, 22(4): 521-524.
[70] Song T L, Speyer J L. A stochastic analysis of a modified gain extended kalman filter with applications to estimation with bearings only measurements[J]. IEEE Transactions On Automatic Control, 1985,30 (10): 940-949.
[71] 赵瑞，顾启泰. 滤波理论的最新进展及其在导航系统中的应用[J]. 清华大学学报, 2000, 40(5): 24-27.
[72] 袁泽剑，郑南宁，贾新春. 高斯-厄米特粒子滤波器[J]. 电子学报，2003, 31(7): 970-973.
[73] 张丕旭，肖文凯，胡炎，等. 一种超视距目标定位算法的实现[C]. 火力与指挥控制 2008 年学术会议论文集, 2008: 58-60.
[74] Nordone S C, Aidala V J. Observability criteria for bearings-only target motion analysis [J]. IEEE Trans. on AES, 1981, 17(2):162-166.
[75] Hammel S E, Aidala V J. Observability requirements for three-dimensional tracking via angle measurements[J]. IEEE Trans. on AES, 1985, 21(2): 200-206.
[76] Fogel E, Gavish M. Nth-order dynamics target observability from angle measurements [J]. IEEE Trans. on AES, 1988, 24(3):305-307.
[77] Cadre L P, Jauffret C. Discrete-time observability and esitmability analysis for bearings-only target motion analysis[J]. IEEE Trans. on AES, 1997, 33(1): 178-201.
[78] Klaus B. A general approach to TMA observability from angle frequency measurements [J]. IEEE Trans. on AES, 1996, 32(1):487-494.
[79] Becker K. Simple linear theory approach to TMA Observability [J]. IEEE Trans. on AES.1993, 29(2): 575-578.
[80] Cadlre J R. Jauffret C. Discrete-time observability and esitmability analysis for bearings-only target motion analysis[J]. IEEE Trans. on AES, 1997, 33(1): 178-201.
[81] Klaus B. A general approach to TMA observability from angle and frequency measurements[J]. IEEE Trans. on AES. 1996, 32(1):487-494.
[82] 石章松，刘忠. 单站纯方位目标跟踪系统可观测性分析[J]. 火力与指挥控制, 2007, 32(2): 26-29.
[83] 刘忠. 纯方位目标运动分析与被动定位算法研究[D]. 武汉：华中科技大学, 2002.
[84] 潘泉，戴冠中，张洪才. 被动跟踪可观测性分析的非线性系统方法[J].

信息与控制, 1997, 26(3): 168-173.
[85] 潘志坚, 阎福旺, 刘孟奄, 等. 纯方位水下目标运动分析方法研究[J]. 声学学报, 1997, 22(1): 87-92.
[86] 贾沛璋. 舰载声呐对运动声源跟踪定位中的病态问题. 自动化学报, 1994, 20(4):218-222.
[87] 赵正业. 潜艇火控原理[M]. 北京: 国防工业出版社, 2003.
[88] 孙仲康, 周一宇, 何黎星. 单多基地有源无源定位技术[M]. 北京: 国防工业出版社, 1996.
[89] Bance P, Jauffre C. TMA from bearings and multipath time delays[J]. IEEE Trans. on AES, 1997, 33(3):812-824.
[90] Nordone S C, Lindgren A G, Gong K F. Fundamental properties and performance of conventional bearings only target motion analysis[J]. IEEE Trans. on Automatic Control, 1984, 29(9): 775-787.
[91] Guerci J R. A method for improving extended kalman filter performance for angle only passive ranging[J]. IEEE Trans. on AES, 1994, 30(4): 1091-1093.
[92] Park S B. Multiple target angle tracking algorithm using predicted angles [J]. IEEE Trans. on AES, 1994, 30(2):644-648.
[93] Fagin S L. Comments on a method for improving extended kalman filter performance for angle-only passive ranging[J]. IEEE Trans. on AES, 1995, 31(3): 1148-1150.
[94] Bellaire R L, Kaman E W, Zabin Z W. A new nonlinear iterated filter with applications to target tracking[C]. SPIE-2561, 1995: 240-251.
[95] Nordone S C, Marcus L G. A closed-form solution to bearings-only target motion analysis[J]. IEEE Journal of Oceanic Engineering, 1997, 22(1): 168-178.
[96] Grossman W. Bearings-only tracking: a hybrid coordinates system approach[J]. Journal of Guidance, Control and Dynamics, 1999, 17(3): 451-457.
[97] Blackman S S, Roszkowski R. Application of IMM filtering to passive ranging[C]. Proc. SPIE -3809, 1999:270-281.
[98] Moon J R, Nordone S C. An approximate linearization approach to bearings-only target tracking[J]. IEEE Trans. on AES, 2000, 36(1): 176-188.
[99] Dominique M, Naval A D. Multiple model approach to the angular tracking and targeting of anti-ship missiles[C]. Proc. SPIE Vol.4380, 2001:63-74.

[100] Kirubarajan T, Bar-shalom Y, Lerro D. Bearing-only tracking of maneuvering target using batch-recursive estimator[J]. IEEE Trans. on AES, 2001, 37(3):770-780.

[101] Chan Y T, Rea T A. Passive tracking scheme for a single stationary observer[J]. IEEE Trans. on AES, 2002,38(3):1046-1054.

[102] Lin X, Kirubarajan T, Bar-shalom Y, et al. Comparison of EKF and pseudo measurement and particle filters for a bearings-only target tracking problem[C]. Proc. SPIE Vol.4728, 2002:240-250.

[103] Mohammad H, Ferdowsi P. Design of bearings-only vision-based tracking filters[J]. SPIE Optical Engineering, 2004, 43(2):471-481.

[104] Daum F E. Exact finite dimensional nonlinear filters [J]. IEEE Transaction on Automatic Control, 1986, 31(7):616-621.

[105] 夏佩伦. 纯方位目标跟踪算法性能分析[J]. 火力与指挥控制, 1991, 16(3): 34-40.

[106] 单月晖, 赵巨波, 孙仲康, 等. MGEKF 算法在无源定位中的应用[J]. 航天电子对抗. 2003, 18(1): 10-13.

[107] 邓新蒲, 周一宇, 万钧力. 测角目标定位的协方差矩阵旋转变换滤波算法[J]. 电子学报, 2000, 28(12):122-124.

[108] Taylor J H. The Cramer-Rao estimation error lower bound computation for deterministic nonlinear systems [J]. IEEE Trans On Automatic Control. 1979, 24(2): 343-344.

[109] Hammel S E, Liu P T. Optimal observer motion for localization with bearings measurements [J]. Computers Maths Applic, 1989,18(1):171-180.

[110] Helferty J P, Mudgett D R. Optimal observer trajectories for bearings-only tracking by minimizing the trace of the Cramer-Rao lower bound [C]. The 32th International Conference of Control and Decision, 1993:936-938

[111] Cadre J P, Gauvrit H. Optimization of the observer motion for bearings-only target motion analysis[C]. IEEE proc of Control Decision, 1996: 190-196.

[112] 董志荣. 纯方位系统定位与跟踪的本载体最优轨线[J]. 情报指挥控制系统与仿真技术, 2000(3): 25-26.

[113] 李华军. 潜艇纯方位解算目标运动要素中机动原则的确定[J]. 火力与指挥控制, 1999, 3(14): 52-54.

[114] 陈嫣, 何佳洲. 多平台协同防空作战系统数据融合技术研究[J]. 舰船电子工程, 2006, 26(3): 40-43.

[115] 潘泉, 杨峰, 梁彦, 等. 一种机载多传感器融合架构的设计[J]. 中国电

子科学研究院学报, 2007, 2(1): 31-35.
[116] 李敖. 多平台多传感器多源信息融合系统时空配准及性能评估研究[D]. 西安: 西北工业大学, 2003.
[117] 李明国. C^4ISR 分布式信息融合系统设计与实现技术研究[D]. 长沙: 国防科技大学, 2002.
[118] Wald L. Some terms of reference in data fusion geoscience and remote sensing [J]. IEEE Transactions on Geoscience and Remote Sensing, 1999, 37(3): 1190-1193.
[119] 王小非. C^3I 系统中的数据融合技术[M]. 哈尔滨: 哈尔滨工程大学出版社, 2006.
[120] Steinberg A N, Bowman C L, White E. Revisions to the JDL data fusion Model [C]. Proceedings of SPIE-Volume 3719, Sensor Fusion: Architectures, Algorithms, and Applications Ⅲ, Bellingham, USA, 1999: 430-441.
[121] 朱林, 张晓囡, 徐兴杰. 网络中心战作战理念与信息融合技术[J]. 中国工程科学, 2005, 7(3): 69-73.
[122] 赵宗贵. 信息融合技术现状、概念与结构模型[J]. 中国电子科学研究院学报, 2006, 1(4): 305-312.
[123] 代建华, 石大鹏. 海军协同作战能力网络及其对海战的影响[J]. 舰船电子对抗, 2006, 29(1): 13-15.
[124] 巴宏欣, 赵宗贵. 多传感器数据融合数学模型与方法概述[J]. 舰船科学技术, 2005, 27(6): 48-53.
[125] 徐毅, 金德琨. 数据融合体系结构的设计[J]. 航空电子技术, 2001, 32(4): 25-31.
[126] 朱林, 孙尧, 张晓囡, 等. 基于范例的信息融合系统体系结构设计方法研究[J]. 哈尔滨工程大学学报, 2007, 28(4): 413-418.
[127] 何友, 王国宏, 陆大金. 多传感器信息融合及应用(第 2 版)[M]. 北京: 电子工业出版社, 2007.
[128] 黄霄鹏. 多传感器航迹关联与融合算法研究[D]. 长沙: 国防科学技术大学, 2004.
[129] 李刚, 牟之英. 多平台多传感器航迹关联算法研究[J]. 航空电子技术, 2002, 33(3): 37-41.
[130] 秦卫华, 胡飞, 秦超英. 多平台多目标航迹关联方法[J]. 火力与指挥控制, 2006, 31(10): 18-21.
[131] 王晓岭. 数据融合系统中航迹关联和属性融合的研究[D]. 西安: 西安电子科技大学, 2006.

[132] 韩崇昭，朱红艳，段战胜，等. 多源信息融合[M]. 北京：清华大学出版社, 2006.
[133] 罗蓉，徐红兵，田涛. 复杂系统多传感器数据融合技术及应用研究[J]. 中国测试技术, 2007, 32(4): 17-21.
[134] Steinberg A N, Bowman C L, White F E. Revisions to the JDL data fusion model [C]. In Sensor Fusion: Architectures, Algorithms, and Application. Proceeding of the SPIE, Florida, 1999: 430-441.
[135] Bedworth M, O'Brien J. The Omnibus model: a new model of data fusion [J]. IEEE Transactions on Aerospace and Electronic System, 2000, 15(4): 30-36.
[136] 张晓刚，刘进忙，刘昌云. 分布式 C^3I 系统信息融合技术研究[J]. 情报指挥控制系统与仿真技术, 2002(11): 35-41.
[137] 徐毅，金德琨，敬忠良. 数据融合研究的回顾与展望[J]. 信息与控制, 2002, 31(3): 250-255.
[138] HE You, XIONG Wei. Relationship between track fusion solutions with and without feedback information [J]. Journal of Systems Engineering and Electronics, 2003, 14(2): 47-51.
[139] 韩红，刘允才，韩崇昭，等. 多传感器融合多目标跟踪中的序贯航迹关联算法[J]. 信号处理, 2004, 20(1): 30-34.
[140] 韩红，韩崇昭，朱洪艳，等. 分布式多传感器融合多目标跟踪方法[J]. 系统仿真学报, 2004, 16(8): 1818-1821.
[141] 胡洪波，章新华，夏志军. 一种多传感器航迹关联算法的仿真分析[J]. 舰船科学技术, 2005, 27(1): 87-90.
[142] 李群，徐毓. 一种航迹关联的非参数检验方法[J]. 空军雷达学院学报, 2002, 16(2): 12-14.
[143] Chanussot I, Mauris G, Lambert P. Fuzzy fusion techniques for linear features detection in multitemporal SAR images [J]. IEEE Trans on Geosci Remote Sening, 1999, 37(3): 1292-1305.
[144] Aziz A M, Tummala M, Cristi R. Fuzzy logic data correlation approach in multisensor-multitarget tracking systems [J]. Signal Processing, 1999, 76(2): 195-209.
[145] 王睿，张金成. 模糊数据关联在多传感器多目标跟踪中的应用[J]. 空军工程大学学报, 2000, 1(2): 44-47.
[146] Li X R. Track association and track fusion with nondeterministic target dynamics [J]. IEEE Transaction on Aerospace and Electronic Systems, 2002, 38(2): 659-668.

[147] 陈非石, 孔祥, 赵坤, 等. 双红外传感器模糊序贯航迹关联算法与仿真[J]. 系统仿真学报, 2004, 16(8): 1652-1654.

[148] HAN Hong, HAN Chong-zhao, ZHU Jiao-tong, et al. Heterogeneous multi-sensor data association algorithm based on fuzzy clustering [J]. Journal of Xi'an Jiaotong University, 2004, 38(4): 388-391.

[149] 叶西宁, 潘泉, 程咏梅, 等. 多维分配的剪枝法及其在无源探测跟踪中的应用[J]. 电子学报, 2003, 31(6): 847-850.

[150] 衣晓, 何友. 多目标跟踪的动态多维分配算法[J]. 电子学报, 2005, 33(6): 1120-1123.

[151] Wan W, Fraser D. Multisource data fusion with multiple self-organizing maps [J].IEEE Trans. on Geosci Remote Sensing, 1999, 37(3): 1344-1349.

[152] Zhang J F, Zhao D Y. Fault diagnosis to structural crack on FNN and data fusion [J]. Journal of Ship Mechanics, 2004, 8(2): 55-60.

[153] 何友, 田宝国. 基于神经网络的广义经典分配航迹关联算法[J]. 航空学报, 2004, 25(3): 300-303.

[154] 田宝国, 何友, 杨日杰. 人工神经网络在航迹关联中的应用研究[J]. 电子与信息学报, 2005, 27(2): 310-313.

[155] Robb T K, Farooq M. Application of neural networks to multi-target Tracking [J]. SPIE-The International society for optical Engineering, 2000, 4052: 14-24.

[156] 周莉, 何友, 修建娟, 等. 解二维分配问题的行列启发式算法[J]. 系统工程与电子技术, 2004, 26(7): 906-910.

[157] 叶西宁. 多目标跟踪系统中数据关联与多维分配技术[D]. 西安: 西北工业大学, 2003.

[158] 潘泉, 于昕, 程咏梅, 等. 信息融合理论的基本方法与进展[J]. 自动化学报, 2003, 29(4): 599-615.

[159] 董志荣. 水面舰艇指控系统信息融合原理与方法[J]. 情报指挥控制系统与仿真技术, 2001(11): 29-43.

[160] 罗浩. 无线声呐浮标网络节点部署与定位跟踪技术研究[D]. 武汉: 海军工程大学, 2011.

[161] 段立, 刘志坤, 刘亚杰. 舰艇编队协同作战中数据融合关键技术与应用[M]. 北京: 国防工业出版社, 2017.